三洋港挡潮闸工程关键技术研究

SANYANGGANG DANGCHAOZHA GONGCHENG GUANJIAN JISHU YANJIU

孙 勇　崔 飞◎编著

·南京·

图书在版编目(CIP)数据

三洋港挡潮闸工程关键技术研究 / 孙勇，崔飞编著
. -- 南京 ：河海大学出版社，2023.12
ISBN 978-7-5630-8215-5

Ⅰ. ①三… Ⅱ. ①孙… ②崔… Ⅲ. ①水闸—水利工程—研究—连云港 Ⅳ. ①TV66

中国国家版本馆 CIP 数据核字(2023)第 067760 号

书　　名 三洋港挡潮闸工程关键技术研究
书　　号 ISBN 978-7-5630-8215-5
责任编辑 齐　岩
文字编辑 杨　楠
特约校对 李　萍
封面设计 徐娟娟
出版发行 河海大学出版社
地　　址 南京市西康路 1 号(邮编:210098)
电　　话 (025)83737852(总编室)　(025)83722833(营销部)
经　　销 江苏省新华发行集团有限公司
排　　版 南京布克文化发展有限公司
印　　刷 广东虎彩云印刷有限公司
开　　本 787 毫米×1092 毫米　1/16
印　　张 18
字　　数 416 千字
版　　次 2023 年 12 月第 1 版
印　　次 2023 年 12 月第 1 次印刷
定　　价 86.00 元

三洋港枢纽工程全貌

三洋港挡潮闸

排水闸

前言

Preface

新沭河治理工程西起大官庄枢纽新沭河泄洪闸，东至临洪口入海，全长约 80 km，是十九项治淮骨干工程沂沭泗河洪水东调南下续建工程的重要组成部分。三洋港挡潮闸枢纽工程是新沭河治理工程的关键性控制建筑物，主要建筑物包括 33 孔挡潮闸、3 孔排水闸及上、下游引河等，工程等别为Ⅰ等，主要建筑物为 1 级，设计行洪流量为6 400 m^3/s，地震设防烈度为Ⅶ度。工程于 2008 年 11 月开工建设，2010 年 7 月水下土建工程通过验收，2012 年 4 月下闸挡潮，2013 年 12 月通过投入使用验收。2012 年 7 月，淮河沂沭泗流域发生较大洪水，三洋港挡潮闸及时投入泄洪，最大洪峰流量达3 050 m^3/s，是新沭河 1974 年以来最大泄洪流量，洪水安然入海，工程各方面运行正常，三洋港挡潮闸发挥了巨大的防洪减灾作用。

三洋港挡潮闸枢纽位于新沭河入黄海海口，面临海淤土地基、多泥沙和海洋环境等复杂条件，工程建设难度大，技术难题多，主要包括复式宽阔河口挡潮闸选址及布置、深厚海淤土地基建闸地基处理、泵送水工高性能混凝土温控防裂、混凝土及金属结构防腐、闸下泥沙淤积、消能防冲等重点和难点问题。工程建设者本着功能为主、安全可靠、技术可行及经济合理的原则，通过精心筹划与设计，开展多项模型试验和关键技术研究，妥善解决了工程设计及施工中的重点和难点问题，创新并推广了多项新技术、新材料和新工艺，取得了良好的社会效益和经济效益，为工程的顺利实施和安全运行奠定了基础。

本书系合作研究成果，全书由孙勇主编，崔飞副主编，杨中、刘胜松统稿。其中第1章绪论由孙勇、刘胜松编写，第2章三洋港挡潮闸概况与主要设计方案由杨中、余达水编写，第3章关键技术问题、研究现状及发展趋势由崔飞、舒刘海编写，第4章地基处理关键技术研究与成果应用由崔飞、杨子江、李华伟、屈学平编写，第5章水工泵送高性能混凝土关键技术研究与成果应用由冯小忠、黄国泓、李华伟、舒刘海编写，第6章温控防裂关键技术与成果应用由崔飞、杨子江、冯小忠、屈学平编写，第7章金属结构关键技术研究与成果应用由舒刘海编写，第8章结语由孙勇编写。本书的出版得到了中水淮河规划设计研究有限公司的大力支持与资助，谨表深切谢意。

限于作者的水平和认识，书中难免存有纰漏和不足之处，敬请读者和同行专家批评指正。

目录

Contents

第1章
绪论

挡潮闸是防洪减灾工程体系的重要组成部分，是河流入海口（河口）地区挡潮、蓄淡、防止海水上溯、泄洪排涝的重要工程。国外大型挡潮闸中，闸门最大宽度超过 20 m 的挡潮闸有数十座，主要分布在受风暴潮影响较为严重、经济较发达的河口三角洲地区，如大西洋的北海南岸和波罗的海东岸、地中海北岸、大西洋西岸及太平洋东岸的荷兰、英国、意大利、俄罗斯、美国、日本、新加坡等国家。新中国成立以来，我国在河口建成的挡潮闸超过了5 000座，这些挡潮闸在防潮抗台、提高泄洪排涝能力、防止土地盐碱化、缓解用水矛盾以及为城市形成良好的景观等方面都发挥了积极的作用，为整个沿海地区的经济社会发展以及沿海地区人们的生活提供了很好的保护。

1.1　国外挡潮闸总体情况

国外主要大型挡潮闸约有 22 座（见表 1.1-1），这些大型挡潮闸的首要功能是挡潮，有些挡潮闸还具有蓄淡、防止海水上溯、泄洪排涝以及通航等综合功能。

表 1.1-1　世界主要大型挡潮闸统计表

序号	国家	所在河流或河口三角洲	名称	建成年份
1	荷兰	荷兰三角洲	艾瑟尔	1958
2	美国	普洛维登斯河	福克斯	1966
3	美国	阿库什耐特河	麻省新白德福德	1966
4	美国	米尔河	斯坦福德	1968
5	荷兰	荷兰三角洲	哈灵	1970
6	日本	利根川	利根川河口堰	1971
7	德国	艾德河	艾德	1973
8	日本	旧吉野川	旧吉野川河口堰	1976
9	英国	泰晤士河	泰晤士	1982

续表

序号	国家	所在河流或河口三角洲	名称	建成年份
10	日本	淀川	淀川河口堰	1983
11	日本	筑后川	筑后大堰	1984
12	德国	威悉河	不来梅	1993
13	荷兰	斯海尔德河	东斯海尔德	1994
14	日本	长良川	长良川河口堰	1994
15	英国	拉甘河	拉甘	1994
16	荷兰	荷兰三角洲	哈特尔	1997
17	荷兰	莱茵河(瓦尔河)	马斯朗特	1997
18	德国	埃姆斯河	埃姆斯	2002
19	美国	密西西比河三角洲	哈维	2008
20	美国	密西西比河三角洲	博尔涅湖	2011
21	俄罗斯	涅瓦河三角洲	圣彼得堡	2011
22	美国	密西西比河三角洲	海湾水道	2012

1.2 国外挡潮闸工程简介

1. 荷兰三角洲工程挡潮闸工程体系

荷兰三角洲工程体系位于莱茵河-默兹河-斯海尔德海三角洲地区，是一个由挡潮闸、大坝、堤防、水闸等基础设施组成的庞大防潮防洪系统，该工程由10多项重点工程组成，其中艾瑟尔、哈灵、东斯海尔德、马斯朗特和哈特尔等5座大型挡潮闸是其核心工程。马斯朗特挡潮闸现场照片见图1.2-1，由2个孔宽210 m的水平旋转门组成，东斯海尔德挡潮闸现场照片见图1.2-2，由62个垂直升降门组成，单门跨度均为43 m。

图 1.2-1 马斯朗特挡潮闸

图 1.2-2　东斯海尔德挡潮闸

2. 英国泰晤士挡潮闸

泰晤士挡潮闸全长 578 m，由 10 个垂直旋转闸门组成，中间 4 座闸门为主航道，单闸净宽 61 m，可通航 1 000 t 以上的大型船只，南岸 2 座闸门为副航道，单闸门净宽 31.5 m，可通行 1 000 t 以下较小船只，其余 4 座闸门不通航。英国泰晤士挡潮闸现场照片见图 1.2-3。

图 1.2-3　泰晤士挡潮闸

1.3　国内挡潮闸总体情况

我国拥有 18 000 km 以上的海岸线，由北向南自鸭绿江口至北仑河口大致呈弧状轮廓，分布着大大小小约 1 800 多个入海河口。截至 2019 年，我国已在沿海地区建设挡潮闸 5 172 座，具体分布情况见表 1.3-1。

表 1.3-1　我国挡潮闸数量统计表　　单位：座

省(自治区、直辖市)	挡潮闸数量	流域	挡潮闸数量
辽宁	75	辽河流域	75
河北	31	海河流域	65
天津	12	淮河流域	164
山东	59	长江流域	141
江苏	146	东南诸河流域	2 300
浙江	1 655	珠江流域	2 427
上海	113		
福建	654		
海南	4		
广东	2 053		
广西	370		
合计	5 172	合计	5 172

1.4　国内挡潮闸简介

1. 曹娥江大闸

浙江省绍兴市曹娥江大闸是我国在河口地区建设的第一大闸，工程位于曹娥江河口，为Ⅰ等大(1)型水闸。大闸总宽 1 582 m，其中挡潮闸共 28 孔，每孔净宽 20 m，总宽 697 m。工程主要以防潮(洪)、治涝为主，兼顾水资源开发利用、水环境保护和航运等综合利用功能。曹娥江大闸现场照片见图 1.4-1。

图 1.4-1　曹娥江大闸

2. 苏州河河口闸

苏州河河口闸是上海市苏州河环境综合整治第二期工程中一项标志性工程，位于苏州河河口，为Ⅰ等大(1)型水闸。苏州河河口闸为单孔净宽 100 m，与河口同宽，门型为液压底轴驱动水下卧倒式翻板闸门，闸门尺寸为 100 m×9.76 m。苏州河河口闸现场照片见图 1.4-2。

图 1.4-2　苏州河河口闸

3. 海河防潮闸

海河防潮闸位于天津市滨海新区海河干流入海口处，其左侧为天津新港，右侧为渔船闸，为Ⅱ等大(2)型水闸。海河防潮闸闸室单孔净宽 8 m，共 8 孔，总宽 76 m。主要功能是汛期宣泄洪涝水入海，非汛期挡潮挡沙及蓄水，为滨海新区防洪、排涝、蓄淡、挡潮等做出了重要贡献。海河防潮闸现场照片见图 1.4-3。

图 1.4-3　海河防潮闸

1.5 挡潮闸工程关键技术

1.5.1 设计关键技术

挡潮闸工程的设计是一个综合而又复杂的系统设计，大型挡潮闸设计的关键技术主要包括闸门选型、基础处理设计、结构防腐蚀设计、消能防冲设计等。

(1) 闸门选型

挡潮闸的主要功能和闸址确定后，闸门选型极为重要。挡潮闸的闸门选择需要考虑的主要因素有闸门结构、水动力条件、地形地貌、水文条件、通航与交通条件、环境条件和维护方便程度等。目前，国外大型挡潮闸的闸门类型主要有水平移动或旋转门（如荷兰马斯朗特挡潮闸、美国新奥尔良挡潮闸等）、翻板门（如意大利泻湖摩西工程体系、美国斯坦福德挡潮闸等）、垂直旋转门（如英国泰晤士河挡潮闸、德国埃姆斯挡潮闸等）、垂直升降门（如荷兰三角洲防洪体系中的艾瑟尔挡潮闸、哈特尔挡潮闸以及东斯海尔德挡潮闸等）。

(2) 基础处理设计

挡潮闸多建造在海相沉积的深厚淤泥与淤泥质黏土上，这种地基具有天然含水率高、孔隙比大、强度低且压缩性大、触变性及流动性大等特点，承载力低、加荷后易变形且不均匀，不能直接作为挡潮闸的天然持力层。若基础处理不好会严重危及整个挡潮闸的安全，并造成巨大的生命财产损失。因此合理的基础处理设计是建造挡潮闸的最重要、最关键的工作。

挡潮闸的基础处理常用方法有换填垫层法、桩基础法、沉井基础和沉箱基础等，荷兰东斯海尔德挡潮闸和马斯朗特挡潮闸采用的是换填垫层法处理，意大利泻湖摩西工程体系的地基采用沉箱基础和桩基础处理。

(3) 结构防腐设计

由于挡潮闸工程一般位于沿海地区，长期受海水浸蚀、盐雾浸蚀、泥沙冲刷、冻融循环和干湿交替等环境作用，闸门等钢结构容易出现锈蚀、老化、卡死等现象，混凝土结构极易发生碳化剥蚀和冻融破坏，这些都对挡潮闸工程的正常运行和结构安全造成影响，带来安全隐患。因此，结构防腐蚀设计也是挡潮闸工程设计的重要环节。

对于挡潮闸工程中的钢结构防腐最常用的方法是采用涂层防护。

对于挡潮闸工程中混凝土可能发生的碳化、冻融、氯离子侵蚀等腐蚀破坏，目前工程中主要有以下 3 种防护措施：①在混凝土中掺入粉煤灰、矿渣等掺合料，减少 $Ca(OH)_2$ 的含量，同时降低混凝土早期温升，防止温度裂缝的产生；②掺入防腐抗渗剂，使其与海水中的有害物质化合成不溶性盐类或综合物，提高混凝土防腐能力；③降低水灰比，提高混凝土的密实度，阻止海水向混凝土内部渗透。

(4) 消能防冲设计

挡潮闸位于感潮河道上，一方面受外江潮位的影响，另一方面很多挡潮闸还肩负着调水、引水、蓄水、行洪等任务，因此挡潮闸闸门启闭频繁，而闸下水位受潮位影响变化较大，水流流态复杂。因此，若消能防冲设计不合理，将造成下游河床冲刷严重，危及挡潮闸主体结构及其附属设施的安全。挡潮闸消能防冲设计应选择不利的消能工况、制定合理的水闸调度方案以及采取有效的防冲措施等。

1.5.2 施工关键技术

挡潮闸工程是关闭入海口的工程，工程规模大，施工区海水深，海床条件复杂，施工期间面临强大潮汐的影响，一些施工区每天要面临两次剧烈的涨潮和退潮，同时要应对大量泥沙冲刷输移的影响。此外，河口区天气条件恶劣，给施工建设带来许多不利影响。

由于挡潮闸施工环境的特殊性，决定了其施工过程中，从宏观到微观需注重关键技术的开发。一般而言，其关键技术包括地基处理、混凝土温控防裂、闸门制造与安装等方面。

第2章

三洋港挡潮闸概况与主要设计方案

2.1 工程概况

江苏省新沭河治理工程西起苏鲁边界，东至临洪口入海，全长约 60 km，为治淮 19 项骨干工程沂沭泗河洪水东调南下续建工程的重要组成部分，其任务是分泄沂沭河洪水东流入海，腾出骆马湖、新沂河的部分蓄、泄洪水能力，承纳南四湖南下洪水，进一步扩大沂沭泗河中下游地区洪水出路，将该地区防洪标准提高到 50 年一遇，同时可提高连云港市区排涝能力，工程建成后三洋港挡潮闸上形成一座中型的河川型水库，为连云港市提供约 2 000 万 m^3 淡水水源，并形成约 37 000 亩①的临洪河口湿地，极大改善了连云港市的生态环境，具有巨大的环境和社会效益。

本次新沭河治理工程按 50 年一遇防洪标准设计，工程主要建设内容为：新筑干河堤防 1.88 km；扩挖河道 10.52 km；开挖排污通道 12.89 km；清除滩面阻水塘埂 76.89 km；新建堤顶防汛道路 45.95 km；新建三洋港挡潮闸、排水闸、临洪东站自排闸、大浦第二抽水站、富安调度闸、山岭房退水涵洞；拆建磨山河桥闸；加固范河闸。

三洋港挡潮闸工程为本次新沭河治理工程的重要内容，工程位于江苏省连云港市郊临洪口，主要建筑物包括挡潮闸工程、排水闸工程及上、下游引河扩挖工程等。其中三洋港挡潮闸为Ⅰ等大(1)型工程，主要建筑物为 1 级，工程按新沭河 50 年一遇洪水标准设计，闸上设计泄洪水位 3.88 m(1985 国家高程基准，下同)，相应闸下水位 3.70 m，设计流量 6 400 m^3/s；河道强迫泄洪水位(上游石梁河水库 100 年一遇泄洪)作为校核洪水工况，闸上校核水位 4.02 m，闸下校核水位 3.79 m，校核流量 7 000 m^3/s；按 100 年一遇闸下设计挡潮水位 3.90 m，校核挡潮水位 4.08 m(历史最高潮位)。排水闸设计排涝标准为非汛期 5 年一遇，设计排水流量 67 m^3/s，闸上设计水位为 1.53 m，闸下水位为 1.43 m。

2008 年 10 月，水利部批复了新沭河治理工程初步设计，其中江苏省新沭河治理工程

---

① 1 亩≈666.7 m^2

总投资 87 278 万元(含三洋港枢纽工程投资 55 216 万元)。

三洋港挡潮闸枢纽工程于 2008 年 11 月开工建设,2010 年 7 月水下土建工程通过验收,2012 年 4 月下闸挡潮,2015 年 7 月,通过淮委和江苏省水利厅主持的竣工验收,施工质量等级优良。

工程自水下土建工程验收以来,已经历多个汛期的考验,运行正常,操作方便,满足工程使用要求。2012 年 7 月,淮河沂沭泗流域发生较大洪水,三洋港挡潮闸及时投入泄洪,最大洪峰流量达 3 050 m^3/s,为新沭河 1974 年以来最大洪水,工程各方面运行正常,发挥了巨大的防洪减灾效益。

2.2 主要设计方案

2.2.1 工程选址

2.2.1.1 闸址选择

三洋港挡潮闸工程位于新沭河入海口上游约 3.0 km 处,河道两岸堤防基本平行布置,堤距约 1.5 km,中泓大致呈“S”形分布。根据本工程特点和闸址区的地形、地貌及地质条件,三洋港挡潮闸闸址选择和工程布置的原则为:①地质条件相对较好,地基处理工程量相对节省;②闸址应选择在岸线和岸坡稳定的河口附近,泓滩冲淤变化较小;③为适当加长内滩地、缩短外滩地,减少淤积河段长度,增加堤内滩地以耕代清,降低滩面糙率,提高行洪能力,同时尽可能槽蓄较多的来水,有利于闸下冲淤和更好地发挥挡潮闸效益,闸址距潮汐河口不宜太远;④尽量减少对现有建筑物的影响,节约工程投资;⑤方便施工,便于施工导流设施布置;⑥便于管理设施布置,方便运行管理。按照上述原则,设计阶段共选择了以下三个闸址进行比较,各闸址位置示意图见图 2.2-1。

(1) 闸址方案一:付河闸上游 1 320 m 布置方案

闸址一位于付河闸上游 1 320 m(轴线桩号 11+680),上游距朱稽河闸约 1 080 m,该段堤防顺直,新沭河左右堤间距约 1 500 m,该处泓道偏向右堤,宽约 140 m,泓道中心线距新沭河右堤约 260 m。挡潮闸布置于中泓左侧,闸中心线偏河道中心线左侧约 59 m,施工期可利用右侧中泓导流,水闸导堤布置于付河闸及朱稽河闸之间,对上述两建筑物及三洋港港口均无影响。闸基持力层为第②层淤泥和淤泥质壤土,该层厚 1 m 左右,N63.5 小于 1 击,承载力 45 kPa,其下为第③层淤泥和淤泥质黏土,厚 5 m 左右,N63.5 为 0.8~2.1 击,承载力 45 kPa,上述两层土强度低,压缩性高,闸基需进行处理。

该闸址的优点是:①可利用现有中泓导流,无须另行开挖导流泓道,施工布置较为方便;②对现有建筑物无影响;③上游引河与上游中泓连接基本平顺,上、下游导流堤基本对称,进出水流较平顺。

缺点是:闸基有软弱下卧层,地质条件相对较差。

(2) 闸址方案二:付河闸上游 220 m 布置方案

闸址二位于闸址一下游 1 100 m 处(轴线桩号 12+780),下游距付河闸约 220 m,该处泓道偏向左堤,宽约 155 m,泓道中心线距新沭河左堤约 410 m。挡潮闸布置于中泓右侧，闸中心线偏河道中心线右侧约 126 m，施工期可利用左侧中泓导流，闸基地质条件与闸址一基本相同，闸基需进行处理。

该闸址的优点是：①可利用现有中泓导流，无须另行开挖导流泓道；②建闸以后，下游可能淤积河道长度较短，上游河道蓄水量较大，冲淤条件较为有利。

缺点是：①闸基有软弱下卧层，地质条件较差；②下游导流堤布置较为困难，相应工程量较大；③下游左岸导流堤影响现有付河闸及三洋港口，需拆迁赔建，增加工程投资。

(3) 闸址方案三：付河闸上游 3 420 m 布置方案

闸址三位于闸址一上游 2 100 m 处(轴线桩号 9+580)，下游距朱稽河闸约 1 200 m，该处泓道偏向左堤，宽约 150 m，泓道中心线距新沭河左堤约 380 m。挡潮闸布置于中泓右侧，闸中心线偏河道中心线右侧 90 m，施工期可利用左侧中泓导流，闸基地质条件与闸址一基本相同，闸基需进行处理。

该闸址的优点是：①利用现有中泓导流，无须另行开挖导流泓道，施工布置较为方便，②对现有建筑物无影响。

缺点是：①闸基有软弱下卧层，地质条件较差；②建闸以后，下游可能淤积河段仍然较长，上游河道蓄水量较小。

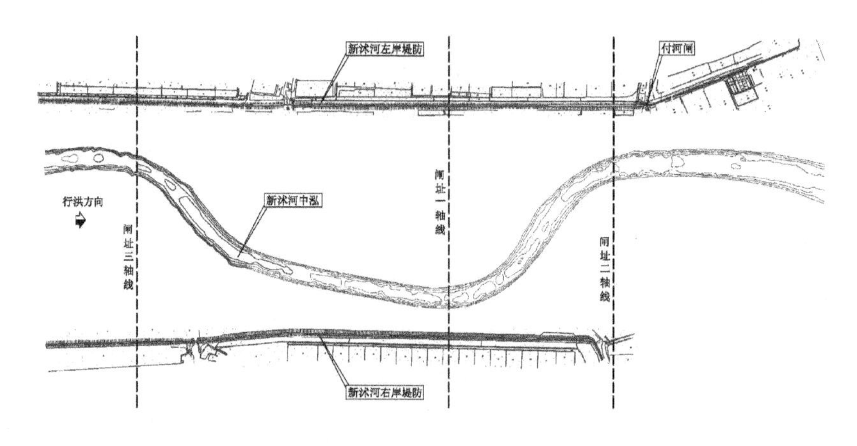

图 2.2-1　三洋港挡潮闸工程闸址比选示意图

2.2.1.2　闸址方案比选

设计从地形、地质、水流流态、施工条件、周围环境、管理、投资等方面，结合排涝、蓄水、施工期导流等因素进行了详细的技术经济比较。具体分析如下：

(1) 上述三个方案闸基地质条件基本相同，基础淤泥层沉积厚度相差不大，河口段范围内闸位调整对基础处理影响不大；

(2) 从水流条件看，闸址一水闸中心线与河道中心线距离最近，水流条件最好；

(3) 闸址一与闸址三相比，工程投资与施工条件相当，但建闸以后，闸址一下游可能淤积河道长度比闸址三缩短 2 100 m，相应水闸上游泓道增加 240 万 m^3 蓄水量，综合比较，闸址一方案优于闸址三；

(4) 闸址一与闸址二相比，闸址二下游导流堤布置较为困难，且拆迁赔建工程量大，工程难度较大，综合比较，闸址一方案优于闸址二；

(5) 从泥沙淤积及冲淤条件看，三个闸址方案建闸后闸下均存在泥沙淤积问题；

(6) 投资上闸址一与闸址三相当，闸址二下游导流堤长度最大，且需要增加付河闸及三洋港口拆迁赔建投资，工程投资最大。

经综合分析，设计选定闸址一为推荐闸址。

2.2.2 工程总体布置

2.2.2.1 方案比选

河口挡潮闸一般可分为集中和分治两种布置模式，集中模式就是采用主槽建闸的集中泄洪方案，根据泄洪流量、河道水位和潮汐水位、地质条件和冲淤情况，确定闸孔规模和底板高程，一般底板较低，通常称为深孔闸。分治模式就是主槽布置深孔闸、滩地建浅孔闸的方案，根据泄洪与减淤要求，对洪枯流量分别安排出路，深孔闸规模满足中小流量的泄洪要求，深孔闸与浅孔闸联合宣泄设计洪水。设计根据三洋港挡潮闸的工程特点，对上述两种布置方案进行了同深度技术经济比较。

(1) 方案一：全深孔闸方案

挡潮闸全部建在深泓内，共 33 孔，单孔净宽 15 m，用开敞式闸室结构、沉井基础，二孔一联，闸墩分缝，闸底板顶面高程 −2.0 m，闸轴线布置在新沭河桩号 11+680 处，闸室左右岸距现有海堤分别约为 1 350 m 和 950 m。挡潮闸布置在现状泓道左侧，闸中心线距新沭河右堤中心线约 870 m。

挡潮闸与现状泓道之间布置连云港市专用排水通道及排水闸，排水闸共三孔，单孔净宽 6.0 m，闸底板顶高程 −2.0 m。

(2) 方案二：深孔闸与滩地浅孔闸相结合方案

①泓滩分流比例

三洋港挡潮闸距海口较近，泄洪时闸下水位受过闸流量及潮位涨落影响，闸下水位不同时，深、浅孔闸分流比亦不相同。深泓闸在低潮位时具有较大的泄洪能力，而滩地浅孔闸则在高潮位时泄洪能力相对较大。水流在泓滩上的分流比，直接影响工程规模和总体布置。根据类似工程经验，以及大洪水时深、浅孔联合泄洪，中小洪水时，全部从深孔闸通过的设计原则，结合现状河势和深孔闸规模满足蔷薇河流域 10 年一遇 2 960 m^3/s 的排涝要求，初拟在设计泄洪情况下，闸下高潮位时，深、浅孔闸分流比为 6∶4，则深、浅孔闸设计泄洪流量分别为 3 840 m^3/s 和 2 560 m^3/s。不同潮位时深浅孔闸过流能力计算见表 2.2-1。

表 2.2-1　深浅孔闸联合布置过流能力计算表

方案		深泓闸	浅孔闸
高潮位	闸上水位(m)	3.88	3.88
	闸下水位(m)	3.70	3.70
	过闸流量(m^3/s)	4 081	2 638
	总过流能力(m^3/s)	6 719	
	分流比	6.07∶3.93	

续表

方案		深泓闸	浅孔闸
低潮位	闸上水位(m)	3.45	3.45
	闸下水位(m)	3.24	3.24
	过闸流量(m^3/s)	4 205	2 415
	总过流能力(m^3/s)	6 620	
	分流比	6.35∶3.65	

注:低潮位闸上、下游水位为数模推算结果。

由上表可以看出,不同潮位深、浅孔闸分流比较接近6∶4,因此,深、浅孔闸规模按照上述分流比计算是合理的。

②深、浅孔闸规模

深孔闸单孔净宽10 m,共30孔,总净宽300 m,采用开敞式闸室结构、沉井基础,三孔一联,闸墩分缝,闸底板顶面高程−2.0 m。

浅孔闸单孔净宽10 m,共42孔,总净宽420 m,开敞式结构、灌注桩基础,分离式底板,闸底板顶面高程1.00 m。

③总体布置方案

深浅孔闸布置在现状泓道左侧,从右向左依次为30孔深孔闸及42孔浅孔闸,深孔闸中心线距新沭河右堤中心线606 m,深、浅孔闸中心线相距525.14 m,浅孔闸中心线距新沭河左堤约360 m。深、浅孔闸间在其上下游分别设置长度为770 m及415 m的分流导水堤。现状泓道右侧滩地设置排水通道及排水闸,闸底板顶面高程−2.00 m。

(3) 方案比选

全深孔闸、深浅孔闸方案的工程总体布置优缺点见表2.2-2,可比工程量及投资见表2.2-3。

表2.2—2 工程总体布置方案优缺点比较表

方案	优点	缺点
方案一(全深孔闸)	1. 闸总宽较小,地基处理、上部结构及岸翼墙相对投资较小,总体投资相对较省; 2. 方案布置紧凑,主流基本居中、行洪时闸上下游流态相对较好; 3. 堤内弃土场、管理处及排水通道布置较为方便	1. 深孔闸较宽,闸下回淤量相对较大; 2. 闸下引河较宽、调度冲淤较为不便
方案二(深浅孔闸)	1. 根据泄洪与减淤要求,对洪枯流量分别安排出路,调度运用较为灵活; 2. 深孔闸较窄,闸下回淤量相对较小,冲淤相对较易	1. 闸总宽较大,地基处理及上部结构工程量增加较多,工程投资明显增加; 2. 泄洪时深浅孔闸分流比及其规模受潮位涨落影响变化不定; 3. 深浅孔闸布置分散,进出闸流态相对较差,低潮位泄洪时浅孔闸水流归槽、流态紊乱,易造成闸下的溯源冲刷

表 2.2-3　全深孔闸、深浅孔闸联合布置方案主要可比工程量及投资表

方案	土方开挖（万 m^3）	土方填筑（万 m^3）	砼及钢筋砼（万 m^3）	浆砌石（万 m^3）	钢筋（t）	平面钢闸门（t）	启闭机（t）	堤外弃土占地（亩）	可比投资（万元）
全深孔闸	982.34	38.01	15.08	3.41	9 756.5	2 471.5	570.7	1 950	29 668
深浅闸	793.89	74.07	19.76	5.32	12 686	2 528.5	667.2	3 215	34 331

上述两个总体布置方案综合各方面因素比较如下：

①工程投资

挡潮闸地基为淤泥质土、地基处理工程占投资比例较大，深浅孔方案闸室总宽增加导致地基处理及上部结构工程量增加较多，深浅孔闸分散布置也使岸、翼墙投资相应增加，另外其工程占地范围多，新沭河堤内可供弃土的范围减小，相应堤外弃土占地增加较多，该方案比全深孔方案增加投资约 4 663 万元。

②河势演变

闸址处新沭河左右堤较为顺直，堤距约 1 500 m，现状泓道宽约 140 m，走向偏向右堤，呈大的“S”形弯，泓道中心线距新沭河右堤约 260 m，未建闸前，小流量行洪时，洪水基本从泓道通过，大流量行洪时，滩槽联合过流且滩地过流比例相对较大，该处大的河势走向与新沭河左、右堤走向基本一致。从河势演变角度考虑，建闸后深浅孔方案的深孔闸及上、下游引河基本顺原泓道走向布置，小流量时对原泓道河势及水流改变相对较小，而全深孔方案闸及上、下游引河基本布置于现状泓道的裁弯取直处，小流量时改变了原泓道河势及水流走向，但大流量滩槽泄洪时基本未改变大的河势走向。

③调度运行

深浅孔方案根据泄洪与减淤要求，对洪枯流量分别安排出路，中、小洪水时深孔闸泄流，如遇到大洪水，则采用主槽深孔闸与滩地浅孔闸联合宣泄洪水，调度运行较为方便。

④泥沙淤积及冲淤难度

深浅孔方案深孔及闸下引河相对较窄，闸下回淤量相对较小，冲淤相对较易；全深孔方案深孔及闸下引河相对较宽，闸下回淤量相对较大，冲淤较为不便，清淤后又相对难以维持。

⑤水流流态

全深孔方案布置紧凑，上、下游导流堤基本对称，主流基本居中，行洪时闸上下游流态相对较好；深浅孔闸布置分散，进出闸流态相对较差，低潮位泄洪时浅孔闸水流归槽、流态紊乱，易造成闸下的溯源冲刷，泄洪时深浅孔分流比及其规模受潮位涨落影响变化不定。

经综合分析比较，三洋港挡潮闸推荐全深孔布置方案。

2.2.2.2　工程总体布置

经综合比选分析，三洋港挡潮闸轴线位于新沭河桩号 11＋680 处，闸室左、右岸距现有河堤与海堤交界点分别约为 1 350 m 和 950 m，该段堤防顺直，左、右堤距 1 500 m，现状河道深泓位于右侧，泓道中心线距新沭河右堤 260 m，闸轴线处泓道宽约 140 m，挡潮闸布置在泓道左侧，闸中心线距新沭河右堤 870 m。三洋港挡潮闸由闸室、上下游翼墙、铺盖、上游护底、下游消力池、海漫、上下游钢筋混凝土防冲墙、上下游抛石防冲槽、左右侧上下游导堤和上下游引河等部分组成。从上游防冲槽始端至下游防冲槽末端，顺水流方向总长为 145.00 m，垂直水流方向共布置 33 孔，单孔净宽 15 m，闸室总宽度为 576.92 m。挡潮闸与现状泓道之间布置连云港市专用排水通道及排水闸，排水闸与挡潮闸中心线相距 459.0 m，两闸之间上、下设置分流岛，排水闸共三孔，单孔净宽 6.0 m，闸底板顶面高程−2.0 m。三洋港挡潮闸工程总体布置示意图见图 2.2-2。

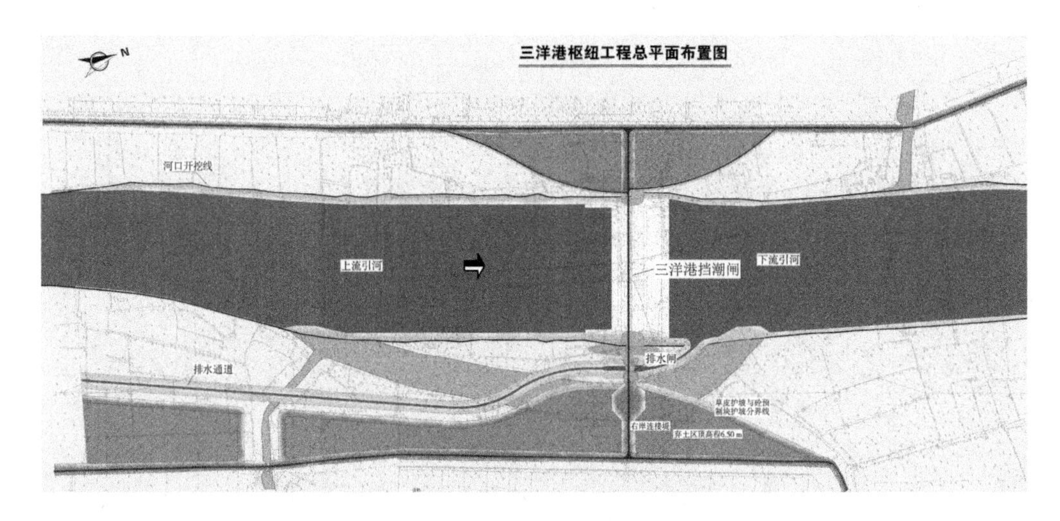

图 2.2-2　三洋港挡潮闸工程总体布置示意图

2.2.3　闸室设计

2.2.3.1　闸槛高程确定

三洋港闸具有泄洪、挡潮、排涝、蓄水等功能，且位于潮汐河口，闸底板高程选择，应在满足上述功能的前提下，根据现状场区地形、水流、工程地质条件等，综合考虑消能防冲、防淤与冲淤的要求，选择合适的过闸单宽流量，进行技术经济比较后确定。

设计阶段结合河工模型、挡潮闸整体水工模型及数学模型试验成果，对闸槛高程选择三个方案，进行技术经济比较。

方案一：闸槛高程−1.5 m，单孔净宽 15 m，共 36 孔；

方案二：闸槛高程−2.0 m(推荐方案)，单孔净宽 15 m，共 33 孔；

方案三：闸槛高程−2.5 m，单孔净宽 15 m，共 30 孔。

三方案闸室总净宽及过闸单宽流量见表 2.2-4。各方案的优缺点见表 2.2-5，可比工程量及投资见表 2.2-6。

表 2.2-4　各闸槛高程方案闸室总净宽及过闸单宽流量表

方案	方案一	方案二	方案三
闸槛高程(m)	−1.5	−2.0	−2.5
闸室计算总净宽(m)	531.09	483.2	443.2
闸室设计总净宽(m)	540.0(36 孔)	495.0(33 孔)	450.0(30 孔)

续表

方案		方案一	方案二	方案三
过闸单宽流量[m^3/(s·m)]	设计泄洪	11.85	12.93	14.22
	强迫泄洪	12.96	14.14	15.56
河道束窄比率(水闸总宽/河道总宽)		0.58	0.62	0.65

注:上述三方案的过闸落差均为 18 cm。

表 2.2-5 各闸槛高程方案优缺点比较表

方案	优点	缺点
方案一(−1.5 m)	1. 单宽流量及河道束窄比率最小,有利于挡潮闸及上、下游引河的消能防冲; 2. 闸下泥沙淤积深度最小,有利于冲淤及闸门开启	1. 净宽较大,地基处理、上部结构投资增加较多,总体投资相对最大; 2. 闸槛高程最高,不利于低潮位泄流时与下游的水面衔接
方案二(−2.0 m)	1. 闸下泥沙淤积深度相对较小,有利于冲淤及闸门开启; 2. 单宽流量及河道束窄比率相对较小	1. 投资相对较大
方案三(−2.5 m)	1. 净宽较小,投资相对最省; 2. 闸槛高程最低,有利于低潮位泄流时与下游的水面衔接	1. 单宽流量及河道束窄比率最大,不利于挡潮闸及上、下游引河的消能防冲; 2. 闸下泥沙淤积深度最大,冲淤及闸门开启难度相对最大

表 2.2-6 各闸槛高程方案主要可比工程量及投资表

方案	土方开挖(万 m^3)	土方填筑(万 m^3)	砼及钢筋砼(万 m^3)	浆砌石(万 m^3)	钢筋(t)	平面钢闸门(t)	启闭机(t)	可比投资(万元)
方案一	94.51	37.13	15.92	3.16	10 300	2 511.5	636.2	21 618
方案二	92.72	38.01	15.08	3.41	9 757	2 471.5	570.7	20 724
方案三	91.56	38.78	14.58	3.91	9 433	2 432.9	517.8	20 242

针对上述三个闸槛高程方案,从以下几个方面进行综合分析比选:

(1) 工程地质

三个方案的闸基持力层均为淤泥及淤泥质壤土,都需进行处理,闸槛高程的抬高或降低对地基处理影响不大。

(2) 排涝

上述方案的闸槛高程均能满足排涝要求。

(3) 泥沙淤积、冲淤及闸门启闭条件

从河工模型和水工整体模型试验情况看,降低闸槛高程,如果不同时降低下游引河开挖高程,将不能达到增加闸的泄洪能力以缩减闸孔规模的目的,故降闸槛高程同时必须降低闸下河槽高程,势必造成闸下引河的泥沙淤积厚度及淤积量增大,其冲淤量和难度也相应增大。

从闸门启闭情况看,闸槛高程稍高,闸下泥沙淤积深度小,闸门启闭条件相对较好。

(4) 过闸水流与下游的水面衔接

从低潮位过闸水流与下游的水面衔接情况看,降低闸槛高程有利于过闸水流与下游的水面衔接。

(5) 过闸单宽流量及河道束窄比率

降低闸槛高程将增大过闸单宽流量及河道束窄比率,该处河道宽约 1.5 km,按−2.5 m 闸槛高程方案建闸,最大单宽流量达 15.56 $m^3/(s\cdot m)$,河道束窄比率达 0.65,本工程河床土质为淤泥及淤泥质黏土,抗冲能力较差,过闸单宽流量过大,水闸消能防冲设施、上下游引河的防冲、以及河道的过分束窄导致相应的防护与改善水流条件的设施增多,相应增加工程费用,同时对水闸安全泄流也不利。

(6) 工程投资

方案一净宽较大,地基处理、上部结构投资增加较多,总体投资较大,方案三投资较小。

方案三虽然投资最小,但该方案闸槛高程最低,闸下单宽淤积量较大,冲淤及淤积后闸门启闭难度较大,同时该方案过闸单宽流量及河道束窄比率较大,水闸消能防冲及上、下游引河边坡的防护难度加大,对工程的安全运行不利;方案一闸下泥沙淤积及冲淤较为有利,泥沙淤积后闸门开启难度较小,但该方案闸槛高程较高,闸室净宽最大,导致投资增加较多,且不利于低潮位泄流时过闸水流与下游的水面衔接;方案二各方面较适中,投资较方案三增加不多,另参考三洋港闸周边其他挡潮闸闸槛高程的选用情况,如新沂河海口闸底板堰顶高程为−2.0 m,三洋港闸上游原太平庄挡潮闸闸槛高程也为−2.0 m。综合各方面因素考虑,三洋港挡潮闸闸槛高程推荐方案二,即闸槛高程为−2.0 m。

2.2.3.2 闸室结构及基础型式

水闸闸室结构与基础型式是密切相关的,根据三洋港挡潮闸的泄流特点和运行要求,闸室结构型式选择开敞式闸室方案。结合基础型式(含地基处理)与结构受力条件,在可研阶段中设计比选了五个方案:

方案一:闸室采用底板隔孔分缝的分离式结构,其无缝闸孔的大底板下设沉井基础,设缝闸孔的小底板采用 Φ600 钻孔灌注桩处理,并在其上、下游采用混凝土墙围封;

方案二:闸室采用同方案一的分离式结构型式,基础采用钻孔灌注桩;

方案三:闸室采用两孔一联的整板“山”字形结构,闸墩分缝,基础采用钻孔灌注桩;

方案四:闸室结构型式同方案三,地基采用粉喷桩处理;

方案五:结构型式同上述的方案三和方案四,地基采用换砂垫层处理。

经技术经济比较,方案一具有投资省、结构稳定性相对较好等优点,因此可研阶段推荐采用沉井基础的分离式闸室结构型式,即方案一。

初步设计阶段,经对江苏沿海几座海口挡潮闸的调研,针对本工程特点及场区的地质条件,提出两个闸室基础处理方案作同深度比选:

方案一:将可研阶段设计的隔孔设缝分离式结构型式,调整为隔二孔设缝分离式结构型式,闸室基础由原来的单孔小沉井,变成二孔一联的大沉井,两个沉井间的小底板结构型式不变,该方案基础工程量较可研方案稍有增加,但结构整体性和结构对地基变形适应能力以及基底应力都得到较大提高。

方案二:闸室采用闸墩分缝、二孔一联的整体结构(其中 17 号孔为单孔一联),下设沉井基础。其特点是结构稳定性、整体性与结构刚度又有进一步提高,同时其基础的防渗及抗冲性能较方案一要好。

以上两方案优缺点见表 2.2-7,可比工程投资见表 2.2-8。

表 2.2-7 闸室地基处理方案优缺点比较表

方案	优点	缺点
方案一	1. 相邻两联沉井下沉时干扰小; 2. 投资较省	结构整体性、抗震性能、基础防渗性能较方案二稍差
方案二	1. 结构整体性及抗震性能较好; 2. 基础的防渗性能较好	1. 相邻两联沉井施工时干扰较大; 2. 投资较大

表 2.2-8 闸室地基处理方案主要可比工程量及投资估算表

方案	主要可比工程量		可比投资(万元)
方案一	C30 钢筋砼(m^3)	31 083	5 428
	C30 沉井钢筋砼(m^3)	17 416	
	C30 沉井封底(m^3)	9 802	
	C30 防渗墙(m^3)	1 858	
方案二	C30 钢筋砼(m^3)	32 170	5 921
	C30 沉井钢筋砼(m^3)	20 380	
	C30 沉井封底(m^3)	11 791	

两个方案技术上均可行,投资相差不大。方案一的优点是相邻沉井的施工干扰小,方案二的结构整体性、抗震性能、基础的防渗性能较优。经综合分析比较,三洋港挡潮闸闸室结构及基础型式推荐方案二,即二孔一联闸墩分缝方案。

2.2.3.3 闸室设计

(1) 挡潮闸

挡潮闸闸室单孔净宽 15 m,共 33 孔,总净宽 495 m,闸室总宽 576.92 m,闸底板顶高程−2.0 m。闸室采用钢筋混凝土开敞式结构,沉井基础,二孔一联整体式底板(其中第 17 孔为单孔一联),闸墩分缝,底板厚 1.10 m;闸室顺水流方向长 19.00m;闸墩顶高程 7.00 m,中墩厚 2.2 m,缝墩及边墩厚 1.45 m。

挡潮闸工作闸门孔口净宽 15 m,采用平面定轮钢闸门,配 33 台 QP−2×630 kN 启闭机,工作闸门上下游各设 4 扇检修闸门,配 SGMDⅠ2×100 kN 双钩电动葫芦及自动挂脱梁分节启吊闸上下检修闸门。

(2) 排水闸

排水闸布置在挡潮闸与现状泓道之间,共 3 孔,单孔净宽 6.00 m,闸底板顶高程−2.0 m,排水闸闸轴线与挡潮闸轴线一致,排水闸中心线距挡潮闸中心线 437.26 m,采用钢筋混凝土涵洞式结构。

排水闸工作门孔口净宽 6 m，采用平面定轮钢闸门，配 3 台 QP－2×250 kN 启闭机。工作闸门上游设一道检修闸门，配一台 SGMDⅠ2×100 kN 双钩电动葫芦。

2.2.4 消能防冲设计

三洋港挡潮闸距新沭河入海口约 3.0 km，闸下为感潮河道，其水位与流量随潮水涨落而不断变化，闸孔过流能力受潮位影响，需根据不同潮位，合理的闸门控制运用方案对应的泄量，选择消能防冲计算条件和工况。

(1) 消能型式

本工程为软基建闸，河床及岸坡抗冲能力较低，且承受水头不高，闸下跃前水流佛劳德数较低，宜采用底流消能。底流消能主要有挖深式消力池、尾槛式消力池、综合式消力池等三种型式，考虑到三洋港挡潮闸消能设计工况初始泄流时闸下尾水较浅，尾槛式消力池和综合式消力池均在坎后易形成二次水跃，消能效果不理想，设计采用挖深式消力池方案。

(2) 消能防冲计算工况

根据三洋港挡潮闸调度运用办法，设计阶段拟定三种消能防冲计算工况。

①工况 1：初始泄洪阶段

石梁河水库下泄的洪水到达三洋港挡潮闸枢纽的用时约 6 小时，根据三洋港闸调度运用条件和实时具体情况，在石梁河水库准备开闸泄洪时，三洋港挡潮闸应提前开闸放水，此时上游河道蓄水位 2.00 m(在石梁河水库下泄洪水到达之前呈逐渐下落趋势)，下游对应当时的潮位过程，最不利情况为 20 年一遇设计低潮位－3.35 m(考虑下泄流量和涨潮的影响，呈逐渐上升趋势)。因此，消能计算的起始条件确定为：闸上设计蓄水位 2.00 m，闸下 20 年一遇设计低潮位－3.35 m，据 20 年一遇设计低潮位下的闸下水位流量关系曲线，按闸门开启 0.5 m、1.0 m、1.5 m 等泄水过程，选择最不利工况的流量进行消能防冲计算。

模型试验实测闸下水位-流量关系曲线(20 年一遇低潮位)见图 2.2-3。

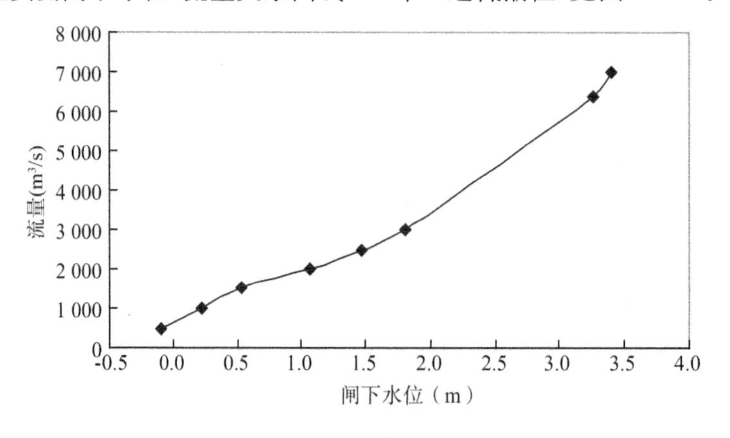

图 2.2-3　20 年一遇低潮位闸下水位-流量关系曲线

②工况 2:设计及校核泄洪过程中遇 20 年一遇低潮位,闸门不控泄

设计及校核泄流过程中,遇 20 年一遇低潮位过程,闸门不控泄,通过数学模型按非恒定流进行泄流过程演算,计算结果为:在落潮过程中设计泄洪最大泄量 6 482 m^3/s,闸上水位 3.704 m,闸下水位 3.506 m;校核泄洪最大泄量 7 075 m^3/s,闸上水位 3.799 m,闸下水位 3.581 m。按此水位及流量进行消能防冲计算。

③工况 3:冲淤工况

根据拟定的冲淤运用要求,冲淤消能计算控制条件为:闸上蓄水位 2.00 m,闸下潮位 −0.5 m,闸门开度 2.0 m。

(3) 消力池布置

本闸消能方式为底流消能,采用挖深式消力池,按《水闸设计规范》的有关公式进行消能计算。经计算,消力池尾坎顶高程为−3.50 m 时,消力池底板满足抗冲与抗浮要求的厚度分别为 0.76 m 和 0.81 m,消力池最大深度为 1.13 m,消力池水平段长16.60 m,总长 29.60 m,设计取消力池厚度为 0.8 m,池深 1.5 m,池底高程−5.00 m,消力池总长 31.0 m,其中闸室出口水平段长 1.0 m,斜坡段长 12.00 m,坡度 1∶4,池底水平段长 18.00 m,消力池尾坎顶高程−3.50 m,与海漫始段齐平。

经水工模型试验验证,消力池满足各工况消能要求。

考虑到挡潮闸下易淤积泥沙,导致消力池冒水孔失效,为防止消力池底板抗浮失稳,结合抗震和控制变形需要在底板下设置抗拔桩。

(4) 防冲设施布置

为消减过闸水流余能和确保闸室安全,使出池水流与下游河道水面平顺衔接,消力池后设坡度为 1∶25、水平投影长 25.0 m 的海漫,海漫末端设深 2.5 m、顶高程 −4.50 m、底宽 10.0 m、上口宽 15.00 m 的抛石防冲槽,其后以 1∶30 反坡与下游引河平顺连接。

三洋港挡潮闸上下游引河河床为抗冲能力较差的淤泥、淤泥质黏土夹沙壤土,根据河床冲刷计算,下游消力池及上游护底末端最大计算冲坑深度分别达 5.5 m 及 6.5 m,另外由于行洪时上、下游引河流速较大,对上、下游河道形成冲刷,特别是低潮位行大洪水时更是如此,因此,上下游防冲设施稳固、可靠,对确保水闸安全至关重要。为防止冲坑淘刷,危及上游护底、铺盖和下游海漫、消力池,确保闸室安全,在上游护底前段、下游消力池尾坎、海漫末端分别设置钢筋混凝土地下防冲墙。

2.2.5 地基设计

本工程闸室及岸、翼墙建基面下卧的第②层淤泥和淤泥质壤土、第③层淤泥和淤泥质黏土均为软弱土层,强度较低,承载力标准值分别为 40 kPa 和 50 kPa,抗滑稳定、地基承载力及地基沉降均不能满足要求,且在Ⅶ度地震条件下具有震陷的可能性,须采用深基础或进行地基处理。

(1) 闸室地基设计

设计对闸室结构与基础型式进行了方案比选,确定三洋港挡潮闸闸室采用二孔一联和一孔一联整体式底板结构,每联闸室下设置一个沉井基础。

(2) 岸、翼墙地基设计

针对岸、翼墙地基承载力小、承受水平力和竖向力均较大的特点，设计阶段提出三个方案进行比选。

方案一:岸、翼墙灌注桩、沉井基础方案

挡土高度较低的 1－1 及 5－5 段翼墙采用 0.8 m 直径的钻孔灌注桩基础，岸墙采用灌注桩基础，其余段翼墙采用沉井基础。由于墙后水平力大，岸、翼墙后均回填水泥土，水泥土下地基采用粉喷桩加固处理。

方案二:岸、翼墙地基换填水泥土方案

翼墙和岸墙下的淤泥全部换填为水泥土，换填范围宽约 47.7～49.3 m，长约 120.1 m，底高程－11.20 m，上游顶高程－2.8 m，下游顶高程－6.0 m。坐落于水泥土地上的上游翼墙采用钢筋砼扶壁式，岸墙和下游翼墙采用钢筋砼空箱式，其墙后约20.0 m宽范围内也回填水泥土以增加抗滑稳定性。

方案三:岸、翼墙灌注桩基础方案

岸、翼墙全部采用灌注桩基础，为增强桩侧上部淤泥(淤泥质)土的抗力，故在桩群及其两侧 5.0 m 范围内采用粉喷桩进行加固处理。为防止墙(承台)底地基土因竖向变形脱空而引起的渗流稳定问题，在翼墙的前趾下设一道钢筋砼截渗墙，形成半围封结构。

方案一地基处理型式多，施工工艺复杂且要求高；“上堵下排、外堵内排”是本方案岸、翼墙必需的设计条件，对墙后水位不高于－1.0 m 的严格要求，运行管理难度大。方案二充分利用水泥土良好的承载能力、抗剪和防渗性能，解决了软土地基挡土墙难以稳定的问题，使得结构布置和施工工艺简化，提高了施工质量的可靠性，但基坑开挖量和水泥土填筑量大。方案三施工工艺较前两者简单，但灌注桩、粉喷桩、截渗墙与地基土协同作用的机理相对复杂。各方案的工程量和可比投资见表 2.2-9。

表 2.2-9　岸、翼墙方案一与方案二主要可比工程量及投资表

方案	土方开挖(万 m^3)	土方填筑(万 m^3)	基础工程砼(万 m^3)	水泥土(万 m^3)	水泥土搅拌桩(万 m^3)	上部结构砼(万 m^3)	可比投资(万元)
方案一	6.09	4.31	1.61	4.37	1.34	1.10	3 432
方案二	54.32	42.85	0.14	11.22	0.00	0.89	3 092
方案三	8.00	10.00	1.37	0.00	0.93	1.40	3 240

从技术经济角度综合比较，方案二、方案三均比方案一有优势，考虑到方案三施工因素，设计推荐方案三。

(3) 上游护底、铺盖及下游消力池地基处理设计

上游护底、铺盖及下游消力池基础下均有深厚淤泥及淤泥质土层，该层强度低、压缩性大、抗冲能力差，且Ⅶ度地震时具有震陷的可能性，同时考虑闸下潮位变动频繁以及短时间内潮位差的加大造成消力池抗浮失稳，为确保上游铺盖、护底以及下游消力池的防冲安全，并有效控制沉降及沉降差，避免震陷的影响，防止消力池抗浮失稳，上游铺盖、护底、下游消力池等基础采用混凝土预制桩进行加固处理。

第3章

关键技术问题、研究现状及发展趋势

挡潮闸工程的设计是一个综合而又复杂的系统设计，大型挡潮闸设计的关键技术问题一般包括闸址选择、工程总体布置、闸室结构型式、门型选择、地基和基础处理、结构防腐蚀、防淤积以及消能防冲等问题。三洋港挡潮闸枢纽位于新沭河入黄海海口，同样也面临此类问题，设计阶段通过方案比选、模型试验验证等方式解决了闸址选择、工程总体布置、闸室结构型式、防淤积等问题，但三洋港挡潮闸工程建设面临深厚海淤土地基和海洋环境等复杂建设条件，仍存在一些关键技术问题需在实施阶段进一步研究解决。

3.1 工程建设关键技术问题

针对三洋港挡潮闸工程建设所处地理环境及复杂的地质条件，工程建设需进一步研究的关键技术问题主要包括：深厚海淤土地基处理问题、混凝土耐久性及金属结构防腐蚀问题、泵送水工高性能混凝土温控防裂问题、新型低速传动闭式启闭机问题等。

(1) 深厚海淤土地基处理问题

三洋港挡潮闸距新沭河入海口仅3.0 km，闸址区普遍分布全新统海淤土地层，该层土厚约10～12 m，呈流塑状态，标贯击数小于1击，承载力40 kPa，压缩系数1.1～1.5 MPa^{-1}，压缩性高、强度低，水平及竖向承载力均较小，且在Ⅷ度地震时具有震陷可能性，因此本工程建闸的地质条件极差，工程设计过程中既需要考虑地基的竖向承载问题，还需要考虑地基的水平承载问题，基础处理问题非常复杂，尤其是岸翼墙的设计，存在墙后地下水位高、墙后回填淤质土土压力大、下游墙前潮差大(一日两潮，最大涨潮潮差6.11 m，最大落潮潮差5.93 m)、地基水平与竖向承载能力均不足等多种不利因素，设计条件非常恶劣，由于下游墙前涨落潮时水位变化快，落潮时墙后淤泥土中地下水不能及时排出，导致设计中需要考虑的墙前、墙后最大水头差达5.35 m，是蚌埠闸的10.7倍，某水库新泄洪闸的3.57倍，单宽墙体承受的水平合力粗略对比，三洋港挡潮闸是淮干某闸的5～6倍，且地基条件也无法与这两闸相比。因此三洋港挡潮闸岸翼墙设计特别是基础设计难度非常大。

根据调研，淮河流域某海口挡潮闸，其临海侧挡土墙墙前设计潮差与三洋港闸接近，其地基土层为砂土，优于三洋港闸，工程建成后，由于临海侧潮涨潮落，墙后水土压力大，造成了临海侧挡土墙的倾斜，不得不采取加固处理措施。因此如何处理本工程深厚海淤土地基，提高海淤土地基的水平承载能力，解决高潮差河口、海淤土地基上高挡土墙（最大墙高 12 m）抗滑稳定问题及竖向承载问题是本工程地基处理关键技术难题之一。

挡潮闸共 33 孔，单孔净宽 15 m，两孔一联（第 17 孔为单孔一联），闸室基础型式需满足软土基础承载力、抗滑稳定、防渗、沉降、地基变形协调及防冲等诸多要求，大孔口闸室软基处理是本工程地基处理又一关键技术问题。

(2) 混凝土耐久性及金属结构防腐蚀问题

三洋港挡潮闸地处海口，处于海洋强侵蚀性环境，其海水及地下水中的硫酸盐对混凝土具有结晶类强腐蚀性，海水中的氯盐对钢筋及金属结构设备也具有很强的腐蚀性，因此如何提高混凝土耐久性能、防止金属结构设备等被腐蚀，进而提高工程使用寿命，充分发挥其经济效益、社会效益和环境效益，是挡潮闸建设中需要重点研究的技术问题。

(3) 泵送水工高性能混凝土温控防裂问题

水工高性能混凝土虽然其力学性能和耐久性能满足沿海水利工程的技术要求，但由于高性能混凝土的早期强度偏低，水灰比大，早期干缩变形及自收缩变形均相对较大，因此产生早期裂缝的风险随之增加。三洋港枢纽由于工期较紧，采用大掺量磨细矿渣、小粒径骨料和大流动性为特征的泵送水工高性能混凝土，同时三洋港闸中墩厚 2.2 m，缝墩厚 1.45 m，且先期浇筑的沉井基础对闸底板有很强的约束，存在混凝土结构尺寸大、结构复杂、约束强，以及施工气温高、风速大、昼夜温差大等诸多不利的影响因素，对高性能混凝土的温控防裂提出了更高的要求，施工中如控制不当，极易产生温度裂缝。因此，沉井强约束基础上的泵送水工高性能混凝土温控防裂是本工程的关键技术难题之一。

(4) 新型低速传动闭式启闭机问题

本工程闸室单孔净宽 15 m，计算启门力 763 kN。考虑到工程建成后闸下泥沙淤积，启闭机额定启门力应留有一定的富余量。经过比较与计算，启闭机额定启门力定为 2×630 kN，型式为固定卷扬式启闭机。根据调研，该型号的常规开式传动启闭机，利用暴露在外的大、小齿轮传动，高速同步，存在体积大、安全度低、使用期维护工作量大的缺点，且三洋港挡潮闸工程临近大海，大、小开式齿轮因暴露在空气中而易受到盐雾腐蚀。另外，传统启闭机的开式齿轮需定期涂抹黄油，环境污染大。因此，根据工程使用特点，研制一种承载能力大、抗过载能力强、荷重比大（荷重比是指减速器的承载能力与自重的比值）、结构紧凑、重量轻、传动效率高、防腐效果好、维修方便、安全可靠、外形美观及环保的新型低速同步闭式传动启闭设备，也是本工程一项关键技术问题。

3.2 研究现状及发展趋势

3.2.1 混合式桩基础研究现状与趋势

3.2.1.1 混合式桩基研究现状

混合式桩基础是土木工程界根据我国的实际情况，在总结工程实践的基础上，逐渐探索和发展起来的一种新型地基及基础型式。在工程实践中，当一般的地基处理方法不能满足要求时，通常会采用桩基础，为节约投资，有些工程就尝试着将多种地基处理与桩基础结合起来综合应用，形成了由不同类型桩或不同长度桩所组成的混合桩型复合地基。根据桩体材料刚度或桩的长度不同，这种新型复合地基通常又被称为刚-柔性桩或长-短桩复合地基，主要应用于多层及小高层建筑。尽管近些年工程届对混合桩复合地基在工程实践方面进行了一些探索，并在工程设计中得到了应用，但混合桩复合地基理论的发展还是明显落后于工程实践。从近年文献发表看，已有一些学者对混合桩复合地基竖向承载能力从理论到试验两个方面进行了研究，其中理论研究以有限元分析法居多，葛忻声等用有限元分析了长-短桩复合地基的工程形状。在现场试验研究方面，刘奋勇等应用载荷板试验对混合桩型复合地基工程性状进行试验研究；梁发云等则对某采用长-短桩复合地基的14层建筑进行了现场原位试验，观测在建造和使用过程中长桩、短桩和地基土的受力状况以及基础沉降的变化情况。

上述理论和现场试验主要研究混合式桩基的竖向承载能力和地基变形问题，对于混合式桩基的水平承载能力研究，未见相关文献。

3.2.1.2 水平承载桩研究现状与进展

随着桩体材料、桩的施工工艺的发展，桩基工程得到了充分的发展。自1894年发明预制混凝土桩开始，到20世纪20～30年代出现混凝土沉管灌注桩，再到1949年美国最早用离心机生产的中空预应力钢筋混凝土管桩，至今桩型已层出不穷，即使不算近年来出现的水泥土桩、CFG桩、石灰桩、PHC桩、碎石桩等许多新桩型，传统的桩也形成了一个桩型体系。

20世纪50年代以前，桩基主要起抗压作用。20世纪60年代起随着大直径灌注桩、钢筋混凝土管桩和钢管桩的兴起，由于其抗弯刚度大，其水平承载能力也逐渐在工程中得到广泛应用，试验和理论计算方法日趋完善。

(1) 现场试验

早在20世纪60年代，国外学者就开展了水平承载桩的一系列现场试验，McClelland和Focht通过现场试验研究，提出了一个初步计算水平土反力模量的方法，指出土体模量不仅随着深度变化，还与桩的水平位移变化有关，并以此试验结果最早提出了p-y曲线法；Matlock对桩长桩径相同，但作用点位置不同的两个钢管桩进行了对比试验研究；Alizadeh和Davisson在阿肯色河谷三个不同地点共进行了37组水平试验，分析了竖直桩和斜桩的水平荷载-位移特性、桩体的抗弯性能、循环荷载的影响以及土体密度的影响等，通过试验分析，可以得到：①水平地基反力模量沿着桩体按三角形分布是一个合理的估计；②对于斜桩，水平地基反力模量是按非线性变化；③循环荷载对位移的影响较大，比第一次加载时位移增加70%到90%。

Cox等则开展了一系列现场试验，包括静力试验和动力试验，详细介绍了试验前土体的情况、桩体的制备以及埋设的仪器元件，根据试验结果，提出了砂土中水平承载桩的设计准则；Reese等在硬黏土中开展了水平承载桩试验，桩体直径760 mm，桩长12.8 m，最大水平荷载445 kN，根据试验结果提出了一个准则可以预测硬黏土中的p-y曲线法，该方法与试验结果吻合得很好，但是作者指出该准则是部分基于理论，预测的p-y曲线中很多重要的参数还需要仔细考虑；Kim和Brungraber对群桩中承台的抗力进行了系统的试验研究，并且对比了单桩和群桩中承台所起到的抗力作用，发现对于斜桩有承台和无承台对抗力的影响不大；Ismael和Klym对成层地基中刚性桩的水平承载性能开展了现场试验研究，基于现场试验结果分析，认为弹性地基理论仅限于水平荷载较小的情况，当荷载较大时，需要用改进的p-y曲线法来反映土体屈服后的水平承载特性；Bhushan等在超固结硬黏土中共做了12组试验，基于试验数据分析，得出结论：灌注桩在硬黏土中可以承受较高的水平荷载，已有的分析方法对硬黏土中刚性桩的荷载-位移关系预测得有点保守，并对已有的方法中的重要参数进行了修正，且修正的参数同试验结果吻合得很好，对于刚性短桩，可以将地面处水平位移作为一个设计准则。

Ismael针对粉质砂土开展了钻孔桩的水平承载单桩试验和两根桩的群桩试验，所有12根桩直径均为0.3 m，桩长在3 m到5 m之间，通过试验结果分析，得出以下结论：①粉质砂土同时具有黏聚力和内摩擦角，忽略黏聚力的影响是不恰当的；②实测得到的钻孔桩水平承载特性是非线性的，因此应该应用非线性p—y曲线来预测；③通过实测数据得到了粉质砂土的p-y曲线为抛物线形，类似的曲线在应用传统的土压力理论分析时采用；④对于短桩，表面土体的扰动将会导致土体的软化，致使黏聚力减小30%～40%；⑤群桩试验中承台的抵抗能力很明显，水平承载能力可以提高40%，在工作荷载下水平位移可以减小一半左右；Ruesta和Townsend对群桩开展了现场水平承载试验，共做了16根预应力混凝土桩，间距为3倍桩径，其中6根桩是固定桩头，从试验结果可以看出，前排桩的特性跟单根桩的承载特性相似，单根桩的承载力比群桩中同排桩承载力的平均值要大，此外，前排桩的最大弯矩比后排桩的弯矩要大约15%。

Wu等在中国上海黄浦江边开展了桩径从0.09 m到0.6 m的一系列水平试验，通过试验结果分析，假定p-y曲线和三轴试验的应力-应变关系曲线为双曲线形式，因此可以用来估计水平位移和弯矩，并对公式中的一些参数进行了讨论。Zhang对连续墙的水平承载力开展了现场试验，尽管连续墙的截面很大，但是通过试验结果分析，连续墙在某一深度处水平位移很小，因此，可以把连续墙当作柔性桩来分析，在荷载较大时，连续墙表现出明显的非线性，土体抗力同样受限于混凝土的开裂程度以及土体的抗剪强度；此外，连续墙的水平承载特性受施加荷载的方向影响，因为连续墙的截面为长方形，加载的方向不同其抗弯强度不同，当沿着长轴方向加载，水平承载力最大，当沿着短轴方向加载，水平承载力最小。国内学者在这方面也做了大量工作，徐和等在现场对4根不同桩长、桩径和配筋率的灌注桩开展了水平加载试验，分析了单桩的水平承载力问题，初步探讨了不同桩径、桩长和配筋率等对单桩水平承载力的影响；河海大学研究团队在镇江大港饱和砂质软黏土地基上进行了横向荷载桩试验，通过桩内布置的电阻应变片实测得到相应荷载下桩身各断面的弯矩值；黄质宏在不同的地质条件下共进行了三组试桩试验，考虑了土体分层，根据现场试验结果，分析了水平荷载下桩的承载特性及影响单桩承载力的主要因素，并提出了一种计算单桩水平承载力的计算方法；钟冬波等结合清华大学综合体育中心拱结构基础大直径钻孔灌注桩，进行了现场水平静载荷试验，对水平荷载下的桩身承载特性及土抗力分布等进行了较为详尽的分析，并对工程设计提出了一些有意义的建议；费香泽等通过对水平荷载下刚性单桩开展一系列载荷试验，研究桩土应力和变形以及水平承载力的计算方法，对提高单桩的水平承载力提出了一些有意义的建议；劳伟康等在现场对 2 根大直径柔性钢管嵌岩桩进行了水平载荷试验，并利用了综合刚度原理和双参数法对嵌岩桩的水平承载特性进行了分析，计算结果与实测数据吻合得很好，总结出桩-土共同作用的规律；龚健等针对软土地基，开展了微型单桩及群桩的水平载荷试验，试验结果表明，微型桩有较好的抗水平荷载的能力，特别是斜桩基础，对水平荷载引起的位移能起到有效作用。

（2）计算理论和方法

自 20 世纪以来，国内外众多学者对横向荷载下桩的工作性能及其受力变形进行探讨研究。到 60 年代，由于大直径桩的兴起和普遍使用，促使该研究工作得以广泛的开展。目前，国内外众多的学者就水平承载桩的作用机理及其受力特性分析等提出了许多相关的理论和方法，为竖直桩在港口码头、海堤工程等以横向荷载为控制荷载的工程中得以广泛应用奠定了理论基础。

长期以来人们对水平荷载下桩土相互作用机理进行了不断的研究和探讨，概括起来主要有极限地基反力法、弹性理论分析法、弹性地基反力法、p－y 曲线法、数值分析法，以及其他一些相关的分析方法。

①极限地基反力法

Rase(1936)首先假定桩侧土地基反力为线性分布，根据作用在桩上的外力及其平衡条件求解桩的水平抗力，即为极限地基反力法。根据对土抗力分布规律的不同假设，此法又分为：a. 土抗力为二次抛物线分布的方法；b. 土抗力按直线分布的方法，如冈部法(1951)、Broms 法(1964，1965)；c. 土抗力为任意分布的方法，如挠度曲线法等。极限地基反力法是根据土体达到极限平衡时导出的，该法不能用于长桩及含有斜桩结构物的计算。由于土体要有相当大的位移才能达到极限平衡状态，而一般工程中，为保证桩基结构的正常工作，需要控制桩的水平位移值，即土体往往达不到极限状态，而且该法也没有考虑地基变形特性的影响，故不适用于一般桩结构物变形问题的研究。

②弹性理论法

弹性理论法从传统的弹性理论出发，考虑了土体间的连续性。假定桩埋置于各向同性半无限弹性体中并假定土的弹性系数(杨氏模量 E_s 和泊松比 μ_s)或为常数或随深度按某种规律变化。Poulos 法是弹性理论法的典型代表，其假设土体为均质弹性体，利用 Mindlin 解考虑桩土之间的相互作用，建立起水平荷载作用下单桩的弹性力学方法。

弹性理论法概念明确，可以反映桩身土层间的相互作用以及桩顶荷载和位移的非线性关系，在地基处于弹性阶段时计算结果与实际较为相符，但在荷载较大时，地基土的表层会产生塑性变形，而且还可能会产生桩与桩周土体脱离的情况，与假定不相符。根据Schmidt的试验结果，Frake得出了如下的结论：利用Mindlin方程推导出的弹性理论解并不准确，因为该法假定加载时桩前土体的弹性模量和卸载时桩后土体的弹性模量都等于地基土加载前的弹性模量，而事实上，土的弹性模量与土的应力状态有关，由于受力不同，其弹性模量并不相同。而且用弹性理论法不能计算出桩在地面以下的位移、转角以及弯矩、土抗力等。但在作水平承载桩的详尽计算之前，用Poulos的弹性理论法作初步的分析设计，可较方便地查得桩尺寸、桩刚度和土的压缩性等因素对横向承载桩性状的影响。

③弹性地基反力法

弹性地基反力法应用Winkler地基假定，把桩周土离散为一个个单独作用的弹簧。该方法把地基土看成非连续弹性介质，假定水平地基反力系数为常数与土体有很大差异，但在荷载不大的情况下仍不失为一种较为合理的方法。根据地基反力系数 $C_z=kz^n$（z 为深度，k 为比例系数，n 为指数）的不同假设，弹性地基反力法又可以分为张有龄法、c 法、K 法和 m 法等。分别简述如下：

a. 张有龄法

$C_z=kz^n$，式中当取 $n=0$ 时，即地基反力系数为k是常数，所获得的土抗力从地面一开始就是最大值且此值沿全桩长不变，又称常数法，此法只适用于超固结黏性土和表面密实的砂性土，而常数法是按均质土推导出来的，实际地基都是分层的，多层地基的水平地基反力系数需进行试算，计算烦琐，实用受到限制。

b. c 法

这种方法也是假定水平地基反力随深度是增大的，只是分布形式各异。c 法假定水平地基反力的计算模式为：桩入土深度 $x\leqslant 4.0/\lambda$ 部分，$k_h=Cx^{\frac{1}{2}}$；入土深度 $x>4.0/\lambda$ 部分，$k_h=C(4.0/\lambda)^{\frac{1}{2}}$；$C$ 为水平地基反力系数随深度变化的比例系数。c 法由原陕西省交通科学研究所于1974年提出，在公路部门应用较多。

c. m 法

$C_z=mz^n$，式中当取 $n=1$ 时，$C_z=mz$，此式表明地基反力系数沿深度按线性规律增大，由于我国以往应用此种分布图式时，用 m 表示比例系数，即 $C_z=mz$，故通称为 m 法。该法是一种线弹性地基反力法，即桩土之间的相互作用与桩变位成正比，水平地基系数随深度线性增加，m 法计算图示简单，为很多工程师所证实，可以求得解析解，实用非常方便，国内外广泛应用，m 法是运用较为广泛的计算方法，苏联、英国、中国已把该法列入了规范之中。但 m 法仅能反映土的弹性性能，也就是说，在桩身变位不大时，能很好地反映桩土相互关系；在桩身变位较大时，桩侧土进入非弹性工作状态，此时按 m 法计算所得泥面处的桩身最大弯矩及位置与实测值有一定差异，并随外荷载的增大，这种差异也随着变大。实测试桩发现 m 并不是一个确定的参数，它随着水平荷载的增大而减小，这主要是由于桩侧土的非线性引起的，即桩周土体随着荷载的增大发生软化。地基系数 m 值一般由试桩资料测得或查地基系数表，但 m 值范围较大，即便由试桩得出，其也随荷载的增大而减小，因此在实际中，选择不同值会对分析结果有较大的影响。

d. K 法

$C_z=Kz^n$，式中当 $n=2$ 时，$C_z=Kz^2$，此式表明地基反力系数沿深度按凹抛物线变化，由于其比例系数为 k，故通称为 K 法。K 法由苏联学者安格尔斯基在 40 多年前提出，曾被我国桩基工程使用，由于凹形水平地基反力系数图式过低地估计了近地面的桩侧土抗力，所以由 K 法计算所得的弯矩偏大，同时当桩的入土深度越大时，由 K 法计算所得的桩顶位移和转角反而越大，这与桩的实际工作性状不符。K 法由于原来的计算推导存在错误，且经我国多数试桩验证得知其桩中计算弯矩比实测结果偏大较多，故目前此法在实践中的应用较少。

④综合刚度原理和双参数

计算桩身内力方法有 m 法、c 法，我国规范建议采用 m 法。大量的模型和现场试验表明：这些方法虽有一定的可靠性，但由于桩土结构的复杂性，采用单一的参数计算的方法是不能与桩的实测数据和边界条件很好的吻合的，只能勉强达到较为接近的程度。其原因是待定参数的数目不够或选择的不恰当。为了克服此缺点，即桩在地面处的挠度、转角、桩身最大弯矩及其所在的位置与实测不能很好符合，有人提出双参数法，由于指定的参数不同，可以有不同的形式。假定地基反力系数 $K_z=mx^{\frac{1}{n}}$ 通过调整 m 和 $\frac{1}{n}$ 两个参数来调整分布图式，当 K_z 得分布图式确定后有确定的值，这种双参数法由于数学上的困难加之物理意义上的研究不足，过去很少有人采用。

我国学者吴恒立于 1975 年曾提出双参数的雏形 $m-t$ 法。后来，双参数的概念得到了更广泛的应用。例如桩的挠度曲线的微分方程式：

$$EI\frac{d^4y}{dx^4}=-K_zb_1y \tag{3.2-1}$$

式中 EI 是桩土共同作用的综合刚度；z 是从地面算起的深度；y 是桩的挠度；b_1 是桩的直径；K_z 是桩的地基水平抗力系数；土抗力模数 K 的分数指数表达式：

$$K_z=mx^{\frac{1}{n}} \tag{3.2-2}$$

以式中 m 和 $\frac{1}{n}$ 都是待定参数，m 是除零外的一切正数；$\frac{1}{n}$ 是任意实数，通常 $\frac{1}{n}\geqslant0$。

定义桩相对土的相对柔度系数 a 为：

$$a=\left(\frac{mb_1}{EI}\right)^{\frac{1}{4+\frac{1}{n}}} \tag{3.2-3}$$

则式(3.2-2)的解析解为：

$$y=y_0A(az)+\frac{\varphi_0}{a}B(az)+\frac{M_0}{a^2EI}C(az)+\frac{H_0}{a^3EI}D(az) \tag{3.2-4}$$

$$\frac{M}{a^2EI} = y_0A''(az) + \frac{\varphi_0}{a}B''(az) + \frac{M_0}{a^2EI}C''(az) + \frac{H_0}{a^3EI}D''(az) \tag{3.2-5}$$

式中 y_0、φ_0、M_0、H_0分别为桩在地面处的挠度、转角、弯矩和剪力，$A(az)$、$B(az)$、$C(az)$、$D(az)$及其各节导数是关于 az 的无穷幂级数形式。

当桩的入土深度 h，桩在地面处的荷载 H_0、M_0、y_0、φ_0为已知时，假定地基反力系数的指数$\frac{1}{n}$，则查表可以确定 C_1、C_2、C_3，则有下列关系式(3.2-6)：

$$y_0 = H_0\frac{c_1}{a^3EI} + M_0\frac{C_2}{a^2EI} \tag{3.2-6a}$$

$$\varphi_0 = -\left(H_0\frac{c_2}{a^2EI} + M_0\frac{C_3}{aEI}\right) \tag{3.2-6b}$$

由上式可计算出柔度系数 a 和桩土综合刚度 EI 满足推力桩在地面和桩底处的边界条件。得到 a 和 EI 后将其带入下列方程(3.2-7)可分别得到桩身内力分布：

$$\mathrm{y} = y_0A(az) + \frac{\varphi_0}{a}B(az) + \frac{M_0}{a^2EI}C(az) + \frac{H_0}{a^3EI}D(az) \tag{3.2-7a}$$

$$\frac{\varphi}{a} = y_0A'(az) + \frac{\varphi_0}{a}B'(az) + \frac{M_0}{a^2EI}C'(az) + \frac{H_0}{a^3EI}D'(az) \tag{3.2-7b}$$

$$\frac{M}{a^2EI} = y_0A''(az) + \frac{\varphi_0}{a}B''(az) + \frac{M_0}{a^2EI}C''(az) + \frac{H_0}{a^3EI}D''(az) \tag{3.2-7c}$$

$$\frac{Q}{a^3EI} = y_0A'''(az) + \frac{\varphi_0}{a}B'''(az) + \frac{M_0}{a^2EI}C'''(az) + \frac{H_0}{a^3EI}D'''(az) \tag{3.2-7d}$$

$$\frac{p}{a^4EI} = y_0A''''(az) + \frac{\varphi_0}{a}B''''(az) + \frac{M_0}{a^2EI}C''''(az) + \frac{H_0}{a^3EI}D''''(az) \tag{3.2-7e}$$

式中 y、φ、M、Q、p 分别为泥面以下 z 处的挠度、转角、弯矩、剪力、土体抗力。

具体操作过程：为使桩身最大弯矩及其所在的位置与实测值符合，只需调整$\frac{1}{n}$，查取对应的参数 C_1、C_2、C_3带入式(3.2-7)得 a 和 EI，再带入式(3.2-7)得泥面以下某一高程点的最大弯矩。将之与实际测得的最大弯矩比较，若大于实测值则减小$\frac{1}{n}$的取值，重复上述过程；若小于实测值则增大$\frac{1}{n}$的取值，直到计算值与实测值在允许的误差范围内。

双参数法的计算步骤：

a. 输入 y_0、φ_0、M_0、H_0及桩入深度 h 和自由桩长 e 等初始数据；

b. 假定$\frac{1}{n}$的值；

c. 计算式(3.2-7)中 $A(az)$、$B(az)$、$C(az)$、$D(az)$及其一、二、三阶导数；

d. 计算系数 C_1、C_2、C_3；

e. 按式(3.2-6)计算 a 和 EI；

f. 计算实测最大弯矩的位置处的弯矩值；

g. 判断计算值与实测值是否很接近，若接近则试算结束；

h. 如果计算弯矩大于实测弯矩，则减小 $\frac{1}{n}$ 值后回到第 c 步重新试算；

i. 如果计算弯矩小于实测弯矩，则增大 $\frac{1}{n}$ 值后回到第 c 步重新试算；

试算结果表明用综合刚度和双参数法计算的桩身内力分布与实测值吻合程度较好，较以前单参数法有更多优点，从而使桩的水平承载设计水平达到一个新的高度。

⑤ 复合地基反力法

对于桥台、桥墩等桩结构物，桩的水平位移较小，一般可认为作用在桩上的荷载与位移呈线性关系，采用线弹性地基反力法求解。但在港口工程和海洋工程中，栈桥、码头系缆浮标、开敞式码头中采用钢桩的靠船墩等允许桩顶有较大位移，有的甚至希望桩顶产生较大的水平位移来吸收水平撞击能量。此时除采用非线性弹性地基反力法外，还常用复合地基反力法。

长桩桩顶受到水平力后，桩附近的土从地表面开始屈服，塑性区逐渐向下扩展。复合地基反力法在塑性区采用极限地基反力法，在弹性区采用弹性地基反力法，根据弹性区与塑性区边界上的连续条件求桩的水平抗力。根据塑性区和弹性区水平地基反力分布的不同假设，复合地基反力法又分为长尚法、竹下法、斯奈特科法和 $P-Y$ 曲线法。其中，$P-Y$ 法由于考虑了土的非线性反应，既可用于小位移情况，也可用于大变形及循环荷载情况下的求解，故其已成为目前较为流行的计算方法之一，在国内外固定式海上平台规范及港口规范中被广泛采用。但该法由于 $P-Y$ 曲线及其参数的确定比较粗糙，不易取得良好计算结果，且一般需利用计算机进行反复收敛计算，耗时较大。

⑥ 数值分析法

随着电子计算机的飞速发展，许多复杂问题还可以通过数值方法来求解。Badhu 和 Davies(1988)在假设软土的剪切强度随深度成线性增加的基础上，运用边界元法分析了土的软化对侧向受荷桩的影响。Foriero 和 Ladanyi(1990)根据 Maxwell 黏弹性模型，用有限元法对多年冻土中竖直桩的水平受力进行分析。Trochanis 等(1991)利用有限元法分析了三维桩土相互作用特性，并且考虑了土体的非线性，数值计算结果表明：材料的非线性对桩和土反应有重要影响，忽略了非线性将会高估桩土间的相互作用。Zhang 等(2000)通过有限元与有限层理论的结合应用，提出了承受横向及竖直荷载作用群桩的分析方法。Chien(2001)利用有限差分法分析了桩土相互作用中桩的水平承载特性，特别是采用 M－C 准则对桩承受横向土体运动时的水平承载特性进行了研究。Rajashree 与 Sitharam(2001)利用非线性有限元法对斜桩在水平荷载下的受力特性进行分析，主要分析了土体软化以及循环加载对荷载-位移关系的影响。土耳其学者 Kucukarslan(2003)用有限元-边界元相结合的杂交元法对侧向受荷桩进行研究，桩和结构体用弹性有限元法，桩周土体用边界元法，并通过试验验证了该法的正确性。Chia-Cheng Fan 和 Long

(2005)利用非线性有限元法对砂土中桩的水平受力特性进行分析,对桩的刚度、桩径以及砂土性质等影响桩土作用的因素进行分析,研究表明桩的抗弯刚度对桩的 $p-y$ 曲线影响不是很明显,且桩侧土体的极限抗力与桩径成非线性关系。我国学者利用数值法对水平承载桩也进行了大量研究,陈晓平等(1997)利用 Winkler 模型,考虑桩间土横向抗力折减系数,应用平面有限元法建立了能够反映桩—土—承台共同作用的力学模型,对横向荷载作用下群桩的工作性状进行了数值分析。茜平一等(1999)利用三维弹性有限元法对横向荷载群桩基础进行了特性分析,得出了一些有益的结论。施晓春等(2002)通过将所建立的通行基础三维有限元模型与试验结果进行对比,验证了其所建立的模型的可靠性,并利用该模型分析了水平荷载作用下不同土体特性对桶体变位、桶体外侧土压力分布规律的影响。曹文贵等(2005)针对目前水平荷载下基桩受力分析方法存在的不足,初步建立了水平荷载下基桩受力分析的无单元分析方法,并与传统分析方法和试验实测所得结果进行对比分析,结果表明无单元分析结果与工程实际吻合较好。洪勇等(2007)利用大型通用有限元软件 ANSYS,对桩土相互作用体系中单桩的水平承载特性进行了三维有限元数值模拟,分析了土体的弹塑性、桩土之间接触特性等因素对单桩水平承载特性的影响,并且给出了确定接触面参数的方法。

数值分析方法提供了一个多用途的工具,能够模拟土体的连续性、土体非线性、桩土相互作用和三维边界效应等。但是,如何建立合理的计算模型,选取相关的计算参数等都是影响数值分析方法正确性的主要问题。

3.2.2 沿海地区高性能混凝土技术研究现状与趋势

高性能混凝土是一种新型高技术混凝土,是在大幅度提高普通混凝土性能的基础上采用现代混凝土技术制作的混凝土,是以耐久性作为设计的主要指标,针对不同用途要求,对耐久性、施工性、适用性、强度、体积稳定性和经济性有重点的予以保证的混凝土,是混凝土未来的发展方向。

而今,混凝土无论是在原材料或施工技术方面,都有了较大的变化。在原材料方面,体现在新水泥品种(球状、调粒、活化水泥)的出现,矿物掺合料(矿渣、粉煤灰、硅粉)的利用以及高性能减水剂的研制成功;在施工技术方面,体现在各种新型搅拌设备、原材料的检验和检测设备、计算机的应用等,这些都预示着混凝土的性能设计和控制将迈向一个更高的层次。混凝土达到高性能最重要的技术手段是使用新型高效减水剂和矿物掺合料。前者能降低混凝土的水胶比,增加坍落度和控制坍落度损失;后者填充胶凝材料的空隙,参与胶凝材料的水化反应,提高混凝土的密实度,改善混凝土的界面结构,提高混凝土的强度与耐久性等。

1962 年德国的 E. Langen 发现通过碱性能激发矿渣潜在的水硬性。以后,主要在欧洲,把矿渣作为一种水硬性材料进行研究与开发,使矿渣水泥成为一种不可或缺的工程材料。

在英国,对高性能混凝土的研究和工程应用也具有成熟的经验。英国建成的从达特福德到瑟罗克跨泰晤士河河口的大桥,全长 820 米,为防止钢筋腐蚀、地下水对混凝土的腐蚀以及混凝土早期水化引起的热裂问题,该桥下部结构的全部混凝土都采用了含 70%

矿渣的矿渣水泥，该桥获得英国优秀土木工程奖。

荷兰对大掺量矿渣微粉混凝土的研究与应用已有50多年的历史和相当成熟的经验，该国的海工结构大多数采用大掺量矿渣微粉混凝土或矿渣水泥混凝土。根据对已使用3～63年的64座海工结构的调查，大多数结构保持完好，其氯离子扩散系数仅为普通混凝土的1/15～1/10。如东谢尔德挡潮闸工程，设计使用寿命250年，80年不维修，其基本防护措施为采用水胶比0.40的大掺量(65%)矿渣微粉混凝土；Bebelux Tunnel海底隧道混凝土箱涵结构，也是采用大掺量矿渣微粉混凝土，设计使用寿命100年以上。

法赫德国王大桥是连接巴林与沙特的跨海大桥，全长25 km，1981年5月开始建设，设计使用寿命为150年，为此，沙特和荷兰Ballast Nedam联合承包商专门成立了耐久性研究组。研究组最后为工程拟定了高性能混凝土的主要配合比，其胶凝材料中使用了71%的高炉矿渣粉。

香港的青马大桥，也应用了大掺量磨细矿渣技术来提高混凝土耐久性，其用于主塔桥的高性能混凝土掺加64.4%磨细矿渣和5.6%硅粉。

我国自20世纪80年代中后期开展高性能混凝土系统研究，发展迅速，工程应用趋于广泛；在20世纪90年代初开始了大掺量磨细矿渣技术研究，已有工程应用实例，如天津港南疆港区煤码头，宁波北仑港四期码头、曹娥江大闸枢纽工程、南水北调中线天津干线等。

高性能混凝土科学大量地使用矿物掺合料，既提高了混凝土的性能，又可减少对水泥产量增加的需求。采用大掺量磨细矿渣技术配制高性能混凝土，在提高混凝土耐久性的同时，还能节约一定量的水泥，从而减少水泥生产对环境的污染和资源的消耗，并对大量的工业废渣进行了资源化利用。其技术经济优越性主要体现在以下几个方面：①对于那些坍落度损失较大的水泥而言，磨细矿渣的加入，能在一定程度上减少坍落度损失。②降低混凝土中的水化热。在大体积混凝土中，如果全部使用硅酸盐水泥或普通水泥，水化放热快，当混凝土内外温差超过30℃时，混凝土有开裂的危险，在混凝土中掺入大量的磨细矿渣，可降低混凝土水化热，是预防混凝土开裂的有效措施之一。③火山灰效应。大掺量磨细矿渣通过火山灰反应可消耗混凝土中的部分氢氧化钙，改善了界面结构，同时，生成物将填塞混凝土孔隙，使混凝土孔结构细化，密实性提高。④提高混凝土的耐久性能。用大掺量磨细矿渣技术配制混凝土可降低水及钾、钠离子的扩散速度，火山灰反应生成低的Ca/Si比产物，能结合一定量的氯离子、钾离子、钠离子，降低碱的浓度，可起到抑制碱骨料反应的作用；磨细矿渣的加入有助于改善混凝土的抗硫酸盐侵蚀能力，可使胶凝材料中C_3A含量相对降低，可溶性$Ca(OH)_2$的含量减少，从而使水化硫铝酸钙的生成量大为减少，孔径分布的改善可增加抗渗性而阻止硫酸盐的侵蚀。

可见，在混凝土中掺入矿渣，不仅具有较好的经济效益和社会效益，还有很好的技术效益。

除上述优点外，大掺量磨细矿渣高性能混凝土还有以下几方面问题有待解决：①黏性大、增大泌水和凝结时间的延长。凝结时间的延长主要是由于其早期较惰性的水化活性所致，但与早期养护温度、磨细矿渣掺量、水胶比、水泥化学成分都有关。可以通过原材料指标控制、矿渣早期活性激发、配合比及外加剂调整等措施来解决上述问题。②磨细矿渣的掺入虽然可以降低 C_3A 含量，但其本身还将带入一定数量的 Al^{3+}，为了保证水泥基材料具有良好的抗硫酸盐侵蚀能力，应考虑矿渣化学成分，特别是 Al_2O_3 含量与水泥中 C_3A 含量相匹配的问题。可通过加入活化剂，在水化初期就消耗一定量的活性 Al_2O_3，从而降低混凝土硬化后，由于硫酸盐侵蚀产生体积膨胀而带来的负面影响。③磨细矿渣对混凝土耐久性的不利影响主要集中在较高碳化速率，抗冻性较差，收缩大，体积稳定性不佳等方面。磨细矿渣的加入造成混凝土碱度降低，会引起碳化速率加快，特别是在一些矿渣高掺入量的混凝土中。当混凝土中矿渣细粉取代量为50%时，其碳化速率与普通混凝土相近；当掺量增加到70%时，其碳化速率明显增大，碳化速率不仅与矿物细掺料的取代量有关，还与周围养护环境等相关，但据相关试验资料和工程实践应用结果，通过原材料控制、合理的配合比设计以及严格的施工质量管理，在工程设计寿命内，不会由于碳化而引起结构性破坏。

以往，混凝土和钢筋混凝土结构设计仅以混凝土的强度和刚度为主要依据；而今，大量工程实践表明，工程用结构混凝土和钢筋混凝土结构过早破坏和失效的最根本原因在于物理、力学与环境等诸多因素的共同作用下，导致混凝土耐久性下降，进而引起混凝土结构性破坏，缩短混凝土结构使用寿命。因此，在结构设计与材料研究时，必须同时考虑强度、工作性和耐久性等方面，而对混凝土耐久性更要给予足够重视。另外，符合客观实际判断耐久性、预测使用寿命的科学方法及相应的理论有待进一步研究。可见，结合三洋港挡潮闸工程具体特点及原材料状况，进行混凝土配合比设计，开展混凝土耐久性等关键技术问题研究具有重要意义。

3.2.3　高性能混凝土温控技术研究现状与趋势

3.2.3.1　混凝土温度应力国内外研究现状

在世界各国的工程建设中，随着对温度问题研究的逐步展开和深入，研究者们逐渐发现温度变化会对工程的质量带来严重的危害。在国外，关于大体积混凝土结构温度场、温度应力场及温控的研究，主要在美国和日本得到深入的开展。其中美国以有限元时间过程分析方法为代表，而日本则以约束系数矩阵方法为代表。

20世纪30年代中期，美国修建了胡佛大坝(原名为鲍尔德坝)，研究者对其进行了混凝土结构温度场和温度应力研究，这也是研究者首次对混凝土结构温度应力进行研究。美国工程师对混凝土坝人工冷却方法进行了深入的研究，其中包括了水管冷却方案，并且取得了较好的成果，使水管冷却得到全世界的广泛运用。

在国外，早期的温度问题研究成果主要是在温度场方面，美国加州大学的威尔逊教授做出了历史性的贡献，最早在混凝土温度场分析中采用有限元时间过程分析，并且在1968年还为美国陆军工程师团编制出了一套二维温度场有限元计算程序 DOT - DICE。这套程序可以模拟大体积混凝土分期施工的温度场，此方法在德沃歇克坝的温度场计算中得到应用 。随后在1982年，美国陆军工程兵团的塔特罗(S. B. Tatro)和施瑞德(E. K. Schrader)在前人的基础上修改了 DOT - DICE 程序，并计算分析了美国第一座碾压混凝土坝柳溪坝(RCC)的温度场。柳溪坝的温度场计算分析结果整理后，在美国混凝土学会会刊ACI上发表，该论文被认为是温度场有限元仿真分析的第一份文献。在柳溪坝仿真计算中，虽然温度应力场计算结果与实际观测结果存在较大误差，但是温度场的计算结果却与实际观测结果吻合很好。柳溪坝计算结果与常态混凝土温度场分析相比，有一个特点值得参考：因碾压混凝坝采用通仓薄层浇筑、坝体连续上升，要精确模拟温度场，准确的边界条件非常重要，所以计算碾压混凝土温度场时要记录好施工进度情况和周围环境温度变化。90年代初，美国的伍德沃德－克莱德（Woodward－Clyde）公司运用最新版DOT－DICE程序对斯特吉科奇（Stagecoach）坝进行了二维温度场分析，研究了斯特吉科奇坝从施工结束到蓄水完成的两年多时间内的温度场变化情况，这一分析较好地反映了水库水温对坝体温度的影响。1992年，巴瑞特（P. K. Barrett）在美国加利福尼亚州圣地亚哥市举行的第三次碾压混凝土会议上介绍了一款三维温度应力计算软件ANA－CAP，巴瑞特（P. K. Barrett）的一大进步是在坝体温度应力仿真计算中成功与开裂模型结合起来 。

利用有限元程序能较准确地计算大体积混凝土结构的温度场，但实际工程中更需要得到的是因为温度变化所引起的温度应力，但由于混凝土的徐变和弹性模量难以准确描述，导致利用有限元程序计算混凝土温度应力场与实际监测值相差较大。在对大体积混凝土温度场和温度应力场的研究中，日本同样也是这方面研究十分深入的国家之一，尤其是在计算中考虑混凝土结构徐变对应力场产生的影响。日本学者结合宫濑坝，对其施工期和运营期的温度场和温度应力场进行了研究分析，由于在计算温度应力场时考虑混凝土徐变影响，使得温度应力场计算过程远复杂于温度场，故首先利用有限元程序计算混凝土温度场，之后在对较为复杂的温度应力场研究中采用ADINA程序计算分析 。在对大体积混凝土温度应力的物理仿真研究中，日本学者还行了大量的试验并证明，与大体积混凝土紧密连接的应力计可以测出混凝土各部位的温度应力。

与国外对混凝土结构温度问题的研究相比，我国对这方面的研究开始得较晚，一直到20世纪70年代才正式开始。朱伯芳院士是我国大体积混凝土温度问题研究的先驱者，针对大体积混凝土温度计算分析问题，他编制了我国第一套温度场和温度应力场有限元计算程序，随后首次将此程序应用到三门峡重力坝底孔口温度应力计算分析中，取得了较好的分析成果，这也是我国在大体积混凝土温度场及温度应力场问题上进行系统性分析开始的标志。随后朱伯芳院士针对温度问题编写了《大体积混凝土温度应力与温度控制》一书，书中对混凝土的温度等相关问题基本原理进行了全面而详细的论述，还对一些较为常见的温控措施进行了总结，并且结合我国一些工程建设提出了很多有效的温控建议和措施。

随着对温度裂缝的重视，越来越多的研究者及科研机构都开始对这方面问题进行多角度深入的研究学习。河海大学研究者在19世纪70年代后期开始对混凝土温度场和温度应力场进行研究分析工作，在“七五”期间与国家重点工程结合，先后对京杭运河船闸及东风拱坝的施工期温度场及温度应力场进行计算分析，取得了较好的研究成果。随后在1990年到1992年期间，河海大学研究者又结合小浪底水利枢纽工程，完成了其温度场和温度应力场二维及三维有限元计算仿真程序（TCSAP）。武汉大学水利水电学院肖明教授充分考虑温变荷载对混凝土的影响，提出了考虑温变荷载影响的非线性有限元分析方法。此方法被应用到欧阳海超薄双曲拱坝温度应力场计算分析中，分析出了温变荷载是导致拱坝两端开裂的主要原因，且其求解结果与实际观测数据对比十分吻合。清华大学刘光廷教授对溪柄碾压混凝土薄拱坝施工期至运行期的温度场和温度应力场进行仿真计算，计算中引入断裂力学，采用人工短缝的方法成功使得坝肩两岸开裂问题得到解决。大连理工大学、天津大学等院校及科研单位也在大体积混凝土温度场和温度应力场研究方面做了大量工作，极大地推动了我国大体积混凝土温度应力控制研究，目前我国在相关理论和应用研究方面，已处在世界领先的位置上。

在温度应力仿真计算中，计算量过大、计算机运算耗时较长一直是温度问题仿真计算中最主要的问题。为了减少计算量，朱伯芳院士在 1994 年发表论文，提出了混凝土应力计算的并层算法 ，随后在 1995 年提出了对温度场及弹性徐变应力场计算的分区异步长算法。并层算法根据混凝土结构在有限元计算中将结构分为 4 个区域，在 4 个区域中根据混凝土龄期和变形之间的关系进行并层，极大地减少了网格数量，使计算得到简化。分区异步长算法是在混凝土温度场计算中，根据温度变化的剧烈与否的特性，在温度变化剧烈时采用较小的步长，在温度变化相对平稳时采用大的时间步长，这同样也极大地减少了计算量，而且计算精度并没有下降。1996 年朱伯芳院士将这两种算法结合起来，并将其应用到三峡碾压混凝土重力坝仿真分析中去 ，研究表明了这两种方法的结合使得计算得到了极大的简化，计算结果也较为精确，并且在未来的计算中可以作为一种常规的计算手段。在“八五”计划项目攻关期间，鉴于温度应力计算量很大，武汉水利电力大学王建江博士在温度问题仿真计算方面提出了“非均质单元法”，该方法以混凝土不同的龄期为依据，逐步合并模型中的网格，简化了温度应力仿真计算量。

3.2.3.2 大型薄壁结构温控措施研究现状

混凝土在现代社会建设中是应用广泛且必不可少的建筑材料，这是由混凝土自身具有强度高、耐久性好、抗压性高及可塑性强的优点决定的；然而由于其材料固有的力学特性，混凝土同样具有质量波动大、抗拉强度低及施工期长等缺点。在工程建设中，往往有大量的混凝土薄壁结构是由混凝土板、梁等构成的，比如水闸底板与闸墩、泵站底板与流道墙体、倒虹吸底板与边墙等。大量的工程实践表明，在这些工程的建设中，薄壁结构在施工期中容易受到自生和外界温度变化所带来的影响。薄壁结构在早期由于混凝土自身的化学反应，使结构存在内外温差，从而使混凝土自身产生较大的拉应力；在后期又会因为混凝土受到来自基础的约束作用而产生很可观的拉应力，这都会致使混凝土产生温度裂缝。如果混凝土结构温控措施设计不当，因其较低的抗拉强度使混凝土在受到拉应力时极易产生裂缝，尤其在靠近基础约束区的浇筑面，这些裂缝都严重影响工程的建设的质量和使用的耐久性。

由于混凝土容易受到温度作用而产生裂缝，故在混凝土结构设计和施工中，要制定和采取经济合理的温控措施。目前的温控措施主要是减小混凝土结构的基础温差、内外温差以及控制结构降温速率等。目前大体积混凝土温控措措施主要有：①改善混凝土骨料级配，降低水泥水化热。②预冷骨料，在水泥搅拌中加入冰块，使混凝土的浇筑出口温度得到降低。③通水冷却，在混凝土结构中预埋水管进行通水冷却，是最常见、最有效的温控措施。④在混凝土表面采取保温措施，采用合理的混凝土结构和合理的分缝分块等。

作为两种重要的温控防裂技术，混凝土表面保温和内部水管冷却，长期以来广泛应用于水利工程建设。在保温措施的研究中，美国早先在20世纪30到40年代只对坝体分缝分块和控制基础温差十分重视，直到50年代才重视表面保温措施，并对利贝坝和德沃歇克坝表面保温都做出了严格的温控设计，取得了一定的效果，但是在德沃歇克坝中还是存在一些表面裂缝。日本对保温也进行了深入的研究，在日本不少工程中，都把泡沫塑料板和聚氯乙烯作为保温材料。苏联在托克托古尔坝施工中创造性地采用自动上升的活动帐篷，人工自造气候，很好地防止了裂缝的产生。对于表面保温方法，国内外还有许多研究者在保温材料和保温方式的选择、保温效果及工程应用等方面进行了较为深入的研究。对于水管冷却，通水冷却自从在胡佛大坝中成功应用并且取得了良好的效果后，就得到了全世界工程建设的青睐，直到今天水管冷却也是最有效、应用最广泛的温控措施。国内外一大批研究者们都对水管冷却进行了大量深入的研究并且都取得了不错的成果。早期的水管冷却主要是应用于大体积混凝土大坝结构中，随着技术发展和需要，水管冷却也已开始在大型薄壁混凝土结构，如在水闸底板和闸墩、泵站中应用，都取得了良好的温控结果。

在水管冷却仿真计算方法研究中，Jin Keun Kim 提出了一种采用线单元来模拟冷却水管的计算方法，该方法对水管和混凝土之间的边界热量交换作了简化处理，故可以用线单元代替精确的水管单元，使计算分析得到简化。朱伯芳提出了一套考虑水管冷却效果的混凝土温度问题有限元计算方法，该方法优点是在把通水冷却的效果平均地引入混凝土结构中，这就决定了在温度问题计算分析中，不再需要采用大量的网格来精确模拟水管作用，只需要简单网格计算就好，这就使计算得到了很好的简化。同样由于是从平均的角度去考虑水管冷却的作用，这也导致了该方法在描述水管附近混凝土的温度问题上存在一定的误差。由于该方法的优点远大于弊端，使得该方法直到今天依然在工程计算分析中有着广泛的应用。朱岳明等人根据施工中的最一般的实际情况，对于模拟水管冷却问题的三维计算分析，提出了一套新的计算方法。该算法在计算水管水温沿程变化时，可很方便地直接按单元边界面上的曲面进行积分；在精确模拟水管时往往存在“截弯取直”，该方法可以很好地避免由此引起的误差。刘晓青提出了一种新的冷却水管直接求解算法，该方法在迭代法基础上进行了优化，建立了可以同时求解出水管节点和混凝土内部节点温度的有限元方程。该方法较其他求解方法的优点就是无须计算冷却水管周边的温度梯度，这不仅简化了计算过程，又达到了保证计算结果精度的目的。

3.2.4 沿海挡潮闸金属结构防腐蚀技术研究现状与趋势

沿海挡潮闸处于海洋环境，海水是相当均匀的含盐溶液，主要成分是 NaCl，其次是 $MgCl_2$ 及极少的其他可溶性矿物质。目前，针对金属结构在此环境下的腐蚀原因，采取下列常用的方法来防止金属腐蚀。

(1) 覆盖保护——物理方法

在金属表面覆盖保护层，如在金属表面涂漆、电镀或用化学方法形成致密耐腐蚀的氧化膜等。

(2) 改变结构——化学方法

制造各种耐腐蚀的合金，如在普通钢铁、铸铁中加入镍、铬等元素制成不锈钢或合金铸铁。

(3) 电化学保护——化学方法

外加电流的阴极保护法：利用电解装置，使被保护的金属与电源负极相连，另外用惰性电极做阳极，只要外加电压足够强，就可使被保护的金属不被腐蚀；

牺牲阳极的阴极保护法：利用原电池装置，使被保护的金属与另一种更易失电子的金属组成新的原电池，发生原电池反应时，原金属做正极（即阴极）被保护，被腐蚀的是外加活泼金属——负极（即阳极）。

沿海挡潮闸金属结构防腐大多采用传统的喷锌加涂料保护的防腐方案，传统方案在普通的淡水中5年左右就需要再进行涂刷涂料维护，海水中使用维护年限更短。因此，对于沿海地区挡潮闸金属结构防腐提出了更高、更严格的要求。

3.2.5 启闭机系统技术研究现状与趋势

水利工程启闭机是一种专门用来启闭水工钢闸门、拦污栅和清污机等设备的低速、重载的起重机械，它是一种循环间隙起吊机械。目前国内卷扬式启闭机的基本结构组成是：普通不带制动的YZ(YZR)系列电动机为动力源，QJ系列中硬齿面减速器和一级开式齿轮组成的减速传动机构，减速器的高速轴采用电磁铁或液压制动器作为安全制动器，通过钢丝绳卷扬装置和滑轮组开启和关闭闸门。这种结构具有体积庞大、结构复杂、单一的高速制动器工作安全系数低、使用维护麻烦、环境污染大等缺点。

随着水利水电启闭机行业的发展和技术的进步，对启闭机的配置要求越来越高，对启闭机的安全性、外型结构、使用维护和环保提出了新的要求。三洋港挡潮闸启闭机研究就是根据这一趋势提出的新的更高的课题。

第4章

地基处理关键技术研究与成果应用

4.1 工程地基特性

三洋港挡潮闸工程场区位于新沭河入海口，地貌分区属沂沭丘陵前缘带状平原区，地貌形态属第四纪滨海相沉积而形成的海滨滩涂。闸基钻探深度范围内土层均为第四系地层，分为十层，其中全新统海淤土地层（②、③层，厚约 11 m）压缩性高、强度低，在Ⅶ度地震时有震陷可能性。海淤土以下上更新统及以前沉积层强度较高，分布稳定。

②层为灰、浅灰、深灰色淤泥和淤泥质壤土夹薄层粉土、砂壤土（薄层厚 0.2 cm～0.5 cm）（高液限黏土夹低液限粉土）（Q_4^{al+m}），见水平微层理，含少量黑色腐殖质和碎贝壳，呈流塑至软塑状态，高压缩性，场区普遍分布，厚 4 m～6 m。标贯击数小于 1 击，十字板剪切强度 $C_u=16$ kPa，灵敏度 $S_t=2.4$。50 kPa 压力下的固结系数为 1.31×10^{-3} cm²/s，100 kPa 压力下的固结系数为 0.4×10^{-3} cm²/s。

③层为灰、浅灰色淤泥和淤泥质黏土（高液限黏土）（Q_4^m），质纯，偶夹薄层粉土或砂壤土，见水平微层理，含腐殖质，呈流塑至软塑状态，高压缩性，场区内普遍分布，厚 4 m～6 m。标贯击数 0.7～1.9 击，十字板剪切强度 $C_u=18$ kPa，灵敏度 $S_t=2.3$。50 kPa压力下的固结系数为 4.0×10^{-4} cm²/s，100 kPa 压力下的固结系数为 3.0×10^{-4} cm²/s。

三洋港挡潮闸工程闸址土层主要物理力学指标建议值见表 4.1-1。

表 4.1-1　三洋港挡潮闸工程闸址土层主要物理力学指标建议值表

层号	土类	含水率	湿密度	干密度	孔隙比	液性指数	压缩系数	压缩模量	直接快剪		固结快剪		不固结不排水		固结不排水		承载力标准值
									黏聚力	内摩擦角	黏聚力	内摩擦角	黏聚力	内摩擦角	黏聚力	内摩擦角	
		（%）	（g/ cm³）				(MPa^{-1})	（MPa）	（kPa）	（度）	（kPa）	（度）	（kPa）	（度）	（kPa）	（度）	（kPa）
1	黏土夹薄层粉土	44.2	1.78	1.24	1.229	0.84	0.90	2.90	20.0	3.0	20.0	16.0	20.0	3.0	30.0	10.0	60
2	淤泥和淤泥质壤土夹粉土、粉砂	51.7	1.71	1.13	1.437	1.52	1.10	2.50	10.0	2.0	12.0	10.0	10.0	2.0	20.0	12.5	40
2-1	粉细砂夹壤土	30.1	1.86	1.43	0.925		0.25	8.00	5.0	25.0							60
3	淤泥和淤泥质黏土	60.9	1.65	1.02	1.686	1.27	1.50	1.90	12.0	1.5	16.0	10.0	12.0	1.0	25.0	11.0	50
4	黏土和粉质黏土夹砂礓及粉土	35.1	1.88	1.39	0.978	0.20	0.30	7.00	45.0	10.0	43.0	14.0	50.0	4.0	45.0	12.0	190
5	粉质黏土夹细砂和砂壤土	32.3	1.90	1.44	0.908	0.30	0.26	7.50	40.0	11.0	40.0	15.0	45.0	5.0	30.0	15.0	190
6	中细砂与壤土、砂壤土互层	30.5	1.91	1.45	0.887		0.20	8.50	15.0	20.0							160
7	粉质黏土和黏土夹薄层粉土及砂礓	28.0	1.95	1.52	0.817	0.16	0.21	10.00	40.0	12.0	45.0	10.0	45.0	6.0	40.0	14.0	230
8	中细砂夹薄层壤土	21.1	1.98	1.62	0.666		0.15	12.00	10.0	25.0							260
9	粉质黏土和黏土	25.1	1.98	1.59	0.721	0.17	0.20	9.00	45.0	12.0							280

4.2 混合式桩基水平承载技术研究

4.2.1 灌注桩-粉喷桩混合式桩基设计方案

4.2.1.1 岸、翼墙设计难点

三洋港枢纽挡潮闸岸、翼墙设计方案布置为:上游翼墙平面布置采用1/4圆弧曲线(半径30.00 m)和直线相切。其中圆弧段翼墙长47.12 m,直线段翼墙长27.00;圆弧段与其相接的7.0 m的直线段翼墙采用钢筋混凝土扶壁式结构,直径1.2 m灌注桩基础。余下的20.00 m长直线段翼墙,采用悬臂式结构。

下游翼墙平面布置采用八字形直线扩散段、圆弧段及一字形直线段与岸坡连接,扩散段顺水流向长为31.00 m,扩散角为8°;圆弧段半径30.00 m,圆心角82°,长41.89 m;一字形直线段翼墙末端24.0 m采用悬臂式结构,其他翼墙均为钢筋混凝土空箱式结构,采用直径1.2 m灌注桩基础。

闸室岸墙采用钢筋混凝土空箱结构,顶高7.80 m,底板底高程−1.60 m。岸墙顺水流方向长19.00 m,宽16.00 m,顶部上游侧布置公路桥,下游侧布置桥头堡。

翼墙的顶高程根据泄洪、挡潮和正常蓄水等因素综合确定。当上游石梁河水库100年一遇泄洪时,三洋港闸上强迫泄洪水位4.02 m,闸下设计、校核挡潮位分别是3.90 m和4.08 m;闸上正常蓄水位2.00 m,闸下20年一遇低潮位−3.35 m。根据各工况水位,并考虑波浪和沉降等因素,确定上、下游翼墙顶高程为4.00 m,墙顶设1.2 m高的防浪墙,兼作栏杆。翼墙前后水位差达5.35 m。

岸、翼墙稳定问题是三洋港枢纽设计难点之一,影响稳定的两个主要因素为:①墙前、墙后水头差大;②地基持力层为5～10 m厚的流塑—软塑淤泥地层。

墙前、墙后水头差是水工挡土墙稳定分析中常遇到的控制因素。对于河道上的节制闸或分洪闸,在汛期经过河道高水位的浸泡,翼墙后填土内水位与外水位基本持平。当河道水位消退时,墙后填土地下水渗出较慢,这样墙后水位就高于墙前水位形成水头差,产生朝墙前的水压力。水头差越大,墙越高,水压力越大,对挡土墙的稳定越不利。但对于平原河道,由于比降缓,墙前水位消退较慢,墙前、墙后水位差并不大,如淮干某闸翼墙水头差取为0.5 m。山区或丘陵区水库水位降落期,水头差就要大一些,如某水库新泄洪闸翼墙,取1.5 m,但其为岩基,地质条件较好,摩擦系数较大,挡滑稳定问题容易解决。

三洋港挡潮闸位于新沭河入海口,墙后地下水补给丰富,又是淤泥质土,透水性较弱,排出速率较慢,而墙前海潮从高潮位退到低潮位,只需半天,墙前、墙后水头差最高达5.35 m,是蚌埠闸的10.7倍,某水库新泄洪闸的3.57倍。因此,三洋港挡潮闸岸翼墙设计特别是基础设计难度较大。

4.2.1.2 国内外类似工程调研

为解决三洋港枢纽岸翼墙的稳定问题,设计阶段对国内外一些挡潮闸工程进行了调研。

对国外工程进行文献调研，调研的对象主要有俄罗斯圣彼得堡防潮工程、荷兰三角洲工程东斯海尔德挡潮闸工程。调研认为这两座工程在建设规模、具体功能和调度运用方式、工程总体布置和地质条件等方面与三洋港枢纽工程存在一定的差别，这些差别决定了三洋港枢纽岸翼墙稳定分析条件不同，相应的结构布置型式也有差别，因此国外挡潮闸工程的调研未找到较好解决三洋港枢纽岸翼墙稳定问题的经验。

对国内工程主要进行实地调研、专家咨询和文献调研。国内的挡潮闸工程相对来说共同点更多一些，调研工作为岸翼墙的设计找了一些值得借鉴的经验，但仍不足以彻底解决稳定问题。因为调研的各挡潮闸岸翼墙设计条件没有三洋港挡潮闸的苛刻，即便如此，所调研的部分工程还是采用了降低墙后填土高程或墙后不填土的办法，但随着工程运行，弊端也逐渐显露出来。

4.2.1.3　**提出新型的地基设计方案**

根据本工程岸、翼墙结构及地基特点，设计阶段提出三个坝基处理方案进行同深度比选。

方案一：沉井基础方案

方案一对主要的挡土墙段均采用沉井基础。为减小墙后水平力，岸、翼墙后均回填水泥土，水泥土下地基采用粉喷桩加固处理。为降低墙后水位，采取“上堵下排、外堵内排”的原则布置墙后的防渗排水措施，将上下游翼墙、边闸室的沉井基础缝隙全部封堵形成半围封，再在下游翼墙后设置外包中细砂的加筋排水软管，将地下水集中引入空箱排出墙外。稳定计算时，将沉井与翼墙视作一个整体，地基持力层在沉井刃脚平面以下，井内填土作为上部荷载的一部分，以翼墙沉井底板底面为计算平面。所采用的计算公式同闸室稳定计算公式。参照地质勘察报告推荐地基设计参数，并结合规范公式计算值，基底摩擦系数取 0.30。

因沉井除底面坐落在强度较高的黏土外，其墙壁的四周都是淤泥质土，沉井在外荷作用下产生位移时，对其墙壁不能如黏土、砂土那样形成被动土压力。因墙身和沉井总的挡土高度为 15.2 m，墙后土压力非常大，按常规宽高比设计挡土墙，沉井基础、灌注桩基础等均难满足稳定要求。若提高挡土墙的宽高比，虽可解决问题，但工程投资大、工期长，技术经济都不合理。

为有效削减墙后土压力，对墙后一定宽度内的软土进行适当处理，下部采用粉喷桩加固，上部挖除回填水泥土，降低墙后填土的沉降和改善填土对挡土墙的边载和负摩擦影响，同时利用水泥土的防渗作用，减小墙后的水压力。

根据以往工程经验和本工程实际情况，水泥土等代内摩擦角水上取 45°，水下取 40°。经综合分析，确定墙后土体的加固处理范围为 23 m。

该方案存在的问题是：①施工复杂且要求高，采用了多种地基基础型式：沉井、截渗墙、水泥土粉喷桩和换填水泥土，影响墙体稳定的因素也会增加。②运行管理难度大，“上堵下排、外堵内排”是本方案岸翼墙必需的设计条件，对墙后水位不高于−1.0 m 的要求严格，增加了管理的难度。该方案岸翼墙地基处理见图 4.2-1。

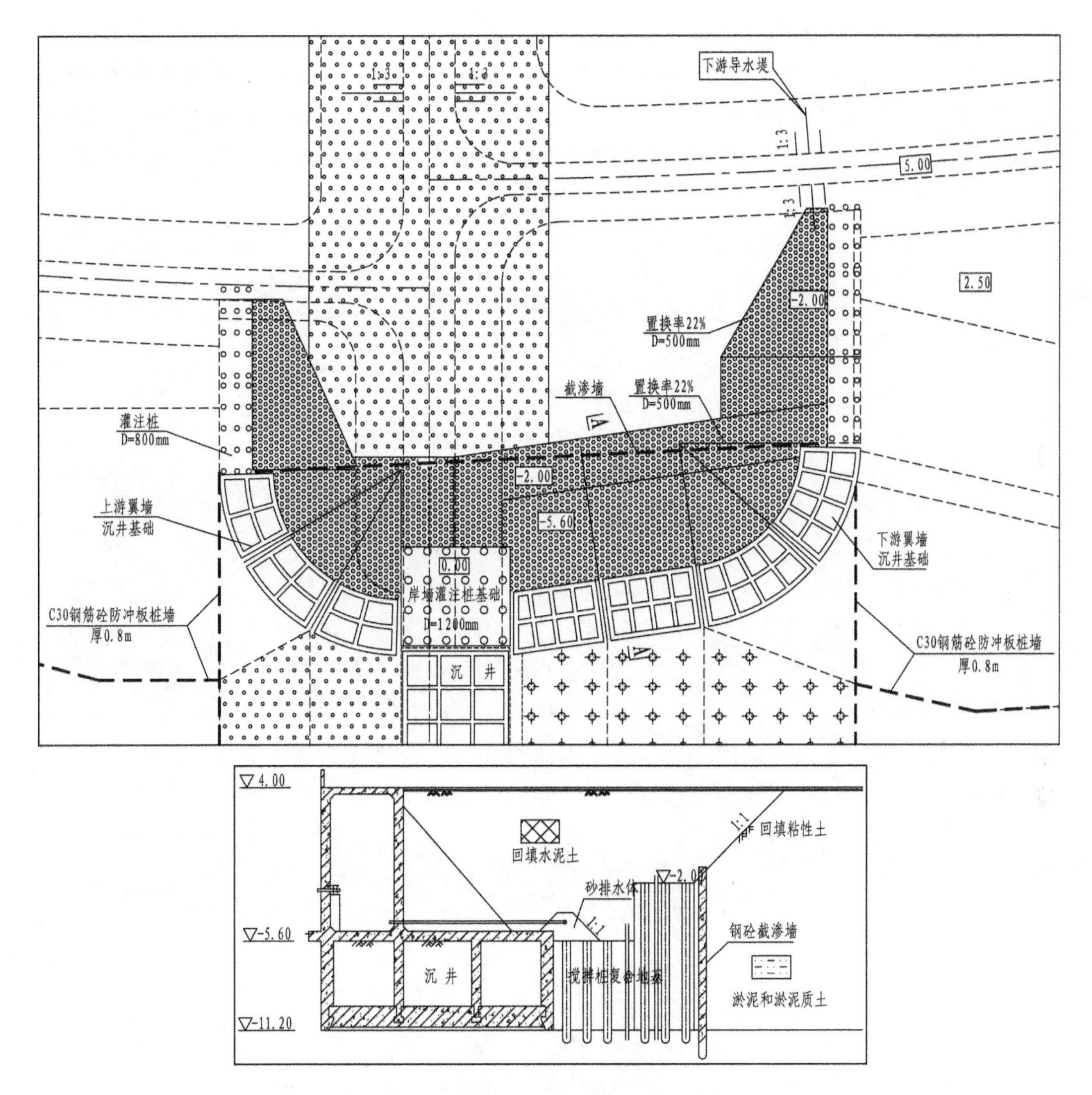

图 4.2-1　挡潮闸岸翼墙(方案一)基础及地基处理布置图

方案二:地基换填水泥土方案

为解决方案一的问题,经进一步分析,提出了岸翼墙地基换填水泥土的方案,将主要墙段下的淤泥清除至坚实土层,然后填筑水泥土。其换填范围宽约 47.7～49.3 m,长120.1 m,底高程－11.20 m,顶高程上游－2.8 m,下游－6.0 m。坐落于水泥土地基上的上游翼墙采用钢筋混凝土扶壁式,岸墙和下游翼墙采用钢筋混凝土空箱式,其墙后约20.0 m宽范围内回填水泥土以增加抗滑稳定性。

稳定分析时首先计算各段墙身各工况的稳定,然后再按最不利工况复核墙身与墙后水泥土整体的稳定,最后再复核墙身、墙后水泥土、换填水泥土地基整体的稳定。所采用的计算公式同闸室稳定计算公式。参照地质勘察报告推荐值,并结合规范公式计算值,整体稳定复核时,水泥土对天然地基的摩擦系数均取 0.30;墙身混凝土底板对水泥土、水泥土对水泥土的摩擦系数取 0.35。

本方案充分利用水泥土良好的承载能力、抗剪和防渗性能，解决了软土地基挡土墙难以稳定的问题，使得结构布置和施工工艺简化，提高了施工质量的可靠性。该方案缺点是水泥土的填筑量、基坑的开挖和回填量都较大。该方案岸翼墙地基处理见图 4.2-2。

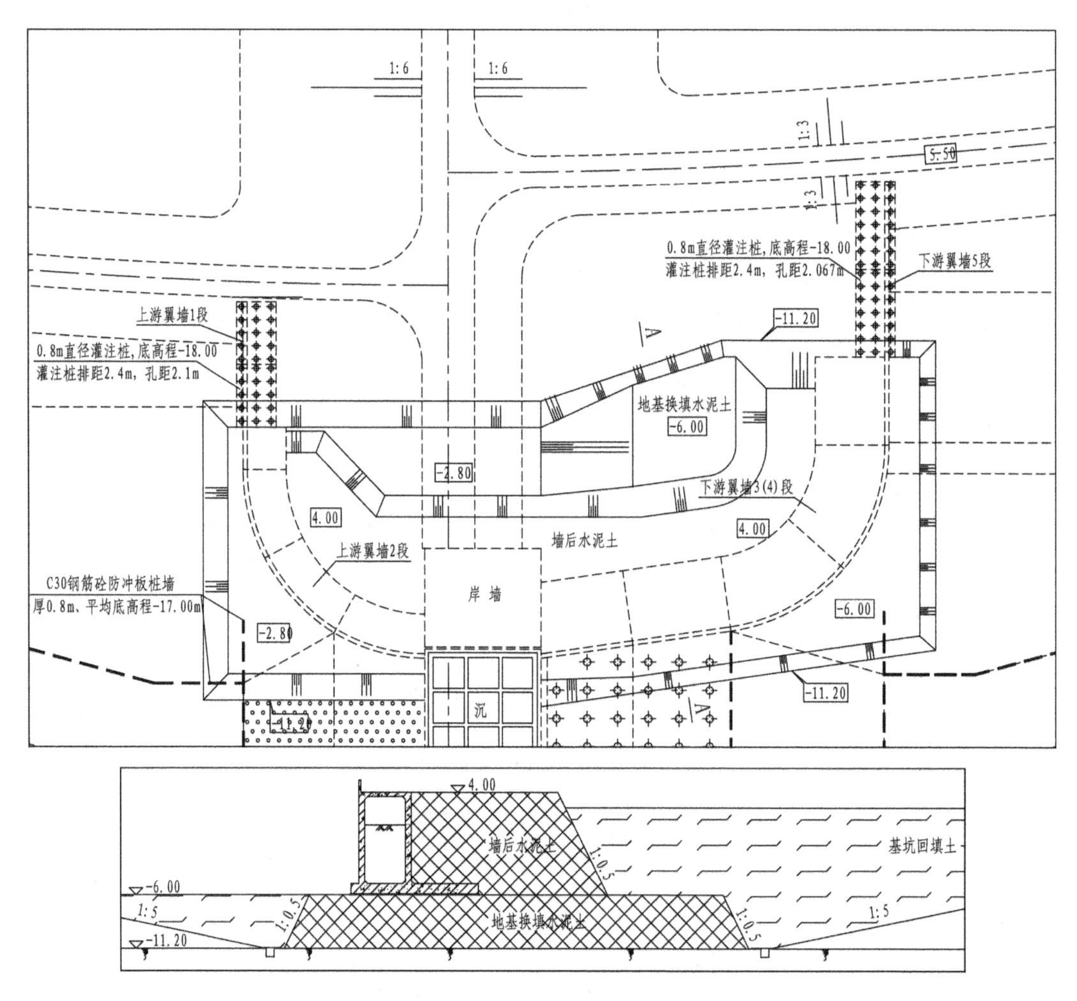

图 4.2-2　挡潮闸岸翼墙(方案二)基础及地基处理布置图

方案三：灌注桩-粉喷桩混合式桩基础方案

本工程因地基软弱，水平荷载大，无论是采用哪种深基础方案，竖向承载力都不是主要问题，难以解决的是水平承载力问题。如果单一采用复合地基或桩基础，靠增加挡土墙的宽高比来解决水平承载力问题，则相应工程投资较大，技术难度也很大。经研究，设计提出了灌注桩-粉喷桩混合式桩基础方案，即水泥土粉喷桩复合地基和灌注桩结合起来使用的方案，以大直径灌注桩为骨干，以粉喷桩为辅助，通过淤泥土、粉喷桩、灌注桩三者协同作用，优化地基和基础抗水平力的模式。其机理是：粉喷桩在一软一硬的淤泥土和灌注桩之间起到过渡作用，降低桩间土灵敏度，形成复合地基，经粉喷桩和土的相互约束，增强地基整体受力特性，通过“点”“面”结合，提高对挡土墙后高边载的抵抗能力，保证“面”上的稳定；同时提高了桩周土对灌注桩的侧抗力，从而提高灌注桩的水平承载力，增强各“点”的承载能力。

本方案岸翼墙布置如下：1段和5段翼墙桩径0.8 m，桩顶（承台底）高程0.00 m，桩底高程－18.00 m；2段翼墙和岸墙、3(4)段翼墙桩径1.2 m，桩顶（承台底）高程分别为－3.20 m、－1.60 m、－6.60 m，桩底高程分别为－21.00 m、－21.00 m、－22.00 m。为增强桩侧上部淤泥（淤泥质）土的抗力，在桩群及其两侧5 m范围内采用粉喷桩进行加固处理。为防止墙（承台）底地基土因竖向变形脱空而带来渗流稳定问题，在翼墙的前趾下设一道钢筋混凝土截渗墙，形成半围封结构，上游墙底高程为－17.00 m、下游为－15.00 m。

本方案施工工艺较前两者简单，但灌注桩、粉喷桩、截渗墙与地基土协同作用的机理较复杂。

方案三岸翼墙地基处理布置及结构见图4.2-3、图4.2-4。

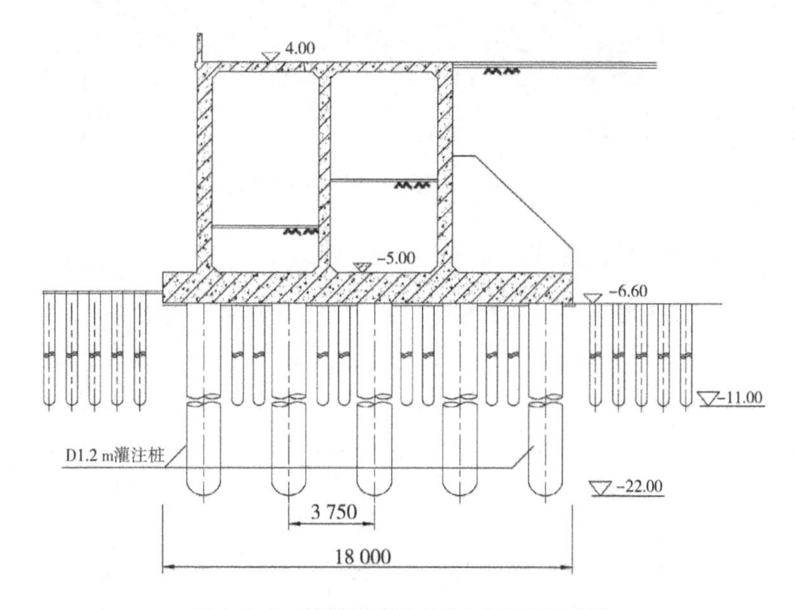

图4.2-3　挡潮闸岸翼墙(方案三)剖面图

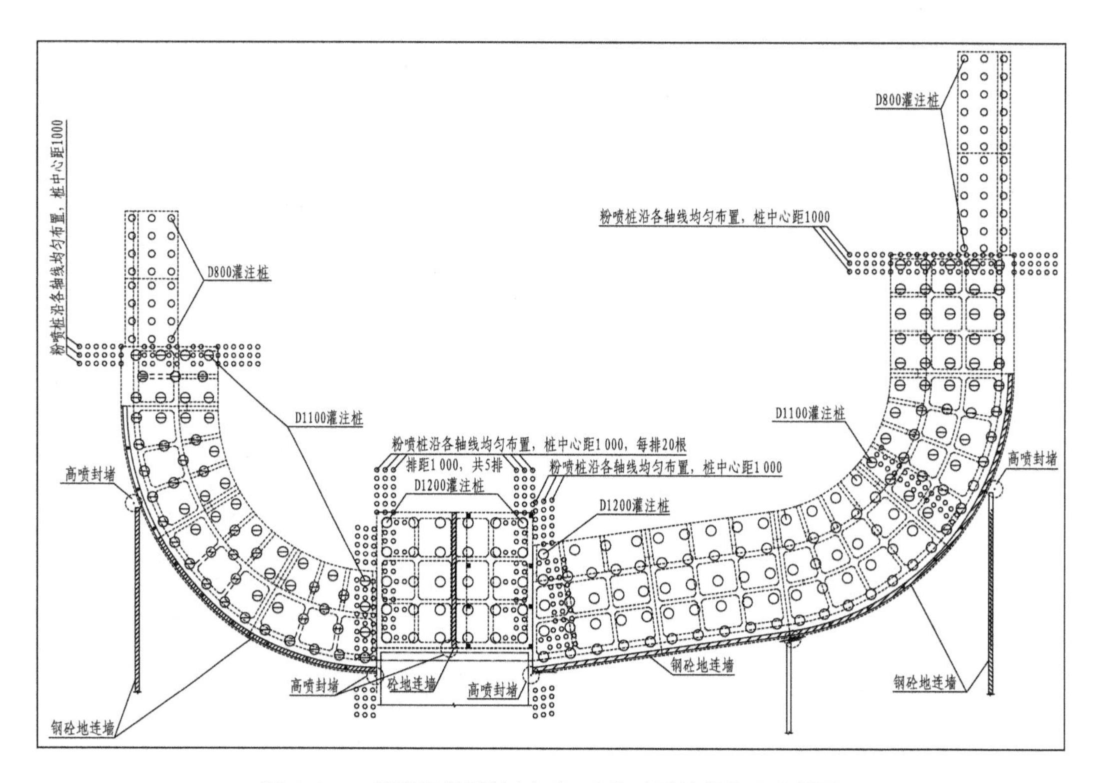

图 4.2-4　挡潮闸岸翼墙(方案三)基础及地基处理布置图

岸翼墙地基处理方案投资对比见表 4.2-1。

表 4.2-1　岸翼墙地基处理方案对比工程量及投资表

方案	土方开挖（万 m³）	土方填筑（万 m³）	基础工程砼（万 m³）	水泥土（万 m³）	水泥土粉喷桩（万 m³）	上部结构砼（万 m³）	可比投资（万元）
方案一	6.09	4.31	1.61	4.37	1.34	1.10	3 432
方案二	54.32	42.85	0.14	11.22	0.00	0.89	3 092
方案三	8.00	10.00	1.37	0.00	0.93	1.40	3 240

从技术经济角度综合比较，方案二、方案三均比方案一有优势。从上表中看，方案二的投资最省，方案三比方案二多出 148 万元。但考虑到方案三施工较方便，设计推荐方案三，即岸、翼墙采用灌注桩-粉喷桩混合式桩基础方案。

为解决岸翼墙难于稳定的问题，在研究过程中，还分析研究了以下岸翼墙各布置方案的可行性：

(1) 导流墙方案

本工程岸翼墙工况复杂多变、地质条件差、造价高，设计也曾考虑能否采取建导流墙的方案回避挡土墙的稳定问题。但岸墙需直接挡水，较不利工况上游水位 2.00 m、下游水位−3.37 m，并不能回避与翼墙类似的稳定问题。另外有已建工程表明，此方案下游墙后易淤积泥沙，形成较大的淤沙压力，导流墙则演变成挡土墙，改变了工作条件，存在安全隐患，同时墙后淤积影响美观。

(2) 半导流墙半挡土墙方案

在上述导流墙方案的基础上再作改进，将导流墙下部改为挡土墙，采用沉井基础，形成半导流墙半挡土墙结构。墙后填土高程 0.00 m，其上设平压孔，其后填土设一定的坡度，以减少淤积。

墙后填土和平压孔的设置高程 0.00 m 是根据水跃的高度来确定的：过高则挡土墙难以稳定；过低则平压孔受水跃冲击，对流态和结构都非常不利。

若墙后不采取工程措施，经计算，抗滑稳定安全系数仅 0.7，不满足抗滑稳定要求；若墙后采取加固措施，投资非常高且不美观，明显没有优势；岸墙仍直接挡水，虽工况比前两方案稍有改善，但稳定问题仍很突出。因此本方案也不具备可选性。

(3) 深嵌沉井基础方案

由于本工程挡土墙所承受的水平力非常大，经过计算得知，采用较浅的沉井基础抗滑稳定不能满足要求，因此设想继续加深沉井使其深嵌于地基内，利用地基土的抗力增加稳定性。选取最为代表性的消力池段翼墙采用深基础理论反复试算，论证得知在实用深度范围内，控制沉井顶水平位移不超过 5 mm，其抗力总是不能满足要求，故此方案仍不可选。

(4) 宽沉井基础方案

因深嵌沉井方案不能克服水平力太大的问题，也不能发挥地基深处硬土的抗力优势，故提出宽沉井方案：在既有方案基础上，一方面将沉井加宽至 20 m，一方面将沉井加深约 3 m，即底高程定为－14.00 m。前者是增加墙身自重来加大基底摩阻力以克服水平力太大的问题，后者是发挥墙前硬土抗力的优势。

为发挥地基深处硬土的抗力，一方面要让沉井下部有一定的整体位移；另一方面要控制转角位移尽可能小。经计算，抗滑稳定满足要求，但地基应力不均匀系数过大，还需考虑进一步的措施，投资还要加大，此方案也不理想。

总之，以上四个方案实际可行性都较低，因此都未采用。

对于灌注桩-粉喷桩混合式桩基础水平承载特性目前缺乏工程实例和研究。《建筑桩基技术规范》(JGJ 94)推荐采用 m 法，按其附录 C，仅考虑承台、基桩协同工作和天然地基土的弹性抗力作用来计算水平承载力。为了验证 m 法是否符合该受力模式，以及地基土水平抗力系数的比例系数 m 值应取多少，需通过现场试验研究、三维仿真分析和理论计算等手段对灌注桩-粉喷桩混合式桩基础在海淤土地基中的承载性能展开深入的研究，通过对比分析，提出合理的计算方法。

4.2.2 结合工程实际提出试验研究方案

4.2.2.1 基本计算方法——m 法

鉴于现行《建筑桩基技术规范》(JGJ 94)推荐采用 m 法进行桩基水平承载力计算，m 法经过了众多工程实践的检验，取得了丰富的试验数据和计算参数，基本能满足一般灌注桩的精度要求，故本工程采用 m 法作为基本计算方法。

m 法的重要特征之一是将土体视为弹性变形介质，其水平抗力系数随深度线性增加，地面处为零。计算方法详见《建筑桩基技术规范》(JGJ 94)附录 C。

采用 m 法有个显著优点，就是以 m 值为主要研究对象，简化分析研究过程。因工程桩数量较多(近 600 根)，桩顶高程、桩长、桩径和桩侧土体厚度等参数具有多样性，而试验桩根数每组仅 8 根，为使试验桩有高度的代表性，需要一个共性的参数，而 m 值恰恰满足这一条件。只要试验桩桩侧土体物理力学指标与工程桩相同，就可以认为 m 值相同，与桩径和桩长等其他参数基本无关，故可以认为 m 值是分析研究各桩的联系纽带。但 m 法也有个缺点，m 值的微小变化就会导致桩水平承载力较大的差别。

采用 m 法计算的地方有：①工程桩设计；②试验前对试验桩进行预估计算；③试验数据取得之后，采用 m 法进行初步分析，反算出 m 值；④验证 m 法对试验的合理性；⑤若经验证 m 法适用，需进一步对桩顶水平位移、桩顶转角等进行拟合计算，对异常情况进行原因分析。

工程桩设计和试验桩预估计算时，参考《建筑桩基技术规范》(JGJ 94)5.7.5 条提供的经验值，淤土 m 值初取 5.0 MN/m^4。

4.2.2.2　**试验桩的布置方案**

(1) 试桩剖面

工程场区滩面高程为 2.5 m～3.0 m，上层为淤泥和淤泥质土，标贯击数 0.7～1.9 击；下层高程－9.50 m～－14.25 m 为粉质黏土和黏土，标贯击数 7.3～10.9 击；高程－14.25 m～－17.77 m 为粉质黏土，标贯击数 7.4～10.0 击。上层淤土与下层硬土分界面高程约为－9.5 m。

根据 m 法理论，桩侧由几种土层组成时，可只考虑主要影响深度[(2(d＋1)，其中 d 为桩径]范围内综合的 m 值。经计算，本工程下层硬土影响较小，故试验只需测定淤土的 m 值即可。

试验桩地质剖面见图 4.2-5。

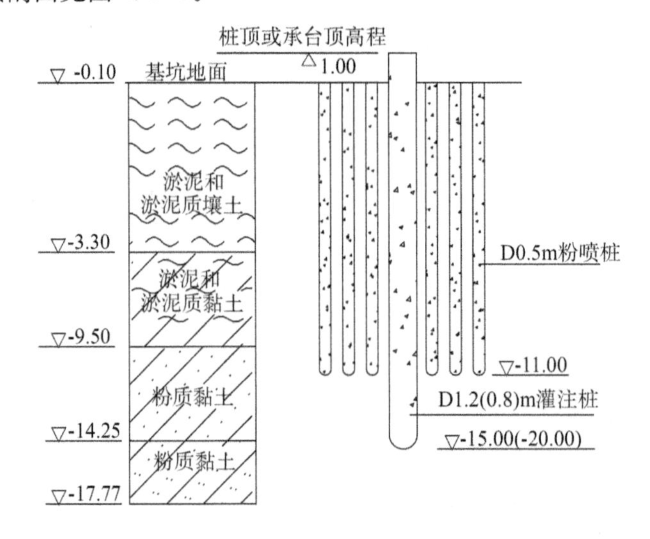

图 4.2-5　试桩地质剖面图

(2) 试验桩平面布置和结构

试验分为两组,两组中灌注桩布置完全相同,第一组在灌注桩周布设粉喷桩,第二组无粉喷桩,只在原状土中布置灌注桩。每组共布灌注桩 8 根,其中 D0.8 m 桩 3 根,D1.2 m桩 5 根。5 根 D1.2 m 桩中又分为 2 对双桩承台和 1 根单桩。第一组的粉喷桩按矩形布置,桩中心距 1.0 m,并超出灌注桩布置范围 2～3 排,共计 140 根。试验桩布置如图 4.2-6、图 4.2-7 所示。

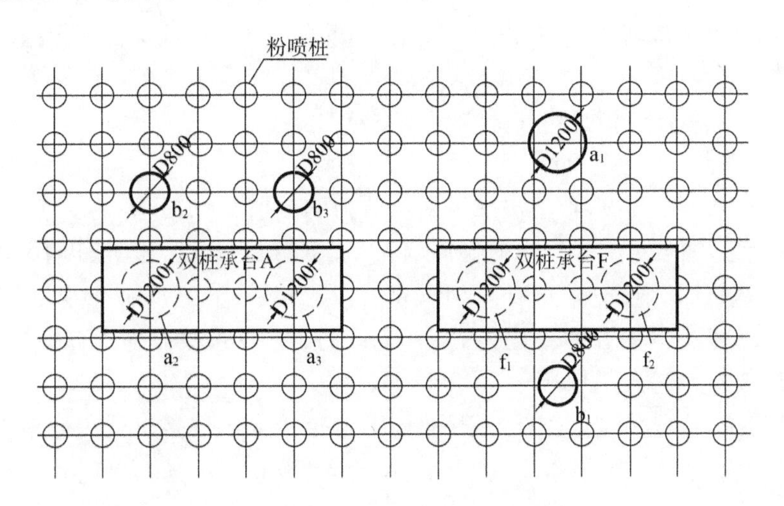

图 4.2-6　第一组试验桩平面布置图

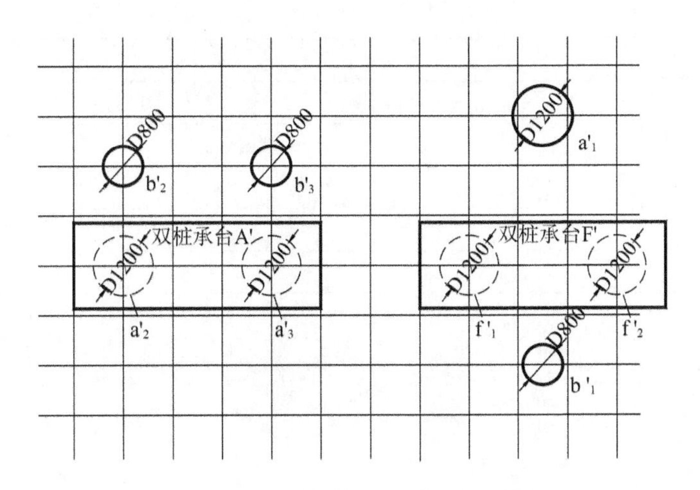

图 4.2-7　第二组试验桩平面布置图

灌注桩采用 C30 混凝土,D1.2 m 桩纵筋配 26 根直径 25 mm 的 HRB335 型钢筋,D0.8 m 桩纵筋配 18 根直径 18 mm 的 HRB335 型钢筋,箍筋净混凝土保护层厚 60 mm。

(3) 试验一般流程

试验的一般流程按《建筑基桩检测技术规范》(JGJ 106)的有关要求执行。

两组试桩的测试顺序为:以双桩承台 A(A′)为反力墩,分别测 b_2(b'_2)、b_3(b'_3)桩水平位移、转角和推力；以双桩承台 F 为反力墩，分别测 $a_1(a'_1)$、$b_1(b'_1)$ 桩水平位移、转角和推力；以双桩承台 A(A′)、F(F′)互为反力墩，分别测 A(A′)、F(F′)间的推力和各自水平位移。

加载方法采用慢速维持荷载法，以 a_1 桩(桩顶自由)为例，根据工程经验初定桩顶水平位移 40 mm 时的承载力为预估水平极限承载力，理论计算得该值 H_{max} 约为600 kN。加载时分级进行，分级荷载取 $H_{max}/10$ 为 60 kN，第一级荷载取分级荷载的 2 倍为 120 kN，以后每级依次取 180 kN、240 kN……600 kN……，依此类推。数据的测读方法按规范进行。

4.2.2.3 试验要点和研究点安排

(1) 试验预估

预估计算不仅可以取得预估水平极限承载力的数值、为加载提供依据，还可以预测位移的发展趋势，加强对试验过程的控制，利于试验结果的对照分析。计算时桩侧上层海淤土抗力系数的比例系数 m 取 5 MN/m^4。因规范要求上部结构水平变位控制在 6 mm之内，故预估计算桩顶水平位移 Y_0=6 mm 时的水平承载力见表 4.2-2。

(2)钢筋应力和桩侧抗力观测

在试桩受拉侧埋设钢筋应力计，根据计算，弯矩最大部位多出现在地面以下 3.5 m 位置处，故桩上部埋设间距为 0.5 m～1.0 m，下部 2.0 m。同理，在预估出现抗力的部位埋设土压力计。

表 4.2-2 桩顶水平位移 6 mm 时试桩水平荷载预估值表

预估值	桩类别		
	D0.8 m 单桩 (桩顶自由)	D1.2 m 单桩	
		桩顶自由	桩顶嵌固
水平荷载 H(kN)	89	196	291
Y_0(mm)	6.00	6.00	6.00
比例系数 m(MN/m^4)	5	5	5

(3) 复合地基和原状地基的对比

比较粉喷桩复合地基与原状淤土上灌注桩的水平承载力，最终统一到土体水平抗力系数的比例系数 m 值上。

(4) 桩顶自由和桩顶嵌固的对比

三洋港挡潮闸工程桩基本都是顶部嵌固桩，做桩顶嵌固的群桩试验更能反映工程实际受力情况，但从试验角度考虑，群桩试验加载设备、反力设施和试验桩等成本和难度都比单桩高出不少，故多数都只做单桩试验。本次试验由于桩侧是淤土，所需加载设备容量较小，可以进行带承台的双桩试验近似研究群桩的受力特性。

(5) 0.8 m 和 1.2 m 两种桩径的对比

通过比较 0.8 m 和 1.2 m 两种直径的灌注桩的 m 值，分析桩径大小对 m 值是否有影响。

(6) 不同桩长的对比

a_2'、a_3'、b_2'号灌注桩地面以下桩长为19.9 m，其余桩长14.9 m。分析桩长对m值和水平承载力是否有明显影响。

(7) 粉喷桩排桩布置和矩形布置的对比

第一组试验粉喷桩普遍采用矩形布置，粉喷桩间距1 m，但在双桩A(a_1—a_2)抗力侧设置了一组套打排桩，检验何种布置更有优势。

(8) 慢速维持荷载法和单向多循环加载法的对比

慢速维持荷载法：每级荷载施加后按第5、15、30、45、60 min测读桩顶位移量，以后每隔30 min测读一次，直至位移相对稳定，完成一级荷载的位移观测。

单向多循环加载法：每级荷载施加后，恒载4 min后可测读水平位移，然后卸载至零，停2 min测读残余水平位移，至此完成一个加载循环，如此循环5次，完成一级荷载的位移观测。

两种加载方法详细技术要求参照《建筑基桩检测技术规范》(JGJ 106)执行。因三洋港挡潮闸工程受海潮涨落的周期性影响，工程桩水平荷载也具有相应的周期性，故试桩采用单向多循环加载法更有模拟性，但也会给内力带来不稳定因素，增加试验和分析研究难度。本次试验以慢速维持荷载为主，但对b_2'、b_3'桩先采用慢速维持荷载法，在水平位移达到6 mm后，改用单向多循环加载法，观察二者是否有明显差异。

4.2.2.4　试验预期成果

参考《建筑基桩检测技术规范》(JGJ 106)，试验预期成果包括：

(1) 绘制慢速维持荷载法水平力-力作用点位移($H-Y_0$)关系曲线、水平力-位移梯度($H-\Delta Y_0/\Delta H$)关系曲线；

(2) 绘制Y_0-m关系曲线(m为地基土水平抗力系数的比例系数)；

(3) 提出两组试验桩顶水平位移6 mm时的m值；

(4) 提出两组试验各类灌注桩的单桩水平承载力特征值、单桩水平临界荷载(Hcr)和单桩水平极限承载力；

(5) 绘制各级水平力作用下的桩身弯矩分布图；

(6) 绘制桩侧土压力分布图；

(7) 判断试桩数据采用m法分析整理是否合适；

(8) 对前述各研究点的对比情况进行分析。

4.2.3　现场试验

4.2.3.1　试桩成桩

本次研究试验成桩(大直径灌注桩)16根，成桩日期从2008年12月30日到2009年1月16日，均采用泥浆护壁冲击钻进成孔工艺施工。为了保护孔口不塌方，隔离外水，护筒顶端高度高出最高潮水位1.2 m；采用抽浆清孔法。

灌注桩采用C30的混凝土，配筋情况详见4.2-3。第一组8根桩各桩编号分别为a_1、a_2、a_3、b_1、b_2、b_3、f_1、f_2，第二组试桩各桩编号分别为a'_1、a'_2、a'_3、b'_1、b'_2、b'_3、f'_1、f'_2。各桩桩径、桩长、配筋(主筋)、成桩日期见表4.2-3。

表 4.2-3　成桩基本参数表

桩号	桩径(mm)	有效桩长(m)	配筋(主筋)	成桩日期
a_1	1 200	16	26Φ25	2008-12-30
a_2	1 200	14.9	26Φ25	2009-01-04
a_3	1 200	14.9	26Φ25	2009-01-04
b_1	800	16	18Φ18	2009-01-03
b_2	800	16	18Φ18	2009-01-05
b_3	800	16	18Φ18	2009-01-06
f_1	1 200	14.9	26Φ25	2009-01-01
f_2	1 200	14.9	26Φ25	2008-12-31
a'_1	1 200	16	26Φ25	2009-01-11
a'_2	1 200	19.9	26Φ25	2009-01-14
a'_3	1 200	19.9	26Φ25	2009-01-12
b'_1	800	16	18Φ18	2009-01-09
b'_2	800	21	18Φ18	2009-01-15
b'_3	800	16	18Φ18	2009-01-16
f'_1	1 200	14.9	26Φ25	2009-01-12
f'_2	1200	14.9	26Φ25	2008-01-08

注:有效桩长对承台桩而言指地面以下桩长,对无承台的单桩而言指总桩长。总桩长只分 16 m 和 21 m 两种。

在第一组试桩区共完成水泥土粉喷桩 124 根,置换率 19.6%;实际桩底高程−13 m～−11 m 不等;设计要求 28 天无侧限抗压强度不小于 1.8 MPa,取芯报告显示,芯样无侧限抗压强度均满足设计要求。

在做水平承载力试验前,对各桩的完整性进行了检测,发现 b_2 桩的地面以下 7.5 m 处有轻微的扩径现象,判定有轻微缺陷,属Ⅱ类桩,其余各桩没有断桩和缩颈现象,均属于Ⅰ类桩。

第一试验区的 b_2、a_1 试桩的低应变检测结果如图 4.2-8 和图 4.2-9 所示。

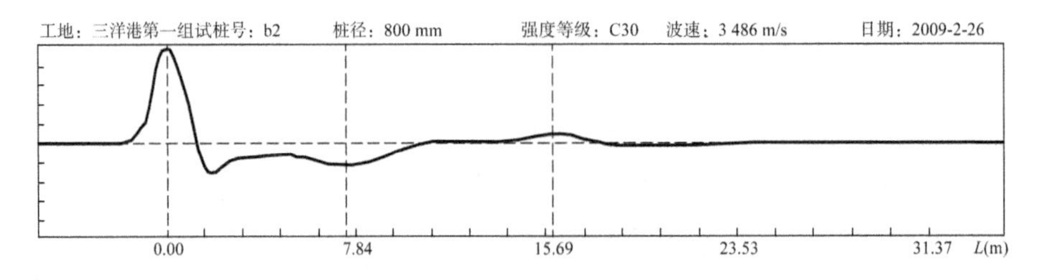

图 4.2-8　b_2 桩完整性检测图

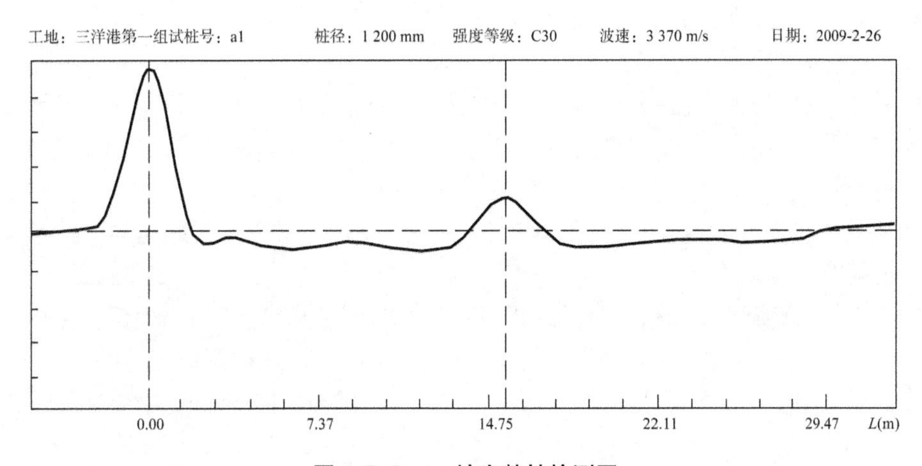

图 4. 2-9　a_1桩完整性检测图

第二试验区的 b'_2、a'_1试桩的低应变检测结果如图 4. 2-10 和图 4. 2-11 所示。

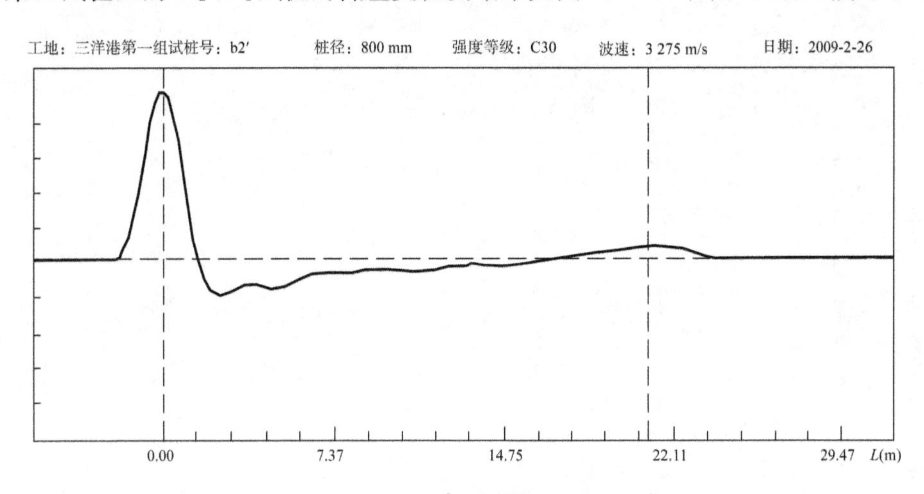

图 4. 2-10　b'_2桩完整性检测图

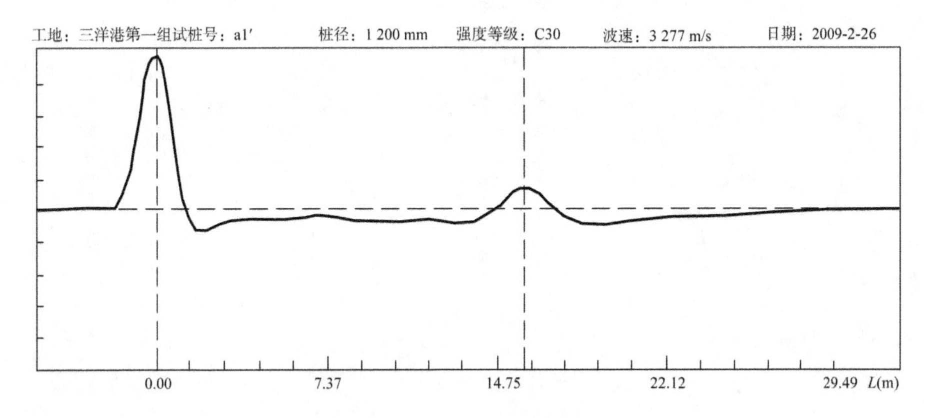

图 4. 2-11　a'_1桩完整性检测图

4.2.3.2 桩身及桩侧测力计的埋设

(1) 钢筋应力计的埋设

振旋式钢筋应力计直径为 12 mm，在下钢筋笼之前焊接于钢筋笼。每根桩受拉侧和受压侧在不同深度对称布设钢筋应力计各 10 个。埋设时考虑到了以下技术要求：

①埋设前用静态电阻应变仪检查钢筋应力计质量；

②将钢筋应力计焊接于钢筋笼的纵向主筋上，焊接时采用降温措施，以避免应力计核心部位受高温影响失效。

③将钢筋应力计导线沿着主筋加以绑扎以防损坏，引出桩头后套 PVC 管保护。

④导线的顶部标记有钢筋应力计的编号，从编号能方便地识别应力计的深度。

第一组试桩、第二组试桩中的 a'_1、a'_2、a'_3、f'_1、f'_2 桩的钢筋应力计的埋设高程自上而下依次为－0.5 m、－1.5 m、－2.5 m、－3.5 m、－4.5 m、－6.5 m、－8.5 m、－10.5 m、－12.5 m、－14.5 m，见图 4.2-12。

第二组试桩中 b'_1、b'_3 桩钢筋应力计的埋设高程自上而下依次为：－1 m、－2 m、－3 m、－4 m、－5 m、－6 m、－8 m、－10 m、－12 m、－14 m，见图 4.2-13。

b'_2 桩各钢筋应力计的埋设高程自上而下依次为：－1 m、－2 m、－3 m、－4 m、－5 m、－6 m、－9 m、－12 m、－15 m、－18 m，见图 4.2-14。

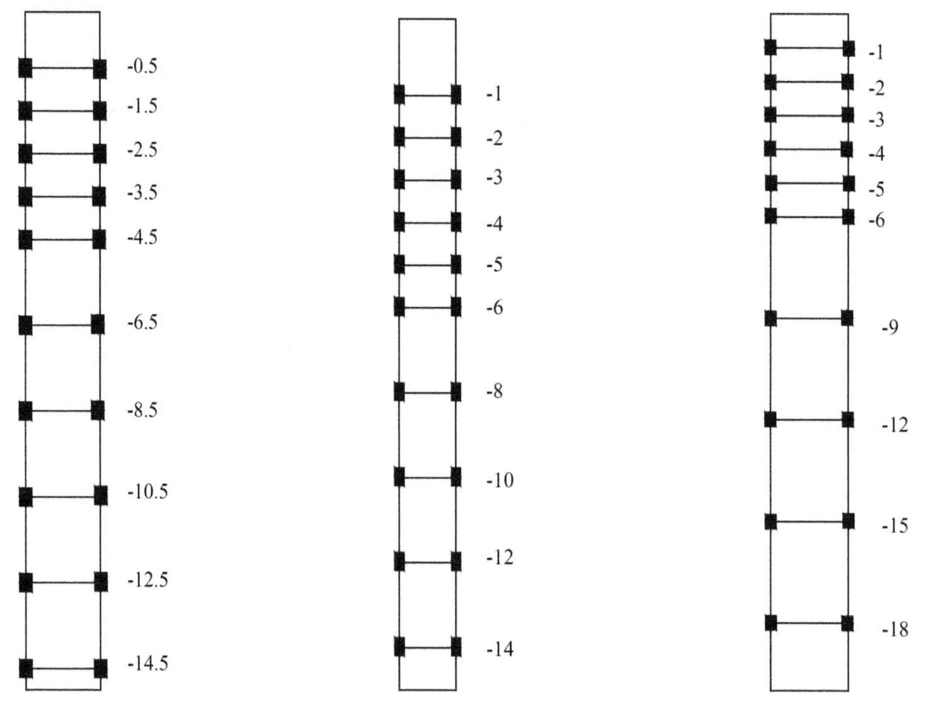

图 4.2-12 钢筋应力计布置示意图

图 4.2-13 b'_1、b'_3 钢筋应力计布置示意图

图 4.2-14 b'_2 钢筋应力计布置示意图

(2) 土压力盒(计)的埋设

土压力盒埋设时先在桩侧用机械钻孔，成孔后将压力盒绑扎于绳梯上沿孔放入，定位时通过调整梯子的角度，使土压力盒光面一侧朝向桩。待绳梯放到设计高程后，回填黄沙。

除了带承台的 8 根灌注桩外，其余桩侧都埋设了土压力盒。荷载施加侧埋设 3 个压力盒，另一侧埋设 10 个压力盒。其中 b'_2 桩土压力盒的埋设如图 4.2-15 所示，荷载施加侧埋设位置依次为(距桩顶距离)：－1 m、－2 m、－3 m、－4 m、－5 m、－6 m、－9 m、－12 m、－15 m、－18 m；另一侧埋设位置依次为：－1 m、－5 m、－18 m。其他桩土压力盒的埋设如图 4.2-16 所示，荷载施加侧埋设位置依次为(距桩顶距离)：－0.5 m、－1.5 m、－2.5 m、－3.5 m、－4.5 m、－6.5 m、－8.5 m、－10.5 m、－12.5 m、－14.5 m；另一侧埋设位置依次为：－0.5 m、－4.5 m、－14.5 m。

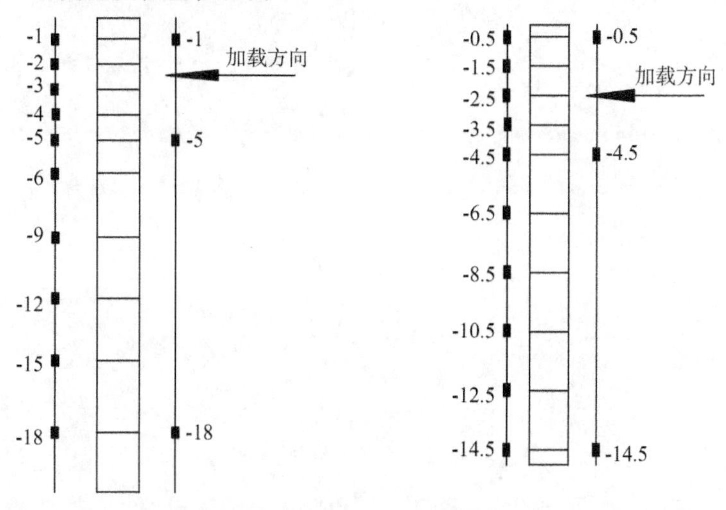

图 4.2-15　b'_2 桩土压力盒埋设示意　　**图 4.2-16　其他单桩压力盒埋设示意**

4.2.3.3　水平静载试验

(1) 设备仪器及其安装

加载方法主要采用慢速维持荷载法。水平推力加载装置采用油压千斤顶，加载能力 100 t，动力来源采用电动式加压油泵，具体装置如图 4.2-17 所示。

图 4.2-17　试验加载装置

在水平力作用点的反侧对称点及其上 0.6 m 或 0.7 m 处安装了位移百分表，用于量测桩顶水平位移和转角，如图 4.2-18 和图 4.2-19 所示：

图 4.2-18　位移量测支架

图 4.2-19　位移百分表

现场桩基水平承载试验见图 4.2-20。

图 4.2-20　桩基水平承载试验

（2）加载方法及终止条件

根据试验方案安排，当桩身设有测力元件时宜采用慢速维持荷载法，但为了模拟工程桩荷载的周期性，对部分桩的部分时段增加了单向多循环加载法。

慢速维持荷载法：采用逐级等量加载，分级荷载为预估极限荷载或最大加载量的 1/10，其中第一级可采用分级荷载的 2 倍。每级荷载施加后第 5 min、15 min、30 min、45 min、60 min 测读桩体水平位移，以后每隔 30 min 测读一次，直到桩体稳定（稳定标准：每一小时内桩体水平位移量不超过 0.1 mm，并连续出现两次）。卸载也采用分级卸载，每级卸载量取分级加载的 2 倍，逐级等量卸载，每级荷载维持 1 h，按第 15 min、

30 min、60 min 测读桩体水平位移量后，即可卸下一级荷载，卸载至零后，测读桩体残余位移量。

慢速维持荷载法试验终止条件：

①某级荷载作用下，桩体位移量大于前一级荷载作用下位移量的 5 倍。

②某级荷载作用下，桩体位移量大于前一级荷载作用下位移量的 2 倍，且在 24 h 后尚未达到相对稳定的标准。

③已达到设计要求的最大加载量。

单向多循环加载法：分级荷载不大于预估水平极限承载力或最大试验荷载 1/10，每级荷载施加后，恒载 4 min 后可测读水平位移，然后卸载至零，停 2 min 测读残余水平位移，至此完成一个加载循环，如此循环 5 次，完成一级荷载的位移观测。

单向多循环试验终止条件：

①桩身断裂。

②水平位移超过 30～40 mm(软土取 40 mm)。

③水平位移达到设计水平位移允许值。

4.2.3.4 数据采集

采用 XP02 振旋式频率测定仪作为数据采集接收装置。因所采集的数据量较大，为保证数据量的时效性，实现采集工作的自动化，还设置了 SX - 40 型集线箱。

在试验第一级荷载施加之前，首先对钢筋应力计和土压力计再检测一遍，并采集初读数。加载稳定后，测读各仪器的读数，钢筋应力计或压力盒的信号先后传至集线箱和频率仪。

4.2.4 现场试验成果及分析

4.2.4.1 原始数据成果

现场原始试验数据除采集的钢筋应力和土压力外，其他主要为各桩的水平静载试验记录表。

4.2.4.2 初步分析成果

(1) $H-Y_0$曲线和 $H-\Delta Y_0/\Delta H$ 关系曲线

对采用慢维荷载法的各试桩绘制水平荷载-力作用点位移($H-Y_0$)关系曲线、水平力-位移梯度($H-\Delta Y_0/\Delta H$)关系曲线，b_2 和 b'_2 桩的 $H-Y_0$关系曲线见图 4.2-21、图 4.2-22。

对于 b_2桩，桩顶水平位移(力作用点处)随着水平荷载的增加而增大，在 160 kN 级别之前二者基本呈线性关系，此时桩体水平位移最大已达到 6.56 mm，桩周土体产生微小斜裂缝(见图 4.2-23)；当荷载达到 200 kN 时，桩周土体产生明显斜裂缝(见图 4.2-24)，水平位移迅速增大；当加载到 280 kN 时，水平位移达 46.07 mm；加载到 320 kN 时位移已超过 80 mm，试验终止。

对于 b'_2桩，当荷载增大到 120 kN 时，桩顶水平位移为 7.57 mm；当荷载达到 200 kN 时，水平位移迅速增大；当加载到 240 kN 时，水平位移 48.42 mm；加载到 280 kN 时，荷载便维持不住了(一直掉载)，位移已超过 70 mm，试验终止。

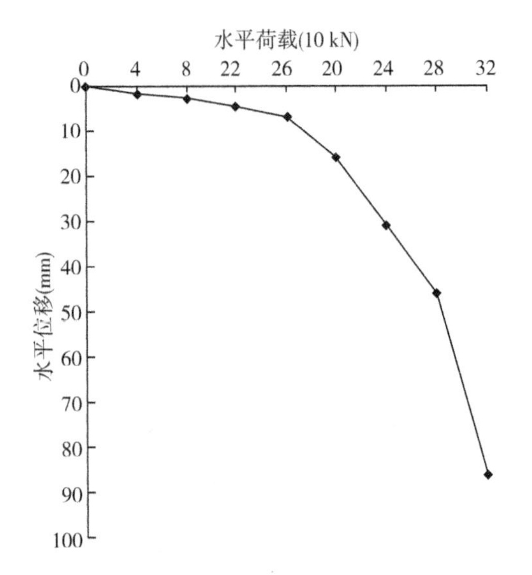

图 4.2-21　b_2桩水平荷载与水平位移关系曲线

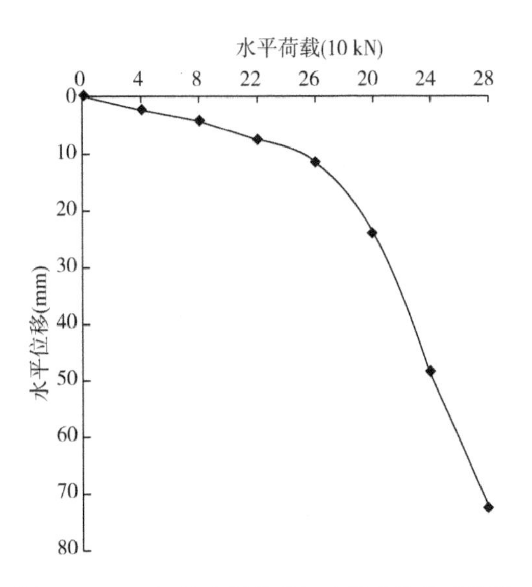

图 4.2-22　b'_2 桩水平荷载与水平位移关系曲线

图 4.2-23　b_2桩周土体产生斜裂缝

图 4.2-24　b_2桩周土体产生明显的斜裂缝

为方便各桩的横向对照分析，按照桩径的不同，分别把直径 0.8 m 桩和直径 1.2 m 桩的 $H-Y_0$(水平荷载-水平位移)曲线汇总到两张图上，得图 4.2-25 和图 4.2-26。

从两图中均可以看出，$H-Y_0$曲线在$Y_0=6$ mm 之前基本呈一直线，表明桩身和桩侧土体都处于弹性状态；在 $Y_0=6\sim10$ mm 之后，相继出现拐点且梯度逐渐加大，表明此时桩侧土体塑性区自上而下逐渐开展扩大，桩身开始产生裂缝。随着荷载的进一步加大，在 $Y_0=40$ mm 之后，部分曲线相继出现陡降点。通过对比第 1 组与第 2 组试验，发现同类桩型第 1 组的 $H-Y_0$曲线普遍位于第 2 组的外侧，表明在桩顶位移相同的情况下，第 1 组的承载力比第 2 组高。

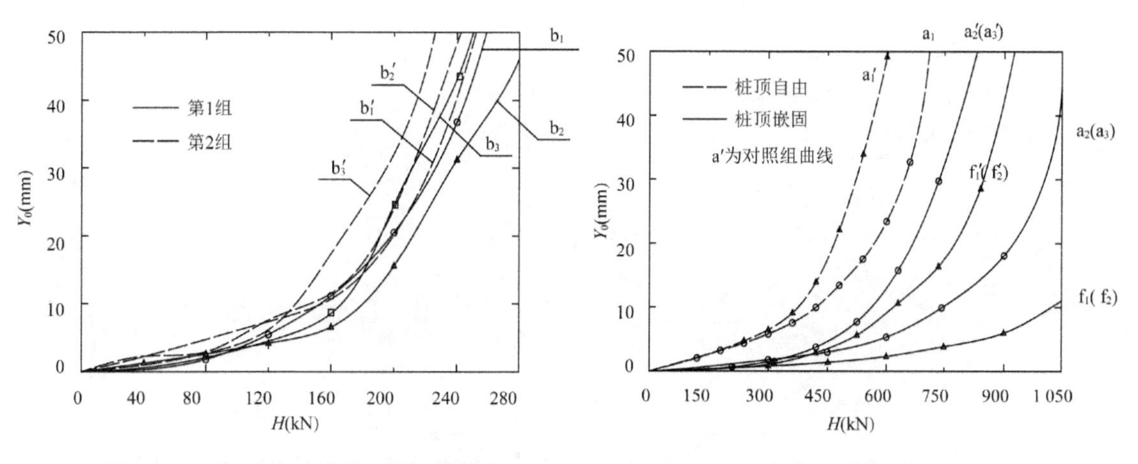

图 4.2-25　D0.8 m 试桩 $H-Y_0$ 曲线　　**图 4.2-26　D1.2 m 试桩 $H-Y0$ 曲线**

(2) Y_0-m 关系曲线和 m 值分析

按照组别的不同，分别把第 1 组试桩和第 2 组试桩 Y_0-m 曲线汇总到同一张图上，得图 4.2-27。

从图中可以看出，各桩的 Y_0-m 曲线变化趋势基本一致。分别对两组曲线做外包线，对第 1 组(复合地基)试桩，当 $Y_0=6$ mm 时，对应外包线上 $m=6.6\text{MN/m}^4$；对第 2 组试桩，当 $Y_0=6$ mm 时，对应外包线上 $m=5.0\text{MN/m}^4$。由此可以看出，第 1 组试桩的 m 值比第 2 组提高 32%。

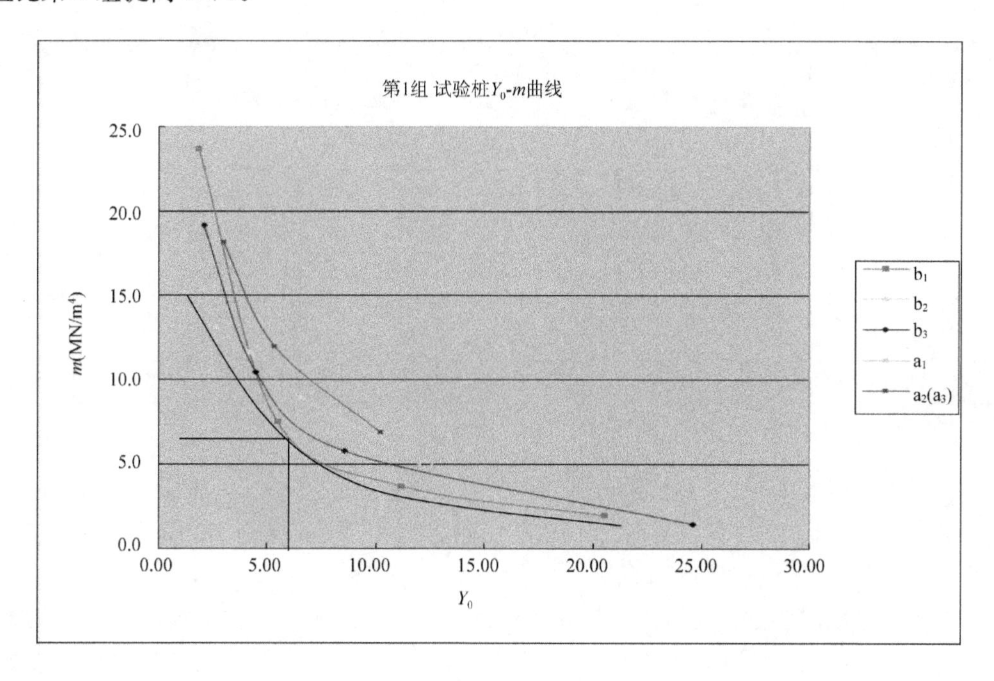

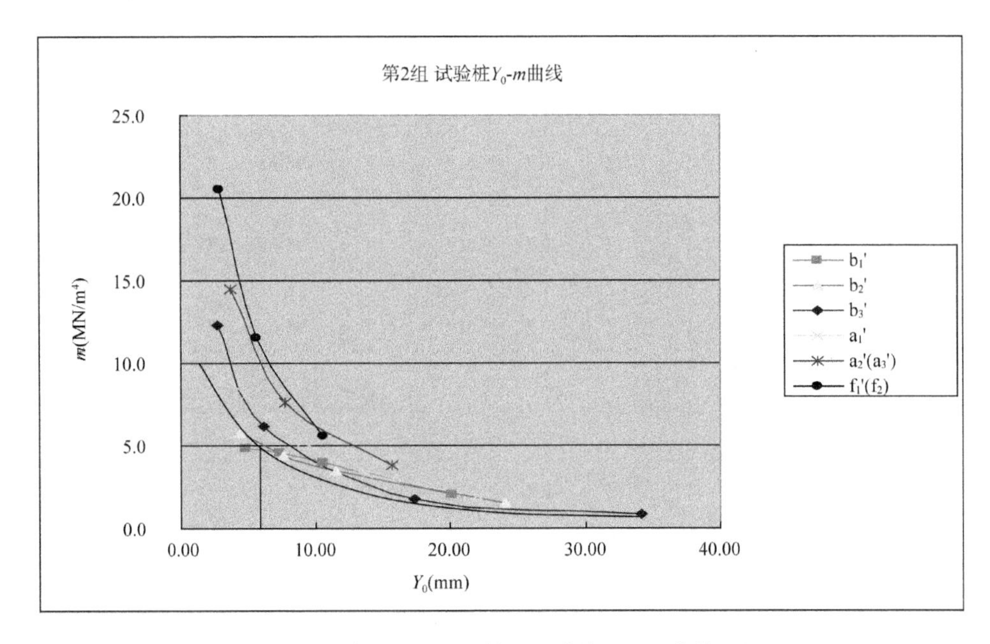

图 4.2-27 第 1 组试桩和第 2 组试桩 Y_0- m 曲线汇总图

(3) 单桩水平临界荷载(H_{cr})

根据《建筑基桩检测技术规范》(JGJ 106),单桩水平临界荷载(H_{cr})对应桩身产生开裂前的水平荷载,可取 $H-Y_0$ 曲线出现拐点的前一级水平荷载值。如前所述,在$Y_0=6$～10 mm 之后,$H-Y_0$ 曲线相继出现拐点,为便于各桩之间的横向比较,这里统一取 $Y_0=6$ mm 时的荷载为水平临界荷载。两组试桩的水平临界荷载对照分析如表 4.2-4 所示。

表 4.2-4 试桩水平临界荷载统计值对照表($Y_0=6$ mm)

预估值	桩类别					
	D0.8 m 单桩(桩顶自由)		D1.2 m 单桩			
	水平临界荷载 H_{cr}(kN)	第 1 组比第 2 组的增幅	桩顶自由		桩顶嵌固	
			水平临界荷载 H_{cr}(kN)	第 1 组比第 2 组的增幅	水平临界荷载 H_{cr}(kN)	第 1 组比第 2 组的增幅
第 1 组试桩	104	20.9%	246	12.8%	498	29.8%
第 2 组试桩	86		218		383	

注:表中水平临界荷载 H_{cr}统计值取样本中的最小值。

从表中可以看出,海淤土经粉喷桩处理的第 1 组试桩的水平临界荷载普遍比第 2 组有所提高。在分析比较过程中还发现,顶部受承台嵌固的灌注桩提高幅度更大,提高效果更稳定,提高幅度最小可达 29.8%。

单桩水平极限承载力对应桩身折断或桩身钢筋应力达到屈服时的前一级水平荷载,可取 $H-Y_0$ 曲线发生明显陡降的起始点对应的水平荷载值。本次试验部分曲线在 $Y_0=$ 40 mm 之后出现陡降点,表示桩已达到极限承载力;有的在加载范围内未出现明显陡降点,表示还未达到极限承载力。由于单桩水平极限承载力对三洋港挡潮闸工程意义不大，所以未进行深入研究。

(4) 桩身弯矩图

试验采集到分级荷载下钢筋应力计的频率读数，换算得钢筋应变和应力，进而推求得桩身应力和桩身弯矩，绘制出桩身弯矩分布曲线，b_2桩、a_1桩、b'_2桩和 a'_1桩的弯矩分布如图 4.2-28、图 4.2-29、图 4.2-30 和图 4.2-31 所示。由图可知，桩身弯矩主要发生在桩体上部，且弯矩值随水平荷载的增加而逐渐增大，在临界荷载以内，弯矩变化比较均匀，土体处于弹性状态，超过临界荷载后，弯矩增幅较大，上部土体塑性区逐渐向下扩展。

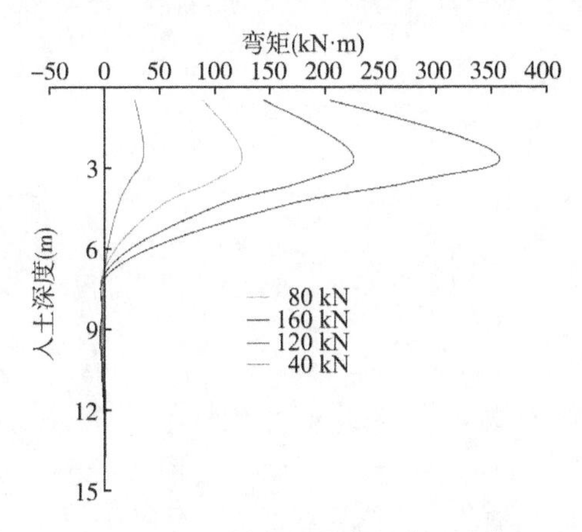

图 4.2-28　b_2桩各级荷载下弯矩分布图

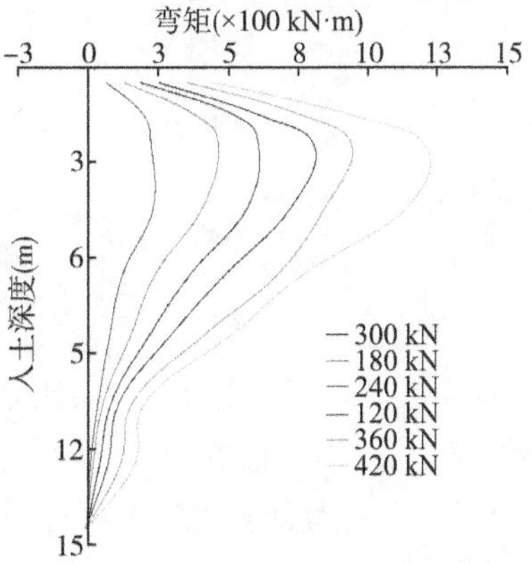

图 4.2-29　a_1桩各级荷载下弯矩分布图

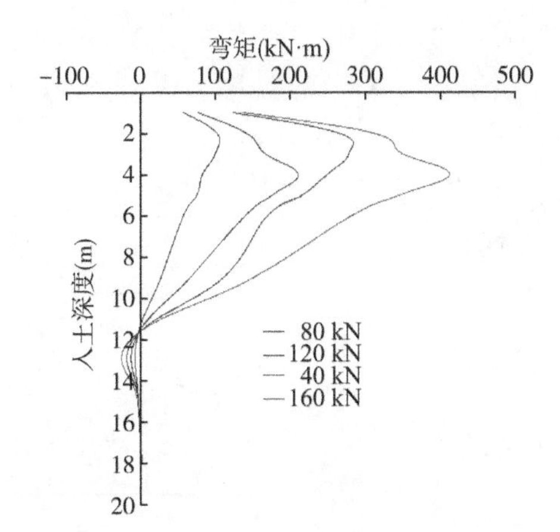

图 4.2-30　b'_2桩各级荷载下弯矩分布图

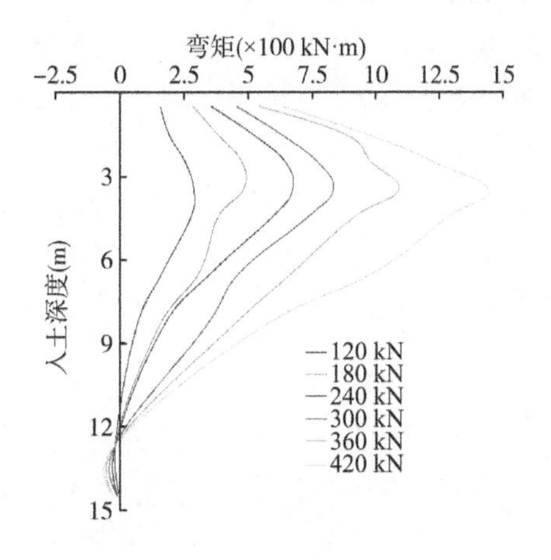

图 4.2-31　a_1'桩各级荷载下弯矩分布图

(5) 桩侧土压力分布图

地面以下的桩侧地基土压力 p 根据埋置于桩前、后土压力盒测得，各级荷载下 b_2桩、a_1 桩的桩周土抗力分布如图 4.2-32 和 4.2-33 所示。

由各图可见，当荷载一定时桩侧土体抗力先增大后减小，在地面以下 2.5 m 左右达到最大值，向下迅速减小，到桩端附近时基本减小到零。由土压力的分布特点更加证明，对桩体水平抗力有贡献的主要是上部土体，泥面处的土反力很小，几乎为零，也

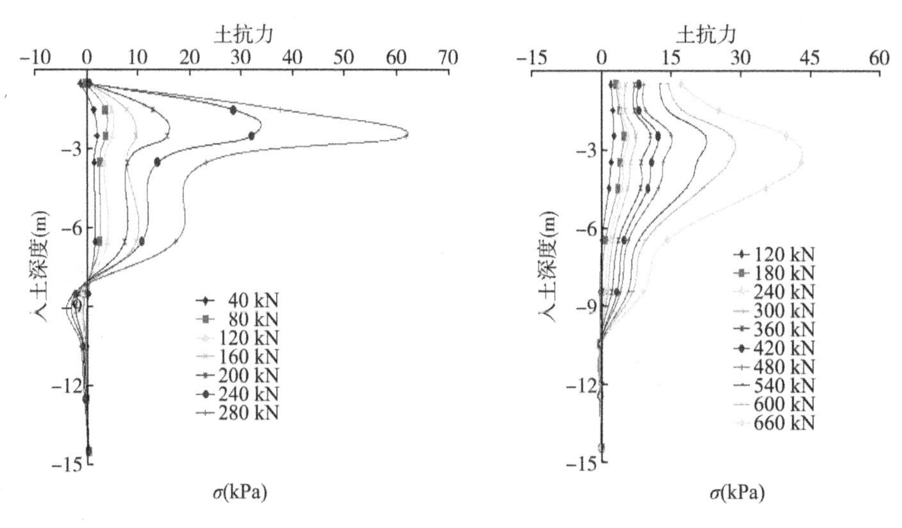

图 4.2-32　b_2桩侧土压力分布图　　**图 4.2-33　a_1桩侧土压力分布图**

就是说泥面处土体不具备土抗力，因而在泥面处地基反力系数的比例系数也应为零，所以地基反力图式中的 K 法与实际不相符，这为 m 法图式的合理性做了实验佐证。由图 4.2-32 在荷载加到 280 kN 时，桩侧土体的抗力高达 60 kPa，上部土体是不可能提供这么大的抗力的，分析原因可能是桩周土体的水平位移很大，从而使压力盒与附近的粉喷桩接触所致，由图 4.2-32 可以看出，b_2 桩在泥面以下 0.5 m 处土压力都为零也是不符合实际情况的，原因是上部的个别压力盒由于施工造成个别最上部压力盒暴露在泥面上，从而以零来处理。图 4.2-33a_1桩侧土压力分布规律与 b_2桩相似，在此就不作详细叙述了。

为方便比较原状土地基与复合地基中灌注桩的桩侧土抗力分布情况，这里也列出 b'_2桩和 a'_1桩的桩侧土压力分布情况，但由于现场施工原因 b'_2桩的部分压力盒数据失效，故在此只给出 a'_1 桩的土压力分布，见图 4.2-34。

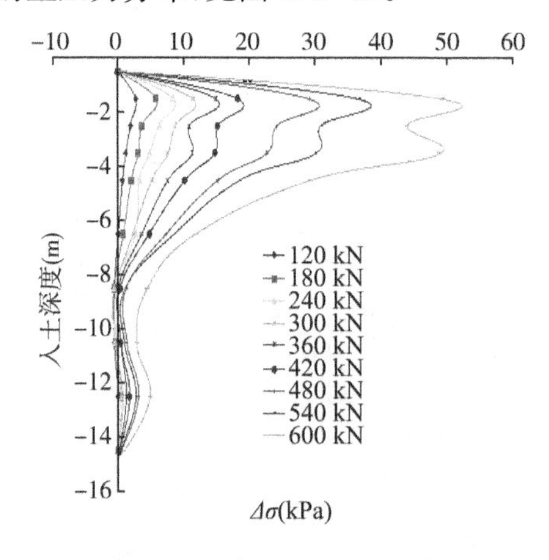

图 4.2-34　a'_1桩侧土压力分布图

土压力分布及变化规律与前两桩一样，不同的是土压力变化比较均匀，不像前面两根桩，当水平荷载较大时，土压力有一个突变，原因在于该区没有打设粉喷桩，桩周土体的水平变形有一定的连续性，总之可以看出，桩基的性状主要由浅层深度一定范围内的土体极限抗力控制。

4.2.4.3　进一步分析

(1) m 法适用性验证

三洋港挡潮闸工程桩设计和本课题验桩预估计算时都是以假定 m 法适用为前提的，尽管这种假设是以规范推荐和众多工程经验验证为基础，但作为严谨的课题研究，还应根据试验数据反过来验证是否符合 m 法特征和条件：桩侧土体的水平抗力系数地面处为零，地面以下随深度线性增加[参见《建筑桩基技术规范》(JGJ 94)附录 C]。但在现场试验研究中，很难取得水平抗力系数，所以采用了拟合计算的验证方法。以下以 b'_2 桩为例说明这种拟合计算过程。

对 b'_2 桩，当水平荷载取 120 kN 时，试验测得桩顶水平位移 7.57 mm。然后用 m 法进行计算：水平荷载也取 120 kN，先假设一个 m 值，计算得出桩顶水平位移值，将该值与实测值对比，若相差较大则重新假设 m 值进行计算，直至桩顶水平位移值与实测值一致，此时可以进行下一步的对比。

首先比较弯矩分布图，主要从两方面进行比较：曲线形态和峰值。

从形态上看，图 4.2-35(a)120 kN 级的曲线与图 4.2-35(b)大体相似，但弯矩零点比图 4.2-35(b)靠下约 2 m。从弯矩峰值上看，图 4.2-35(a)各级别峰值位置并不完全相同，平均在地面以下 3.8 m，而图 4.2-35(b)弯矩峰值出现在地面以下 2.8 m 处，误差稍大；从峰值大小上看，二者基本相同，大约为 280 kN・m。

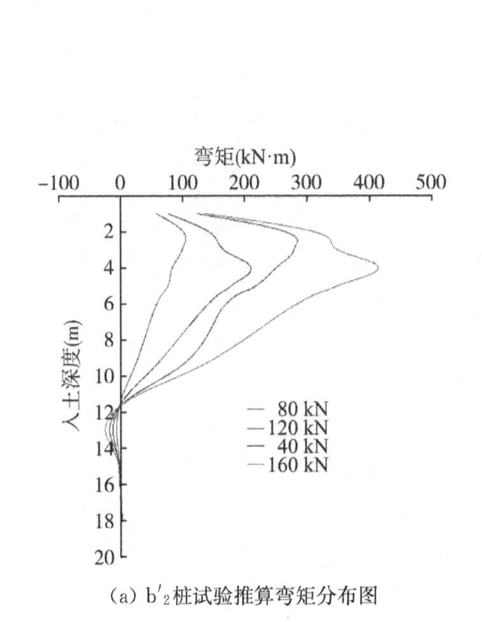

(a) b'_2 桩试验推算弯矩分布图

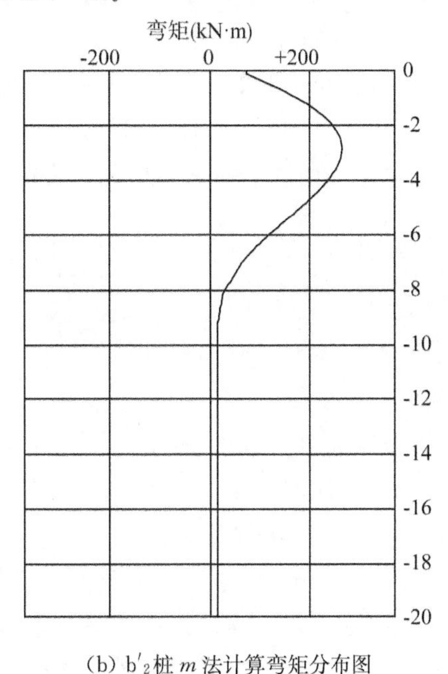

(b) b'_2 桩 m 法计算弯矩分布图

图 4.2-35　b'_2 桩弯矩分布图对比

通过总结其他桩的对比结果，发现 m 法计算的弯矩峰值点位置比较稳定，不论荷载大小，对顶部自由的桩，直径 0.8 m 桩峰值位置在地面以下 2.8 m 处，直径 1.2 m 桩峰值位置在地面以下 3.8 m 处，而试验数据大部分相对偏上。

经进一步的分析计算，发现 m 法的适用性不存在问题。在试算其他理论方法后，筛除明显不合理的方法，发现弯矩分布图与 m 法大同小异，如 c 法和 K 法。最后认为试验桩对抗力分布模式并不敏感，只要满足地面处为零、沿深度增加的条件就基本适用。总而言之，m 法是适用方法之一。

本结论的前提条件是：①桩侧为深厚软土层；②大直径灌注桩（直径不小于 0.8 m）；③桩顶水平位移较小（本次研究范围在 10 mm 之内）。

(2) 研究点试验成果分析

根据试验情况，成果分析如下：

①复合地基和原状土地基灌注桩水平承载特性的对比

据前述初步分析成果，水泥土粉喷桩复合地基置换率约 20%、桩顶水平位移 6 mm 时，地基抗力系数的比例系数 m 的统计值由 5.0 MN/m^4 提高到 6.6 MN/m^4，提高幅度约 32%。其原因主要是复合地基的整体性能限制了淤土的变形。

从水平承载力角度看，各桩都有所提高，尤以顶部嵌固桩提高幅度最大，约为 30%，这是由于顶部嵌固桩上部转角较小，上部土体受力较均匀，使更深土层的抗力也能得到充分发挥。

②桩顶自由和桩顶嵌固的对比

从本课题试验数据看，对直径相同的灌注桩，顶部嵌固桩水平承载力约为顶部自由桩的 2.0 倍。因此工程应用中利用桩的水平承载力时，应尽量约束桩顶转角。

根据《建筑桩基技术规范》(JGJ 94)，同直径桩水平承载力对比，理论上桩顶嵌固时最大可达到桩顶自由时的 2.5 倍，但本课题试验只达到 2.0 倍左右，究其差别的原因，经过深入分析比较，主要是理论计算忽视了承台的转角。同样是顶部嵌固的承台桩，当布置跨度（也就是最前和最后两排桩的间距）较小时，承台和桩顶转角不可忽略，该转角降低了嵌固度，从而降低了承载力。本课题试验每个承台下仅设两根桩，桩间距仅3.0 m，理论计算得出的倍数与 2.0 较接近。当加大承台跨度再计算时，倍数也随着加大，直至跨度足够大时，倍数达到 2.5。由此更深一步认识到桩顶嵌固度对桩水平承载力的影响。

③0.8 m 和 1.2 m 两种桩径的对比

从 Y_0-m 曲线上看，两种直径的桩 Y_0-m 曲线相互交错，并未体现出何种桩径 m 值更大，因此认为对大直径灌注桩，m 值基本不受桩径大小的影响。

④不同桩长的对比

a'_2、a'_3、b'_2 号灌注桩地面以下桩长为 19.9 m，其余桩长 14.9 m。a'_2 和 a'_3 为一组承台桩，应与 f'_1 与 f'_2 承台桩对比；b'_2 桩应与 b'_1 桩对比。根据理论计算，二者均为柔性长桩，桩长不应影响承载力，从试验结果看，二者 Y_0-m 曲线并未发现有明显差异，故此认为只要桩长达到柔性桩长临界值，桩长再增加对水平承载力并无提高。

⑤ 粉喷桩排桩布置和矩形布置的对比

第一组试验粉喷桩普遍采用矩形布置，粉喷桩间距 1 m，但在承台桩 a_2-a_3 的抗力侧设置了一组套打排桩，应与承台桩 f_1-f_2 对比有无提高承载力效果。

结果试验中发现承台桩 f_1-f_2 承载力和 m 值异常偏高，且未能分析出原因，该对比未能完成。

⑥ 慢速维持荷载法和单向多循环加载法的对比

为研究潮汐周期对灌注桩水平承载特性影响，对 b'_2、b'_3 桩部分时间段(在水平位移达到 6 mm 后)采用单向多循环加载法，对比与 b'_1 桩的差别。

从 $H-Y_0$ 曲线上可以看出，采用单向多循环加载法后，b'_2、b'_3 桩承载力比 b'_1 桩低，但因组数不够多，只能得出循环荷载对灌注桩水平承载力不利的结论，工程应用中应充分考虑循环荷载的不利影响。

(3) 异常情况分析

本课题试验主要遇到两种异常情况。

①承台桩 f_1-f_2 承载力和 m 值异常偏高

承台桩 f_1-f_2 和其他承台桩的 Y_0-m 曲线如图 4.2-36 所示。从图中可以看出，承台桩 f_1-f_2 的 m 值明显比同组承台桩偏高，相应承载力也偏高，未查出异常偏高的原因。

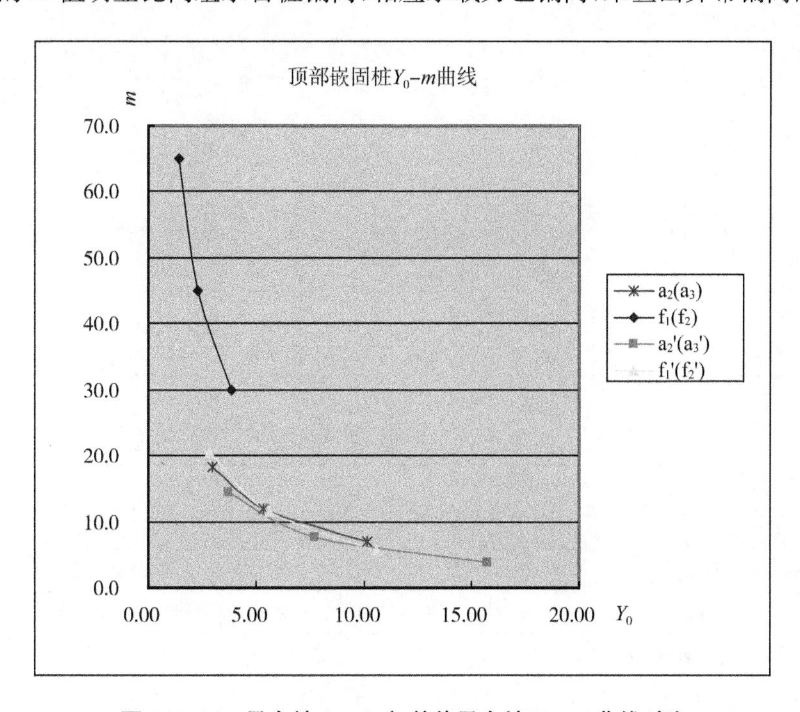

图 4.2-36 承台桩 f_1-f_2 与其他承台桩 Y_0-m 曲线对比

②桩身抗弯刚度问题

当测得试验桩某一级别荷载下桩顶水平位移、桩顶转角，就可以通过计算来拟合测得的数据。计算时取同样大小的荷载，通过调整 m 值大小反复计算，直至算得的桩顶水平位移与实测相同，同时得出桩顶转角值，检查桩顶转角值是否与实测一致，如果一致，表示拟合成功，否则需查找分析原因。

在拟合计算过程中，发现除个别桩外，实测桩顶转角普遍比计算值偏大，而且实测桩身最大弯矩点位置比计算值偏高，计算结果如表 4.2-5～表 4.2-7 所示。这种异常很难得到合理的解释，首先排除了位移百分表误差的原因，通过多种模式的试算，也排除了计算模式和计算方法的原因。最后谨慎地提出可能桩身抗弯刚度比规范公式计算值偏小的原因。

表 4.2-5　a_1 和 a'_1 桩顶拟合计算转角和实测转角对比表

水平荷载(kN)		120	180	240	300	360	420	备注
a_1	实测位移(mm)	2.03	3.20	4.36	5.81	7.55	9.96	弯矩峰值在地面以下 1.5 m 处
	实测转角(弧度)	0.000 4	0.001 3	0.002 5	0.003 0	0.004 2	0.005 3	
	m 法转角(弧度)	0.000 6	0.000 9	0.001 2	0.001 6	0.002 0	0.002 5	
a'_1	实测位移(mm)	2.11	3.28	4.70	6.50	9.08	13.9	
	实测转角(弧度)			0.003 0	0.004 4			
	m 法转角(弧度)			0.001 3	0.001 7			

表 4.2-6　b_1 和 b'_1 桩顶拟合计算转角和实测转角对比表

水平荷载(kN)		80	120	160	200	备注
b_1	实测位移(mm)	1.83	5.47	11.14	20.52	弯矩峰值在地面以下 1.5 m 处
	实测转角(弧度)	0.004 5	0.007 6	0.008 4	0.011 6	
	m 法转角(弧度)	0.000 9	0.002 0	0.003 4	0.005 5	
b'_1	实测位移(mm)	2.22	4.74	7.35	10.68	
	实测转角(弧度)	0.001 4	0.002 5	0.003 1	0.004 7	
	m 法转角(弧度)	0.000 7	0.001 6	0.002 4	0.003 3	

表 4.2-7　b_2 和 b'_2、b_3 和 b'_3 桩顶拟合计算转角和实测转角对比表

水平荷载(kN)		120	160	水平荷载(kN)		120	160
b_2	实测位移(mm)	4.20	6.56	b_3	实测位移(mm)	4.48	8.55
	实测转角(弧度)	0.001 8	0.002 7		实测转角(弧度)	0.002 6	0.005 8
	m 法转角(弧度)	0.001 7	0.002 5		m 法转角(弧度)	0.001 7	0.002 9
b'_2	实测位移(mm)	7.57	11.51	b'_3	实测位移(mm)	6.16	17.39
	实测转角(弧度)	0.001 5	0.004 0		实测转角(弧度)	0.004 9	0.007 9
	m 法转角(弧度)	0.002 4	0.003 5		m 法转角(弧度)	0.002 1	0.004 5

通过查阅文献资料，发现了不少支持这一判断的证据。在软土中采用泥浆固壁的钻孔灌注桩，易发生清孔不彻底、桩顶混凝土灌注压力小或混凝土中混入泥浆等情况，导致桩身特别是桩顶混凝土强度达不到预期，从而抗弯刚度也比预期偏小的结果。

当然这一观点目前还只是推测，缺乏深入的论证。如果推测成立，就相当于提出了灌注桩施工中易被忽视的薄弱环节。建议今后工程建设中应加强对这一不利因素的关注,开展这方面的研究。

4.2.5 三维仿真分析

4.2.5.1 数值分析方法—ABAQUS软件的介绍

ABAQUS是一套功能强大的基于有限元法的工程模拟软件,其解决问题的范围从简单的线性分析到最富有挑战性的非线性模拟问题。ABAQUS具备十分丰富的、可模拟任意实际形状的单元库,并拥有与之对应的各种类型的材料模型库,可以模拟大多数典型工程材料的性能,其中包括金属、橡胶、高分子材料、复合材料、钢筋混凝土、可压缩弹性的泡沫材料以及岩石和土这样的地质材料。作为通用的模拟分析工具,ABAQUS不仅能解决结构分析中的问题(应力/位移),还能模拟和研究各种领域中的问题,如热传导、质量扩散、电子元器件的热控制(热—电耦合分析)、声学分析、土壤力学分析(渗流—应力耦合分析)和压电介质力学分析。

ABAQUS为用户提供了广泛的功能,且使用方便,容易建模。例如复杂的多部件问题可以通过对每个部件定义材料模型和几何形状,然后再把它们组装起来。在大部分模拟分析问题中,甚至在高度非线性问题中,用户也只需要提供结构的几何形状、材料性能、边界条件和荷载工况等工程数据就可以进行分析。在非线性分析中,ABAQUS能自动选择合适的荷载增量和收敛精度,而且能在分析过程中不断地调整参数来保证有效地得到高精度的解,很少需要用户去定义这些参数。

(1) 单元类型的选择

ABAQUS具有丰富的单元库,单元种类多达几百种,共分为8个大类,包括连续体单元(continuum element,又称 solid element,即实体单元)、壳单元、薄膜单元、梁单元、杆单元、刚体单元、连续单元和无限元。

ABAQUS还提供针对特殊问题的特种单元,如针对钢筋混凝土结构或轮胎结构的加强筋单元、针对海洋工程结构的土壤/管柱连接单元和锚链单元等,另外,用户还可以通过用户子程序来建立自定义单元。单元种类的丰富也意味着用户在设置单元类型时总是面临多种选择。然而不存在一种完美的单元类型,可以适用于各种问题,每种单元都有其优点和缺点,有其特定的适用场合。提高求解精度和缩短计算时间是一对永恒的矛盾,如何根据不同的问题类型和求解要求,为模型选择出最合适的单元,用尽量短的计算时间得到尽量准确的结果,这是使用 ABAQUS过程中一个复杂而重要的问题。

在不同的单元族中,实体(连续体)单元能够模拟的构件种类最多。从概念上讲,实体单元仅模拟部件中的一小块物质。由于实体单元可以在其任何表面与其他单元连接起来,因此能用来建造几乎任何形状、承受任意载荷的模型。

在本章算例中桩体和土体均采用 C3D8R 单元(8 节点六面体线性减缩积分单元),采用线性减缩积分单元模拟承受弯曲载荷的结构时,沿厚度方向上至少应划分四个单元。

线性减缩积分单元有以下优点:

①对位移的求解结果较精确。

②网格存在扭曲变形时,分析精度不会受到大的影响。

③在完全载荷下不容易发生剪切自锁。

钢筋的模拟则采用 T3D3 单元。

(2) 本构模型的选择

岩土工程问题大体可分为变形问题和稳定问题两大类。对于变形问题,往往采用线弹性模型;对于稳定问题,采用基于理想刚塑性模型的极限平衡理论进行分析。

事实上,岩土工程的变形和稳定并不是完全割裂的两个问题,它们存在密切的联系,本构模型即描述其应力应变关系的数学模型,也称本构关系。岩土材料的真实应力应变关系特性十分复杂,具有非线性、弹塑性、粘塑性、剪胀性、各向异性等特性,同时应力路径、应力历史及土的组成、结构、状态和温度等均对其有不同程度影响。

ABAQUS 具有丰富的岩土材料本构模型,包括线弹性模型、Mohr-Coulomb 塑性模型、扩展 Druker-Prager 模型、Druker-Prager 蠕变模型、修正剑桥模型、节理材料模型等,此外,ABAQUS 还提供了用户自定义材料模型的子程序 UMAT,方便用户添加自己的本构模型。

Mohr-Coulomb 塑性模型主要适用于在单调荷载下以颗粒结构为特征的材料,如土壤,它与偏心率变化无关。Mohr-Coulomb 破坏和强度准则在岩土工程中的应用十分广泛,大量的岩土工程设计计算都采用了 Mohr-Coulomb 强度准则。本章算例同样采用的是 Mohr-Coulomb 本构模型。

①模型特性

a. 模拟具有典型性的 Mohr-Coulomb 屈服准则的材料,材料是初始各向同性的;

b. 允许材料在硬化或软化时是各向同性;

c. 采用光滑的塑性流动势,流动势在子午面上为双曲线形状,在偏应力平面上为分段椭圆形;

d. 与线弹性模型结合使用;

e. 可以用于岩土工程领域,用来模拟材料在单调荷载作用下的响应。

②Mohr-Coulomb 模型的公式与参数

Mohr-Coulomb 模型的弹性阶段是线性、各向同性的,其屈服函数为:

$$F = R_{mc}q - p\tan\varphi - C = 0 \tag{4.2-1}$$

其中 $R_{mc}(\Theta,\varphi)$ 为 π 平面上屈服面形状的一个度量。

$$R_{mc} = \frac{1}{\sqrt{3}\cos\varphi}\sin\left(\Theta + \frac{\pi}{3}\right) + \frac{1}{3}\cos\left(\Theta + \frac{\pi}{3}\right)\tan\varphi \tag{4.2-2}$$

其中,φ 是 $q-p$ 应力面上 Mohr-Coulomb 屈服面的倾斜角,称为材料的摩擦角,$0° \leqslant \varphi \leqslant 90°$;C 是材料的黏聚系数;$\Theta$ 是极偏角,定义为 $\cos(3\Theta) = \frac{r^3}{q^3}$,$r$ 是第三偏应力不变量 J_3。

在 Mohr-Coulomb 模型中,实质上假定了由黏聚力系数来确定其硬化,黏聚系数 C

可以是塑性应变，温度或场变量的函数，其硬化是各向同性的。Mohr-Coulomb 屈服面在 π 平面的形状及它与 Drucker-Prager 屈服面，Tresca 屈服面，Rankine 屈服面的相对关系，如图 4.2-37 所示。

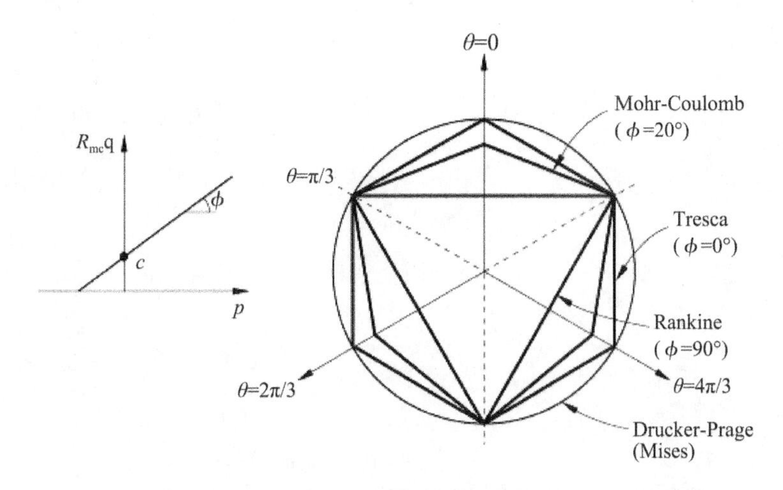

图 4.2-37　Mohr-Coulomb 模型在子午面和 π 平面上的屈服面

G 为流动势函数，为应力空间子午线平面上的双曲函数，传统的 Mohr-Coulomb 模型的屈服面存在的尖角导致塑性流动方向不唯一，导致数值计算的烦琐和收敛缓慢。为了避免这些问题，Menerey 和 Willam(1995) 建议选取连续光滑的椭圆函数作为流动势函数：

$$G = \sqrt{(\varepsilon C|_0 \tan\Psi)^2 + (R_{mw} q)^2} - p\tan\Psi \tag{4.2-3}$$

$C|_0$ 为材料的初始黏聚力，$C|_0 = C|_{\bar{\varepsilon}^{p_l}=0.0}$；$\Psi$ 为膨胀角(dilation)；ε 为子午线的偏心率，它控制了 G 的形状变化。

Mohr-Coulomb 模型在子午线平面的塑性流动趋势见图 4.2-38。

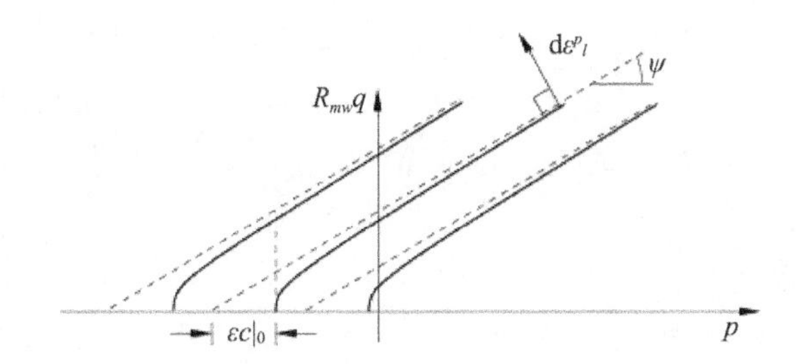

图 4.2-38　Mohr-Coulomb 模型在子午线平面的塑性流动势

实际上 ε 定义了塑性势 G 逼近渐近线的变化率。

$R_{mw}(\theta, e, \varphi)$ 是控制塑性势 G 在 π 平面上形状的参数：

$$R_{mw} = \frac{4(1-e^2)\cos^2\theta + (2e-1)^2}{2(1-e^2)\cos\theta + (2e-1)\sqrt{4(1-e^2)(\cos\theta)^2 + 5e^2 - 4e}} R_{mc}\left(\frac{\pi}{3}, \varphi\right) \tag{4.2-4}$$

偏心率 e 描述了介于拉力子午线（$\theta=0$）和压力子午线 $\left(\theta=\frac{\pi}{3}\right)$ 之间的情况。

其默认值由式 4.2-5 计算：

$$e=\frac{3-\sin\varphi}{3+\sin\varphi} \tag{4.2-5}$$

ABAQUS 允许在三向受拉或受压状态下匹配经典的 Mohr-Coulomb 模型，允许 e 在以下的范围内变化：

$$0.5<e\leqslant 1.0$$

如果直接定义 e，则 ABAQUS 仅在三向受压的情况下与经典的 Mohr-Coulomb 准则匹配，此时仍是非关联流动，见图 4.2-39。

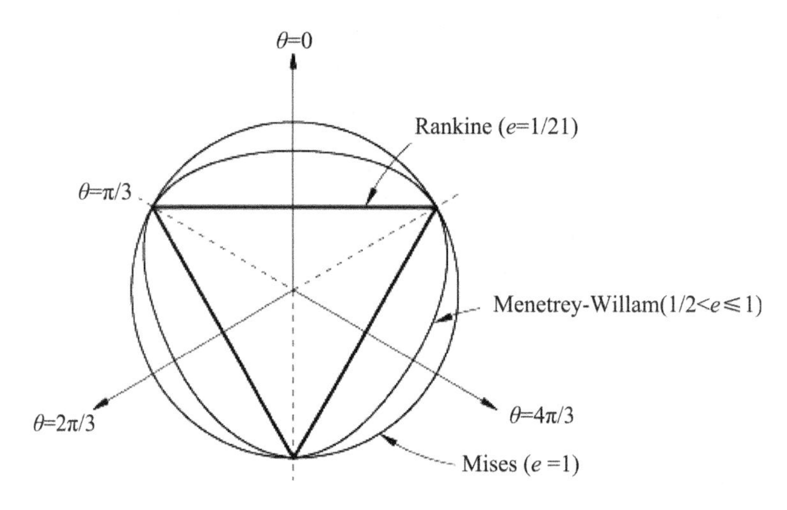

图 4.2-39　几种模型在 π 平面上的偏心率 e

（3）接触面理论

许多工程问题涉及两个或多个部件间的接触，在这类问题中，当两个物体彼此接触时，物体间存在沿接触面法向的相互作用力。如果接触面间存在摩擦，沿接触面的切线方向也会产生剪力以抵抗物体间切向运动（滑动）。接触模拟通常的目标是确定接触面积及计算所产生的接触压力。

在有限元中，接触条件是一类特殊的不连续的约束，它允许力从模型的一部分传递到另一部分。因为只有当两个表面接触时才用到接触条件，所以这种约束是不连续的。当两个接触的面分开时，就不再存在约束作用力。因此，分析方法必须能够判断什么时候两个表面是接触的并且采用相应的接触约束。同样，分析方法也必须能判断什么时候两个表面分开并解除接触约束。

在 ABAQUS 接触分析过程中，必须在模型的各个部件上创建可能接触的面。一对彼此可能接触的面，称为接触对，必须被标识。最后各接触面服从的本构模型必须定义，这些接触面间的相互作用的定义包括摩擦等行为。

当表面接触时，就像传递法向力一样，接触面间要传递切向力。所以分析时需要考虑阻止面之间相对滑动趋势的摩擦力。库仑摩擦是常用的描述接触面的相互作用的摩擦模型，本章节所有算例均采用的是库仑摩擦。这个模型用摩擦系数 μ 来描述两个表面间的摩擦行为，乘积 μp 给出了接触面之间摩擦剪应力的极限值，这里 p 是两接触面之间的接触压力。直到接触面之间的剪应力达到摩擦剪应力的极限 μp 时，接触面间才发生相对滑动。大多数表面的 μ 通常小于单位 1。图 4.2-40 中的实线描述了库仑摩擦模型的行为：当它们黏结在一起，即剪应力小于 μ 时，表面间的相对运动（滑移）量为零。

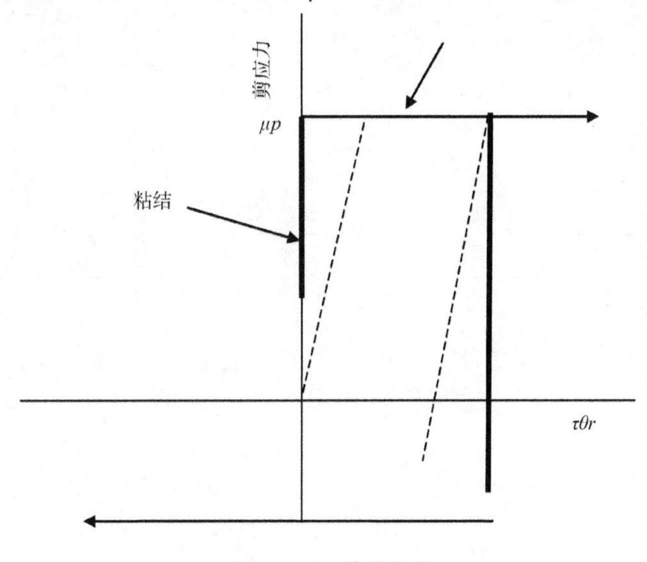

图 4.2-40　摩擦特性

在分析过程中，在黏结和滑移两种状态间的不连续性，可能导致收敛问题。只有在摩擦力对模型的响应有显著的影响时才应该在分析中考虑摩擦。如果在有摩擦的接触分析中出现收敛问题，首先必须尝试改进的方法之一就是重新进行没有摩擦的分析。

模拟真实的摩擦行为可能是非常困难的，因此在默认的情况下，ABAQUS 使用一个允许“弹性滑动”的罚摩擦公式，如图 4.2-40 中的虚线。“弹性滑动”是指表面黏结在一起时所发生的小量的相对运动。ABAQUS 会自动选择罚刚度（虚线的斜率），从而这个允许的“弹性滑动”的滑动值只有单元特征长度非常小的部分那么大。罚摩擦公式适用于大多数问题，其中包括大部分金属成型问题。在那些必须包括理想的黏结-滑动摩擦行为的问题中，可以使用“Lagrange”摩擦公式。使用“Lagrange”摩擦公式需要花费更多的计算机资源，其原因是在使用“Lagrange”摩擦公式时，ABAQUS 需对每个摩擦接触的表面节点额外增加变量。另外，解得收敛会很慢，通常也需要更多的迭代。

通常刚开始滑动与滑动中的摩擦系数是不同的，前者称为静摩擦系数，后者称为动摩擦系数。在 ABAQUS/Standard 中用指数衰减规律来模拟静摩擦系数和动摩擦系数的变化。

在模型中考虑了摩擦，就会在求解的方程组中增添不对称项。如果 μ 值小于 0.2，不对称项的值及其影响非常小，一般而言，采用正规的、对称求解器法求解的效果还是很好（接触面的曲率很大除外)。在摩擦系数较大时,会自动调用非对称求解器求解,因为它将改进收敛速度。非对称求解器所需的计算机内存和硬盘空间是对称求解器的两倍。

4.2.5.2　计算过程

(1) 计算工况及桩土参数

鉴于在 4.2.4 节着重讨论了 b_2 桩、a_1 桩、b'_2 桩和 a'_1 桩四根桩的现场实测结果,为了和实测结果进行对比分析,在本章中选择相同的四根桩进行三维有限元数值仿真分析。四根桩的参数如表 4.2-8 所示。

表 4.2-8　桩参数

桩号	桩径(mm)	桩长(m)	配筋(主筋)	混凝土强度指标	成桩日期
a_1	1 200	16	26Φ25	C30	2008-12-30
b_2	800	16	18Φ18	C30	2009-01-05
a'_1	1 200	16	26Φ25	C30	2009-01-11
b'_2	800	21	18Φ18	C30	2009-01-15

(2) 计算模型

根据实际工程地质情况建立 b_2 桩的三维桩土有限元分析模型,模型边界沿径向是 25 倍桩径,纵向边界取 2 倍桩长。灌注桩采用线弹性模型,利用三维减缩积分单元 C3D8R 进行离散,土体采用 Mohr-Coulomb 塑性模型,利用单元 C3D8R 进行离散,桩体纵筋采用 T3D3 单元模拟,钢筋采用嵌入式(Embedded)方法埋入混凝土内。计算模型中桩外侧与外围土体、桩底与桩底土体均设置接触单元,接触本构模型为小滑动库仑摩擦模型,以模拟桩土之间的黏结、滑移和脱离。边界条件为:在模型四周施加 X、Y 方向的位移约束,模型底部约束全部自由度,并考虑了土体初始应力场的影响。有限元网格划分如图 4.2-41 所示。

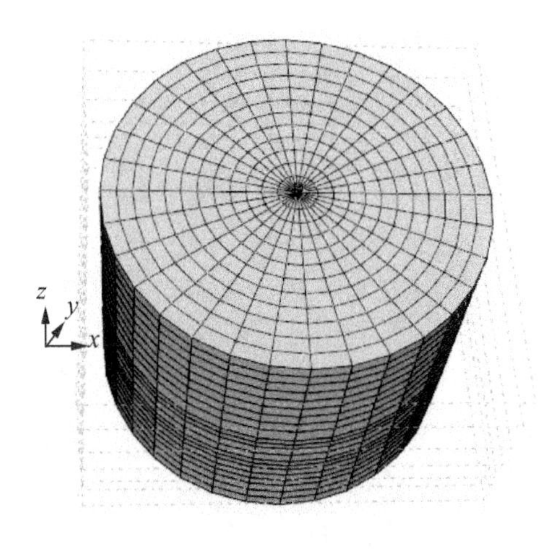

图 4.2-41　三维桩-土有限元网格计算结果

(3) S 曲线

分析过程分三步进行，第一步为 * Geostatic 分析步，进行初始地应力的平衡，由于桩体和土体的重度不一样，先假定桩体重度和土体重度一样，然后通过第二步 * Bodyforce，加上桩体和土体实际重度之间的差值。分析的第三步是 * Static，在该步中，桩顶施加水平向荷载，采用自动增量步长，其他均采用默认设置。三维数值仿真分析的结果同现场实测结果的对比分析如图 4.2-42、图 4.2-43、图 4.2-44 和图 4.2-45 所示。通过对比我们可以看出：有限元计算计算结果与实测结果吻合得较好，只是在初始加载过程中有限元计算的结果比实测的数据较大，但是误差并不大，对于实际工程而言是可以接受的。而且从图 4.2-42 中还可以看出，对于 b_2 桩有限元计算的计算结果也是在 160 kN 开始出现拐点，与实测结果相吻合。

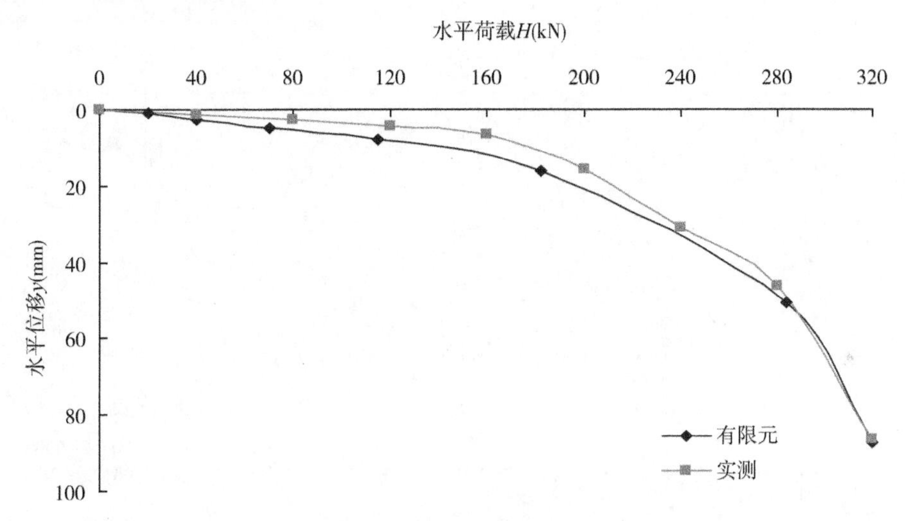

图 4.2-42　b_2 桩有限元计算和实测 $P-S$ 曲线对比图

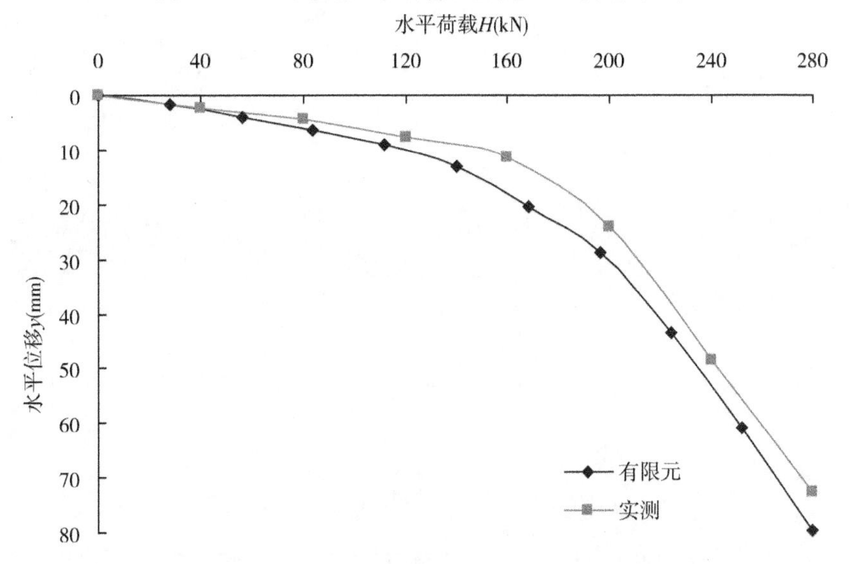

图 4.2-43　b'_2 桩有限元计算和实测 $P-S$ 曲线对比图

通过对比图 4.2-42 和图 4.2-43 也可以看出，b_2 桩的承载能力较 b'_2 桩有所提高。

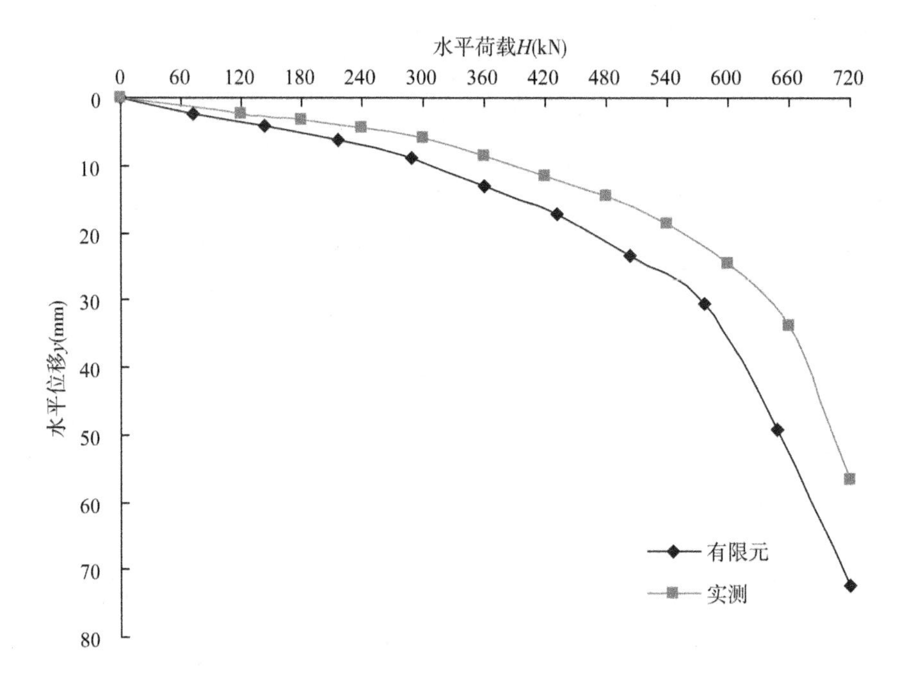

图 4.2-44　a_1 桩有限元计算和实测 P-S 曲线对比图

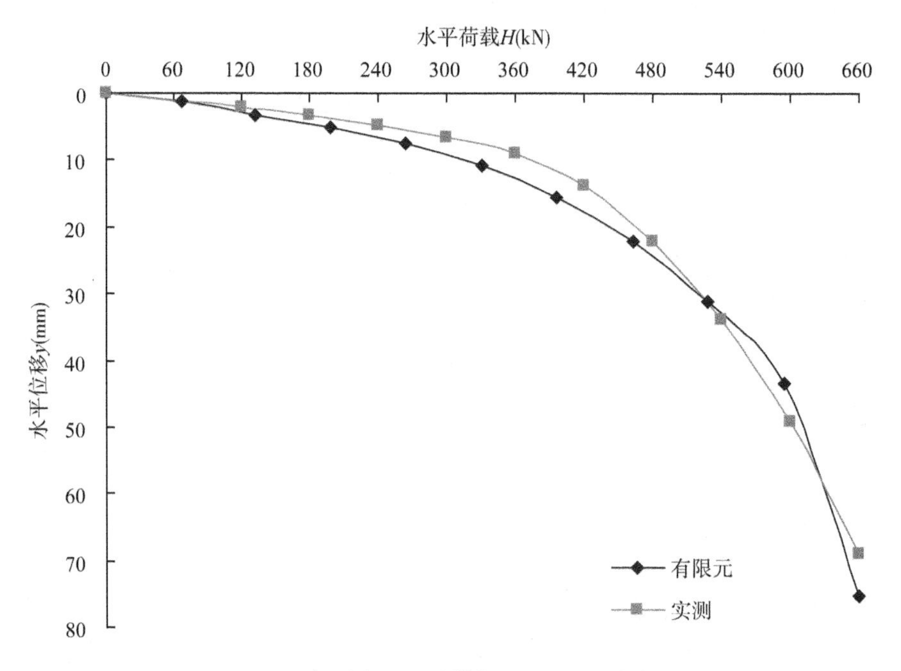

图 4.2-45　a'_1 桩有限元计算和实测 P-S 曲线对比图

从图 4.2-44 和图 4.2-45 可以看出，有限元三维仿真分析的结果同实测结果总体上也较吻合。

(4) 桩身弯矩

在 ABAQUS 中,对于实体单元而言,一般采用如下方法获得桩身弯矩。

首先需要在 CAE 中定义截面,然后在 * End Step 前输入如下语句:

```
* sectionprint,name=FM1,surface=Surf-1,axes=local,frequency=1,update=yes
,13.7,0,40
,13.7,0.5,40,14.2,0,40
sof,som
```

其中第二行的数据表示的是截面中心点坐标,第三行的数据分别表示为截面 X 方向轴线上的坐标和 Y 方向轴线上的坐标;第四行的 sof 表示轴力,som 表示弯矩。

三维数值仿真分析的结果同现场实测结果的对比分析如图 4.2-46、图 4.2-47、图 4.2-48和图 4.2-49 所示。图中弯矩均为各桩在临界荷载下的桩身弯矩。从图中可以看出,b_2 桩的最大弯矩所在位置与实测结果有一定误差,但是误差较小。在达到最大弯矩前计算结果与实测结果吻合得较好,在达到最大弯矩后,有限元计算的结果比实测的结果较大,这主要是由于在有限元计算过程中土体采用的是弹塑性模型,土体的压缩模量在计算过程中采用的是初始压缩模量,不会随着加载的过程发生改变,此外,本次计算过程中采用的分层土体,每层土体的厚度选取也会造成计算结果的误差。但最大弯矩点的值吻合的很好,与实测结果的误差小于 5%。在水平承载桩的设计中,设计人员最关心的是最大弯矩点的位置及其大小,从对比分析来看,这两点都吻合得较好。

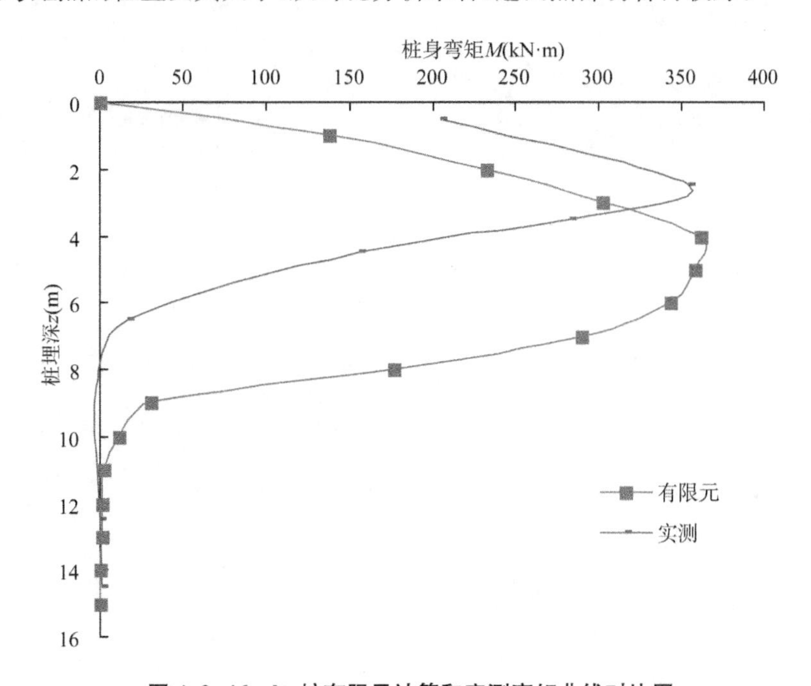

图 4.2-46　b_2 桩有限元计算和实测弯矩曲线对比图

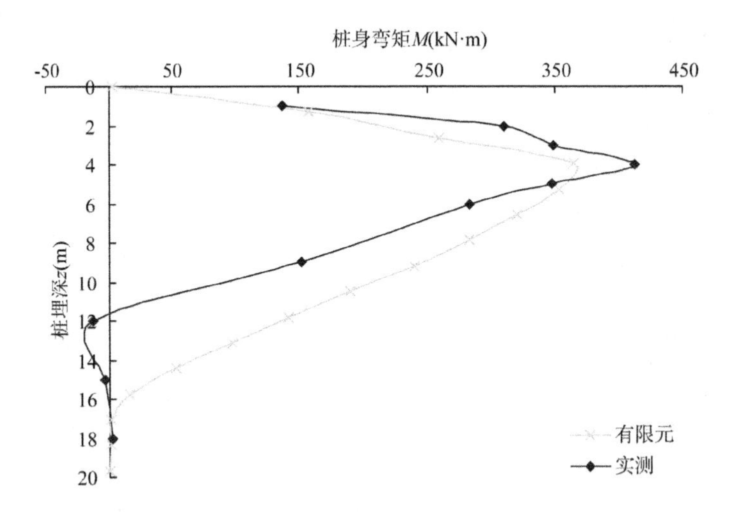

图 4.2-47　b′₂ 桩有限元计算和实测弯矩曲线对比图

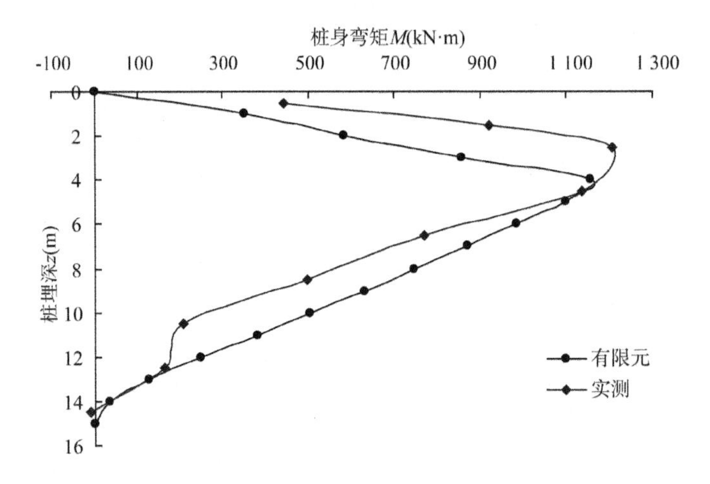

图 4.2-48　a_1 桩有限元计算和实测弯矩曲线对比图

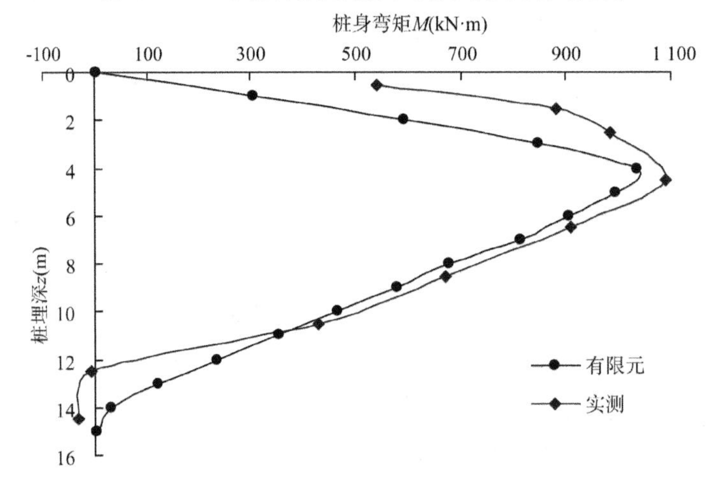

图 4.2-49　a_1'桩有限元计算和实测弯矩曲线对比图

对比图 4.2-46 和图 4.2-28 可以看出，b'_2 桩长比 b_2 桩长了 3 m，但是它们的反弯点都在 12 m 桩埋深处，因此，超出 12 m 以下的桩并未起到抵抗水平抗力的作用，在设计时，要通过经济性分析，选择合理的桩长。通过对比还可以发现，两根桩的最大弯矩点位置在桩埋深 3 m～5 m 之间，约为桩长的 1/5 左右。

对比图 4.2-46 至图 4.2-49 可以看出，在荷载较小的时候，底部桩体未起到抵抗水平抗力的作用，但是随着荷载的逐渐增加，底部桩体的作用也逐渐发挥出来。承受相同荷载的情况下，存在一个临界桩长，超出临界桩长的部分没有发挥水平承载能力作用，因此，在设计时要关注桩的临界桩长，做到经济合理。此外，不同桩径对桩基的水平承载能力影响较大，桩径 1.2 m 的桩基比桩径 0.8 m 的桩基水平承载能力提高幅度较大。

4.2.5.3 数值分析小结

通过三维有限元仿真分析试桩的 $H-Y_0$ 位移曲线和桩身弯矩分布曲线，并同实测结果进行对比，得出以下结论：

(1) 只要将土体参数调整合适，三维有限元仿真分析结果可以较好地吻合实测结果。

(2) 在灌注桩周围设置粉喷桩对提高桩基的水平承载能力有一定的作用，为试验成果奠定了理论基础。

4.2.6 桩侧成层土地基弹性解研究

4.2.6.1 研究意义

前面各节研究都是以把桩侧土体视为单一土层为前提，本课题试验桩表层淤土层较厚，可以视为单层土。但当表层土相对较薄，下层硬土可能就要发挥较强抗力，如三洋港挡潮闸消力池部位翼墙的灌注桩基础，由于开挖较深，桩侧表层淤土厚度相对下层硬土较薄，如果不考虑下层硬土 m 值较大的因素，将造成不必要的浪费。

对于成层土中的水平承载桩，国内外学者通过试验和理论分析展开了大量的研究，也取得了很多成果。然而，目前国内在计算成层土体中的水平承载桩的承载性能时均采用地基系数换算法，即将多层地基的地基系数换算成一个相当于均质土层的地基系数。从规范给出的 m 法公式看，把 $2(d+1)m$ 深度范围视为桩侧抗力的主要影响深度，若主要影响深度范围内为多层土，m 值则采用各土层加权值，近似转化为单层土对待。但采用加权值的理论依据不是非常充分，特别是相邻土层 m 值相比悬殊时，设计人员对采用加权值疑惑较大。故此，本课题对桩侧为成层土的情况开展了理论弹性解的研究，对前述研究成果进行辅助验证。

4.2.6.2 分析问题

(1) 成层土弹性解计算模型

灌注桩承受水平荷载 H 和弯矩 M_0，桩长 L，半径 r_p，抗弯刚度为 E_pI_p，埋置于三层弹性地基中，每层土体沿径向是无限延伸的，底部土体沿竖向也是无限延伸，桩头与地面齐平，桩底在第三层土体中，以桩顶中心为原点，以桩轴线为 z 坐标，建立了极坐标系统（如图 4.2-50）。每层土体假定为各向同性，理想均质、线弹性材料，假定土体不受桩的影响，桩体和桩周土体以及各土层之间不发生滑移。

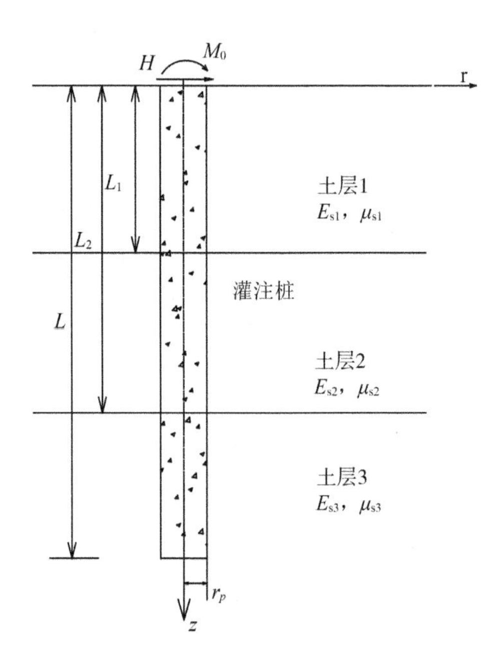

图 4.2-50　三层地基中 PCC 水平承载桩-土体系

（2）势能原理

桩体势能由下式可得：

$$U_{桩体} = \frac{1}{2}E_p I_p \int_0^L \left(\frac{\mathrm{d}^2 w}{\mathrm{d}z^2}\right)^2 \mathrm{d}z \tag{4.2-6a}$$

式中：$w=w(z)$是桩在深度 z 处侧向变形。

弹性土体势能由下式可以得到：

$$U_{土体} = \int_0^{\infty}\int_0^{2\pi}\int_{r_p}^{\infty}\frac{1}{2}\sigma_{ij}\varepsilon_{ij} r\,\mathrm{d}r\mathrm{d}\theta\mathrm{d}z + \int_L^{\infty}\int_0^{2\pi}\int_0^{r_p}\frac{1}{2}\sigma_{ij}\varepsilon_{ij} r\,\mathrm{d}r\mathrm{d}\theta\mathrm{d}z \tag{4.2-6b}$$

式中：σ_{ij} 和 ε_{ij} 分别为土体的应力和应变，其中式(4.2-6b)右边第一项代表桩周从桩外径开始沿径向到无限远土体的势能，第二项代表的是从桩底部至无限远处的土体势能。

桩-土体系外势能由下式可得：

$$V = H\,w|_{z=0} + M_0 \left.\frac{\mathrm{d}w}{\mathrm{d}z}\right|_{z=0} \tag{4.2-6c}$$

桩-土体系的总势能可以表示为：

$$\Pi = U_{桩体} + U_{土体} - V \tag{4.2-7a}$$

把公式(4.2-6a)、(4.2-6b)和(4.2-6c)带入公式(4.2-7a)可得：

$$\Pi = \frac{1}{2}E_p I_p \int_0^L \left(\frac{\mathrm{d}^2 w}{\mathrm{d}z^2}\right)^2 \mathrm{d}z + \int_0^{\infty}\int_0^{2\pi}\int_{r_p}^{\infty}\frac{1}{2}\sigma_{ij}\varepsilon_{ij} r\,\mathrm{d}r\mathrm{d}\theta\mathrm{d}z + \int_L^{\infty}\int_0^{2\pi}\int_0^{r_p}\frac{1}{2}\sigma_{ij}\varepsilon_{ij} r\,\mathrm{d}r\mathrm{d}\theta\mathrm{d}z$$

$$-Hw\big|_{z=0}-M_0\frac{\mathrm{d}w}{\mathrm{d}z}\bigg|_{z=0} \tag{4.2-7b}$$

(3) 位移场

连续土体中任意一点(如图 4.2-51)位移可以通过三个方向的独立方程来表示,忽略由于侧向荷载引起的土体竖向位移 u_z,土体的侧向位移 u_θ 和 u_r 可表示为:

$$u_r(r,\theta,z)=w(z)\varphi(r)\cos\theta \tag{4.2-8a}$$

$$u_\theta(r,\theta,z)=-w(z)\varphi(r)\sin\theta \tag{4.2-8b}$$

$$u_z(r,\theta,z)=0 \tag{4.2-8c}$$

式中:$\varphi(r)$ 为无量纲系数,反映土体沿径向的变化;$r=r_p$ 时,$\varphi(r)=1$,$r=\infty$ 时,$\varphi(r)=0$;θ 为桩截面中心与研究点连线与荷载作用方向的夹角。

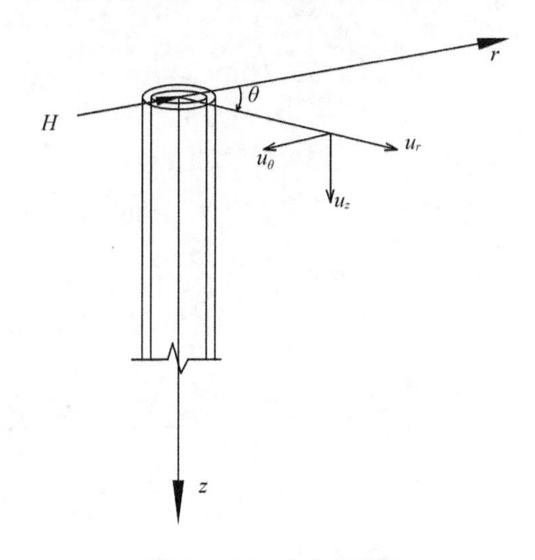

图 4.2-51 土体位移场

(4) 应力-应变-位移关系

对一个柱坐标系统($r—\theta—z$),根据弹性力学理论,土体的应变和变形有如下关系:

$$\varepsilon_{rr}=\frac{\partial u_r}{\partial r} \tag{4.2-9a}$$

$$\varepsilon_{\theta\theta}=\frac{u_r}{r}+\frac{1}{r}\frac{\partial u_\theta}{\partial\theta} \tag{4.2-9b}$$

$$\varepsilon_{zz}=\frac{\partial u_z}{\partial z} \tag{4.2-9c}$$

$$\gamma_{r\theta}=\frac{1}{r}\frac{\partial u_r}{\partial\theta}+\frac{\partial u_\theta}{\partial r}-\frac{u_\theta}{r} \tag{4.2-9d}$$

$$\gamma_{rz}=\frac{\partial u_r}{\partial\theta}+\frac{\partial u_z}{\partial r} \tag{4.2-9e}$$

$$\gamma_{\theta z}=\frac{\partial u_\theta}{\partial z}+\frac{1}{r}\frac{\partial u_z}{\partial \theta} \tag{4.2-9f}$$

把公式(4.2-8a)、(4.2-8b)和(4.2-8c)代入上式,应变可以表达为:

$$\varepsilon_{rr}=w(z)\frac{\mathrm{d}\varphi(r)}{\mathrm{d}r}\cos\theta \tag{4.2-10a}$$

$$\varepsilon_{\theta\theta}=0 \tag{4.2-10b}$$

$$\varepsilon_{zz}=0 \tag{4.2-10c}$$

$$\gamma_{r\theta}=-w(z)\frac{\mathrm{d}\varphi(r)}{\mathrm{d}r}\sin\theta \tag{4.2-10d}$$

$$\gamma_{rz}=\frac{\mathrm{d}w(z)}{\mathrm{d}z}\varphi(r)\cos\theta \tag{4.2-10e}$$

$$\gamma_{\theta z}=-\frac{\mathrm{d}w(z)}{\mathrm{d}z}\varphi(r)\sin\theta \tag{4.2-10f}$$

根据弹性理论,土体的应力-应变关系可以表达为:

$$\begin{bmatrix}\sigma_{rr}\\ \sigma_{\theta\theta}\\ \sigma_{zz}\\ \tau_{r\theta}\\ \tau_{rz}\\ \tau_{\theta z}\end{bmatrix}=\begin{bmatrix}\lambda_s+2G_s & \lambda_s & \lambda_s & 0 & 0 & 0\\ \lambda_s & \lambda_s+2G_s & \lambda_s & 0 & 0 & 0\\ \lambda_s & \lambda_s & \lambda_s+2G_s & 0 & 0 & 0\\ 0 & 0 & 0 & G_s & 0 & 0\\ 0 & 0 & 0 & 0 & G_s & 0\\ 0 & 0 & 0 & 0 & 0 & G_s\end{bmatrix}\begin{bmatrix}\varepsilon_{rr}\\ \varepsilon_{\theta\theta}\\ \varepsilon_{zz}\\ \gamma_{r\theta}\\ \gamma_{rz}\\ \gamma_{\theta z}\end{bmatrix} \tag{4.2-11}$$

对于水平承载桩,由于土体泊松比的影响较小,Guo 和 Lee 采用等效剪切模量 $G^*=G_s(1+0.75\mu_s)$ 代替实际的剪切模量 $G_s=E_s/2(1+\mu_s)$,取 $\mu_s=0$,则 $\lambda_s=E_s\mu_s/(1+\mu_s)(1-2\mu_s)=0$,结合公式(4.2-10),桩周土体应力场可表示为:

$$\sigma_{rr}=2G_s w(z)\frac{\mathrm{d}\varphi(r)}{\mathrm{d}r}\cos\theta \tag{4.2-12a}$$

$$\sigma_{\theta\theta}=0 \tag{4.2-12b}$$

$$\sigma_{zz}=0 \tag{4.2-12c}$$

$$\tau_{r\theta}=-G_s w(z)\frac{\mathrm{d}\varphi(r)}{\mathrm{d}r}\sin\theta \tag{4.2-12d}$$

$$\tau_{rz}=G_s\frac{\mathrm{d}w(z)}{\mathrm{d}z}\varphi(r)\cos\theta \tag{4.2-12e}$$

$$\tau_{\theta z}=-G_s\frac{\mathrm{d}w(z)}{\mathrm{d}z}\varphi(r)\sin\theta \tag{4.2-12f}$$

把式(4.2-10)和(4.2-12)代入式(4.2-7b)中,可得桩-土体系的总势能为:

$$\Pi = \frac{1}{2}E_pI_p\int_0^L\left(\frac{d^2w}{dz^2}\right)^2dz + \frac{1}{2}\int_0^\infty\int_0^{2\pi}\int_{r_p}^\infty\left[2G_s\left(w(z)\frac{d\phi(r)}{dr}\cos\theta\right)^2\right.$$
$$\left.+G_s\left\{w(z)\frac{d\phi(r)}{dr}\sin\theta\right\}^2 + G_s\left\{\frac{dw(z)}{dz}\phi(r)\right\}^2\right]rdrd\theta dz \tag{4.2-7c}$$
$$+\frac{1}{2}\int_L^\infty\int_0^{2\pi}\int_0^{r_p}G_s\left(\frac{dw(z)}{dz}\right)^2rdrd\theta dz - H\,w|_{z=0} - M_0\frac{dw}{dz}\bigg|_{z=0}$$

由于$\int_0^{2\pi}\cos^2\theta d\theta = \int_0^{2\pi}\sin^2\theta = \pi$，对(4.2-7c)进行合并简化后，可以得到：

$$\Pi = \frac{1}{2}E_pI_p\int_0^L\left(\frac{d^2w}{dz^2}\right)^2dz + \frac{\pi}{2}\int_0^\infty\int_{r_p}^\infty\left[3G_s\left(w\frac{d\phi}{dr}\right)^2 + 2G_s\left(\phi\frac{dw}{dz}\right)^2\right]rdrdz$$
$$+\frac{\pi}{2}r_p^2G_s\int_L^\infty\left(\frac{dw}{dz}\right)^2dz - H\,w|_{z=0} - M_0\frac{dw}{dz}\bigg|_{z=0} \tag{4.2-7d}$$

(5) 最小势能原理

最小势能原理指出：在所有变形可能的挠度中，精确解使系统的总势能取最小值。利用最小势能原理，根据$\delta\Pi = 0$满足平衡条件，得到了对w和φ的平衡方程，则对方程(4.2-7d)取变分可得：

$$\delta\Pi = \delta\left\{\frac{1}{2}E_pI_p\int_0^L\left(\frac{d^2w}{dz^2}\right)^2dz\right\} + \delta\left\{\frac{\pi}{2}\int_0^\infty\int_{r_p}^\infty\left[3G_s\left(w\frac{d\phi}{dr}\right)^2 + 2G_s\left(\phi\frac{dw}{dz}\right)^2\right]rdrdz\right\}$$
$$+\delta\left\{\frac{\pi}{2}r_p^2G_s\int_L^\infty\left(\frac{dw}{dz}\right)^2dz\right\} - \delta\{H\,w|_{z=0}\} - \delta\left\{M_0\frac{dw}{dz}\bigg|_{z=0}\right\}$$
$$= \int_0^LE_pI_p\frac{d^2w}{dz^2}\delta\left(\frac{d^2w}{dz^2}\right)dz + \pi G_s\int_0^\infty\int_{r_p}^\infty\left[3w\frac{d\phi}{dr}\delta\left(\frac{d\phi}{dr}\right) + 2\phi\frac{dw}{dz}\delta\left(\frac{dw}{dz}\right)\right]rdrdz$$
$$+\frac{\pi}{2}r_p^2G_s\int_L^\infty\frac{dw}{dz}\delta\left(\frac{dw}{dz}\right) - H\delta\,w|_{z=0} - M_0\delta\left(\frac{dw}{dz}\right)\bigg|_{z=0} = 0 \tag{4.2-13a}$$

对(4.2-13a)进一步简化，可得：

$$\int_0^LE_pI_p\frac{d^2w}{dz^2}\delta\left(\frac{d^2w}{dz^2}\right) + \pi G_s\int_0^\infty\int_{r_p}^\infty\left[3w\left(\frac{d\phi}{dr}\right)^2\delta w + 3w^2\frac{d\phi}{dr}\delta\left(\frac{d\phi}{dr}\right) + 2\phi^2\frac{dw}{dz}\delta\left(\frac{dw}{dz}\right)\right.$$
$$\left.+2\phi\left(\frac{dw}{dz}\right)^2\delta\phi\right]rdrdz + \pi r_p^2G_s\int_L^\infty\frac{dw}{dz}\delta\frac{dw}{dz} - H\delta\,w|_{z=0} - M_0\delta\left(\frac{dw}{dz}\right)\bigg|_{z=0} = 0 \tag{4.2-13b}$$

利用最小势能原理得到了桩-土体系的平衡方程，由于变分$\delta w(z)$和$\delta\varphi(r)$是线性独立的，因此可以根据各自区域令其分别等于零使得Π最小，得到桩体和土体各自的位移函数。对于w，它包括两部分，$0\leqslant z\leqslant L$是桩体部分的位移，$L\leqslant z\leqslant\infty$为土体部分的位移，而对于$\varphi$，它的区域范围为$r_p\leqslant r\leqslant\infty$。

(6) 土体位移

首先考虑对$\varphi(r)$的变分，选择式(4.2-13b)中所有与$\delta(\varphi)$和$\delta\left(\frac{d\varphi}{dr}\right)$有关的项，令其

等于零，则可以得到满足 $\delta\Pi=0$ 的方程，表达式可以写为：

$$\pi\int_0^\infty\int_{r_p}^\infty\left[3G_s w^2\frac{\mathrm{d}\phi}{\mathrm{d}r}\delta\left(\frac{\mathrm{d}\phi}{\mathrm{d}r}\right)+2G_s\varphi\left(\frac{\mathrm{d}w}{\mathrm{d}z}\right)^2\delta\phi\right]r\,\mathrm{d}r\mathrm{d}z=0 \tag{4.2-14a}$$

对上式进行简化后，可得：

$$\int_{r_p}^\infty\left[m_s\frac{\mathrm{d}\phi}{\mathrm{d}r}\delta\left(\frac{\mathrm{d}\phi}{\mathrm{d}r}\right)+2n_s\phi\delta\phi\right]r\,\mathrm{d}r=0 \tag{4.2-14b}$$

式中：

$$m_s=3G_s\int_0^\infty w^2\mathrm{d}z \tag{4.2-15a}$$

$$n_s=G_s\int_0^\infty\left(\frac{\mathrm{d}w}{\mathrm{d}z}\right)^2\mathrm{d}z \tag{4.2-16a}$$

考虑到桩-土体系为三层土体，如图 4.2-50 所示，则 m_s和 n_s可分别表示为：

$$m_s=3\left(G_{s1}\int_0^{L_1}w_1^2\mathrm{d}z+G_{s2}\int_{L_1}^{L_2}w_2^2\mathrm{d}z+G_{s3}\int_{L_2}^{L}w_3^2\mathrm{d}z+G_{s3}\int_L^\infty w_4^2\mathrm{d}z\right) \tag{4.2-15b}$$

$$n_s=G_{s1}\int_0^{L_1}\left(\frac{\mathrm{d}w_1}{\mathrm{d}z}\right)^2\mathrm{d}z+G_{s2}\int_{L_1}^{L_2}\left(\frac{\mathrm{d}w_2}{\mathrm{d}z}\right)^2\mathrm{d}z+G_{s3}\int_{L_2}^{L}\left(\frac{\mathrm{d}w_3}{\mathrm{d}z}\right)^2\mathrm{d}z+G_{s3}\int_L^\infty\left(\frac{\mathrm{d}w_4}{\mathrm{d}z}\right)^2\mathrm{d}z \tag{4.2-16b}$$

在公式(4.2-15b)和公式(4.2-16b)中，w_1、w_2和 w_3分别指第一层、第二层和第三层土体中的位移，并且满足 $w_1|_{z=L_1}=w_2|_{z=L_1}$ 和 $w_2|_{z=L_2}=w_3|_{z=L_2}$ 。

对公式(4.2-14b)进行分部积分，可以得到：

$$\begin{aligned}\int_{r_p}^\infty\left[m_s\frac{\mathrm{d}\varphi}{\mathrm{d}r}\delta\left(\frac{\mathrm{d}\varphi}{\mathrm{d}r}\right)+2n_s\varphi\delta\varphi\right]r\,\mathrm{d}r&=\int_{r_p}^\infty m_s r\frac{\mathrm{d}\varphi}{\mathrm{d}r}\mathrm{d}(\delta\varphi)+\int_{r_p}^\infty 2n_s r\varphi\delta\varphi\mathrm{d}r\\&=m_s r\frac{\mathrm{d}\varphi}{\mathrm{d}r}\delta\varphi|_{r_p}^\infty-\int_{r_p}^\infty\left[m_s\left(r\frac{\mathrm{d}^2\varphi}{\mathrm{d}r^2}+\frac{\mathrm{d}\varphi}{\mathrm{d}r}\right)-2n_s r\varphi\right]\delta\varphi\mathrm{d}r=0\end{aligned} \tag{4.2-14c}$$

上式中，当 $r=\infty$ 时，$\varphi=0$，则 $\delta\varphi=0$；当 $r=r_p$ 时，$\varphi=1$，上式左边第一项为零；考虑到在 $r_p\leqslant r\leqslant\infty$ 区域内 $\delta\varphi\neq0$，为了得到满足上式的最优 φ 值，当且仅当有：

$$m_s\left(r\frac{\mathrm{d}^2\varphi}{\mathrm{d}r^2}+\frac{\mathrm{d}\varphi}{\mathrm{d}r}\right)-2n_s r\varphi=0 \tag{4.2-17a}$$

对上式进行简化可得到：

$$\frac{\mathrm{d}^2\phi}{\mathrm{d}r^2}+\frac{1}{r}\frac{\mathrm{d}\phi}{\mathrm{d}r}-\left(\frac{\gamma}{r_p}\right)^2\phi=0 \tag{4.2-17b}$$

式中：

$$\left(\frac{\gamma}{r_p}\right)^2=\frac{2n_s}{m_s} \tag{4.2-18a}$$

式中：γ 为关于 φ 的函数，为无量纲参数。

根据公式(4.2-18a)，以及式(4.2-15a)和(4.2-16a)，可得：

$$\left(\frac{\gamma}{r_p}\right)^2=\frac{2n_s}{m_s}=\frac{2\left(G_{s1}\int_0^{L_1}\left(\frac{\mathrm{d}w_1}{\mathrm{d}z}\right)^2\mathrm{d}z+G_{s2}\int_{L_1}^{L_2}\left(\frac{\mathrm{d}w_2}{\mathrm{d}z}\right)^2\mathrm{d}z+G_{s3}\int_{L_2}^{L}\left(\frac{\mathrm{d}w_3}{\mathrm{d}z}\right)^2\mathrm{d}z+G_{s3}\int_{L}^{\infty}\left(\frac{\mathrm{d}w_4}{\mathrm{d}z}\right)^2\mathrm{d}z\right)}{3\left(G_{s1}\int_0^{L_1}w_1^2\mathrm{d}z+G_{s2}\int_{L_1}^{L_2}w_2^2\mathrm{d}z+G_{s3}\int_{L_2}^{L}w_3^2\mathrm{d}z+G_{s3}\int_{L}^{\infty}w_4^2\mathrm{d}z\right)}$$

(4.2-19a)

经进一步的简化后，可得：

$$\gamma^2=\frac{\xi}{\eta}\frac{2t_1\int_0^{L_1}\left(\frac{\mathrm{d}w_1}{\mathrm{d}z}\right)^2\mathrm{d}z+2t_2\int_{L_1}^{L_2}\left(\frac{\mathrm{d}w_2}{\mathrm{d}z}\right)^2\mathrm{d}z+2t_3\int_{L_2}^{L}\left(\frac{\mathrm{d}w_3}{\mathrm{d}z}\right)^2\mathrm{d}z+\sqrt{\frac{t_3k_3\xi}{1+2\xi}}w_3^2(L)}{k_1\int_0^{L_1}w_1^2\mathrm{d}z+k_2\int_{L_1}^{L_2}w_2^2\mathrm{d}z+k_3\int_{L_2}^{L}w_3^2\mathrm{d}z+\frac{1}{2}\sqrt{\frac{t_3k_3(1+2\xi)}{\xi}}w_3^2(L)}$$

(4.2-19b)

其中，η 和 ξ 以及 t 和 k 的具体含义在下节详细介绍。

McLachlan 对式(4.2-17b)进行了求解，得到：

$$\phi=\frac{K_0\left(\frac{\gamma}{r_p}r\right)}{K_0(\gamma)} \tag{4.2-20}$$

式中：K_0 为第二类 0 阶修正 Bessel 函数。

由式(4.2-20)，可以推出：

$$\begin{aligned}\frac{\mathrm{d}\phi}{\mathrm{d}r}&=\frac{\mathrm{d}}{\mathrm{d}r}\left[\frac{K_0\left(\frac{\gamma}{r_p}r\right)}{K_0(\gamma)}\right]=\frac{1}{K_0(\gamma)}\frac{\mathrm{d}}{\mathrm{d}r}K_0\left(\frac{\gamma}{r_p}r\right)=\frac{1}{K_0(\gamma)}\frac{\gamma}{r_p}K_0'\left(\frac{\gamma}{r_p}r\right)\\&=\frac{\gamma}{r_pK_0(\gamma)}\left\{-K_1\left(\frac{\gamma}{r_p}r\right)\right\}=-\frac{\gamma}{r_pK_0(\gamma)}K_1\left(\frac{\gamma}{r_p}r\right)\end{aligned} \tag{4.2-21}$$

式中：K_1 为第二类 1 阶修正 Bessel 函数。

(7) 桩身位移控制方程

现在考虑桩身位移 w 的变分，选择式(4.2-13b)中所有与 δw 和 $\delta\left(\frac{\mathrm{d}w}{\mathrm{d}z}\right)$ 相关的项，并且令其和为零，则有：

$$\begin{aligned}&\int_0^L E_pI_p\frac{\mathrm{d}^2w}{\mathrm{d}z^2}\delta\left(\frac{\mathrm{d}^2w}{\mathrm{d}z^2}\right)\mathrm{d}z+\pi\int_0^{\infty}\int_{r_p}^{\infty}\left[3G_sw\left(\frac{\mathrm{d}\varphi}{\mathrm{d}r}\right)^2\delta w+2G_s\phi^2\frac{\mathrm{d}w}{\mathrm{d}z}\delta\left(\frac{\mathrm{d}w}{\mathrm{d}z}\right)\right]r\,\mathrm{d}r\mathrm{d}z\\&+\pi r_p^2\int_L^{\infty}G_s\frac{\mathrm{d}w}{\mathrm{d}z}\delta\left(\frac{\mathrm{d}w}{\mathrm{d}z}\right)\mathrm{d}z-H\delta\, w\big|_{z=0}-M_0\delta\left(\frac{\mathrm{d}w}{\mathrm{d}z}\right)\bigg|_{z=0}=0\end{aligned}$$

(4.2-22a)

考虑到如图 4.2-50 所示的多层桩一土体系，则式(4.2-22a)可以写为：

$$\int_{0}^{L_1} E_p I_p \frac{\mathrm{d}^2 w_1}{\mathrm{d}z^2}\delta\left(\frac{\mathrm{d}^2 w_1}{\mathrm{d}z^2}\right)\mathrm{d}z + \int_{L_1}^{L_2} E_p I_p \frac{\mathrm{d}^2 w_2}{\mathrm{d}z^2}\delta\left(\frac{\mathrm{d}^2 w_2}{\mathrm{d}z^2}\right)\mathrm{d}z + \int_{L_2}^{L} E_p I_p \frac{\mathrm{d}^2 w_3}{\mathrm{d}z^2}\delta\left(\frac{\mathrm{d}^2 w_3}{\mathrm{d}z^2}\right)\mathrm{d}z$$

$$+\pi\int_{r_2}^{\infty}\int_{0}^{L_1}\left[3G_{s1} w_1 \left(\frac{\mathrm{d}\phi}{\mathrm{d}r}\right)^2 \delta w_1 + 2G_{s1}\phi^2 \frac{\mathrm{d}w_1}{\mathrm{d}z}\delta\left(\frac{\mathrm{d}w_1}{\mathrm{d}z}\right)\right]\mathrm{d}zr\,\mathrm{d}r$$

$$+\pi\int_{r_2}^{\infty}\int_{L_1}^{L_2}\left[3G_{s2} w_2 \left(\frac{\mathrm{d}\phi}{\mathrm{d}r}\right)^2 \delta w_2 + 2G_{s2}\phi^2 \frac{\mathrm{d}w_2}{\mathrm{d}z}\delta\left(\frac{\mathrm{d}w_2}{\mathrm{d}z}\right)\right]\mathrm{d}zr\,\mathrm{d}r$$

$$+\pi\int_{r_2}^{\infty}\int_{L_2}^{L}\left[3G_{s3} w_3 \left(\frac{\mathrm{d}\phi}{\mathrm{d}r}\right)^2 \delta w_3 + 2G_{s3}\phi^2 \frac{\mathrm{d}w_3}{\mathrm{d}z}\delta\left(\frac{\mathrm{d}w_3}{\mathrm{d}z}\right)\right]\mathrm{d}zr\,\mathrm{d}r$$

$$+\pi\int_{r_2}^{\infty}\int_{L}^{\infty}\left[3G_{s4} w_4 \left(\frac{\mathrm{d}\phi}{\mathrm{d}r}\right)^2 \delta w_4 + 2G_{s4}\phi^2 \frac{\mathrm{d}w_4}{\mathrm{d}z}\delta\left(\frac{\mathrm{d}w_4}{\mathrm{d}z}\right)\right]\mathrm{d}zr\,\mathrm{d}r$$

$$+\pi r_2^2\int_{L}^{\infty} G_{s3}\frac{\mathrm{d}w_4}{\mathrm{d}z}\delta\left(\frac{\mathrm{d}w_4}{\mathrm{d}z}\right)\mathrm{d}z - H\delta\, w_1\big|_{z=0} - M_0\delta\left(\frac{\mathrm{d}w_1}{\mathrm{d}z}\right)\bigg|_{z=0} = 0$$

(4.2-22b)

为了对上式进行简化，引入两个无量纲系数 η 和 ξ，分别表示为：

$$\eta = \int_{r_p}^{\infty} r\left(\frac{\mathrm{d}\phi}{\mathrm{d}r}\right)^2 \mathrm{d}r \tag{4.2-23a}$$

$$\xi = \frac{1}{r_p^2}\int_{r_2}^{\infty} r\phi^2\,\mathrm{d}r \tag{4.2-24a}$$

把式(4.2-20)和(4.2-21)代入式(4.2-23a)和(4.2-24a)后，得到：

$$\eta = \int_{r_p}^{\infty} r\frac{\gamma^2}{r_p^2}\left\{\frac{K_1\left(\frac{\gamma}{r_p}r\right)}{K_0(\gamma)}\right\}^2 \mathrm{d}r = \frac{1}{2}\left[2\gamma\frac{K_1(\gamma)}{K_0(\gamma)} - \gamma^2\left(\left\{\frac{K_1(\gamma)}{K_0(\gamma)}\right\}^2 - 1\right)\right]$$

(4.2-23b)

$$\xi = \frac{1}{r_p^2}\int_{r_2}^{\infty} r\left\{\frac{K_0\left(\frac{\gamma}{r_2}r\right)}{K_0(\gamma)}\right\}^2 \mathrm{d}r = \frac{1}{2}\left[\left\{\frac{K_1(\gamma)}{K_0(\gamma)}\right\}^2 - 1\right] \tag{4.2-24b}$$

把式(4.2-23b)和(4.2-24b)代入式(4.2-22b)，则式(4.2-22b)可进一步简化为：

$$\int_{0}^{L_1} E_p I_p \frac{\mathrm{d}^2 w_1}{\mathrm{d}z^2}\delta\left(\frac{\mathrm{d}^2 w_1}{\mathrm{d}z^2}\right)\mathrm{d}z + \int_{L_1}^{L_2} E_p I_p \frac{\mathrm{d}^2 w_2}{\mathrm{d}z^2}\delta\left(\frac{\mathrm{d}^2 w_2}{\mathrm{d}z^2}\right)\mathrm{d}z + \int_{L_2}^{L} E_p I_p \frac{\mathrm{d}^2 w_3}{\mathrm{d}z^2}\delta\left(\frac{\mathrm{d}^2 w_3}{\mathrm{d}z^2}\right)\mathrm{d}z +$$

$$\pi G_{s1}\int_{0}^{L_1}\left[3\eta w_1\delta w_1 + 2r_2^2\xi\frac{\mathrm{d}w_1}{\mathrm{d}z}\delta\left(\frac{\mathrm{d}w_1}{\mathrm{d}z}\right)\right]r\,\mathrm{d}r\mathrm{d}z + \pi G_{s2}\int_{L_1}^{L_2}\left[3\eta w_2\delta w_2 + 2r_2^2\xi\frac{\mathrm{d}w_2}{\mathrm{d}z}\delta\left(\frac{\mathrm{d}w_2}{\mathrm{d}z}\right)\right]r\,\mathrm{d}r\mathrm{d}z +$$

$$\pi G_{s3}\int_{L_2}^{L}\left[3\eta w_3\delta w_3 + 2r_2^2\xi\frac{\mathrm{d}w_3}{\mathrm{d}z}\delta\left(\frac{\mathrm{d}w_3}{\mathrm{d}z}\right)\right]r\,\mathrm{d}r\mathrm{d}z + \pi G_{s4}\int_{L}^{\infty}\left[3\eta w_4\delta w_4 + 2r_2^2\xi\frac{\mathrm{d}w_4}{\mathrm{d}z}\delta\left(\frac{\mathrm{d}w_4}{\mathrm{d}z}\right)\right]r\,\mathrm{d}r\mathrm{d}z +$$

$$\pi r_2^2\int_{L}^{\infty} G_{s3}\frac{\mathrm{d}w_4}{\mathrm{d}z}\delta\left(\frac{\mathrm{d}w_4}{\mathrm{d}z}\right)\mathrm{d}z - H\delta\, w_1\big|_{z=0} - M_0\delta\left(\frac{\mathrm{d}w_1}{\mathrm{d}z}\right)\bigg|_{z=0} = 0$$

(4.2-22c)

对式(4.2-22c)中含有$\delta\left(\frac{\mathrm{d}^2w}{\mathrm{d}z^2}\right)$和$\delta\left(\frac{\mathrm{d}w}{\mathrm{d}z}\right)$的项进行分部积分，得到：

$$
\begin{aligned}
&\int_0^{L_1} E_pI_p\frac{\mathrm{d}^4w_1}{\mathrm{d}z^4}\delta w_1\mathrm{d}z+E_pI_p\frac{\mathrm{d}^2w_1}{\mathrm{d}z^2}\delta\left(\frac{\mathrm{d}^2w_1}{\mathrm{d}z^2}\right)\Big|_0^{L_1}-E_pI_p\frac{\mathrm{d}^3w_1}{\mathrm{d}z^3}\delta w_1\Big|_0^{L_1}\\
&+\int_{L_1}^{L_2} E_pI_p\frac{\mathrm{d}^4w_2}{\mathrm{d}z^4}\delta w_2\mathrm{d}z+E_pI_p\frac{\mathrm{d}^2w_2}{\mathrm{d}z^2}\delta\left(\frac{\mathrm{d}^2w_2}{\mathrm{d}z^2}\right)\Big|_{L_1}^{L_2}-E_pI_p\frac{\mathrm{d}^3w_2}{\mathrm{d}z^3}\delta w_2\Big|_{L_1}^{L_2}\\
&+\int_{L_2}^{L} E_pI_p\frac{\mathrm{d}^4w_3}{\mathrm{d}z^4}\delta w_3\mathrm{d}z+E_pI_p\frac{\mathrm{d}^2w_3}{\mathrm{d}z^2}\delta\left(\frac{\mathrm{d}^2w_3}{\mathrm{d}z^2}\right)\Big|_{L_2}^{L}-E_pI_p\frac{\mathrm{d}^3w_3}{\mathrm{d}z^3}\delta w_3\Big|_{L_2}^{L}\\
&+\pi G_{s1}\left[\int_0^{L_1}\left[3\eta w_1\delta w_1-2r_p^2\xi\frac{\mathrm{d}^2w_1}{\mathrm{d}z^2}\delta\left(\frac{\mathrm{d}w_1}{\mathrm{d}z}\right)\right]r\mathrm{d}r\mathrm{d}z+2r_p^2\xi\frac{\mathrm{d}w_1}{\mathrm{d}z}\delta\left(\frac{\mathrm{d}w_1}{\mathrm{d}z}\right)\delta w_1\Big|_0^{L_1}\right]\\
&+\pi G_{s2}\left[\int_{L_1}^{L_2}\left[3\eta w_2\delta w_2-2r_p^2\xi\frac{\mathrm{d}^2w_2}{\mathrm{d}z^2}\delta\left(\frac{\mathrm{d}w_2}{\mathrm{d}z}\right)\right]r\mathrm{d}r\mathrm{d}z+2r_p^2\xi\frac{\mathrm{d}w_2}{\mathrm{d}z}\delta\left(\frac{\mathrm{d}w_2}{\mathrm{d}z}\right)\delta w_2\Big|_{L_1}^{L_2}\right]\\
&+\pi G_{s3}\left[\int_{L_2}^{L}\left[3\eta w_3\delta w_3-2r_p^2\xi\frac{\mathrm{d}^2w_3}{\mathrm{d}z^2}\delta\left(\frac{\mathrm{d}w_3}{\mathrm{d}z}\right)\right]r\mathrm{d}r\mathrm{d}z+2r_p^2\xi\frac{\mathrm{d}w_3}{\mathrm{d}z}\delta\left(\frac{\mathrm{d}w_3}{\mathrm{d}z}\right)\delta w_3\Big|_{L_2}^{L}\right]\\
&+\pi G_{s4}\left[\int_{L}^{\infty}\left[3\eta w_4\delta w_4-2r_p^2\xi\frac{\mathrm{d}^2w_4}{\mathrm{d}z^2}\delta\left(\frac{\mathrm{d}w_4}{\mathrm{d}z}\right)\right]r\mathrm{d}r\mathrm{d}z+2r_p^2\xi\frac{\mathrm{d}w_4}{\mathrm{d}z}\delta\left(\frac{\mathrm{d}w_4}{\mathrm{d}z}\right)\delta w_4\Big|_{L}^{\infty}\right]\\
&+\pi G_{s3}r_p^2\int_L^{\infty}\frac{\mathrm{d}w_4}{\mathrm{d}z}\delta\left(\frac{\mathrm{d}w_4}{\mathrm{d}z}\right)\mathrm{d}z-H\delta w_1\big|_{z=0}-M_0\delta\left(\frac{\mathrm{d}w_1}{\mathrm{d}z}\right)\Big|_{z=0}=0
\end{aligned}
\tag{4.2-25a}
$$

上式进行合并同类项后得到：

$$
\begin{aligned}
&\int_0^{L_1}\left[E_pI_p\frac{\mathrm{d}^4w_1}{\mathrm{d}z^4}-2\pi r_p^2\xi G_{s1}\frac{\mathrm{d}^2w_1}{\mathrm{d}z^2}+3\pi G_{s1}\eta w_1\right]\delta w_1\mathrm{d}z\\
&+\int_{L_1}^{L_2}\left[E_pI_p\frac{\mathrm{d}^4w_2}{\mathrm{d}z^4}-2\pi r_p^2\xi G_{s2}\frac{\mathrm{d}^2w_2}{\mathrm{d}z^2}+3\pi G_{s1}\eta w_2\right]\delta w_2\mathrm{d}z\\
&+\int_{L_2}^{L}\left[E_pI_p\frac{\mathrm{d}^4w_3}{\mathrm{d}z^4}-2\pi r_p^2\xi G_{s3}\frac{\mathrm{d}^2w_3}{\mathrm{d}z^2}+3\pi G_{s1}\eta w_3\right]\delta w_3\mathrm{d}z\\
&+\int_{L}^{\infty}\left[E_pI_p\frac{\mathrm{d}^4w_4}{\mathrm{d}z^4}-2\pi r_p^2\xi G_{s4}\frac{\mathrm{d}^2w_4}{\mathrm{d}z^2}+3\pi G_{s1}\eta w_4\right]\delta w_4\mathrm{d}z\\
&+\left[E_pI_p\frac{\mathrm{d}^3w_1}{\mathrm{d}z^3}-2\pi r_p^2\xi G_{s1}\frac{\mathrm{d}w_1}{\mathrm{d}z}-H\right]\delta w_1\big|_{z=0}-\left[E_pI_p\frac{\mathrm{d}^2w_1}{\mathrm{d}z^2}+M_0\right]\delta\left(\frac{\mathrm{d}w_1}{\mathrm{d}z}\right)\Big|_{z=0}\\
&+\left[-\left\{E_pI_p\frac{\mathrm{d}^3w_1}{\mathrm{d}z^3}-2\pi r_p^2\xi G_{s1}\frac{\mathrm{d}w_1}{\mathrm{d}z}\right\}\delta w_1\big|_{z=L_1}+\left\{E_pI_p\frac{\mathrm{d}^3w_2}{\mathrm{d}z^3}-2\pi r_p^2\xi G_{s2}\frac{\mathrm{d}w_2}{\mathrm{d}z}\right\}\delta w_2\big|_{z=L_1}\right]\\
&+\left[E_pI_p\frac{\mathrm{d}^2w_1}{\mathrm{d}z^2}\delta\left(\frac{\mathrm{d}w_1}{\mathrm{d}z}\right)\Big|_{z=L_1}-E_pI_p\frac{\mathrm{d}^2w_2}{\mathrm{d}z^2}\delta\left(\frac{\mathrm{d}w_2}{\mathrm{d}z}\right)\Big|_{z=L_1}\right]\\
&+\left[-\left\{E_pI_p\frac{\mathrm{d}^3w_2}{\mathrm{d}z^3}-2\pi r_p^2\xi G_{s2}\frac{\mathrm{d}w_2}{\mathrm{d}z}\right\}\delta w_2\big|_{z=L_2}+\left\{E_pI_p\frac{\mathrm{d}^3w_3}{\mathrm{d}z^3}-2\pi r_p^2\xi G_{s3}\frac{\mathrm{d}w_3}{\mathrm{d}z}\right\}\delta w_3\big|_{z=L_2}\right]\\
&+\left[E_pI_p\frac{\mathrm{d}^2w_2}{\mathrm{d}z^2}\delta\left(\frac{\mathrm{d}w_2}{\mathrm{d}z}\right)\Big|_{z=L_2}-E_pI_p\frac{\mathrm{d}^2w_3}{\mathrm{d}z^2}\delta\left(\frac{\mathrm{d}w_3}{\mathrm{d}z}\right)\Big|_{z=L_2}\right]
\end{aligned}
$$

$$+\left[-\left\{E_pI_p\frac{\mathrm{d}^3w_3}{\mathrm{d}z^3}-2\pi r_p^2\xi G_{s3}\frac{\mathrm{d}w_3}{\mathrm{d}z}\right\}\delta w_3\big|_{z=L}-(2\xi+1)\pi r_p^2G_{s3}\frac{\mathrm{d}w_4}{\mathrm{d}z}\delta w_4\big|_{z=L}\right]$$

$$+E_pI_p\frac{\mathrm{d}^2w_3}{\mathrm{d}z^2}\delta\left(\frac{\mathrm{d}w_3}{\mathrm{d}z}\right)\bigg|_{z=L}+(2\xi+1)\pi r_p^2G_{s3}\frac{\mathrm{d}w_4}{\mathrm{d}z}\delta w_4\big|_{z=\infty}=0$$

(4.2-25b)

为简化式(4.2-25b),定义两个参数 t 和 k,其中 t 为土层间荷载传递的拉力,而 k 为地基反力模量。

$$t_1=\pi G_{s1}r_p^2\xi\text{ ; }t_2=\pi G_{s2}r_p^2\xi\text{ ; }t_3=\pi G_{s3}r_p^2\xi\text{ ; }t_4=\frac{\pi}{2}(2\xi+1)G_{s3}r_p^2\xi \tag{4.2-26a}$$

$$k_1=3\pi G_{s1}\eta\text{ ; }k_2=3\pi G_{s2}\eta\text{ ; }k_3=3\pi G_{s3}\eta \tag{4.2-27a}$$

把式(4.2-26a)和式(4.2-27a)代入式(4.2-25b),得到:

$$\int_0^{L_1}\left[E_pI_p\frac{\mathrm{d}^4w_1}{\mathrm{d}z^4}-2t_1\frac{\mathrm{d}^2w_1}{\mathrm{d}z^2}+k_1w_1\right]\delta w_1\mathrm{d}z+\int_{L_1}^{L_2}\left[E_pI_p\frac{\mathrm{d}^4w_2}{\mathrm{d}z^4}-2t_2\frac{\mathrm{d}^2w_2}{\mathrm{d}z^2}+k_2w_2\right]\delta w_2\mathrm{d}z$$

$$+\int_{L_2}^{L}\left[E_pI_p\frac{\mathrm{d}^4w_3}{\mathrm{d}z^4}-2t_3\frac{\mathrm{d}^2w_3}{\mathrm{d}z^2}+k_3w_3\right]\delta w_3\mathrm{d}z+\int_L^{\infty}\left[-2t_4\frac{\mathrm{d}^2w_4}{\mathrm{d}z^2}+k_3w_4\right]\delta w_4\mathrm{d}z$$

$$+\left[E_pI_p\frac{\mathrm{d}^3w_1}{\mathrm{d}z^3}-2t_1\frac{\mathrm{d}w_1}{\mathrm{d}z}-H\right]\delta w_1\big|_{z=0}-\left[E_pI_p\frac{\mathrm{d}^2w_1}{\mathrm{d}z^2}+M_0\right]\delta\left(\frac{\mathrm{d}w_1}{\mathrm{d}z}\right)\bigg|_{z=0}$$

$$+\left[-\left\{E_pI_p\frac{\mathrm{d}^3w_1}{\mathrm{d}z^3}-2t_1\frac{\mathrm{d}w_1}{\mathrm{d}z}\right\}\delta w_1\big|_{z=L_1}+\left\{E_pI_p\frac{\mathrm{d}^3w_2}{\mathrm{d}z^3}-2t_2\frac{\mathrm{d}w_2}{\mathrm{d}z}\right\}\delta w_2\big|_{z=L_1}\right]$$

$$+\left[E_pI_p\frac{\mathrm{d}^2w_1}{\mathrm{d}z^2}\delta\left(\frac{\mathrm{d}w_1}{\mathrm{d}z}\right)\bigg|_{z=L_1}-E_pI_p\frac{\mathrm{d}^2w_2}{\mathrm{d}z^2}\delta\left(\frac{\mathrm{d}w_2}{\mathrm{d}z}\right)\bigg|_{z=L_1}\right]$$

$$+\left[-\left\{E_pI_p\frac{\mathrm{d}^3w_2}{\mathrm{d}z^3}-2t_2\frac{\mathrm{d}w_2}{\mathrm{d}z}\right\}\delta w_2\big|_{z=L_2}+\left\{E_pI_p\frac{\mathrm{d}^3w_3}{\mathrm{d}z^3}-2t_3\frac{\mathrm{d}w_3}{\mathrm{d}z}\right\}\delta w_3\big|_{z=L_2}\right]$$

$$+\left[E_pI_p\frac{\mathrm{d}^2w_2}{\mathrm{d}z^2}\delta\left(\frac{\mathrm{d}w_2}{\mathrm{d}z}\right)\bigg|_{z=L_2}-E_pI_p\frac{\mathrm{d}^2w_3}{\mathrm{d}z^2}\delta\left(\frac{\mathrm{d}w_3}{\mathrm{d}z}\right)\bigg|_{z=L_2}\right]$$

$$+\left[-\left\{E_pI_p\frac{\mathrm{d}^3w_3}{\mathrm{d}z^3}-2t_3\frac{\mathrm{d}w_3}{\mathrm{d}z}\right\}\delta w_3\big|_{z=L}-2t_4\frac{\mathrm{d}w_4}{\mathrm{d}z}\delta w_4\big|_{z=L}\right]$$

$$+E_pI_p\frac{\mathrm{d}^2w_3}{\mathrm{d}z^2}\delta\left(\frac{\mathrm{d}w_3}{\mathrm{d}z}\right)\bigg|_{z=L}+2t_4\frac{\mathrm{d}w_4}{\mathrm{d}z}\delta w_4\big|_{z=\infty}=0 \tag{4.2-25c}$$

上式中在 $0\leqslant z\leqslant L$ 范围内选择所有含 δw 和 $\delta\left(\frac{\mathrm{d}w}{\mathrm{d}z}\right)$ 的项,并令其和等于零,则得到桩身位移控制方程为:

$$E_pI_p\frac{\mathrm{d}^4w_1}{\mathrm{d}z^4}-2t_1\frac{\mathrm{d}^2w_1}{\mathrm{d}z^2}+k_1w_1=0\qquad(0\leqslant z\leqslant L_1) \tag{4.2-28a}$$

$$E_pI_p\frac{\mathrm{d}^4w_2}{\mathrm{d}z^4}-2t_2\frac{\mathrm{d}^2w_2}{\mathrm{d}z^2}+k_2w_2=0\qquad(L_1\leqslant z\leqslant L_2) \tag{4.2-28b}$$

$$E_pI_p\frac{d^4w_3}{dz^4}-2t_3\frac{d^2w_3}{dz^2}+k_3w_3=0 \qquad (L_2\leqslant z\leqslant L) \tag{4.2-28c}$$

边界条件为：

在 $z=0$ 处，根据力的平衡条件有：

$$E_pI_p\frac{d^3w_1}{dz^3}-2t_1\frac{dw_1}{dz}-H=0 \qquad (z=0) \tag{4.2-29a}$$

$$E_pI_p\frac{d^2w_1}{dz^2}+M_0=0 \qquad (z=0) \tag{4.2-29b}$$

在 $z=L_1$ 处，根据土层交界面处的位移、转角、弯矩和剪力协调关系，有：

$$w_1-w_2=0 \qquad (z=L_1) \tag{4.2-29c}$$

$$\frac{dw_1}{dz}-\frac{dw_2}{dz}=0 \qquad (z=L_1) \tag{4.2-29d}$$

$$\frac{d^2w_1}{dz^2}-\frac{d^2w_2}{dz^2}=0 \qquad (z=L_1) \tag{4.2-29e}$$

$$\left[E_pI_p\left(\frac{d^3w_1}{dz^3}\right)-2t_1\left(\frac{dw_1}{dz}\right)\right]-\left[E_pI_p\left(\frac{d^3w_2}{dz^3}\right)-2t_2\left(\frac{dw_2}{dz}\right)\right]=0 \qquad (z=L_1) \tag{4.2-29f}$$

同样，在 $z=L_2$ 处，根据土层交界面处的位移、转角、剪力和弯矩协调关系，有：

$$w_2-w_3=0 \qquad (z=L_2) \tag{4.2-29g}$$

$$\frac{dw_2}{dz}-\frac{dw_3}{dz}=0 \qquad (z=L_2) \tag{4.2-29h}$$

$$\frac{d^2w_2}{dz^2}-\frac{d^2w_3}{dz^2}=0 \qquad (z=L_2) \tag{4.2-29i}$$

$$\left[E_pI_p\left(\frac{d^3w_2}{dz^3}\right)-2t_2\left(\frac{dw_2}{dz}\right)\right]-\left[E_pI_p\left(\frac{d^3w_3}{dz^3}\right)-2t_3\left(\frac{dw_3}{dz}\right)\right]=0 \qquad (z=L_2) \tag{4.2-29j}$$

对于较长的摩擦桩，可认为桩底处弯矩和剪力为零，则有：

$$\frac{d^2w_3}{dz^3}=0 \qquad (z=L) \tag{4.2-29k}$$

$$E_pI_p\frac{d^3w_3}{dz^3}-2t_3\frac{dw_3}{dz}-\sqrt{\frac{t_3k_3(1+2\xi)}{\xi}}w_3=0 \qquad (z=L) \tag{4.2-29l}$$

对于桩长较短的桩，可认为桩底位移和转角为零，则有：

$$w_3(L)=0 \tag{4.2-29 m}$$

$$\left.\frac{\mathrm{d}w_3}{\mathrm{d}z}\right|_{z=L}=0 \tag{4.2-29n}$$

桩身剪力 $Q(z)$ 可根据下式得到：

$$Q(z)=E_pI_p\left(\frac{\mathrm{d}^3w_1}{\mathrm{d}z^3}\right)-2t_1\left(\frac{\mathrm{d}w_1}{\mathrm{d}z}\right)\qquad(0\leqslant z\leqslant L_1) \tag{4.2-30a}$$

$$Q(z)=E_pI_p\left(\frac{\mathrm{d}^3w_2}{\mathrm{d}z^3}\right)-2t_2\left(\frac{\mathrm{d}w_2}{\mathrm{d}z}\right)\qquad(L_1\leqslant z\leqslant L_2) \tag{4.2-30b}$$

$$Q(z)=E_pI_p\left(\frac{\mathrm{d}^3w_3}{\mathrm{d}z^3}\right)-2t_3\left(\frac{\mathrm{d}w_3}{\mathrm{d}z}\right)\qquad(L_2\leqslant z\leqslant L) \tag{4.2-30c}$$

桩身弯矩 $M(z)$ 可以根据下式得到：

$$M(z)=E_pI_p\left(\frac{\mathrm{d}^2w_1}{\mathrm{d}z^2}\right)\qquad(0\leqslant z\leqslant L_1) \tag{4.2-31a}$$

$$M(z)=E_pI_p\left(\frac{\mathrm{d}^2w_2}{\mathrm{d}z^2}\right)\qquad(L_1\leqslant z\leqslant L_2) \tag{4.2-31b}$$

$$M(z)=E_pI_p\left(\frac{\mathrm{d}^2w_3}{\mathrm{d}z^2}\right)\qquad(L_2\leqslant z\leqslant L) \tag{4.2-31c}$$

沿桩侧土体抗力 $p(z)$ 可由下式得到：

$$p(z)=k_1w_1-2t_1\frac{\mathrm{d}^2w_1}{\mathrm{d}z^2}\qquad(0\leqslant z\leqslant L_1) \tag{4.2-32a}$$

$$p(z)=k_2w_2-2t_2\frac{\mathrm{d}^2w_2}{\mathrm{d}z^2}\qquad(L_1\leqslant z\leqslant L_2) \tag{4.2-32b}$$

$$p(z)=k_3w_3-2t_3\frac{\mathrm{d}^2w_3}{\mathrm{d}z^2}\qquad(L_2\leqslant z\leqslant L) \tag{4.2-32c}$$

4.2.6.3 方程的解

针对均质土层中水平承载桩问题，已有一些学者利用有限差分法做过大量工作，但大都是基于 Winkler 弹性地基梁模型，而项目组在此扩展为三层地基，且利用的是双参数地基模型，较 Winkler 模型更为符合实际。方程(4.2-28)按照有限差分法分析，由于各层土体地基抗力系数不同，故将桩周土体按照土层分界面划分为三段，各段分别按 h_1、h_2、h_3 进行离散，各层分别为 $i(i=0,1,2,\cdots,K_1)$、$j(j=0,1,2,\cdots,K_2)$、$k(k=0,1,2,\cdots,K_3)$ 段，如图 4.2-52(a)(b)(c)所示，依据中心差分法原理各段上、下各增加两个虚拟节点，则有限差分方程可以得到：

$$w_{1(i+2)}-(4+\alpha_1)w_{1(i+1)}+[6+(2\alpha_1+\beta_1)]w_{1(i)}-(4+\alpha_1)w_{1(i-1)}+w_{1(i-2)}=0(0\leqslant z\leqslant L_1) \tag{4.2-33a}$$

$$w_{2(j+2)}-(4+\alpha_2)w_{2(j+1)}+[6+(2\alpha_2+\beta_2)]w_{2(j)}-(4+\alpha_2)w_{2(j-1)}$$

$$+w_{2(j-2)}=0(L_1\leqslant z\leqslant L_2) \tag{4.2-33b}$$

$$w_{3(k+2)}-(4+\alpha_3)w_{3(k+1)}+[6+(2\alpha_3+\beta_3)]w_{3(k)}-(4+\alpha_3)w_{3(k-1)} \\ +w_{3(k-2)}=0(L_2\leqslant z\leqslant L) \tag{4.2-33c}$$

式中：

$$\alpha_1=\frac{2t_1h_1^2}{E_pI_p},\beta_1=\frac{k_1h_1^4}{E_pI_p},h_1=\frac{L_1}{K_1} \tag{4.2-34a}$$

$$\alpha_2=\frac{2t_2h_2^2}{E_pI_p},\beta_2=\frac{k_2h_2^4}{E_pI_p},h_2=\frac{L_2-L_1}{K_2} \tag{4.2-34b}$$

$$\alpha_3=\frac{2t_3h_3^2}{E_pI_p},\beta_3=\frac{k_3h_3^4}{E_pI_p},h_3=\frac{L_3}{K_3} \tag{4.2-34c}$$

边界条件：

在 $z=0$ 处，有：

$$w_{1(2)}-(2+\alpha_1)w_{1(1)}+(2+\alpha_1)w_{1(-1)}-w_{1(-2)}=\frac{2h_1^3}{E_pI_p}H \tag{4.2-35a}$$

$$w_{1(1)}-2w_{1(0)}+w_{1(-1)}=-\frac{h_1^2}{E_pI_p}M_0 \tag{4.2-35b}$$

在 $z=L_1$ 处，有：

$$w_{1(K_1)}-w_{2(0)}=0 \tag{4.2-35c}$$

$$w_{1(K_1+1)}-w_{1(K_1-1)}-\frac{h_1}{h_2}[w_{2(1)}-w_{2(-1)}]=0 \tag{4.2-35d}$$

$$w_{1(K_1+1)}-2w_{1(K_1)}+w_{1(K_1-1)}-\frac{h_1^2}{h_2^2}[w_{2(1)}-2w_{2(0)}+w_{2(-1)}]=0 \tag{4.2-35e}$$

$$[w_{1(K_1+2)}-(2+\alpha_1)w_{1(K_1+1)}+(2+\alpha_1)w_{1(K_1-1)}-w_{1(K_1-2)}]- \\ \frac{h_1^3}{h_2^3}[w_{2(2)}-(2+\alpha_2)w_{2(1)}+(2+\alpha_2)w_{2(-1)}-w_{2(-2)}]=0 \tag{4.2-35f}$$

在 $z=L_2$ 处，有：

$$w_{2(K_2)}-w_{3(0)}=0 \tag{4.2-35g}$$

$$w_{2(K_2+1)}-w_{2(K_2-1)}-\frac{h_2}{h_3}[w_{3(1)}-w_{3(-1)}]=0 \tag{4.2-35h}$$

$$w_{2(K_2+1)}-2w_{2(K_2)}+w_{2(K_2-1)}-\frac{h_2^2}{h_3^2}[w_{3(1)}-2w_{3(0)}+w_{3(-1)}]=0 \tag{4.2-35i}$$

$$[w_{2(K_2+2)}-(2+\alpha_2)w_{2(K_2+1)}+(2+\alpha_2)w_{2(K_2-1)}-w_{2(K_2-2)}]- \\ \frac{h_2^3}{h_3^3}[w_{3(2)}-(2+\alpha_3)w_{3(1)}+(2+\alpha_3)w_{3(-1)}-w_{3(-2)}]=0 \tag{4.2-35j}$$

在 $z=L$ 处，有：

$$w_{3(K_3+1)}-2w_{3(K_3)}+w_{3(K_3-1)}=0 \tag{4.2-35k}$$

$$w_{3(K_3+2)}-(2+\alpha_3)w_{3(K_3+1)}-\alpha_3 h_3\sqrt{\frac{k_3(1+2\xi)}{t_3\xi}}w_{3(K_3)}+(2+\alpha_3)w_{3(K_3-1)}-w_{3(K_3-2)}=0 \tag{4.2-35l}$$

或

$$w_{3(K_3)}=0 \tag{4.2-35m}$$

$$w_{3(K_3+1)}-w_{3(K_3-1)}=0 \tag{4.2-35n}$$

按式(4.2-33)和式(4.2-35)，可迭代求解桩身任意节点处的位移，进而可得各节点处的剪力、弯矩及桩侧土抗力。

桩身剪力 Q 可由式(4.2-30)推导出其有限差分格式为：

$$Q_{1(i)}=\frac{E_pI_p}{2h_1^3}[w_{1(i+2)}-2w_{1(i+1)}+2w_{1(i-1)}-w_{1(i-2)}]-\frac{t_1}{h_1}[w_{1(i+1)}-w_{1(i-1)}](0\leqslant z\leqslant L_1) \tag{4.2-36a}$$

$$Q_{2(j)}=\frac{E_pI_p}{2h_2^3}[w_{2(j+2)}-2w_{2(j+1)}+2w_{2(j-1)}-w_{2(j-2)}]-\frac{t_2}{h_2}[w_{2(j+1)}-w_{2(j-1)}](L_1\leqslant z\leqslant L_2) \tag{4.2-36b}$$

$$Q_{3(k)}=\frac{E_pI_p}{2h_3^3}[w_{3(k+2)}-2w_{3(k+1)}+2w_{3(k-1)}-w_{3(k-2)}]-\frac{t_3}{h_3}[w_{3(k+1)}-w_{3(k-1)}](L_2\leqslant z\leqslant L) \tag{4.2-36c}$$

桩身弯矩 M 的有限差分格式可由式(4.2-31)推导得：

$$M_{1(i)}=\frac{E_pI_p}{h_1^2}[w_{1(i+1)}-2w_{1(i)}+w_{1(i-1)}]\quad(0\leqslant z\leqslant L_1) \tag{4.2-37a}$$

$$M_{2(j)}=\frac{E_pI_p}{h_2^2}[w_{2(j+1)}-2w_{2(j)}+w_{2(j-1)}]\quad(L_1\leqslant z\leqslant L_2) \tag{4.2-37b}$$

$$M_{3(k)}=\frac{E_pI_p}{h_3^2}[w_{3(k+1)}-2w_{3(k)}+w_{3(k-1)}]\quad(L_2\leqslant z\leqslant L) \tag{4.2-37c}$$

桩侧土抗力 p 的有限差分格式由式(4.2-32)推导得：

$$p_{1(i)}=k_1w_{1(i)}-\frac{2t_1}{h_1^2}[w_{1(i+1)}-2w_{1(i)}+w_{1(i-1)}]\quad(0\leqslant z\leqslant L_1) \tag{4.2-38a}$$

$$p_{2(j)}=k_2w_{2(j)}-\frac{2t_2}{h_2^2}[w_{2(j+1)}-2w_{2(j)}+w_{2(j-1)}]\quad(L_1\leqslant z\leqslant L_2) \tag{4.2-38b}$$

$$p_{3(k)}=k_3w_{3(k)}-\frac{2t_3}{h_3^2}[w_{3(k+1)}-2w_{3(k)}+w_{3(k-1)}]\quad(L_2\leqslant z\leqslant L) \tag{4.2-38c}$$

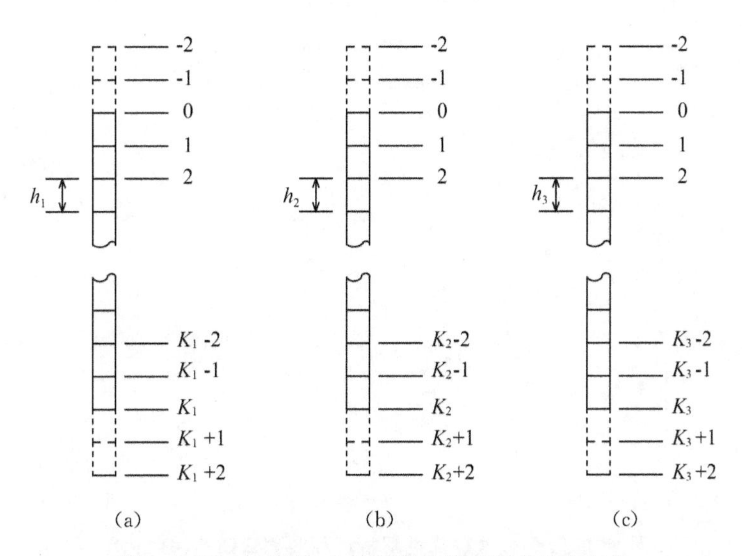

图 4.2-52　三层桩-土体系桩体的有限差分点划分

项目组利用 MATLAB 自行编制了计算多层地基中灌注桩水平承载性能的有限差分程序，可分别计算短桩和长桩桩身各节点处的位移、剪力、弯矩和桩侧土抗力。

4.2.6.4　与试验结果对比分析

选取 b_2、b'_2、a_1 和 a'_1 四根桩进行弹性解分析，将计算得到的桩身弯矩分布曲线同实测结果对比，如图 4.2-53 至图 4.2-56 所示。

从图中可以看出，整体趋势基本吻合。b_2 桩实测曲线偏上，其原因分析详见 4.2、4.3 小节。最大弯矩弹性解析解较实测值偏小 10%，误差并不大，可能是由于弹性解析法未考虑土体的塑性，故当荷载较大时应当考虑土体的塑性变形。

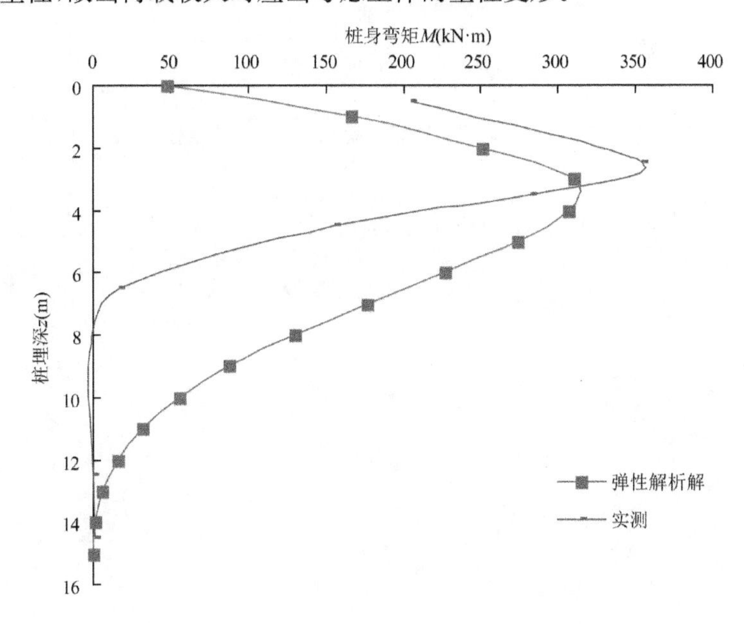

图 4.2-53　b_2＃桩弹性解析解和实测弯矩曲线对比图

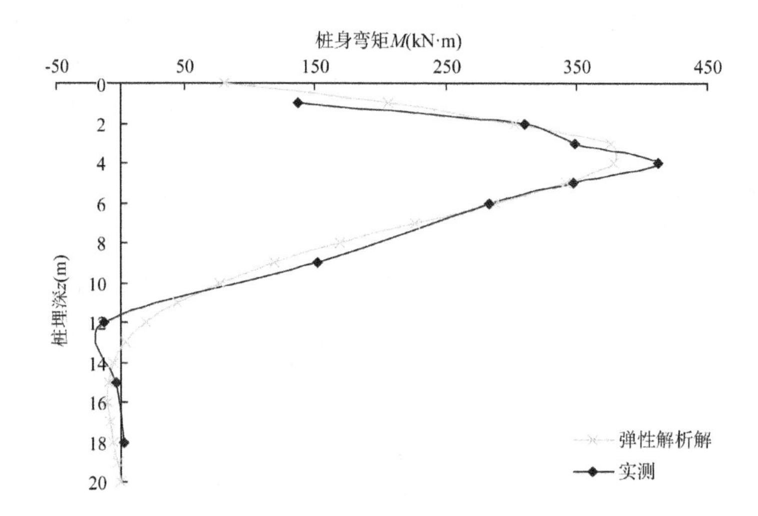

图 4.2-54　b′₂＃桩弹性解析解和实测弯矩曲线对比图

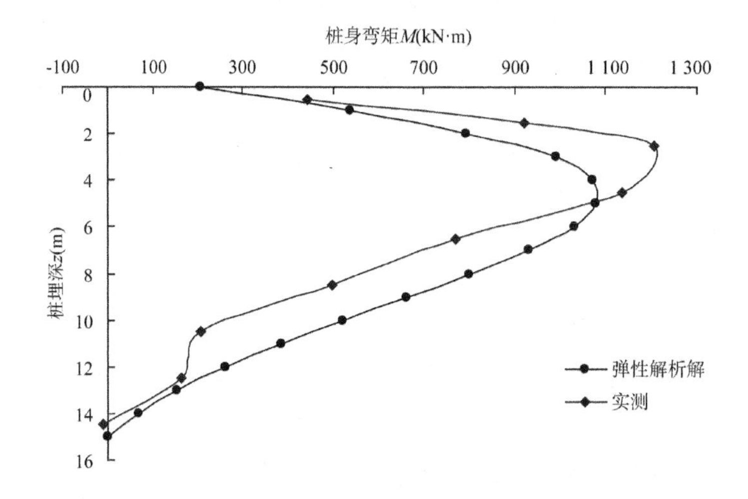

图 4.2-55　a_1＃桩弹性解析解和实测弯矩曲线对比图

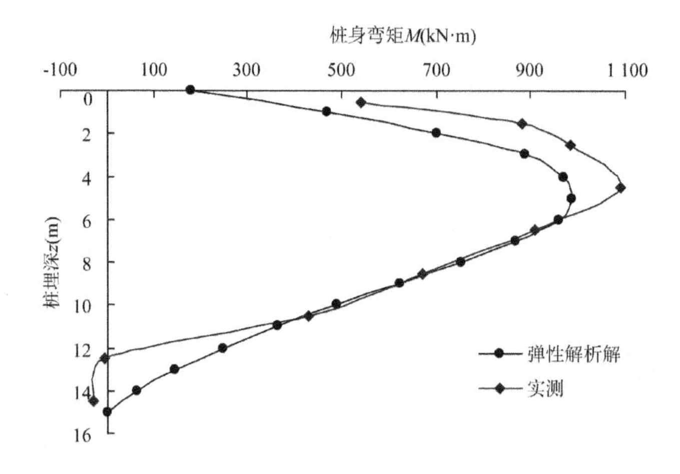

图 4.2-56　a'_1＃桩弹性解析解和实测弯矩曲线对比图

4.2.6.5 弹性解研究小结

本研究建立了桩侧成层土弹性解的计算模型，推导了计算方程，并选取 b_2、b'_2、a_1 和 a'_1 四根桩进行弹性解分析，与实测结果吻合较好，因此通过弹性解分析成层土中的灌注桩的方法是可行的。但是由于本次试验组数有限，桩侧较密实土层埋藏较深从而代表性不是很强，因此未对弹性解进行更深的分析研究，特别是未对计算精度是否比 m 法更有优越性进行研究。

4.2.7 混合式桩基应用效果评价

4.2.7.1 经济效益

灌注桩-粉喷桩混合式桩基主要研究成果已成功在三洋港挡潮闸工程中应用，岸翼墙灌注桩基础布置中经粉喷桩处理而形成的复合地基宽度为 25 m，灌注桩布置 4～5 排。在研究结论得出之前，m 标准值取为 5 MN/m^4，计算得上游圆弧形翼墙桩径为1.2 m，岸墙桩径 1.3 m，消力池段翼墙桩径 1.5 m，下游圆弧形翼墙桩径 1.2 m。

在研究结论得出之后，m 的标准值采用 6.6 MN/m^4，提高了 32%，桩径相应降低，上游圆弧形翼墙桩径降为 1.1 m，岸墙桩径降为 1.2 m，消力池段翼墙桩径降为 1.2 m，下游圆弧形翼墙桩径降为 1.1 m。由于桩的体积与桩径成二次方关系，所以桩径减小使桩混凝土方量减少较为可观。另外，为充分发挥每根灌注桩作用，规范对桩间距有一定的要求，所以桩径减小也会使桩的布置宽度减小。以消力池侧的翼墙为例，图 4.2-57 和图 4.2-58 分别为试验前、后方案的剖面图。图 4.2-57 中灌注桩直径 1.5 m，桩中心距 3.75 m，挡土墙基础底板宽度 18 m；图 4.2-58 桩径则优化为 1.2 m，桩中心距 3 m，挡土墙基础底板宽度15 m。该段翼墙墙身和桩基工程量对比如表 4.2-9 所示。

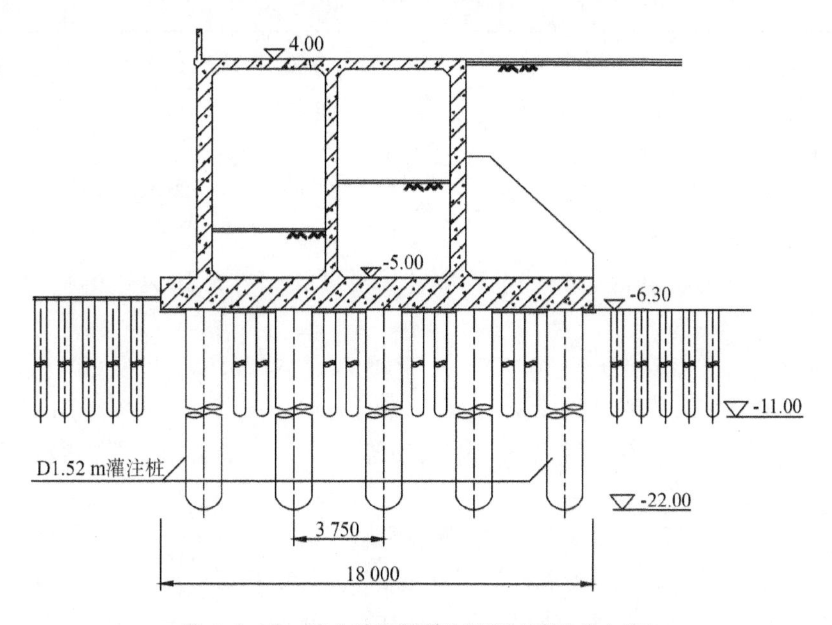

图 4.2-57 消力池段翼墙剖面图(试验前方案)

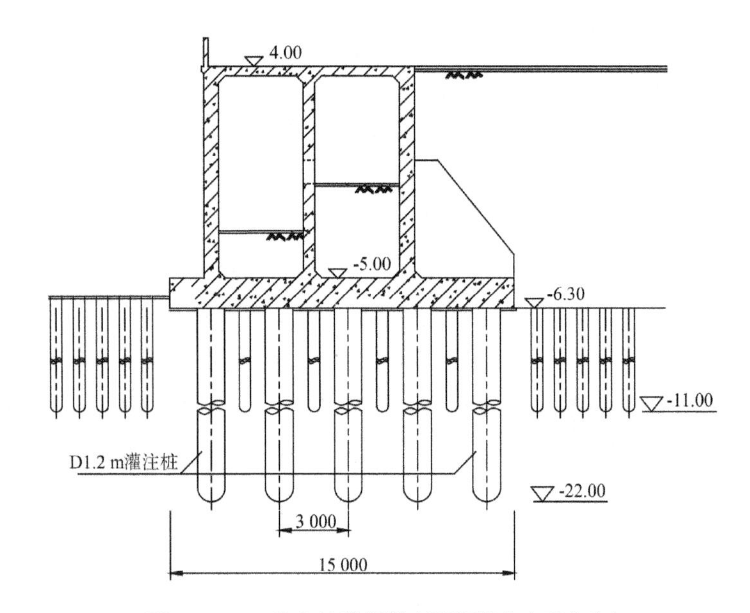

图 4.2-58　消力池段翼墙剖面图(试验后方案)

表 4.2-9　消力池部位单段翼墙墙身及桩基工程量比较表

项目	桩径(m)	墙身		灌注桩		投资小计(万元)
		砼方量(m^3)	综合单价(元)	砼方量(m^3)	综合单价(元)	
试验前方案	1.5	940	700	694	1 300	156.02
试验后方案	1.2	778	700	444	1 300	112.18
项目节省	/	162	/	250	/	43.84

表 4.2-9 显示消力池部位单段翼墙试验后的方案墙身节省混凝土 162 m^3，灌注桩节省混凝土 250 m^3，约节省投资 44 万元。经统计，三洋港挡潮闸全部岸翼墙仅混凝土这一项就节省投资约 500 万元，另外由于粉喷桩处理使基坑建基面硬化，创造了良好的施工条件，节省了工期，间接节省工程投资 400 余万元，累计节省工程投资 900 余万元。

4.2.7.2　应用效果

翼墙灌注桩-粉喷桩混合式桩基础照片见图 4.2-59，施工完成的翼墙照片见图 4.2-60、图 4.2-61。

三洋港挡潮闸岸、翼墙于 2010 年 7 月全部施工完毕，2010 年 7 月 28 日水下土建工程完工验收，2012 年 4 月下闸挡潮，混合式桩基础已经经受了较长时间高填方及高潮差荷载的检验。截至 2015 年 5 月 11 日，岸、翼墙各部位水平位移观测成果见表 4.2-10，沉降观测成果见表 4.2-11。

根据观测成果分析，各段翼墙实测水平位移 0～2 mm，小于规范容许值 6 mm；各段岸、翼墙累计沉降量 15.3～34.4 mm，完工后沉降量 6.6～18.6 mm，小于规范容许值 150 mm。岸翼墙水平位移、沉降量及沉降差均较小，满足相关规范要求，挡潮闸各段岸、翼墙运行正常，说明本工程采用灌注桩-粉喷桩混合式桩基解决岸、翼墙海淤土地基水平及竖向承载力不足的技术方案是成功的，取得了较好的技术经济效益。

图 4.2-59　混合式桩基础照片

图 4.2-60　挡潮闸翼墙照片一

图 4.2-61　挡潮闸翼墙照片二

表 4.2-10　挡潮闸岸翼墙水平位移点观测记录表(观测日期:2015-05-11)

观测点点号	初始坐标		测量坐标		顺水流方向位移(mm)	垂直水流方向位移(mm)
	X 坐标	Y 坐标	X 坐标	Y 坐标	下游为+ 上游为−	右岸为+ 左岸为−
上游右 2A	49 117.074	8 091.440	49 117.072	8 091.441	−2	1
上游右 2B	49 107.458	8 092.766	49 107.469	8 092.768	1	−2
下游右 3A	49 151.497	8 107.224	49 151.496	8 107.225	0	−1
下游右 3B	49 165.031	8 115.085	49 165.033	8 115.085	2	0
上游左 2A	49 337.853	7 549.029	49 337.854	7 549.027	1	−2
上游左 2B	49 331.897	7 541.364	49 331.895	7 541.365	−2	1
下游左 3A	49 373.514	7 561.771	49 373.514	7 561.773	0	2
下游左 3B	49 388.691	7 565.597	49 388.689	7 565.598	−2	1

表 4.2-11　挡潮闸岸翼墙垂直位移点观测记录表

部位	点号	观测日期	初始高程	前期高程	本期高程	本次沉降(mm)	累计沉降(mm)	底板沉降
上游右岸 2D	1	2015-05-10	4.023	4.008 5	4.008 3	−0.2	−33.7	−19
	2		3.996	3.986 3	3.986 3	0.0	−31.7	−22
	3		4.008	3.997 8	3.997 7	−0.1	−27.3	−17
	4		4.004	3.992 7	3.992 5	−0.2	−28.5	−17

续表

部位	点号	观测日期	初始高程	前期高程	本期高程	本次沉降(mm)	累计沉降(mm)	底板沉降
上游右岸2C	1	2015-05-10	4.015	4.005 8	4.005 6	−0.2	−34.4	−25
	2		4.007	3.998 5	3.998 4	−0.1	−29.6	−21
	3		4.004	3.995 0	3.995 0	0.0	−28.0	−19
	4		4.017	4.007 0	4.006 9	−0.1	−31.1	−21
上游右岸2B	1	2015-05-10	4.010	4.000 5	4.000 5	0.0	−24.5	−15
	2		4.010	3.998 4	3.998 4	0.0	−28.6	−17
	3		4.019	4.005 8	4.005 7	−0.1	−29.3	−16
	4		4.020	4.010 2	4.010 0	−0.2	−26.0	−16
上游右岸2A	1	2015-05-10	4.026	4.013 2	4.013 1	−0.1	−18.9	−6
	2		4.000	3.988 8	3.988 8	0.0	−17.2	−6
	3		4.010	3.998 1	3.998 1	0.0	−17.9	−6
	4		4.006	3.996 0	3.996 0	0.0	−15.0	−5
右岸岸墙	1	2015-05-10	8.095	8.082 0	8.082 0	0.0	−20.0	−7
	2		8.091	8.080 8	8.080 7	−0.1	−18.3	−8
	3		8.080	8.068 5	8.068 5	0.0	−17.5	−6
	4		8.092	8.080 7	8.080 7	0.0	−18.3	−7
下游右岸3A	1	2015-05-10	4.003	3.984 4	3.984 4	0.0	−25.6	−7
	2		4.015	4.001 0	4.001 0	0.0	−18.0	−4
	3		4.003	3.992 0	3.991 9	−0.1	−16.1	−5
	4		4.007	3.994 2	3.994 1	−0.1	−17.9	−5
下游右岸3B	1	2015-05-10	4.025	4.012 5	4.012 4	−0.1	−23.6	−11
	2		4.039	4.025 7	4.025 5	−0.2	−23.5	−10
	3		4.019	4.008 5	4.008 4	−0.1	−23.6	−13
	4		4.010	4.000 0	4.000 0	0.0	−22.0	−12
下游右岸4C	1	2015-05-10	4.048	4.038 4	4.038 4	0.0	−22.6	−13
	2		4.036	4.025 7	4.025 6	−0.1	−22.4	−12
	3		4.026	4.016 9	4.016 9	0.0	−25.1	−16
	4		4.028	4.019 4	4.019 4	0.0	−25.6	−17
下游右岸4D	1	2015-05-10	4.031	4.020 4	4.020 4	0.0	−20.6	−10
	2		4.030	4.020 2	4.020 2	0.0	−20.8	−11
	3		3.989	3.981 0	3.981 0	0.0	−19.0	−11
	4		4.017	4.008 5	4.008 4	−0.1	−19.6	−11

续表

部位	点号	观测日期	初始高程	前期高程	本期高程	本次沉降(mm)	累计沉降(mm)	底板沉降
下游右岸4E	1	2015-05-10	4.028	4.018 7	4.018 7	0.0	−28.3	−19
	2		4.031	4.021 9	4.021 8	−0.1	−29.2	−20
	3		4.020	4.011 0	4.011 0	0.0	−29.0	−20
	4		3.993	3.985 9	3.985 9	0.0	−28.1	−21
上游左岸2D	1	2015-05-10	4.004	3.995 0	3.995 0	0.0	−27.0	−18
	2		4.006	3.995 3	3.995 3	0.0	−28.7	−18
	3		3.995	3.986 6	3.986 5	−0.1	−25.5	−17
	4		3.983	3.974 7	3.974 7	0.0	−23.3	−15
上游左岸2C	1	2015-05-10	4.005	3.997 8	3.997 8	0.0	−30.2	−23
	2		3.974	3.966 0	3.966 0	0.0	−28.0	−20
	3		3.982	3.974 6	3.974 6	0.0	−26.4	−19
	4		3.997	3.988 3	3.988 2	−0.1	−26.8	−18
上游左岸2B	1	2015-05-10	3.982	3.974 9	3.974 9	0.0	−16.1	−9
	2		3.992	3.984 2	3.984 1	−0.1	−18.9	−11
	3		3.986	3.975 9	3.975 8	−0.1	−18.2	−8
	4		3.977	3.970 4	3.970 4	0.0	−15.6	−9
上游左岸2A	1	2015-05-10	3.983	3.971 3	3.971 3	0.0	−16.7	−5
	2		3.996	3.983 5	3.983 3	−0.2	−16.7	−4
	3		3.989	3.975 9	3.975 8	−0.1	−18.2	−5
	4		3.981	3.967 3	3.967 3	0.0	−17.7	−4
左岸岸墙	1	2015-05-10	8.092	8.080 0	8.079 9	−0.1	−19.1	−7
	2		8.087	8.076 5	8.076 5	0.0	−18.5	−8
	3		8.085	8.075 5	8.075 5	0.0	−17.5	−8
	4		8.088	8.077 5	8.077 5	0.0	−18.5	−8
下游左岸3A	1	2015-05-10	4.008	3.997 0	3.996 8	−0.2	−17.2	−6
	2		4.010	3.997 0	3.996 9	−0.1	−18.1	−5
	3		3.978	3.969 0	3.969 0	0.0	−16.0	−7
	4		4.008	3.998 7	3.998 7	0.0	−15.3	−6
下游左岸3B	1	2015-05-10	3.995	3.987 1	3.987 0	−0.1	−21.0	−13
	2		3.997	3.986 7	3.986 7	0.0	−22.3	−12
	3		3.993	3.983 6	3.983 6	0.0	−20.4	−11
	4		4.018	4.008 0	4.007 9	−0.1	−23.1	−13

续表

部位	点号	观测日期	初始高程	前期高程	本期高程	本次沉降(mm)	累计沉降(mm)	底板沉降
下游左岸4C	1	2015-05-10	4.012	4.001 3	4.001 3	0.0	−23.7	−13
	2		4.013	4.003 5	4.003 4	−0.1	−22.6	−13
	3		3.977	3.969 0	3.969 0	0.0	−20.0	−12
	4		3.999	3.988 7	3.988 7	0.0	−22.3	−12
下游左岸4D	1	2015-05-10	3.988	3.980 3	3.980 2	−0.1	−18.8	−11
	2		3.997	3.988 7	3.988 7	0.0	−20.3	−12
	3		4.000	3.988 2	3.988 2	0.0	−19.8	−8
	4		4.012	4.001 9	4.001 8	−0.1	−19.2	−9
下游左岸4E	1	2015-05-10	3.992	3.984 4	3.984 4	0.0	−26.6	−19
	2		3.998	3.989 0	3.988 9	−0.1	−28.1	−19
	3		4.027	4.015 7	4.015 7	0.0	−28.3	−17
	4		3.991	3.981 9	3.981 9	0.0	−24.1	−15

4.2.8 经验与建议

本研究在以往水平承载桩的研究基础之上，紧扣三洋港枢纽挡潮闸工程所处的特殊地基情况，通过多方案的技术经济比较，提出了解决高潮差河口挡土墙海淤土地基水平承载能力不足的技术方案，并通过现场试验研究、三维仿真分析、理论计算和文献调研等手段对水平荷载下灌注桩在淤土地基中的承载性能展开深入的研究，取得了较好的成果，形成了以下主要结论：

(1) 岸、翼墙地基采用灌注桩-粉喷桩混合式桩基础方案，海淤土复合地基和灌注桩深基础结合使用，可发挥灌注桩和粉喷桩的各自优势，提高建筑物整体水平承载能力，具有较为明显的技术经济效益。

(2) 对海淤土地基采用粉喷桩处理，灌注桩的水平承载能力比处理前有一定的提高，尤其对顶部嵌固的承台桩，提高效果更为明显，三洋港挡潮闸工程提高约20%～30%。

(3) 采用水泥土粉喷桩复合地基来提高灌注桩水平承载性能，需注重概念设计，在工程应用中，需考虑复合地基自身的稳定性，综合考虑水平荷载、竖向荷载、地基边载、桩顶嵌固度和上部结构尺寸等因素进行粉喷桩、灌注桩的结构布置设计。

(4) 对软土或软土复合地基上大直径、小位移灌注桩，m 法是适用的方法之一，可以采用 m 法分析极限抗力分布模式。采用 m 法分析桩径和桩长的影响也与试验结果一致。经本课题研究后建议，在三洋港挡潮闸工程桩设计中，当桩顶水平位移控制在6 mm之内时，粉喷桩复合地基 $m=6.6\ MN/m^4$，原状海淤土地基 $m=5.0\ MN/m^4$。

(5) 建议海淤土地基中大水平力灌注桩，应尽可能减小承台转角，提高桩顶嵌固度，从而提高单桩水平承载力。

(6) 初步提出桩侧成层土地基水平承载灌注桩弹性解模式，改进传统 m 法只采用单一 m 值进行计算的问题，为以后的深入研究提供参考。

(7) 通过分析桩顶计算转角与实测转角，提出在海淤土地基中成桩易发生桩身抗弯刚度不足的问题，建议在灌注桩施工中应加强质量控制，改善施工工艺。

(8) 通过慢速维持荷载法与单向多循环加载法的对比分析，提出循环荷载可能对灌注桩的水平承载能力不利。规范也规定，对长期水平荷载和循环荷载，m 值应降低使用。

(9) 软土地基中桩长达到柔性桩长后，桩长再增加对水平承载力无明显提高。

(10) 本项目研究得出的结论和提出的问题，丰富了灌注桩水平承载特性的研究成果，对该类地基建筑物的设计具有较好的参考意义。

4.3 闸室串联半封底超大沉井群基础处理技术研究

4.3.1 闸室沉井基础型式选择

根据工程地质与结构受力条件，针对三洋港挡潮闸的闸室结构及基础型式（包括地基处理），在可行性研究阶段比选了五个方案：

(1) 闸室采用底板隔孔分缝的分离式结构，其无缝闸孔的大底板下设沉井基础，设缝闸孔的小底板采用 $\Phi600$ 钻孔灌注桩处理，并在其上、下游采用混凝土墙围封；

(2) 闸室采用同方案一的分离式结构型式，基础为钻孔灌注桩；

(3) 闸室采用两孔一联的整板“山”字形结构，闸墩分缝，基础为钻孔灌注桩；

(4) 闸室结构型式同方案三，地基采用粉喷桩处理；

(5) 结构型式同上述的方案三和方案四，地基采用换砂垫层处理。

经技术经济比较，方案一具有投资省、结构稳定性相对较好等优点，因此可研阶段推荐采用沉井基础的分离式闸室结构型式，即方案一。

初步设计阶段，经对江苏沿海几座海口挡潮闸的调研，针对工程特点及场区的地质条件，在可研设计方案的基础上，对该闸的结构与基础型式又做了进一步的深入分析研究。在对可研推荐方案实施优化的基础上，提出两个新方案作同深度比选。

方案一：将可研隔孔设缝的分离式结构型式，调整为隔二孔设缝的分离式结构型式，闸室基础由原来的单孔小沉井，变成二孔一联的大沉井，两个沉井间的小底板结构型式不变，该方案基础工程量较可研方案稍有增加，但结构整体性和结构对地基变形适应能力以及基底应力都得到较大改善。具体布置方案见图 4.3-1。

方案二：闸室采用闸墩分缝、二孔一联的整体结构（其中 17 号孔为单孔一联），下设整体串联式沉井基础。其特点是结构稳定性、整体性与结构刚度又有进一步提高，同时其基础的防渗及抗冲性能较方案一要好。具体布置方案见图 4.3-2。

两个方案技术上均可行。方案一的优点是相邻沉井的施工干扰小，方案二的结构整体性、抗震性、基础的防渗性能更优。经综合比较，闸室及其基础型式推荐方案二，即二孔一联闸墩分缝方案，基础采用整体串联式沉井基础方案，共 17 联，单联最大尺寸 34.5 m(长)×17.9 m(宽)×7.5 m(高)。

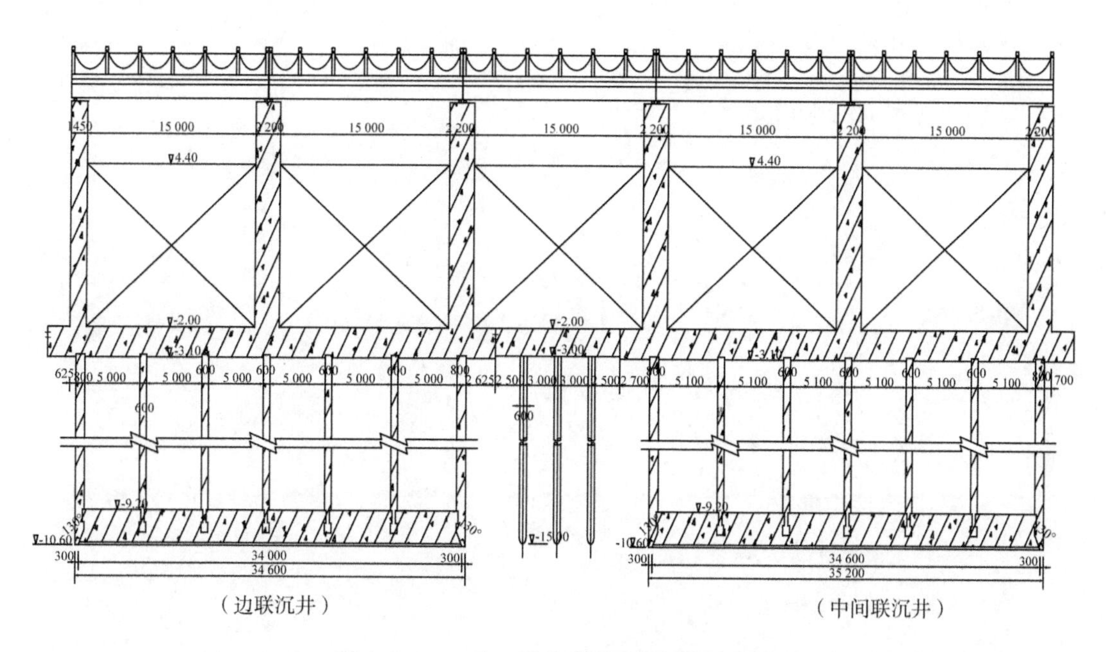

图 4.3-1　二孔一联分离式底板闸室结构图

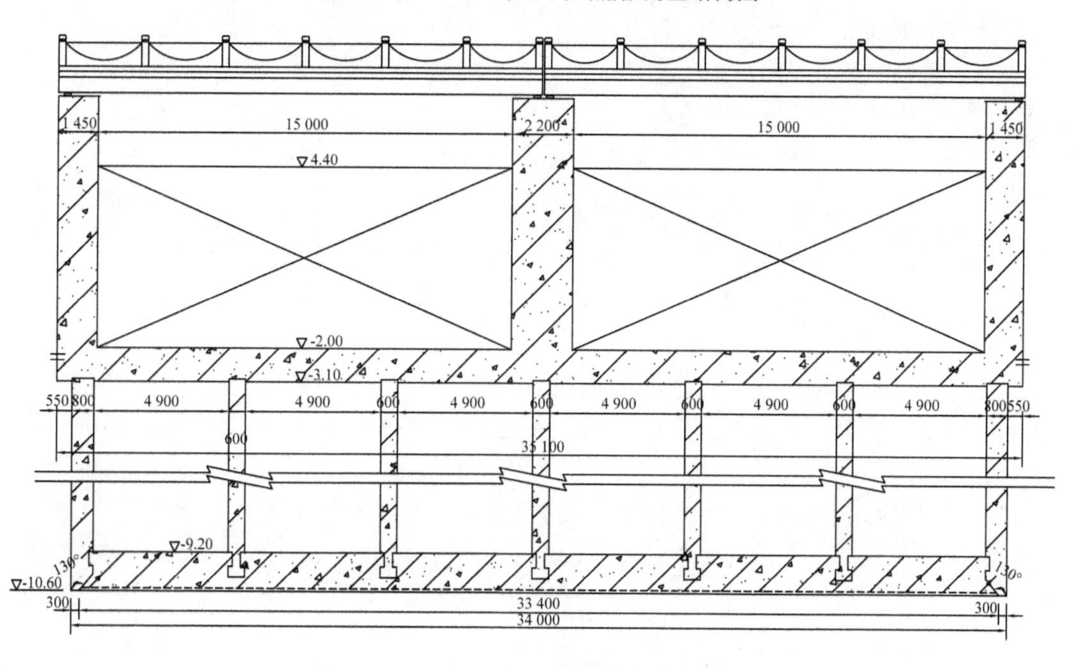

图 4.3-2　二孔一联分离式底板闸室结构图

4.3.2　闸室沉井稳定计算

(1) 计算原则

本工程闸室为开敞式、整体式底板，采用沉井基础，井壁与闸室底板连成整体，地基持力层在沉井刃脚平面以下，井内填土作为上部荷载的一部分，以沉井刃脚底面处的平面为闸基底面，进行闸室的抗滑稳定性、基底应力及不均匀系数计算。

闸室稳定计算公式如下：

①抗滑稳定安全系数 $K_c=\dfrac{f\cdot\sum G}{\sum H}\geqslant[K_c]$；

②偏心距 $e=\dfrac{L}{2}-\dfrac{\sum M}{\sum G}$；

③基底压力 $\sigma_{\min}^{\max}=\dfrac{\sum G}{A}\left(1\pm\dfrac{6e}{L}\right)\leqslant[R]$；

④基底压力不均匀系数 $\eta=\dfrac{\sigma_{\max}}{\sigma_{\min}}\leqslant[\eta]$。

式中：

K_c——抗滑稳定安全系数；

$\sum G$——垂直方向力的总和，kN；

$\sum H$——水平方向力的总和，kN；

f——基础底面与地基土之间的摩擦系数；

A——底面面积，m^2；

e——偏心距，m；

L——底板顺水流方向长度，m；

$\sum M$——相对沉井底板上游趾点的弯矩总和，kN·m；

$\sigma_{\max}$、$\sigma_{\min}$——最大、最小基底压力，kPa；

$[R]$——地基允许承载力，kPa；

η、$[\eta]$——基底压力不均匀系数和允许基底压力不均匀系数。

(2) 计算工况

闸室稳定计算考虑施工完建期、设计蓄水期、设计挡潮期、检修期、校核挡潮期、设计蓄水＋Ⅶ度地震等六种荷载组合情况，其中前三种为基本荷载组合，后三种为特殊荷载组合。

(3) 闸室稳定计算的水位组合及计算成果见表 4.3-1 和表 4.3-2。

表 4.3-1　二孔一联闸室稳定计算成果汇总表

计算内容		基本荷载组合			特殊荷载组合		
		施工完建期	设计蓄水期	设计挡潮期	检修期	设计蓄水＋Ⅶ度地震	校核挡潮期
计算水位	闸上(m)	无水	2.00	0.5	2.00	2.00	1.25
	闸下(m)	无水	−3.35	3.90	−1.72	−1.72	4.08
抗滑稳定安全系数	计算值 K_c	—	2.42	2.54	3.3	2.46	2.73
	允许值 K_c	—	1.35	1.35	1.20	1.10	1.20

续表

计算内容		基本荷载组合			特殊荷载组合		
		施工完建期	设计蓄水期	设计挡潮期	检修期	设计蓄水＋Ⅶ度地震	校核挡潮期
基底压力（kPa）	平均值 σ	147.64	146.72	128.45	132.67	139.36	129.08
	最大值 σ_{max}	151.32	178.67	159.73	149.02	184.36	161.93
	最小值 σ_{min}	143.96	114.77	97.16	116.33	94.36	96.23
	σ 修正值	260	260	260	260	260	260
	1.2×σ	312	312	312	312	312	312
	不均匀系数 η	1.05	1.56	1.64	1.28	1.95	1.68
	允许不均匀系数 [η]	2.00	2.00	2.00	2.50	2.50	2.50

注：表中 σ 修正值为采用汉森公式计算结果。

表 4.3-2　单孔闸室稳定计算成果汇总表

计算内容		基本荷载组合			特殊荷载组合		
		施工完建期	设计蓄水期	设计挡潮期	检修期	设计蓄水＋Ⅶ度地震	校核挡潮期
计算水位	闸上(m)	无水	2.00	0.5	2.00	2.00	1.25
	闸下(m)	无水	−3.35	3.90	−1.72	−1.72	4.08
抗滑稳定安全系数	计算值 K_c	—	2.57	2.71	3.52	2.46	2.91
	允许值 K_c	—	1.35	1.35	1.20	1.10	1.20
基底压力（kPa）	平均值 σ	162.42	161.65	143.43	147.57	155.12	144.09
	最大值 σ_{max}	167.09	195.29	174.87	165.57	209.81	177.22
	最小值 σ_{min}	157.75	128.02	118.98	129.57	100.43	110.96
	σ 修正值	260	260	260	260	260	260
	1.2×σ	312	312	312	312	312	312
	不均匀系数 η	1.06	1.53	1.56	1.28	2.09	1.60
	允许不均匀系数[η]	2.00	2.00	2.00	2.50	2.50	2.50

从计算结果可以看出，各种工况下闸室沉井地基承载力及抗滑稳定均能满足规范要求。

4.3.3　井结构设计

(1) 沉井下沉系数验算

为了保证沉井能在自重作用下顺利下沉，到达设计标高，须对沉降系数进行验算。

计算公式：

$$K_1=(G-P_w)/(R+R_f)$$

式中：

K_1——沉井沉降系数；

G——沉井自重，kN；

P_w——沉井下沉过程中水的浮托力，kN；

R——刃脚下土的总阻力，kN；

R_f——井壁四周摩阻力，kN。

闸室沉井下沉接近设计高程时沉降系数计算成果见表 4.3-3。

表 4.3-3　沉降系数计算成果表

部位		闸室
沉降系数	排水下沉	1.55
	不排水下沉	0.95
	允许值	1.15 ～1.25

计算结果表明，不排水法施工时，沉井下层至第⑤层粉质黏土层时，沉降系数不满足要求，在施工过程中，下沉如有困难，可采取部分排水法，首节采用不排水，沉至较硬土层后，末节采用排水法施工，也可采取加重或其他措施。沉井现场施工照片见图 4.3-3。

图 4.3-3　沉井下沉施工

(2) 沉井封底设计

根据闸室荷载、沉井自重计算，沉井仅依靠刃脚、隔墙及井壁与周围土的摩擦力来承担上部荷载，其基底应力不能满足地基允许承载力要求，因此沉井有必要采取封底或其他措施，本次设计比选了两个方案：

方案一：沉井刃脚及隔墙下均做扩展基础，沉井内填满中粗砂并压实。该方案优点是运行期时沉井井壁及隔墙受力条件均较好，缺点是基底应力大，地基变形大。具体布置详见图 4.3-4，该方案可比投资约 770 万元。

方案二：沉井采取部分封底，未封底沉井内填满土并压实。该方案优点是基底应力较小，地基变形较小，基底应力不均匀系数可通过控制封底后的空箱内填土来调整，缺点是未封底部分的井内填土可能会因为沉降对井壁产生负摩阻。具体布置详见图 4.3-5，该方案可比投资约 600 万元。

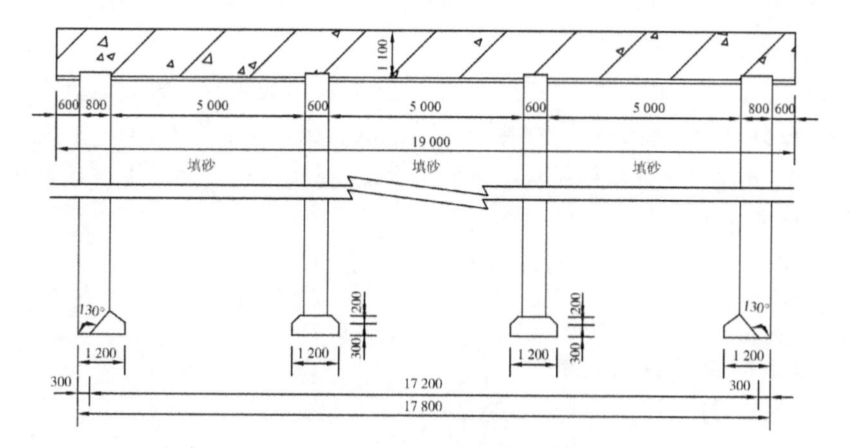

图 4.3-4　沉井扩展基础布置图

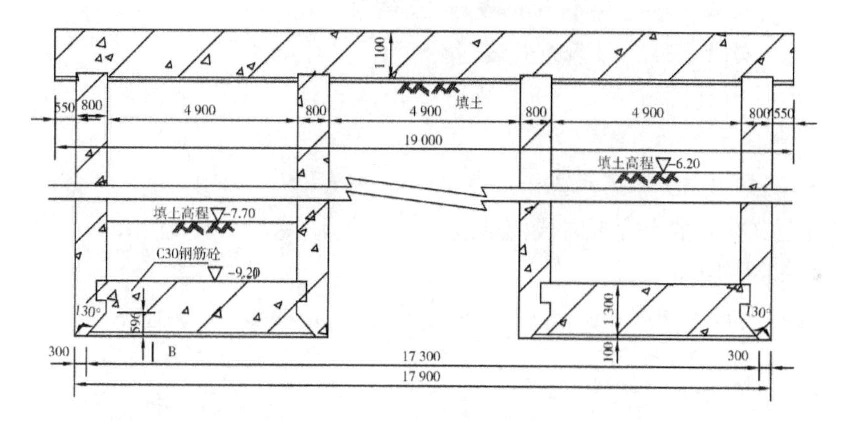

图 4.3-5　沉井部分封底布置图

经综合比较，沉井封底型式采用方案二，即沉井部分封底，井内填土方案。

(3) 沉井施工期抗浮验算

当沉井封底后，混凝土达到设计强度，井内抽干积水，但内部尚未填土前，应有足够的自重，避免沉井在地下水的浮力作用下上浮。

计算公式：　　$K_2=(G+R_f)/P_w$

式中：

K_2——沉井抗浮稳定系数；

P_w——地下水总浮力，kN。

闸室抗浮稳定计算成果见表 4.3-4，计算结果表明，各部位沉井施工期抗浮稳定安全系数均满足要求。

表 4.3-4　抗浮稳定计算成果表

部位	闸室	
抗浮稳定安全系数	计算值	1.52
	允许值	1.05

（4）沉井基底抗冲溃计算

沉井建基面高程－10.60 m，位于第④层黏土及粉质黏土层。根据地质资料，距建基面下约 6.5 m 处为第⑥层中细砂、沙壤土、粉土互层，属承压水类型，承压水位－0.40 m，承压水头约 17 m。当沉井采用排水法下沉至设计高程时，有可能产生地基顶托破坏，因此须进行基坑抗冲溃计算。

计算公式：
$$A\gamma_1 t_1 + A\gamma_2 t_2 > A\gamma_w H_w$$

式中：

A——沉井刃脚踏面内面积；

γ_1——沉井刃脚下第④层不透水黏土层湿容重；

t_1——沉井刃脚下第④层不透水黏土层厚度；

γ_2——沉井刃脚下第⑤层不透水黏土层湿容重；

t_2——沉井刃脚下第⑤层不透水黏土层厚度；

γ_w——水的容重；

H_w——承压水头。

经计算，沉井刃脚下不透水黏土层总重力 65 326 kN，小于承压水顶托力 88 618 kN，从沉井下沉至沉井内填土完成时段内须进行深井降水，降水水头约 6 m。

（5）沉井接头处理

沉井间两端的土体采用高压旋喷桩封闭处理，桩身 28 天无侧限抗压强度不小于 1.5 MPa，中间的土体整平夯实，上部采用微膨胀混凝土封闭。沉井接头处理见图4.3-6。

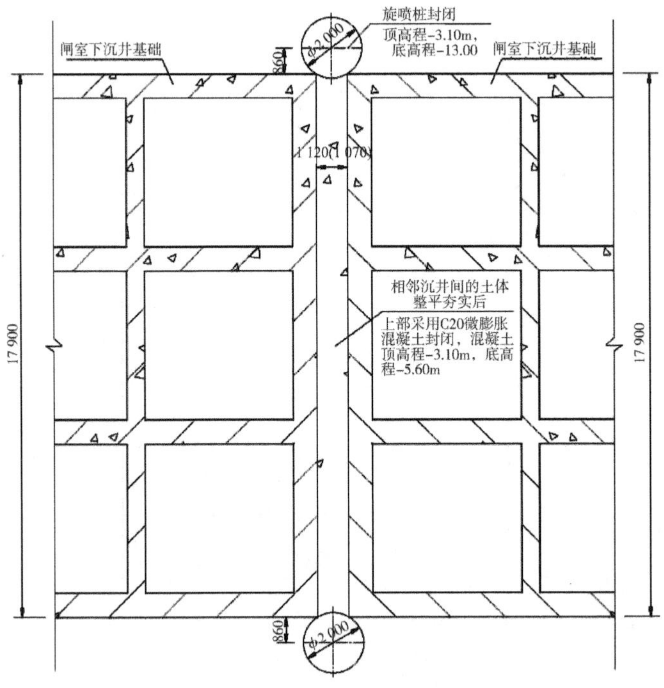

图 4.3-6　沉井接头处理图

4.4 成果应用

4.4.1 灌注桩-粉喷桩混合式桩基础研究成果应用

灌注桩-粉喷桩混合式桩基础研究成果已成功应用于三洋港挡潮闸工程中，在研究结论得出之前，桩侧地基土水平抗力系数的比例系数 m 标准值取为 5 MN/m^4，计算得上游圆弧形翼墙桩径为1.2 m，岸墙桩径1.3 m，消力池段翼墙桩径1.5 m，下游圆弧形翼墙桩径1.2 m。在研究结论得出之后，m 的标准值采用6.6 MN/m^4，提高了32%，桩径相应降低，上游圆弧形翼墙桩径优化为1.1 m，岸墙桩径优化为1.2 m，消力池段翼墙桩径优化为1.2 m，下游圆弧形翼墙桩径优化为1.1 m。另外，为充分发挥每根灌注桩作用，规范对桩间距有一定的要求，所以桩径减小也会使桩的布置宽度减小。

经计算，根据灌注桩-粉喷桩混合式桩基础研究成果对岸翼墙基础设计方案进行优化后，节省直接投资约500万元。另外由于粉喷桩处理使基坑建基面硬化，创造了良好的施工条件，节省了工期，间接节省工程投资400余万元，累计节省工程投资900余万元。

4.4.2 闸室串联半封底超大沉井基础研究成果应用

根据研究成果，挡潮闸采用两孔一联整体串联式沉井基础方案(其中第17联为单孔一联)，共17联，单联最大尺寸34.5 m(长)×17.9 m(宽)×7.5 m(高)，沉井群规模为目前国内最大。相邻沉井间留有间隙1.05 m，其上下游采用旋喷桩封闭，间隙上部填充微膨胀混凝土，满足地基防渗要求。沉井被上、下游隔墙分隔成18个井隔，采用半封底型式，上、下游各6个井隔封底，中间6个井隔不封底，既满足基础承载要求，又节省了工程投资、减小了沉井封底难度。根据各运行工况的荷载计算，沉井上、下游井隔内采用不对称填土，调整地基应力，较好地控制了海淤土地基闸室的不均匀沉降，解决了大孔口软基水闸地基承载力、防渗及变形协调等问题。三洋港挡潮闸整体串联半封底沉井基础施工现场照片见图4.4-1。

图4.4-1 三洋港挡潮闸整体串联半封底沉井基础施工照片

4.4.3 应用效果

三洋港挡潮闸闸室及岸翼墙于2010年7月全部施工完毕，2010年7月28日水下土建工程完工验收，2012年4月下闸挡潮，2015年7月竣工验收，闸室及岸翼墙基础已经经受了较长时间高填方及高潮差荷载的检验。根据观测成果分析，各段基础实测水平位移0～2 mm，小于规范容许值6 mm；累计沉降量15.3～34.4 mm，工后沉降量6.6～18.6 mm，小于规范容许值150 mm。闸室、岸翼墙水平位移、沉降量及沉降差均较小，满足相关规范要求，挡潮闸运行正常，说明本工程各部位采用的海淤土地基处理技术方案是成功的，取得了较好的技术经济效益。

第5章

水工泵送高性能混凝土关键技术研究与成果应用

5.1 水工泵送高性能混凝土特性研究

5.1.1 高性能混凝土原材料及控制指标

高性能混凝土在配制上的特点是低水胶比，选用优质原材料，除水泥、骨料和水外，必须掺加足够数量的矿物掺合料和超塑化剂。配制高性能混凝土时，应从原材料、工艺参数、环境条件及施工要求等诸多方面来考虑。不同于普通混凝土，高性能混凝土应具有高耐久性、良好的适用性和体积稳定性等特点，因此，对原材料提出了更高的要求，配制高耐久性混凝土时，原材料选用一般遵循以下原则：①选用质量稳定、低水化热和含碱量偏低的水泥，尽可能避免使用早强水泥和C_3A含量偏高的水泥；②使用优质粉煤灰、矿渣等矿物掺合料或复合矿物掺合料；一般情况下，矿物掺合料应作为耐久混凝土的必需组分；③高度重视骨料级配与粗骨料粒形要求，选用坚固耐久、级配合格、粒形良好的洁净骨料；④尽量降低拌和水用量，采用高效减水剂或高性能减水剂；同时，将选用优质引气剂作为配制耐久混凝土的常规手段。

三洋港挡潮闸工程区临近黄海，工程处于中等硫酸盐和Cl^-侵蚀环境，混凝土的抗离子(SO_4^{2-}和Cl^-)侵蚀能力和抗裂性成为高性能混凝土耐久性设计中首要考虑的因素。因此，从原材料品质角度出发，通过研究和调研，提出三洋港挡潮闸工程高性能混凝土原材料科学合理的控制指标具有重要意义。

5.1.1.1 水泥

5.1.1.1.1 水泥品种及矿物组成

水泥是混凝土原材料中最重要的组分，其按用途及性能主要分为以下三类：①通用水泥：一般土木建筑工程通常采用的水泥，主要是指 GB 175 中规定的六大类水泥，即硅酸盐水泥、普通硅酸盐水泥、矿渣硅酸盐水泥、火山灰质硅酸盐水泥、粉煤灰硅酸盐水泥和复合硅酸盐水泥；②专用水泥：专门用途的水泥，如G级油井水泥，道路硅酸盐水泥等；③特性水泥：某种性能比较突出的水泥，如快硬性硅酸盐水泥、低热矿渣硅酸盐水泥、膨胀型硫铝酸盐水泥等。

硅酸盐水泥是水利水电工程混凝土结构的主要建筑材料，其主要矿物组成包括C_3S、C_2S、C_3A和C_4AF四种，它们的水化特性和水化产物特性不相同，这将导致不同矿物组成比例的水泥特性不同。以下主要分析不同矿物组成对水泥混凝土的抗离子(SO_4^{2-}和Cl^-)侵蚀能力和抗裂性的影响。

(1) 对水化热的影响

水泥水化热是指水泥水化过程中放出的热量。普通波特兰水泥总水化热的50%在3 d内释放，75%在7 d内释放，180 d释放的水化热相当于总水化热的83%～91%。在实际工程中，人们首先关注的是水泥水化放热速率，其次才是总的放热量，这是由于如果水泥水化放热过快，混凝土的热传导率较低，短时间内聚集在混凝土内部的热量不易散失，从而导致混凝土内外温差过大，致使混凝土产生不均匀膨胀，从而导致混凝土结构开裂，影响整个工程的耐久性。

硅酸盐水泥不同熟料矿物的水化热和放热速度大致遵循下列顺序：$C_3A>C_3S>C_4AF>C_2S$。C_3A与C_3S含量较多的水泥其放热量大，放热速度也快。四种矿物的水化热和水化程度分别见表5.1-1和表5.1-2。从表中可知，提高C_2S含量，降低C_3A和C_3S的含量，可以大幅降低水泥的水化热和水化放热速率。

表5.1-1　水泥熟料矿物的水化热(单位:J/g)

矿物名称	研究人员		
	Woods	Lerch	Verbeck
C_3S	569	502	490
C_2S	259	259	222
C_3A	837	866	1364
C_4AF	126	418	464

表5.1-2　水泥熟料矿物的水化程度(单位:%)

矿物名称	水化程度					
	完全水化	3 d	7 d	28 d	90 d	180 d
C_3S	100	36	46	69	93	96
C_2S	100	7	11	11	29	30
C_3A	100	82	83	84	91	93
C_4AF	100	70	71	74	89	91

(2) 对收缩的影响

四种矿物中，C_3A的收缩率最大，其他三种矿物的收缩率相差不大。有研究表明，水泥干缩率与熟料矿物C_3A、C_3S的回归关系式为：水泥干缩率$=0.004\ 413C_3S+0.025\ 27C_3A-0.262\ 3$，说明$C_3A$为水泥干缩率的主要影响因素。但通常在水泥中$C_3S$

含量最多，C_4AF次之，C_3A最少。但是，存在高C_3S和C_4AF、低C_3A的水泥干缩率反而偏高的现象，这说明水泥干缩率并不只随C_3A含量的增大而增大，它与其他矿物含量也有关，是各组成矿物共同作用的结果。

(3) 对脆性系数的影响

水泥的脆性系数是指水泥胶砂抗压强度与抗折强度的比值。水泥的脆性系数越大，水泥本身的抗裂性就越差。水泥熟料矿物成分的C_3A含量大，不仅水化热及收缩性大，且脆性系数也大，对抗裂极为不利；C_3S含量大，同样水化热高，脆性系数也大。有关文献通过外掺水泥熟料矿物C_4AF和C_2S来降低水泥的脆性系数，达到提高混凝土抗裂性的目的。因此，为提高水泥的抗脆性能力，应尽量提高水泥熟料中C_4AF和C_2S的含量，降低水泥的脆性系数。

(4) 对抗离子(SO_4^{2-}和Cl^-)侵蚀能力的影响

硅酸盐水泥的水化过程为：水泥调水后，一方面，C_3S、C_3A、C_4AF等与水很快反应；另一方面，石膏和熟料中含碱化合物亦迅速溶解，因此，水泥的水化实际上是在含碱的氢氧化钙、石膏的饱和溶液中进行的。硅酸盐水泥的水化产物主要是$Ca(OH)_2$、水化硅酸钙($1\sim1.5CaO \cdot SiO_2 \cdot nH_2O$，简称C-S-H凝胶)和钙矾石，它们的比例分别为20%、70%和7%左右。其中，C-S-H凝胶是有效的胶结物质；而$Ca(OH)_2$晶体对水泥石的强度和耐久性不仅没有贡献，反而有多方面的负面效应，如：由于$Ca(OH)_2$晶体的溶解度较大(25℃时CaO浓度为1.2 g/L)，水渗透过混凝土时，会使$Ca(OH)_2$晶体发生溶析反应，该反应一方面使混凝土的孔隙率增大、密实度和强度降低，另一方面还能使孔溶液中的$Ca(OH)_2$浓度和pH值降低，引起其他水化产物的溶解和分解，进一步引起混凝土强度的降低。另外，硅酸盐水泥的水化热一般较高，容易产生温度应力，使水泥混凝土生成裂缝缺陷，从而影响水泥混凝土的强度和耐久性。因此，无论是从水泥水化过程形成的有效胶凝物质(C-S-H)的角度看，还是从提高水泥的耐久性的角度看，均应发展低钙硅酸盐水泥，提高C_2S的含量。

不同的水泥品种之间的抗氯离子能力存在显著差异，有关资料的研究结果表明：ASTM中抗硫酸盐水泥和V类水泥的氯离子固化、氯离子侵入及抗腐蚀能力低于普通硅酸盐水泥。通常的观点认为，氯离子渗入速度与水泥中的铝酸盐相化学结合氯离子的能力有关，固化氯离子的主要形式是由氯离子与C_3A反应形成单氯铝酸钙$3CaO \cdot Al_2O_3 \cdot CaCl_2 \cdot 10H_2O$，即Friedel盐。因此，认为水泥固化氯离子的能力取决于C_3A含量，并且低C_3A含量的水泥(如抗硫酸盐水泥)氯离子的渗入比高C_3A含量的水泥快，这种观点也被广泛接受。然而，王绍东等人提出了不同的观点，认为高C_3A含量不一定具有高的抗氯离子诱发钢筋锈蚀的能力，决定混凝土固化氯离子能力的不是C_3A的总含量，而是有效铝酸盐含量，即C_3A的总含量减去与硫酸盐反应以及碳化所消耗的铝酸盐。

当水泥中的C_3A的总含量≤5%时，水泥中的石膏量(通常为5%)足以与C_3A完全反应生成钙矾石($C_6A\overline{S}_3H_{32}$)；但通常水泥中的C_3A的总含量>5%，故最终产物为单硫型钙矾石($C_4\overline{ASH}_{12-18}$)；但如果水泥中的$C_3A$的总含量>8%，水泥水化产物将同时含有

C_4AH_{13}和$C_4\overline{AS}H_{12-18}$。

当有$Ca(OH)_2$存在，且同时存在SO_4^{2-}时，则C_3A、C_4AH_{13}和$C_4\overline{AS}H_{12-18}$都会转化为$C_6A\overline{S}_3H_{32}$，产生体积膨胀致使混凝土开裂，渗透性增加，$SO_4^{2-}$等有害物质更易侵入，这是一个恶性劣化过程。相关反应式如下：

$$C_4ASH_{12-18}+2CSH_2+(10-16)H \longrightarrow C_6AS_3H_{32} \tag{5.1-1}$$

$$C_4AH_{13}+3CSH_2+14H \longrightarrow C_6A\overline{S}_3H_{32}+CH \tag{5.1-2}$$

$$C_3A+3CSH_2+26H \longrightarrow C_6A\overline{S}_3H_{32} \tag{5.1-3}$$

可以看出，限制水泥中C_3A含量能在一定程度上提高水泥抗SO_4^{2-}离子侵蚀能力。

5.1.1.1.2　水泥细度

2001年实施水泥新标准以来，我国的水泥细度呈现逐渐变细的趋势。对此褒贬不一，多数水泥行业的专家认为这是水泥粉磨技术的进步；但混凝土行业一些专家将近年来混凝土大量出现开裂、耐久性下降的部分原因归咎于水泥比表面积偏高。水泥是混凝土的主要组成之一，而水泥性能与水泥细度关系密切，因此，水泥细度必将影响混凝土的施工性能、力学性能、变形性能及耐久性能。

(1) 对施工性能的影响

水泥颗粒越细比表面积就越大，水泥颗粒与水接触的面积也就越大，需水量也越大。在混凝土水灰比一定的情况下，水泥需水量越大，混凝土的坍落度就越小，混凝土的流动性就越差，黏性增加，不利于混凝土的施工。为了保证混凝土的正常施工，在水灰比一定的条件下，要增大混凝土流动性，就要掺入更多的混凝土外加剂来满足施工要求。

(2) 对力学性能的影响

混凝土的强度与水泥的强度有关。而水泥对抗压强度的影响，主要取决于水泥熟料的矿物组成和水泥细度。

水泥厂为了提高水泥的强度，特别是早期强度，通常会采取提高C_3A、C_3S含量和水泥细度等措施，其中提高水泥细度是一种更经济可行的措施。水泥颗粒大小与水化的关系是：0～10μm颗粒水化最快；3～30μm颗粒是水泥的主要活性组分；＞60μm颗粒的水化缓慢；＞90μm只能表面水化，起集料作用。上个世纪末S. Tsivilis等学者明确提出，水泥中粒径＜3μm的颗粒应该＜10％，粒径3～30μm的颗粒应该在65％以上，粒径＞60μm和＜1μm的颗粒尽量减少。因此，可以认为水泥颗粒粒径在30μm左右，水化活性高，技术经济合理。

提高水泥细度，能加快水泥早期水化而提高早期强度，但对后期强度有时还有负面影响：1923年使用粗水泥的混凝土，直到50年后强度还在增长；而在1937年美国按特快硬水泥生产的水泥与现今水泥的组成和细度的平均水平相当，当时采用这种快硬水泥的混凝土10年后强度却倒缩了。

(3) 对变形性能、耐久性能的影响

水泥基材料的体积变形主要有自生体积变形和干缩变形两种。一方面,细颗粒容易水化,产生更多的易于干燥收缩的凝胶和其他水化物;另一方面,水泥颗粒越细,水化越快,水化快消耗混凝土内部的水分越快,易引起混凝土的自干燥收缩,导致混凝土的抗裂性差。

水泥越细,水泥的比表面积越高,需水量就越大,在水泥石结构中水所占的体积就越大,从而造成内部孔隙增加,使混凝土硬化后内部结构不致密,影响混凝土耐久性;同时,由于水泥粗颗粒的减少,减少了稳定体积的未水化颗粒数量,易导致裂缝的产生,从而影响混凝土抗渗性、抗离子侵蚀能力等长期性能。

5.1.1.1.3　碱含量

水泥中的碱来源于生产水泥的原材料:黏土、石灰石、页岩等所有含碱的物质。如果以煤作燃料,碱也可能来源于煤。水泥中的碱有的是以硫酸盐存在,其具体的存在形式依赖于熟料中 SO_3 的含量,而有的则结合到硅酸钙及铝酸钙相中。水泥熟料中的碱可主要分为以下三类:碱的硫酸盐、碱的铝酸盐及铁铝酸盐、碱的硅酸盐,在某些情况下,碱也可能有一部分以碳酸盐的形式存在。

Lea 给出了水泥中各矿物的含碱量范围,见表 5.1-3。

表 5.1-3　水泥熟料矿物的含碱量

矿物名称	Na_2O(%)	K_2O(%)
C_3S	0.1～0.3	0.1～0.3
C_2S	0.2～1.0	0.3～1.0
C_3A	0.3～1.7	0.4～1.1
C_4AF	0.0～1.5	0.0～0.1

碱含量高将会对水泥生产和混凝土性能产生以下影响:①形成结皮;②导致假凝;③加快混凝土的坍落度损失;④发生碱-骨料反应。限制水泥的碱含量,主要是为了防止混凝土发生碱-骨料反应,而混凝土中发生碱-骨料反应必须满足三个条件:一定量的碱、活性集料和水。因此,并不是任何情况下都要求限制水泥中的碱含量。但工程实践表明,不管是否有活性骨料存在,高碱含量引起的收缩将影响混凝土的抗裂性,同时也必将劣化混凝土的抗离子侵蚀能力。

美国垦务局的 R. W. Burrows 通过大量的工程调查和试验研究表明,在部分采用活性骨料和高碱的水泥长期使用后出现开裂的露天混凝土板中,发现开裂处没有碱-骨料反应产物,混凝土也没有膨胀,说明开裂是由于高碱含量引起的收缩而非碱-骨料反应。

近年来,由于水泥生产过程中工艺、混合材的变化,以及单方混凝土水泥用量的提高,都使混凝土中的碱含量有所提高,增加了混凝土易于开裂的可能性。

5.1.1.1.4　SO_3 含量

水泥中的 SO_3 主要是煤中的硫、掺入的石膏带来的。石膏掺量合适时,不仅能调节水泥的凝结时间,还能提高水泥性能;但过量时,不仅会使水泥快硬,还会使水泥性能变差。

研究表明，混凝土膨胀率随着 SO_3 含量增加而增大，但对早期(7 d 龄期)膨胀影响不大；随着龄期增大，混凝土膨胀率急剧增大。这是因为随着龄期增长，大量 SO_3 参加反应生成更多的钙矾石。但混凝土后期膨胀量过大对强度和耐久性均不利，这是因为当膨胀应力超过强度的发展时，将导致混凝土中出现裂缝。

SO_3 含量除对水泥的安定性产生影响外，还将影响水泥浆体的干缩性。SO_3 含量的提高，将使水泥浆体一天内便生成大量的 AFt 相($C_3A \cdot 3CaSO_4 \cdot 32H_2O$)，结合了大量的水，提高了固相体积比，浆体抗折强度增大，减小了干缩量，提高了抗干缩能力。

由此可见，严格控制水泥中 SO_3 含量具有积极意义。《通用硅酸盐水泥》(GB 175)中规定硅酸盐水泥、普通硅酸盐水泥中 SO_3 含量应≤3.5%。

5.1.1.1.5　MgO 含量

水泥生产中，生料中的 MgO 主要来源于石灰石中的镁质矿物，这些矿物主要以硅酸镁、白云石、菱镁矿、铁白云石等不同类型存在。

MgO 存在于熟料内，会影响 CaO 的数量，因而 MgO 在一定程度上影响熟料的强度。为缓和 MgO 对熟料强度的影响，在水泥熟料生产中，应尽量提高石灰饱和系数 KH 和硅酸率 SM 值，相应提高 C_3S 和 C_2S 的含量，以提高熟料的强度。

在硅酸盐水泥熟料中，MgO 的固熔体总量可达 2%，多余的 MgO 即结晶出来呈游离状方镁石，会产生有害作用。熟料中方镁石晶体的生成速度与镁矿物的分解温度有关，分解温度越低，晶体生长的概率越大。方镁石结晶大小随冷却速度不同而变化，快冷时结晶细小，方镁石水化缓慢，要几个月甚至几年才明显起来，水化生成 $Mg(OH)_2$ 时，体积膨胀 148%，导致安定性不良。《通用硅酸盐水泥》(GB 175)中规定硅酸盐水泥、普通硅酸盐水泥中 MgO 含量应≤5.0%，压蒸合格允许放宽至 6.0%。

混凝土的收缩变形是引发裂缝的一个主要因素，而补偿收缩是控制混凝土裂缝的一项有力措施。在水工大体积混凝土方面，可利用熟料中适量的 MgO 水化产生相应的膨胀，补偿混凝土收缩，抵抗温度应力作用产生的裂缝。如三峡、小湾等大坝工程混凝土要求中热水泥中 MgO 含量在 3.5%～5.0%。

5.1.1.1.6　水泥控制指标

不同的水泥品种，其自身特点也不同，因此，其适用范围存在差异。在工程实践应用中，应根据工程所处的环境条件、工程特点及混凝土应用部位，来选用合适的水泥品种，以满足不同工程的相应要求。

选用的水泥强度等级应与混凝土设计强度等级相适应。水位变化区、溢流面及经常受水流冲刷部位、抗冻要求较高的部位，宜使用较高强度等级的水泥。内部混凝土、水下混凝土和基础混凝土，宜选用中热硅酸盐水泥，也可选用低热矿渣硅酸盐水泥、矿渣硅酸盐水泥、火山灰质硅酸盐水泥、粉煤灰硅酸盐水泥、普通硅酸盐水泥和低热微膨胀水泥；水位变化区外部混凝土、溢流面及经常受水流冲刷部位的混凝土及有抗冻要求的混凝土，宜选用中热硅酸盐水泥或硅酸盐水泥，也可选用普通硅酸盐水泥。

高性能混凝土设计重点考虑的是混凝土的体积稳定性、抗裂性及耐久性能，而水泥对上述性能的影响不容忽视。因此,有必要从水泥的化学成分、矿物组成和细度等几个方面提出相应的控制指标要求。

混凝土早期强度发展越快,对长期性能越不利,也越容易发生早期开裂,所以应尽量选用比表面积较小、C_3S 和 C_3A 含量相对较低、C_2S 含量相对较高和碱含量低的水泥。硅酸盐或普通硅酸盐水泥的比表面积不宜超过 370 m^2/kg,C_3A 含量宜控制在 6%~12%,碱含量(以 Na_2O 当量计)≤0.6%,SO_3 含量应≤3.5%。

5.1.1.2　矿渣

矿渣是高炉炼铁过程的熔融物经淬冷得到的副产品,其主要成分包括 SiO_2、Al_2O_3、CaO、MgO 等。我国矿渣年产量达 8 000 万吨以上。经水淬急冷后的矿渣,其中玻璃体含量多,结构处于高能量不稳定状态,潜在活性大,需经激发(物理或化学激发)才能使潜在活性发挥出来。

研究表明,将矿渣磨细至一定状态时,其活性将得到较大的改善。当矿渣的比表面积达到 400 m^2/kg 及以上时,将具有较好的活性及增强作用。资料表明,一定条件下,将磨细矿渣用于混凝土中,可提高混凝土的密实性,减少新拌混凝土用水量,降低混凝土水化热,提高混凝土在海水、酸及硫酸盐等环境中的抗离子侵蚀的能力,并具有抑制碱-骨料反应的效果等。

《用于水泥和混凝土中的粒化高炉矿渣粉》(GB/T 18046)按 28 d 活性指数,将矿渣粉分为 S105、S95、S75 三个等级。矿渣粉的主要技术指标见表 5.1-4。

表 5.1-4　矿渣粉主要技术指标

项目		级别		
		S105	S95	S75
密度(g/cm^3)　≥		2.8	2.8	2.8
比表面积(m^2/kg)　≥		500	400	300
活性指数(%)　≥	7 d	95	75	55
	28 d	105	95	75
流动度比(%)　≥		95	95	95
含水量(质量分数)(%)　≤		1.0	1.0	1.0
三氧化硫(质量分数)(%)　≤		4.0	4.0	4.0
烧失量(质量分数)(%)　≤		3.0	3.0	3.0
玻璃体含量(质量分数)(%)　≥		85	85	85
放射性		合格	合格	合格

《高强高性能混凝土用矿物外加剂》(GB/T 18736)则根据性能指标的不同将磨细矿渣分为Ⅰ、Ⅱ和Ⅲ三个等级。磨细矿渣的主要技术指标见表 5.1-5。

表 5.1-5　磨细矿渣主要技术指标

项目			等级		
			Ⅰ	Ⅱ	Ⅲ
化学性能	氧化镁(质量分数)(%)≤		14	14	14
	三氧化硫(质量分数)(%)　≤		4	4	4
	烧失量(质量分数)(%)　≤		3	3	3
	氯离子(质量分数)(%)　≤		0.02	0.02	0.02
物理性能	含水率(%)　≤		1.0	1.0	1.0
	比表面积(m^2/kg)　≥		750	550	350
胶砂性能	活性指数(%)　≥	3d	85	70	55
		7d	100	85	75
		28d	115	105	100
	需水量比(%)　≤		100	100	100

5.1.1.2.1　化学成分

高炉炼铁时，加入矿石、燃料和作为助熔剂的石灰石所组成的熔合物冷却后形成矿渣。矿渣化学成分中的活性部分主要是 SiO_2、CaO、$A1_2O_3$，共占 90%以上，此外还可能有少量的 MgO、Fe_2O_3、TiO_2等和一些硫化物。同硅酸盐水泥熟料相比，矿渣中 SiO_2的含量较高。CaO、SiO_2和 $A1_2O_3$等氧化物在矿渣中主要形成玻璃体，矿渣中只含少量晶体矿物，主要包括铝方柱石、钙长石、C_2S、C_3S 等矿物，还可能有镁方柱石、镁橄榄石等。

矿渣中各氧化物含量决定着矿渣的质量，它们对矿渣质量也有不同的影响。

(1) CaO

CaO 是矿渣中的活性组分，它在矿渣中主要生成 C_2AS 及部分 β- C_2S。其中，β-C_2S 能提高矿渣的活性，也是矿渣具有微弱水硬性的原因，而 C_2AS 没有胶凝性。矿渣中 CaO 含量一般为 30%～40%。通常，CaO 含量高，矿渣活性也高，但如果含量太高(＞50%时)，矿渣的活性将降低。这是由于随着冶炼温度的提高，熔渣黏度相应降低，其中矿物易结晶，此时即便是急冷，但终因矿物已经结晶，导致矿渣活性的降低。即使在 CaO 含量高的碱性矿渣中，也很少有使胶凝物质强度降低并破坏安定性的游离 CaO 存在，因此，一般来说，矿渣中 CaO 含量高是有利的。

(2) SiO_2

SiO_2是矿渣中仅次于 CaO 的第二大组分，含量一般在 26%～40%之间。在矿渣中，它能与 CaO、$A1_2O_3$、MgO 结合成硅酸盐和铝硅酸盐。矿渣中 SiO_2 含量偏低较好。这是因为，SiO_2 含量过高，那些相对活性的氧化物含量就减少了；同时，SiO_2 含量过高，在玻璃化的过程中易形成硅酸的表面胶膜，阻碍矿渣中氧化物的结晶和水化，从而降低矿渣的活性。

(3) $A1_2O_3$

$A1_2O_3$是矿渣中又一个重要的活性组分，其含量一般在 6%～24%之间。它在碱及硫酸盐的激发下，可强烈地与 $Ca(OH)_2$ 及 $CaSO_4$ 结合，生成水化铝酸钙及水化硫铝酸钙，可使水泥获得较快增长的早期强度，其含量越高，矿渣的活性也越高。

(4) MgO

一般而言，矿渣中 MgO 含量比水泥熟料多，在1%～10%之间。但与熟料不同的是，矿渣中 MgO 多呈稳定的化合物存在，不会形成游离结晶的方镁石，因此不会引起体积安定性。相反，含量在20%以下时，MgO 含量稍高还可降低矿渣熔液的黏度，能促进矿渣的玻璃化，对提高矿渣活性有利。

(5) MnO

在高炉矿渣中，MnO 的含量一般仅为1%左右。锰在矿渣中可能以两种形态存在：①形成锰的硅酸盐和铝硅酸盐，这些矿物比相应的钙的硅酸盐和铝酸盐的活性要低得多；②形成 MnS，MnS 水化时生成 $Mn(OH)_2$，体积膨胀24%，且由于锰先于钙和硫作用，MnS 含量的增加，相应地对水泥强度有益的 CaS 就减少。试验表明，当 MnS 含量高时（>5%），将引起水泥强度下降。矿渣中的锰对矿渣活性只起不良作用，这种不良作用主要表现为水泥强度的下降，但不会造成水泥的安定性不良。因此，矿渣中 MnO 含量越低越好。

(6) SO_3

在水泥-矿渣胶凝体系中，水泥熟料水化产生 $Ca(OH)_2$，在产生碱激发的同时，矿渣中的硫化物能在一定程度上促进碱激发的进行，加速了矿渣玻璃体的解体，提高矿渣的活性，加速水化，从而提高混凝土的早期强度，从这一点上来说，矿渣中的 SO_3 含量在一定范围内，对矿渣活性激发是有利的。但过高的 SO_3 含量，可能引起延滞性的硫铝酸钙在混凝土中生成，对混凝土的体积稳定性造成不良影响。因此，对 SO_3 含量应加以限制，《用于水泥和混凝土中的粒化高炉矿渣粉》(GB/T 18046)和《高强高性能混凝土用矿物外加剂》(GB/T 18736)都规定矿渣中 SO_3 含量应小于4.0%。

以上分析可以看出，CaO、Al_2O_3、MgO 对矿渣的活性起促进作用；降低矿渣活性的有 MnO、TiO_2、SiO_2 和 P_2O_5 等，应对它们的含量加以限制。

我国国家标准规定矿渣以质量系数 K 表示其活性，标准中质量系数的公式表达了这些氧化物的作用，根据我国的实际情况及大量的试验数据，将质量系数确定为不得小于1.2。按碱性系数分，当 $M_0>1$ 时，为碱性矿渣；当 $M_0<1$ 时，为酸性矿渣；当 $M_0=1$ 时，为中性矿渣。据有关资料，当 $M_0=1.10\sim1.20$，$M_a=0.32\sim0.50$，玻璃体含量大于95%时，矿渣活性最好；当三个系数接近上述值并水淬充分时，矿渣活性较好。

可通过化学分析，用氧化物百分含量求出以下系数，来评定矿渣的质量：

$$\text{质量系数 } K=\frac{CaO+MgO+Al_2O_3}{SiO_2+MnO+TiO_2} \tag{5.1-4}$$

$$\text{碱性系数 } M_0=\frac{CaO+MgO}{SiO_2+Al_2O_3} \tag{5.1-5}$$

$$\text{活性系数 } M_a=\frac{Al_2O_3}{SiO_2} \tag{5.1-6}$$

5.1.1.2.2　比表面积

矿渣活性的激发方法主要分为物理激发和化学激发两种，前者主要是通过研磨来提高矿渣的比表面积，破坏矿渣的玻璃体结构，使活性成分更多地暴露，同时增加水化反应面积，从而加快水化反应速度；后者主要通过碱或硫酸盐激发，加速矿渣网络玻璃体结构的解聚，促进水化产物的生成。

20世纪80年代以来，英、美、日、荷等国将超细矿渣作为解决高强混凝土性能缺陷的技术手段，尤其是高性能混凝土的提出和发展，大大加快了矿渣超细粉的研究开发，而立式辊磨等大型高效粉磨设备的出现，则显著降低了矿渣粉的生产成本，为大规模工程应用奠定了基础。矿渣粉的比表面积除影响活性指数、流动度外，还影响混凝土的凝结时间、强度发展、变形性能和耐久性等一系列性能。

有关文献研究了7种不同比表面积的矿渣粉对流变性能和活性指数的影响，具体试验结果见图5.1-1、图5.1-2和表5.1-6。

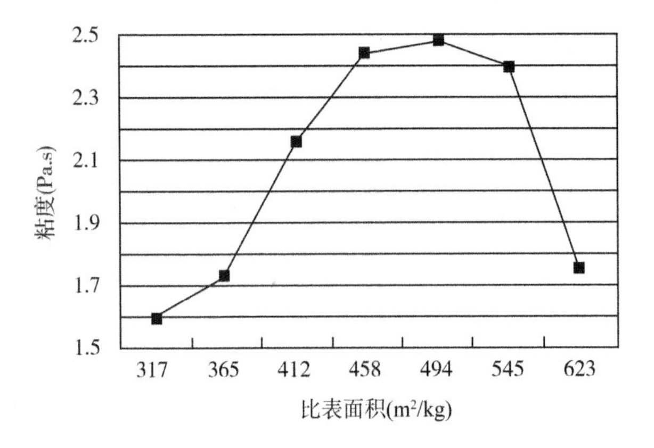

图5.1-1　比表面积对矿渣黏度的影响

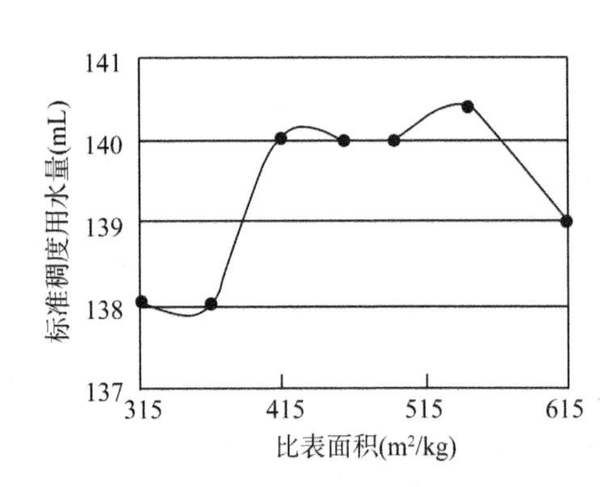

图5.1-2　比表面积对矿渣标准稠度用水量的影响

表5.1-6　不同比表面积矿渣粉对活性指数的影响

比表面积(m^2/kg)	抗折强度活性指数(%)		抗压强度活性指数(%)	
	7 d	28 d	7 d	28 d
基准组	100	100	100	100
317	73	84	64	96
365	78	86	72	99
412	86	91	84	101
458	90	96	90	103
492	94	100	93	105
545	99	105	99	106
623	101	106	101	106

注：矿渣掺量为30%。

图5.1-1试验结果说明，矿渣的比表面积小于500 m^2/kg时，随着比表面积的增加，矿渣的黏度增加；图5.1-2试验结果说明矿渣粉的比表面积在400～500 m^2/kg范围内，矿渣的需水量基本相当。表5.1-6说明，矿渣粉的活性指数随比表面积的增加而增加，比表面积越大，早期强度越高，这一点，与有关文献的研究结果是一致的。

刘加平等人利用比表面积为389 m^2/kg、439 m^2/kg、814 m^2/kg的矿粉研究矿粉细度对长龄期自收缩应变的影响，结果表明，随着矿粉细度的提高，自收缩应变明显增大。周惠群等人采用快速试验方法研究了矿渣粉复合胶凝材料的抗硫酸盐性能，结果表明，对于不同细度262 m^2/kg、352 m^2/kg和456 m^2/kg的矿渣粉，细度的增加，有利于提高复合胶凝材料的抗硫酸盐性能。

5.1.1.2.3　磨细矿渣控制指标

从矿渣的化学成分角度考虑，为提高矿渣的水化活性，应选用CaO、Al_2O_3、MgO含量较高，而MnO、TiO_2、SiO_2含量较低的矿渣，满足碱度系数大于1，活度系数大于0.12的要求；限制SO_3含量，满足规范《用于水泥和混凝土中的粒化高炉矿渣粉》(GB/T 18046)和《高强高性能混凝土用矿物外加剂》(GB/T 18736)中矿渣SO_3含量应小于4.0%的规定要求。

矿渣的比表面积影响其活性、需水量以及混凝土的物理力学性能和变形性能等。一般而言，矿渣的比表面积在400～700 m^2/kg之间变化时，矿渣粉的比表面积越大，混凝土的早期强度越高，但拌合物损失加快，干缩也会随之增加，从提高混凝土早期抗裂性角度考虑，宜选用比表面积相对较小的磨细矿渣。综合考虑磨细矿渣比表面积对混凝土力学性能和变形性能的影响，以及磨细矿渣粉原材料来源和生产成本等因素，宜选择比表面积在420 m^2/kg左右的磨细矿渣。

5.1.1.3　**骨料**

骨料作为高性能混凝土的五个组成部分之一，占据混凝土80%左右的体积，其基本作用是，在混凝土中起骨架作用，与胶凝材料水化产物共同构建混凝土本体材料。骨料的质量直接影响混凝土的性能。

5.1.1.3.1　物理力学和化学特性

混凝土中所用的石子通常为碎石、卵石和碎卵石三种。按岩性来分，粗骨料主要有石灰岩、花岗岩、石英岩、玄武岩、砂岩骨料等。石子的岩性可决定其物理、化学和力学性能，如石子的强度、坚固性、化学稳定性，以及在混凝土中长期使用的耐久性和体积稳定性等。因此，在混凝土配合比设计时，应充分考虑粗骨料的物理力学和化学特性差异。

(1) 物理力学性能

不同种类岩石的物理力学性能存在差异，有关文献作了相关研究，表5.1-7列出了常用的三种岩性骨料的物理力学性能。

表 5.1-7 岩石的物理力学特性

骨料岩性	密度(g/cm³)	空隙率(%)	吸水率(%)	抗压强度(MPa)		抗拉强度(MPa)	弹性模量(GPa)	压碎指标40kN(%)
				干	湿			
玄武岩	2.50～3.30	0.10～1.00	0.14～0.92	150～300	80～250	10.0～30.0	40～100	7～25
花岗岩	2.50～2.84	0.05～1.60	0.50～1.50	40～220	25～205	10.0～30.1	40～90	9～35
石灰岩	2.20～2.60	0.50～2.60	0.10～4.41	13～207	7.8～189	10.0～30.0	41～100	11～37

对于粗骨料的压碎指标值,《普通混凝土用碎石或卵石质量标准及检验方法》(JGJ 53)与《水工混凝土施工规范》(DL/T 5144)都做了几乎相同的规定,见表 5.1-8。

表 5.1-8 粗骨料的压碎指标值

骨料类别		不同混凝土强度等级的压碎指标值(%)	
		C55～C40	≤C35
碎石	水成岩	≤10	≤16
	变质岩或深成的火成岩	≤12	≤20
	火成岩	≤13	≤30
卵石		≤12	≤16

注:《水工混凝土施工规范》(DL/T 5144—2015)中以 90d 龄期进行强度等级划分。

骨料的表观密度取决于母岩的岩性,同时与岩石的组织结构有关,岩质疏松的骨料,表观密度小,而吸水率增大;骨料的吸水率影响混凝土的变形性能和耐久性能;骨料组织越致密,越坚固,一定程度上,其抗冻性提高。《水工混凝土施工规范》(DL/T 5144)对骨料的坚固性、表观密度、吸水率和泥块含量都做了严格的规定,见表 5.1-9。

表 5.1-9 骨料的品质要求

项目		指标	
		粗骨料	细骨料(天然砂)
坚固性(%)	有抗冻要求的混凝土	≤5	≤8
	无抗冻要求的混凝土	≤12	≤10
表观密度(kg/m³)		≥2 550	≥2 500
吸水率(%)		≤2.5	—
泥块含量		不允许	不允许

(2) 化学特性

骨料的化学成分影响混凝土的耐久性。近年来,碱-骨料反应对混凝土工程的影响和危害越来越受重视。在碱-骨料反应方面,由于水工混凝土所处潮湿环境为碱-骨料反应创造了必要条件,增加了其发生碱-骨料反应的潜在危险性,因此,更应予以高度关注。

我国碱活性骨料分布相当广泛,涉及火成岩、沉积岩、变质岩等所有的岩种。碱-骨料反应非常复杂,目前,按反应类型将碱-骨料反应分为碱-硅酸反应(ASR)和碱-碳酸盐反应(ACR)两种。

ASR发生在高碱性孔液与活性硅质集料颗粒之间。大量的OH^-存在于孔液中，并溶解了集料表面的活性硅而形成碱硅酸盐凝胶，其化学反应式如下：

$$2MOH + xSiO_2 = Na_2O \cdot xSiO_2 \cdot nH_2O \qquad (5.1\text{-}7)$$

其中：M代表K^+，Na^+。

理论上认为，任何形式的二氧化硅都能与碱性氢氧化物反应，特别是硅质岩石最具活性，如蛋白石、灰玄武岩、一些黑硅石和玻璃状的火山灰材料。对于活性硅质集料，开始在表面形成碱-硅凝胶并逐渐向内发展。拉应力在反应时逐渐积累，促使集料颗粒和周围的浆体开裂。在恶劣情况下，裂缝在混凝土内部连通，从而导致混凝土变弱，这种弱化仅仅是由于裂缝的作用，裂缝间的浆体仍保留其组成和强度。

密度大的多晶体岩石反应很慢，如花岗岩。这些化学反应发生在晶界的非均质面上。在这种情况下，仅需要很小的反应程度就能产生裂缝，但只有少量的凝胶形成。在ASR破坏中，由于混凝土中每一内部裂缝将形成一个空间，碱-硅酸反应将使相应的体积增加，这种反应结果的直接体现就是在混凝土表面所观察到的“网状裂缝”。

碱-碳酸盐反应(Alkali Carbonate Reaction，ACR)是孔溶液中的碱与骨料中的白云石之间的反应。一般认为其化学反应方程式如式5.1-8：

$$CaMg(CO_3)_2 + 2MOH = CaCO_3 + Mg(OH)_2 + M_2CO_3 \qquad (5.1\text{-}8)$$

其中：M代表K^+，Na^+。此反应也称为去白云石化反应。

国内研究相对较少，根据Prince等、Radonjic等试验结果发现，去白云石化反应的产物并不只限于水镁石和方解石，而是根据环境条件，可以生成多种产物。一般认为，去白云石化反应产物所占据的空间大于参加反应的白云石所占据的空间，从而引起膨胀。

骨料中的硫酸钠、硫酸钾等多种硫酸盐都能与浆体所含氢氧化钙作用生成硫酸钙，再和水化铝酸钙反应生成钙矾石，从而使固相体积增加很多，分别为124%和94%，产生相当大的结晶压力，造成膨胀开裂以致破坏。以硫酸钠为例，其作用如式5.1-9～式5.1-10：

$$Ca(OH)_2 + Na_2SO_4 \cdot 10H_2O \longrightarrow CaSO_4 \cdot 2H_2O + 2NaOH + 8H_2O \qquad (5.1\text{-}9)$$

$$4CaO \cdot Al_2O_3 \cdot 19H_2O + 3(CaSO_4 \cdot 2H_2O) + 8H_2O \longrightarrow$$
$$3CaO \cdot Al_2O_3 \cdot 3CaSO_4 \cdot 32H_2O + Ca(OH)_2 \qquad (5.1\text{-}10)$$

含有硫酸盐的骨料会与硬化水泥浆发生反应，致使受硫酸盐侵蚀的混凝土表面呈稍白特征色，损坏通常从棱角开始，随后进一步开裂与剥落，混凝土变成易脆而松散状态。

5.1.1.3.2 骨料级配

混凝土集料的各种粒径颗粒的分布叫作骨料的级配。采用筛分法得到的各种粒径骨料分布的曲线叫作级配曲线。骨料的级配对混凝土的性能产生很大的影响。

(1) 粗骨料

根据级配曲线，可分为连续级配骨料和间断级配骨料，一般来说，连续级配能最大限度地降低骨料的空隙率，减少水泥浆体用量，增加混凝土的和易性，使混凝土获得良好的力学和耐久性能；而对于间断级配骨料，易导致混凝土离析泌水等。要获得石子的最佳级配，可以通过不同粒径、不同比例的石子组合，采用振实密度法得到最大振实密度，使其组合的粗骨料空隙最小。

粗骨料的粒径越大，需要润湿的比表面积越小。因此，大体积混凝土应尽量采用较大粒径的石子，这样可以降低砂率、混凝土用水量与水泥用量，提高混凝土强度，减少混凝土温升和干缩裂缝。但骨料的粒径并非越大越好，骨料的最大粒径和最大粒径用量将对混凝土的强度造成影响。文献对采用最大粒径为 20 mm、25 mm、30 mm、40 mm 的粗骨料，两种不同水泥用量（480 kg/m^3，320 kg/m^3）混凝土的 28 d 抗压强度进行了测试，结果表明，对于强度等级较高的混凝土，最大骨料粒径宜越小；而对于强度等级较低的混凝土，最大骨料粒径宜越大。结果见图 5.1-3。

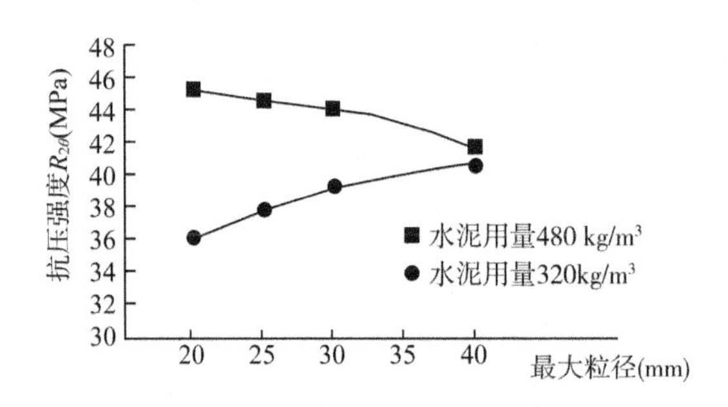

图 5.1-3　骨料最大粒径对抗压强度的影响

《普通混凝土配合比设计规程》(JGJ 55)规定，对有抗渗要求的混凝土，粗骨料最大粒径不宜大于 40 mm；对强度等级为 C60 的混凝土，其粗骨料的最大粒径不应大于 31.5 mm；对强度等级高于 C60 的混凝土，其粗骨料的最大粒径不应大于 25 mm。《水工混凝土施工规范》(DL/T 5144)规定，粗骨料的最大粒径不应超过钢筋净间距的 2/3、构件断面最小边长的 1/4、素混凝土板后的 1/2；对于少筋或无筋混凝土结构，应选用较大的粗骨料粒径。

(2) 细骨料

砂的合理级配影响混凝土拌和物的稠度。合理的砂子级配，可以减少拌和物的用水量，得到流动性、均匀性和密实性良好的混凝土。

砂的细度模数作为表示砂子粗细程度的指标，它虽然不能完全反映颗粒的级配，但作为一种简明的指标，仍然能在一定的程度上反映细集料的差别。同时，根据级配曲线的偏向情况，可以大致判断砂的粗细程度。配制混凝土选用砂时，应同时考虑砂的细度模数与颗粒级配。有关文献对同一级配区间不同细度模数的砂进行了研究，结果表明，细度模数越大，混凝土强度相对较高，细度模数越小，混凝土强度相对较低。这是由于当砂的细度模数减小，砂表面积必然增大，需要更多的水泥浆来填充集料空隙与包裹颗粒表面，从而导致混凝土和易性与强度的严重降低。《公路水泥混凝土路面施工技术规范》(JTGF 30)规定，路面混凝土用砂细度模数为 2.0～3.5，而诸多实践表明，拌制和易性、均匀性良好，强度也较高的混凝土，特别对于高性能混凝土，宜用细度模数为 2.4～2.8，处于Ⅱ级配区的中砂。

5.1.1.3.3　其他主要有害杂质

骨料中的其他有害杂质主要是指骨料中的泥土、云母和有机质。

(1) 含泥量

一方面,含泥量增加,流动性大幅降低,给施工带来不便,若要增加流动度,必须改变用水量或提高外加剂掺量。另一方面,骨料中的含泥若包裹在骨料的表面,不利于骨料与水泥的黏结,将影响混凝土强度及耐久性;若含泥以松散颗粒形式存在,由于其颗粒细、比表面积大,会增加混凝土的用水量,特别是黏土的体积不稳定,干缩时收缩、潮湿时膨胀,对混凝土有干湿体积变化的破坏作用。总之,骨料的含泥量超过标准要求时,对混凝土的强度、干缩、徐变、抗冻及抗冲磨等性能产生不利影响。

(2) 云母含量

云母是钾、铝、镁、铁、锂等层状结构铝硅酸盐的总称。云母普遍存在多型性,其中属单斜晶系者常见,其次为三方晶系,其余少见。云母族矿物中最常见的矿物种有黑云母、白云母、金云母、锂云母、绢云母等。混凝土集料中,若存在云母、长石等矿物,这些含碱矿物在酸性、中性以及弱碱性条件下会发生分解析碱反应,但是处于水泥混凝土中的强碱性复杂环境下,集料中含碱矿物是否能够分解并析出大量的碱,是否由此而导致混凝土碱-集料反应(Alkali-Aggregate Reaction,AAR)破坏的加剧,是混凝土碱-集料反应研究中悬而未决的问题。

有关文献通过对比试验研究了云母含量对混凝土力学性能的影响,结果表明,砂中的云母含量适量超标,对混凝土的力学性能影响不大。但 Fookes P. G 却认为骨料中云母的含量对混凝土的强度产生显著影响,并且影响混凝土的工作性。

(3) 有机质

有机杂质通常是腐烂动植物的产物。它们会影响水泥的水化,降低混凝土的强度。《水工混凝土施工规范》(DL/T 5144)规定,应用“比色法”进行粗骨料中的有机质含量检测,颜色应浅于标准色,若深于标准色,应进行混凝土强度对比试验,抗压强度比不低于0.95,则可使用;应用“比色法”进行细骨料中的有机质含量检测,颜色浅于标准色时,方可使用。

5.1.1.3.4　骨料控制指标

骨料作为混凝土的基本组成之一,其物理和化学特性影响混凝土的力学性能、变形性能及耐久性能。应尽量选择质地均匀、粒形和级配良好、吸水率低的骨料。选择的骨料应符合现行国家标准《建筑用砂》(GB/T 14684)、《建筑用卵石、碎石》(GB/T 14685)和《水工混凝土施工规范》(DL/T 5144)的一般技术要求。

粗骨料的最大粒径不应超过钢筋净间距的 2/3、构件断面的最小边长的 1/4 和保护层厚度的 2/3;表观密度、堆积密度、孔隙率应符合如下规定:表观密度大于 2 500 kg/m^3,堆积密度大于 1 350 kg/m^3,孔隙率小于 47%;应严格控制超、逊径颗粒含量:以圆孔筛检验超径小于 5%,逊径小于 10%;含泥量应低于 0.5%,泥块含量应为 0,针片状颗粒含量不超过 10%,固性硫酸钠溶液法 5 次循环后的质量损失应小于 5%;吸水率应不大于 2.5%;压碎值指标小于 20%。

细骨料宜用中砂，应满足《建筑用砂》(GB/T 14684)表1之第2级配区要求；砂表观密度、堆积密度、孔隙率应符合如下规定：表观密度大于2 500 kg/m^3，堆积密度大于1 350 kg/m^3，孔隙率小于47%；细骨料中的含泥量应低于2.0%，泥块含量应为0，固性硫酸钠溶液法5次循环后的质量损失应小于8%。

5.1.1.4　水

混凝土用水大致可分为两类：一类是拌和用水，另一类是养护用水。拌和用水的作用是与水泥中硅酸盐、铝酸盐及铁铝酸盐等矿物成分发生化学反应，产生具有胶凝性能的水化物，将砂、石等材料胶结成混凝土；养护用水的作用是补充混凝土因外部环境中的湿度变化，或者混凝土内部水化过程而损失的水分，为混凝土提供充足水，确保混凝土水化持续进行，确保混凝土性能不断发展。

水的品质对混凝土性能产生很大影响。若混凝土用水含有无机盐电解质、可溶性硫酸盐、氯化物、某些有机物及pH值偏低的水，都会对混凝土凝结硬化及其性能产生影响，主要体现在以下几个方面：①对凝结时间的影响。主要指拌和水中含有羟基羧酸等有机物、磷酸盐类的无机电解质等的影响。②对强度的影响。主要指水中的CO_2、腐殖酸、氯离子和硫酸盐等。③含有的侵蚀性离子及有机物对耐久性能的影响。主要指水中的氯离子和硫酸盐侵蚀。

按照水工混凝土对水质的要求，凡符合国家标准的饮用水均可用于拌和、养护混凝土；未经处理的工业污水和生活污水不得用于拌和、养护混凝土；地表水、地下水和其他类型水在首次用于拌和、养护混凝土时，须按现行的有关标准，经检验合格后方可使用。水的品质检验项目和指标应符合《水工混凝土施工规范》(DL/T 5144)规定要求：①混凝土拌和、养护用水与标准饮用水试验所得的水泥初凝及终凝时间差均不得大于30 min；②用拌和、养护用水配制的水泥砂浆28d抗压强度不得低于用标准饮用水拌和的砂浆抗压强度的90%；③拌和、养护混凝土用水的pH值、水中不溶物、可溶物、氯化物、硫酸盐的含量应符合表5.1-10的规定要求。

表5.1-10　混凝土拌和、养护用水品质指标

项目	钢筋混凝土	素混凝土
pH值	>4	>4
不溶物(mg/L)	<2 000	<5 000
可溶物(mg/L)	<5 000	<10 000
氯化物(以Cl^-计)(mg/L)	<1 200	<3 500
硫酸盐(以SO_4^{2-}计)(mg/L)	<2 700	<2 700

5.1.1.5　外加剂

20世纪30年代初，美国、英国、日本等已经在公路、隧道、地下工程中使用防冻剂、引气剂、塑化剂和防水剂。目前，世界一些先进国家混凝土外加剂的应用情况大体可分为以下三类：第一类是广泛应用的国家，掺外加剂的混凝土量占混凝土总量的75%～90%，这些国家有日本、挪威、美国、澳大利亚等；第二类是有一定程度的应用，占混凝土总量的40％～75％的国家，有丹麦、瑞典、德国、俄罗斯等；第三类是少量应用的国家，占混凝土总量的10％～40％，这些国家有英国、法国、意大利、芬兰等。我国掺外加剂的混凝土量为混凝土总量的20％左右。

混凝土外加剂中最重要的品种是减水剂，又称塑化剂，《混凝土外加剂》(GB 8076)按其减水率大小，可分为普通减水剂(主要指木质素磺酸盐类)、高效减水剂(包括萘系、密胺系、氨基磺酸盐系、脂肪族系等)和高性能减水剂(以聚羧酸系高性能减水剂为代表)三类。减水剂的作用主要是改善混凝土的工作性满足施工要求，降低混凝土水胶比和提高混凝土性能等。

主要从匀质性和混凝土性能指标两个方面来评价混凝土外加剂的品质。

5.1.1.5.1　匀质性指标

匀质性指标主要包括氯离子含量、总碱量、含固量、含水率、密度、细度、pH 值和硫酸钠含量。重点探讨硫酸钠含量和其对混凝土性能的影响。

(1) 硫酸钠含量

外加剂中的 SO_4^{2-} 主要来自外加剂合成中的磺化剂或催化剂，其 SO_4^{2-} 的影响主要体现在以下三个方面：①对外加剂本身的影响，主要是在低温或负温条件下，外加剂容易形成结晶；②掺入硫酸钠增大了混凝土中 Na^+ 含量，从而促进了碱-骨料反应，在我国《混凝土外加剂应用技术规范》(GB 50119)中规定，预应力混凝土硫酸钠掺量不应大于1％，潮湿环境下的钢筋混凝土硫酸钠掺量不应大于1.5％；③对混凝土其他性能的影响，能与水泥水化产物反应，形成钙矾石在一定程度上提高混凝土的早期强度，但同时也会对后期强度带来不利影响；葛勇等研究发现，硫酸钠的加入会增大溶液的表面张力，并且表面张力的大小与溶液的浓度基本呈线性关系，从而致使其对混凝土的塑性收缩、干缩以及早期开裂产生不利的影响。

(2) 总碱量

目前，我国发生混凝土碱-集料反应的情况虽不十分广泛和突出，但由于碱-集料反应造成的破坏性巨大，因此当务之急是加快研究混凝土碱-集料反应的机理，在此基础上探索防止和抑制混凝土碱-集料反应的有效措施。在水泥生产中减少水泥中的可溶碱量，增加固溶于熟料中的碱量是抑制碱-集料反应的有效措施；混合材或掺合料可降低水泥或混凝土中的可溶的有害碱，从而抑制碱-集料反应的发生；化学外加剂中的碱都是可溶碱，可引入大量的有害碱，对于有碱活性的骨料，在应用中，应特别注意外加剂中的总碱量。同时，混凝土总碱含量增加，还会对混凝土的体积稳定性造成不良影响。

5.1.1.5.2　混凝土性能指标

外加剂的主要作用是改善混凝土拌和物的性能和提高硬化混凝土性能。因此，评定外加剂的品质对混凝土性能的影响时，主要从减水率、泌水率比、含气量、坍落度经时损失、收缩率比、抗压强度比几个方面来考虑。《混凝土外加剂》(GB 8076)和《水工混凝土外加剂技术规程》(DL/T 5100)对掺泵送剂混凝土的性能指标要求见表5.1-11。

表 5.1-11 掺泵送剂混凝土的性能指标

检测项目		单位	标准要求	
			GB 8076—2008	DL/T 5100—1999
减水率		%	≥12	—
泌水率比		%	≤70	≤100
含气量		%	≤5.5	≤4.5
抗压强度比	7 d	%	≥115	≥85
	28 d		≥110	≥85
1 h 坍落度经时损失		mm	≤80	1 h 坍落度损失率≤30%
28 d 收缩率比		%	≤135	<125

(1) 减水率

减水率为坍落度基本相同时,基准混凝土单位用水量和受检混凝土单位用水量之差与基准混凝土单位用水量之比。减水率是减水剂的一项重要指标。根据施工要求和工程特点的不同,往往要求外加剂的减水率达到一定的值,才能保证所配制的混凝土拌合物状态、力学性能和耐久性能满足设计要求。随着高性能混凝土的发展,为保证混凝土的耐久性,常常要求低水胶比条件下,混凝土拌合物还应具有良好的工作性,这也促进了新型高性能减水剂的发展和应用。

(2) 泌水率比

混凝土泌水是指混凝土拌合物从浇注后到开始凝结的这段时间内,悬浮的固体颗粒在重力作用下下沉,拌合水受到排挤而上升,最后从表面析出的现象。新拌混凝土的泌水是一个长期困扰着工程界的技术难题,严重影响了混凝土的工程质量。引起混凝土泌水的机理复杂,影响因素很多,还没有非常有效的解决方法和途径。迄今,普遍认为外加剂是减少泌水最有效而直接的手段,主要从外加剂的聚合工艺、增加改性组分(引气、增稠及合适的保坍组分等)两方面入手解决混凝土的泌水难题。

混凝土泌水量的多少与原材料、配合比及施工方法等有关。少量的泌水对于普通混凝土来说是很难避免的,且可以降低混凝土拌合物的实际水灰比而使之更加密实化,并能防止新浇注的混凝土表面迅速干燥或开裂以及便于整修等。但是过量的泌水则会对混凝土耐久性和外观质量造成不利影响。

可见,通过外加剂调整来达到降低混凝土泌水率的目的,是可行的,也是非常必要的。

(3) 含气量

国内外很多学者对混凝土中含气量的影响因素以及含气量对混凝土力学性能和耐久性方面的影响做了研究,结果表明,只有控制适宜的含气量,才能改善新拌混凝土的和易性、提高混凝土的抗裂、抗冻、抗渗和抗碳化能力。

一般而言,混凝土的含气量增加,则混凝土的强度相应降低,含气量每增加 1%,混凝土的抗压强度降低约 4%～5%,这是由于气泡削弱了水泥石与骨料之间的黏结强度。所以《水工混凝土外加剂技术规程》(DL/T 5100)和《混凝土外加剂》(GB 8076)对掺泵送剂混凝土的含气量的上限都做了规定，前者规定含气量≤4.5%，后者规定含气量≤5.5%。

掺加引气剂，引入大量均匀、稳定而封闭的微小气泡，是大幅度提高混凝土耐久性，特别是抗冻性的最有效的几种技术措施之一。一般而言，引气量在合适范围内，随着混凝土含气量的增加，混凝土的抗冻性能相应提高。

(4) 坍落度经时损失

众多试验表明，掺加普通减水剂的混凝土拌合物，相比具有相同坍落度的预拌混凝土，其坍落度经时损失大；而掺加高效减水剂的混凝土，其坍落度经时损失更大。坍落度的经时损失已成为衡量高性能混凝土(HPC)施工性能优良与否的重要指标。

混凝土坍落度经时损失是一个普遍存在的问题。影响混凝土坍落度损失的原因是多方面的，且这些因素相互关联。主要包括四个方面：一是水泥方面，如水泥中的矿物成分种类、不同矿物成分的含量、碱含量，细度、颗粒级配等；二是化学外加剂方面，如高效减水剂的化学成分、分子量、交联度、平衡离子浓度以及缓凝剂的种类、用量等；三是环境条件，如温度、湿度、运输时间等；四是混凝土本身的水灰比大小、减水剂掺入时间次序、掺和料的品种及掺加比例。

如何有效控制高性能混凝土拌合物坍落度损失也成为发展和应用高性能混凝土所面临的必须解决的重大问题。从外加剂控制角度考虑，可以通过控制水泥与外加剂的相容性，或通过控制水泥的水化反应，或通过使用能够提高在液相中的残余浓度的高效(性能)减水剂，使高效(性能)减水剂残存在液相中，并保持其在颗粒表面上附着的高效(性能)减水剂的数量。

(5) 收缩率比

混凝土干燥收缩和自收缩的产生都是由于水的作用而产生的，干燥收缩是当混凝土停止养护后，在不饱和的空气中失去内部毛细孔和凝胶孔中的吸附水而产生的不可逆收缩；自收缩是混凝土浇筑成型后，随着胶凝材料的水化，在和外界没有水分交换的情况下，混凝土内部相对湿度降低，使得毛细孔因水分被吸收而变得不饱和，产生了混凝土内部的自干燥，毛细孔周围的水泥石结构承受自真空作用，由此引起宏观体积减小，由于这种收缩是混凝土水化产生的，故称之为自收缩。

收缩是产生混凝土裂缝(特指非荷载作用下的裂缝)的最常见因素，80%裂缝是由混凝土收缩造成的，可见，收缩变形是促使混凝土开裂的最主要因素，收缩变形能力是反应混凝土性能的一项重要指标。

从理论上来说，掺入减水剂后，能够减少混凝土收缩，这是由于减水剂的掺入可以大幅度降低混凝土的用水量，也就降低了存在于混凝土内部的可蒸发的自由水量，从而减少了混凝土收缩。但在实际应用中发现，掺泵送剂混凝土的收缩反而会增大。不同的减水剂品种对混凝土的收缩性能会产生不同的影响，一般来说，相对于萘系、脂肪族等减水剂聚羧酸减水剂能够明显减少混凝土的收缩，这主要是其特有的分子结构和引入的气泡结构等因素造成的。《水工混凝土外加剂技术规程》(DL/T 5100)和《混凝土外加剂》(GB

8076)对掺泵送剂混凝土的收缩率比的上限都做了规定，前者规定收缩率比<125%，后者规定收缩率比≤135%。

(6) 抗压强度比

混凝土结构物主要用于承受荷载或抵抗各种作用力，因此，强度是混凝土最重要的力学性能。工程上，混凝土的其他性能(如抗渗性、抗冻性等)与混凝土强度往往存在着密切的联系。一般来说，混凝土的强度愈高，其刚性、抗渗性、抵抗风化和某些侵蚀介质的能力也愈高；而混凝土强度愈高，往往是由于其水胶比愈低，导致其干缩也较大，同时较脆、易裂。因此，通常用强度来评定和控制混凝土的质量。

抗压强度比是指掺外加剂混凝土与基准混凝土同龄期抗压强度之比。水胶比是影响混凝土抗压强度的主要因素。混凝土配制既要求满足设计，又要求节约成本，降低单方用水量和胶凝材料用量，必须通过掺入一定量的外加剂来实现。选用优质的外加剂能够显著改善硬化混凝土的内部结构，在大幅提高混凝土抗压强度的同时，改善混凝土的耐久性。

5.1.1.6　**原材料控制指标研究小结**

从原材料品质角度出发，细述了水泥、磨细矿渣、骨料、水和外加剂品质对混凝土性能的影响。结合三洋港挡潮闸的工程特点，着重考虑混凝土的抗离子(SO_4^{2-}和Cl^-)侵蚀能力和抗裂性，提出适合于三洋港挡潮闸高性能混凝土耐久需要的原材料控制指标。

(1) 不同的水泥品种，其自身特点也不同，因此，其适用范围存在差异。在工程实践中，应根据工程所处的环境条件、工程特点及混凝土应用部位，来选用合适的水泥品种，以满足不同工程的相应要求。高性能混凝土设计重点考虑的是混凝土的体积稳定性、抗裂性及耐久性能，而水泥对上述性能的影响不容忽视。因此，有必要从水泥的化学成分、矿物组成和细度等方面提出相应的控制指标要求。

混凝土早期强度发展越快，对长期性能越不利，也越容易发生早期开裂，所以应尽量选用比表面积较小、C_3S和C_3A含量相对较低、C_2S含量相对较高和碱含量低的水泥。若考虑SO_4^{2-}侵蚀的影响，水泥中C_3A的含量应尽可能低；而考虑C_3A对Cl^-的络合作用，应适当提高C_3A的含量。宜选用硅酸盐或普通硅酸盐水泥，且比表面积不宜超过370 m^2/kg，C_3A含量宜控制在6%～12%，碱含量(以Na_2O当量计)≤0.6%，SO_3含量应≤3.5%。

(2) 从矿渣的化学成分角度考虑，为提高矿渣的水化活性，应选用CaO、$A1_2O_3$、MgO含量较高，而MnO、TiO_2、SiO_2含量较低的矿渣，满足碱度系数大于1，活度系数大于0.12的要求；限制SO_3含量，满足规范《用于水泥和混凝土中的粒化高炉矿渣粉》(GB/T 18046)和《高强高性能混凝土用矿物外加剂》(GB/T 18736)中矿渣SO_3含量应小于4.0%的规定要求。

矿渣的比表面积影响其活性、需水量以及混凝土的物理力学性能和变形性能等。一般而言，矿渣的比表面积在400～700 m^2/kg之间变化时，矿渣粉的比表面积越大，混凝土的早期强度越高，但拌合物损失加快，干缩也会随之增加，从提高混凝土早期抗裂性角度考虑，宜选用比表面积相对较小的磨细矿渣。综合考虑磨细矿渣比表面积对混凝土力学性能和变形性能的影响，以及磨细矿渣粉原材料来源和生产成本等因素，宜选择比表面积在 420 m^2/kg 左右的磨细矿渣。

（3）骨料作为混凝土的基本组成之一，其物理和化学特性，影响混凝土的力学性能、变形性能及耐久性能。应尽量选择质地均匀、粒形和级配良好、吸水率低的骨料。选择的骨料应符合现行国家标准《建筑用砂》（GB/T 14684）、《建筑用卵石、碎石》（GB/T 14685）和《水工混凝土施工规范》（DL/T 5144）的一般技术要求。

粗骨料的最大粒径不应超过钢筋净间距的 2/3、构件断面的最小边长的 1/4 和保护层厚度的 2/3；表观密度、堆积密度、孔隙率应符合如下规定：表观密度大于 2 500 kg/m^3，堆积密度大于 1 350 kg/m^3，孔隙率小于 47%；应严格控制超、逊径颗粒含量：以圆孔筛检验超径小于 5%，逊径小于 10%；含泥量应低于 0.5%，泥块含量应为 0，针片状颗粒含量不超过 10%，固性硫酸钠溶液法 5 次循环后的质量损失应小于 5%；吸水率不应大于 2.5%；压碎值指标小于 20%。

细骨料宜用中砂，应满足《建筑用砂》（GB/T 14684）表 1 之第 2 级配区要求；砂表观密度、堆积密度、孔隙率应符合如下规定：表观密度大于 2 500 kg/m^3，堆积密度大于 1 350 kg/m^3，孔隙率小于 47%；细骨料中的含泥量应低于 2.0%，泥块含量应为 0，固性硫酸钠溶液法 5 次循环后的质量损失应小于 8%。

（4）拌和、养护混凝土时，不得使用未经处理的工业污水和生活污水；严格限制使用含有可溶性硫酸盐、氯化物及 pH 值偏低的水；水中不应含有影响水泥正常凝结与硬化的有害杂质及油脂、糖类、游离酸类、碱、盐、有机物或其他有害物质；水的品质检验项目和指标应符合《水工混凝土施工规范》（DL/T 5144）规定要求。

（5）应使用匀质性和混凝土性能指标均符合《混凝土外加剂》（GB 8076）和《水工混凝土外加剂技术规程》（DL/T 5100）技术要求的外加剂。

5.1.2 试验原材料分析

对水泥、磨细矿渣、二水石膏和砂石料等原材料进行检测分析后，再进行混凝土配合比设计及相关耐久性试验。

5.1.2.1 水泥

采用山东沂州水泥集团生产的 P·O42.5 级水泥。其化学成分和性能检测结果见表 5.1-12、表 5.1-13。

表 5.1-12 水泥化学成分（单位：%）

Al_2O_3	CaO	Fe_2O_3	K_2O	MgO	Na_2O	SiO_2	SO_3	烧失量
7.34	56.35	3.36	0.61	3.50	0.10	22.38	2.18	2.86

表 5.1-13 水泥性能指标

检验项目	标准要求	实测值
细度（m^2/kg）	≥300	370
安定性（沸煮法）	必须合格	合格

续表

检验项目		标准要求	实测值
标准稠度用水量(标准法)(%)		—	25.1
凝结时间(min)	初凝	≥45	158
	终凝	≤600	235
3 d 强度(MPa)	抗折	≥3.5	5.4
	抗压	≥17	27.3
28 d 强度(MPa)	抗折	≥6.5	8.0
	抗压	≥42.5	52.5

由表 5.1-13 检测结果可见,该水泥的性能满足《通用硅酸盐水泥》(GB 175)的各项要求。

5.1.2.2 磨细矿渣

采用日照钢铁有限公司"京华"牌 S95 级磨细矿渣粉,其化学成分见表 5.1-14,品质检测结果见表 5.1-15。

表 5.1-14 磨细矿渣化学成分(单位:%)

Al_2O_3	CaO	Fe_2O_3	K_2O	MgO	Na_2O	SiO_2	TiO_2	Cl^-
15.00	35.60	0.76	0.35	13.30	0.28	32.02	0.85	0.012

表 5.1-15 磨细矿渣品质

细度(m^2/kg)	含水率(%)	流动度比(%)	活性指数(%)	
			7d	28d
435	0.32	99	93	107

由表 5.1-14 可知,碱度系数 $M_0=(CaO+MgO)/(SiO_2+Al_2O_3)=1.04>1.0$,为碱性矿渣;活性系数 $Ma=Al_2O_3/SiO_2=0.47>0.12$;

表 5.1-15 试验结果表明,磨细矿渣的主要技术指标能够满足国标《用于水泥和混凝土中的粒化高炉矿渣粉》(GB/T 18046)中 S95 级指标,因此,能够作挡潮闸高耐久性混凝土掺合料用。

5.1.2.3 体积稳定剂

5.1.2.3.1 体积稳定剂(一)

山东其公司生产的建筑石膏粉,是天然石膏矿精选出的纤维石膏石,为二水石膏。产品按照国标《石膏和硬石膏》(GB/T 5483)分类,属于 G 类一级石膏产品。烧失量为 20.12%,结晶水为 19.80%。

5.1.2.3.2 体积稳定剂(二)

南京某有限公司生产的 HK-P 系列膨胀剂,其相关性能指标满足规范《混凝土膨胀剂》(JC 476)要求,其主要性能指标见表 5.1-16。

表 5.1-16　HK-P 系列膨胀剂性能指标

检测项目			单位	标准要求	实测值
含水率			%	≤3.0	2.0
总碱量			%	≤0.75	0.52
氯离子			%	≤0.05	0.04
细度	比表面积		m^2/kg	≥250	310
	1.25 mm 筛余		%	≥0.5	2.5
凝结时间	初凝		min	≥45	218
	终凝		h	≤10	4.3
限制膨胀率(%)	水中		7 d	≥0.025	0.027
			28 d	≤0.10	0.036
	空气中		21 d	≥−0.020	−0.010
抗压强度(MPa)			7 d	≥25.0	27.2
			28 d	≥45.0	46.3
抗折强度(MPa)			7 d	≥4.5	4.8
			28 d	≥6.5	8.4

5.1.2.4　**骨料**

5.1.2.4.1　粗骨料

山东大岛山和马涧两地产碎石，粒径 5～20 mm(小石)、20～40 mm(中石)两级配的粗骨料主要品质指标见表 5.1-17，最佳级配试验结果见表 5.1-18 和图 5.1-4。

表 5.1-17　粗骨料的主要技术参数

粗骨料	表观密度(kg/m^3)	松散堆积密度(kg/m^3)		紧密堆积密度(kg/m^3)		压碎指标(%)	紧密空隙率(%)		含泥量(%)		饱和面干吸水率(%)		针片状颗粒含量(%)
		中石	小石	中石	小石		中石	小石	中石	小石	中石	小石	
马涧	2 640	1 450	1 410	1 690	1 670	6.7	36	37	1.7	0.6	0.59	0.70	6
大岛山	2 650	1 420	1 410	1 690	1 660	6.7	36	37	1.4	0.5	0.40	0.85	4

表 5.1-18　粗骨料的最佳级配试验

粗骨料级配 中石:小石	松散堆积密度(kg/m^3)		紧密堆积密度(kg/m^3)	
	马涧	大岛山	马涧	大岛山
5∶5	1 480	1 510	1 720	1 760
6∶4	1 520	1 540	1 760	1 770
7∶3	1 530	1 550	1 760	1 780

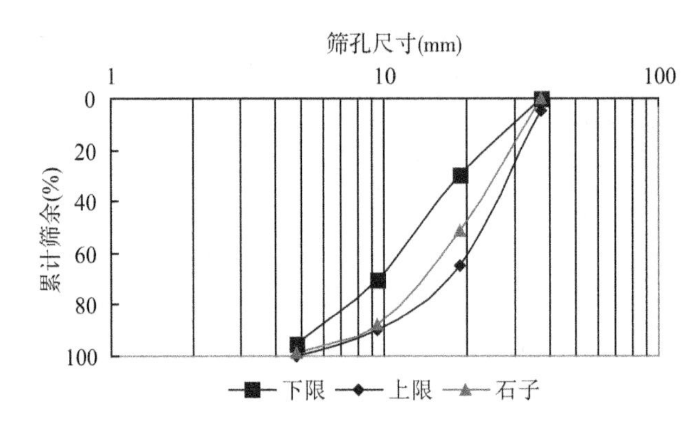

图 5.1-4　石子(7∶3)的级配曲线

根据最小空隙率原则，由表 5.1-18 可知，混凝土配制时，粗骨料的比例应为中石∶小石＝7∶3，粒径分布符合《建筑用卵石、碎石》(GB/T 14685)中规定的 5～40 mm连续级配要求，其级配曲线如图 5.1-4 所示。

5.1.2.4.2　细骨料

山东临沭县青云镇前齐庄村沂蒙砂场黄砂，该砂的主要技术参数见表 5.1-19 和图 5.1-5。

表 5.1-19　砂的主要技术参数

表观密度(kg/m^3)	堆积密度(kg/m^3)	细度模数	饱和面干吸水率(%)	含泥量(%)
2 600	1 610	2.83	1.50	2.99

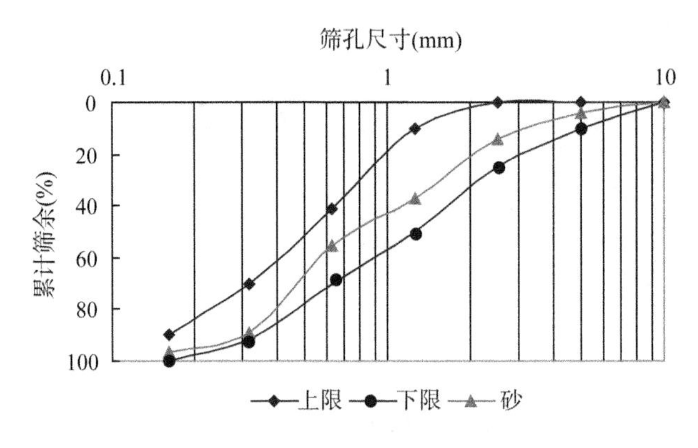

图 5.1-5　砂的级配曲线

5.1.2.4.3　碱活性检验

(1) 砂浆棒快速法

试验方法参照《水工混凝土试验规程》(SL 352)中 2.37 骨料碱活性检验(砂浆棒快速法)进行。水泥碱含量控制在 0.9%±0.1%，测试砂浆试件 14 d 和 28 d 膨胀率，试验结果见表 5.1-20。

由表 5.1-20 可知，两种碎石碱活性试验结果表明，砂浆的 14 d 膨胀率介于 0.1%～0.2%之间，不能排除其潜在的碱活性，应结合岩相法等测试结果进行综合评判；而对于细骨料，砂浆的14 d膨胀率小于0.1%，根据《水工混凝土试验规程》(SL 352)可判定为非活性骨料。

表5.1-20　砂浆棒快速法检验结果

骨料名称		14 d膨胀率(%)	28 d膨胀率(%)
粗骨料	大岛山碎石	0.102	0.195
	马涧碎石	0.103	0.202
细骨料	山东临沭县青云镇前齐庄村沂蒙砂场黄砂	0.071	—

(2) 岩相法

试验方法参照《水工混凝土砂石骨料试验规程》(DL/T 5151)中骨料碱活性检验(岩相法)进行，碎石分别被切割并磨成薄片，进行光学显微镜观察。大岛山碎石主要由石英晶体、长石晶体和微晶长石组成，含有少量云母、方解石和微晶石英，未见白云石；马涧碎石由石英晶体和长石晶体镶嵌组成，含有少量云母、方解石和微晶石英，未见白云石；黄砂主要由石英晶体、长石晶体和岩屑组成，含有少量云母。岩屑呈多种结构，多数岩屑由石英晶体镶嵌组成，含有少量云母，部分岩屑由石英晶体、云母和微晶质至隐晶质石英组成，少量岩屑由微晶长石和云母组成。图5.1-6至图5.1-8为骨料在光学显微镜下观察到的碱活性成分，结论见表5.1-21。

表5.1-21　骨料碱活性岩相法检验结果

骨料名称		岩相法测试结果
粗骨料	大岛山碎石	碱活性组分：2%微晶石英
	马涧碎石	碱活性组分：1%微晶石英
细骨料	山东临沭县青云镇前齐庄村沂蒙砂场黄砂	碱活性组分：1%微晶质至隐晶质石英

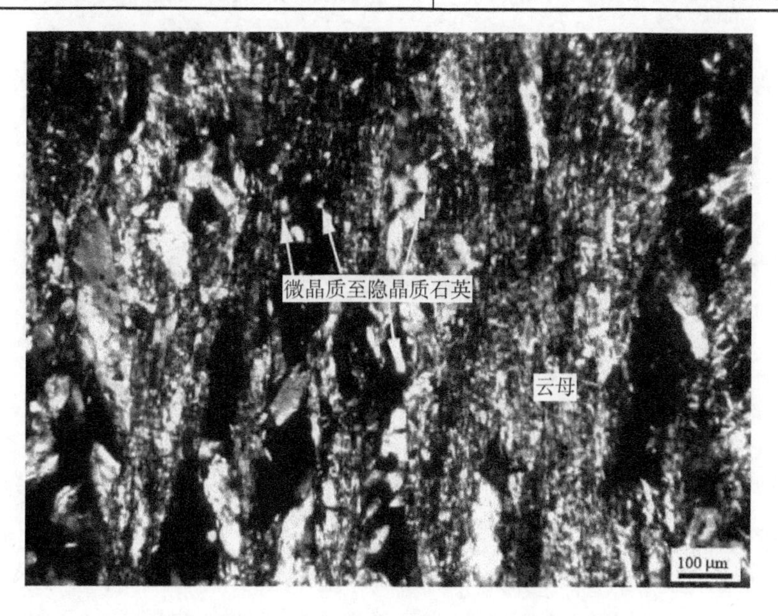

图5.1-6　大岛山碎石中的云母及微晶质至隐晶质石英

图 5.1-7　马涧碎石中的长石晶体、石英晶体和微晶石英

图 5.1-8　细骨料中的石英晶体、微晶质至隐晶质石英和少量云母

5.1.2.4.4　抑制碱骨料活性效能试验

试验参照《南水北调中线干线工程标准》中预防混凝土工程碱-骨料反应技术条例进行。采用“砂浆棒快速法”进行抑制试验，硅酸盐水泥与矿物掺合料之和同骨料的质量比为 1∶2.25，水胶比为 0.47，矿物掺合料等量取代水泥。评判标准：若 28 d 龄期试件长度膨胀率小于 0.10%，则该掺量下掺合料抑制混凝土碱一硅酸反应评定为有效。抑制碱骨

料活性效能试验结果详见表5.1-22和图5.1-9。

表5.1-22 抑制碱骨料活性效能试验结果

磨细矿渣(SL)等量取代量(%)	粗骨料名称	膨胀率(%)		
		7 d	14 d	28 d
0	大岛山碎石	0.052	0.109	0.205
	马涧碎石	0.053	0.119	0.220
40	大岛山碎石	0.034	0.068	0.127
	马涧碎石	0.039	0.075	0.140
50	大岛山碎石	0.019	0.040	0.077
	马涧碎石	0.022	0.045	0.088
60	大岛山碎石	0.008	0.025	0.054
	马涧碎石	0.011	0.031	0.061
70	大岛山碎石	0.003	0.013	0.031
	马涧碎石	0.004	0.015	0.031

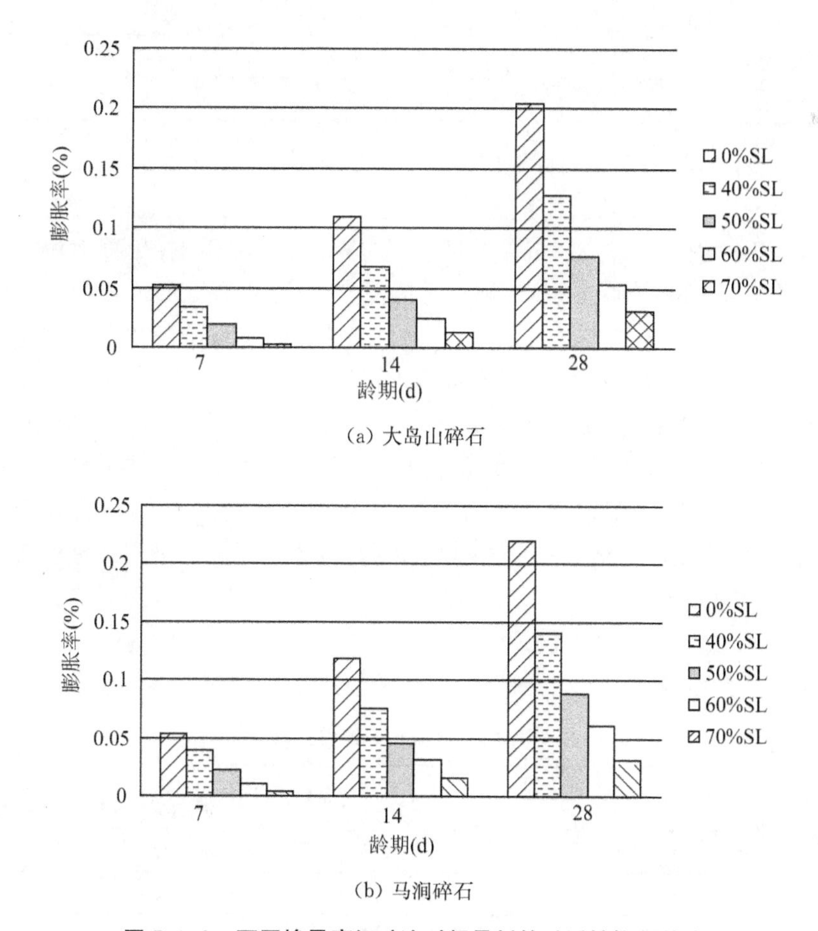

图5.1-9 不同掺量磨细矿渣对粗骨料的碱活性抑制效能

由表5.1-22和图5.1-9可知，磨细矿渣对碱-硅酸反应有明显的抑制作用，并且随着磨细矿渣取代量的增加，抑制作用显著加强，特别是磨细矿渣的取代量达到了60%～70%。同等条件下，大岛山碎石在各龄期的膨胀率相对较小，说明大岛山碎石的碱活性相对较低。按上述抑制效能评价标准判定，磨细矿渣的取代量达到50%以上时，其抑制混凝土碱-硅酸反应是有效的。

5.1.2.5 外加剂

采用HLC低碱泵送剂，其掺量在1.45%时混凝土的性能试验结果见表5.1-23。检测结果表明，其满足《混凝土外加剂》(GB 8076)要求。

表5.1-23 掺HLC低碱泵送剂混凝土的性能试验结果

检测项目		单位	标准要求	实测值	单项结论
减水率		%	≥12	23.4	合格
泌水率比		%	≤70	41.5	合格
含气量		%	≤5.5	3.5	合格
抗压强度比	7 d	%	≥115	152	合格
	28 d		≥110	146	合格
1 h坍落度经时损失		mm	≤80	40	合格
28 d收缩率比		%	≤135	113	合格

5.1.3 高性能混凝土配合比设计

根据设计资料，高性能混凝土配合比设计主要包括：应用于闸底板、闸墩、岸翼墙、上游铺盖、护坦、下游消力池、海漫、沉井等部位C30W8F100混凝土；交通桥C40F100混凝土；工作桥、检修桥C30F100混凝土；排水通道预制砌块C30W8F100混凝土；其余砌块、砼格梗、压顶、镇脚及台阶为C25F100混凝土。高性能混凝土配制技术研究应结合三洋港挡潮闸工程区及周围环境状况，本项目着重研究应用于闸底板、闸墩、沉井等部位的C30W8F100高性能混凝土；在原材料调研的基础上，根据该工程特点采用相应的水泥、掺合料、粗细骨料等原材料配制相应的混凝土。由于该工程处于中等硫酸盐和Cl^-侵蚀环境，在配合比设计中，采用大掺量磨细矿渣、体积稳定剂复掺技术，保证在该环境条件下，混凝土性能满足设计要求，并提高混凝土耐久性，为三洋港挡潮闸高性能混凝土的应用提供相应的技术方案。

5.1.3.1 混凝土主要技术设计要求

混凝土主要技术设计要求指标如表5.1-24。

表5.1-24 混凝土性能技术要求

强度等级	抗渗等级	抗冻要求	含气量(%)	坍落度(mm)	坍落度经时损失(mm/30 min)
C30	W8	F100	2.5～4.5	200～220	20～40
C40	—	F100	2.5～4.5	200～220	20～40
C25	—	F100	2.5～4.5	200～220	20～40

5.1.3.2 混凝土配合比设计参数的确定

混凝土配合比的设计主要按《水工混凝土配合比设计规程》(DL/T 5330)进行，主要包含配合比的计算、试配、调整、成型试件和混凝土性能试验等步骤。所要求设计的混凝土，有抗渗、抗冻、抗硫酸盐和氯离子侵蚀等耐久性及泵送施工要求，因此，进行混凝土配合比设计时，应综合考虑上述条件。

(1) 混凝土的配制强度

按《水工混凝土配合比设计规程》(DL/T 5330)规定，混凝土的配制强度应不低于下式要求：

$$f_{cu,0} = f_{cu,k} + t\sigma \tag{5.1-11}$$

式中：$f_{cu,0}$——混凝土配制强度，MPa；

$f_{cu,k}$——混凝土设计龄期立方体抗压强度标准值，MPa；

t——概率度系数，混凝土强度保证率 $P=95\%$ 条件下，$t=1.645$；

σ——混凝土立方体抗压强度标准差，根据《水工混凝土配合比设计规程》(DL/T 5330)规定的强度标准差，C30 混凝土 σ 取 4.5 MPa；C40 混凝土 σ 取 5.0 MPa；C25 混凝土 σ 取 4.0 MPa。

按上述条件计算出的 C30、C40 和 C25 混凝土，其 28d 试验室配制强度分别应不低于 37.4 MPa、48.2 MPa 和 31.5 MPa。

(2) 胶凝材料方案

配制耐久混凝土，应限制单方混凝土中胶凝材料的最低和最高用量，尽可能减少胶凝材料中的硅酸盐水泥用量。国内外研究和南京水利科学研究院的长期暴露试验的结果表明，对处于海洋环境中的混凝土结构，胶凝材料中宜采用大比例的磨细矿渣取代硅酸盐水泥，以提高混凝土的抗氯离子侵蚀性能。考虑胶凝材料方案对混凝土早期施工强度、混凝土变形性能以及耐久性指标等影响，在加入磨细矿渣的同时加入体积稳定剂，故设计磨细矿渣(包括体积稳定剂在内)的掺入比例为 60%、65%、70%和 75%。详细胶凝材料方案见表 5.1-25。

表 5.1-25 胶凝材料方案

方案	质量百分比(%)			
	水泥	磨细矿渣	体积稳定剂(一)	体积稳定剂(二)
A	40	55.9	4.1	—
B	35	60.5	4.5	—
C	30	65.2	4.8	—
D	25	69.9	5.1	—
E	35	55.9	4.1	5
F	30	60.5	4.5	5
对比组	100	—	—	—

(3) 水胶比的确定

水胶比必须同时满足混凝土强度和耐久性要求。

①按强度要求选择水胶比

按指定的坍落度,用实际施工用的原材料,拌制 0.50、0.45、0.42、0.40、0.35 共 5 个不同水胶比的混凝土拌合物,进行 7d、28d 抗压强度试验,根据试验结果,确定满足配制强度要求的水胶比。

②按耐久性要求规定的最大水胶比

在满足强度要求的同时,为了满足混凝土耐久性要求,参考《水运工程混凝土施工规范》(JTJ268),最严酷环境混凝土水灰比最大允许值为 0.40;同时,《混凝土结构耐久性设计规范》(GB/T 50476)中规定:处于硫酸盐中等腐蚀环境,且有 100 年设计寿命要求的混凝土,最大水胶比不超过 0.40。

(4) 单位用水量的确定

根据所用的砂石情况、设计要求的混凝土工作性及高效泵送剂品质,经试拌并结合经验选取用水量为 160 kg/m^3。

(5) 最优砂率的确定

对于泵送混凝土,考虑到混凝土的可泵性,砂率一般较普通混凝土大,在 38%～44% 之间。根据选定的水胶比、胶凝材料方案和用水量,选取几种不同的砂率,进行混凝土试拌,测定其坍落度,观察其和易性,选择坍落度、和易性较好的砂率为最优砂率。

(6) 混凝土配合比的确定

按以上参数要求确定混凝土配合比,经试拌,对 0.50、0.45、0.42、0.40、0.35 共 5 个水胶比的混凝土拌合物性能,7 d、28 d 抗压强度等测试,混凝土试配配合比及抗压强度试验结果见表 5.1-26、表 5.1-27。

根据抗压强度试验结果和耐久性对水胶比的要求,最终确定了 C30W8F100、C40F100 和 C25F100 高性能混凝土的配合比,见表 5.1-28、表 5.1-29。

表 5.1-26 混凝土试配配合比(单位:kg/m^3)

水胶比	配合比编号	水泥	磨细矿渣	体积稳定剂(一)	体积稳定剂(二)	砂	中石	小石	水	HLC 低碱泵送剂
0.50	A1	128	179	13	—	814	725	311	160	4.64
	B1	122	194	14	—	814	725	311	160	4.64
	C1	96	209	15	—	814	725	311	160	4.64
	D1	80	224	16	—	814	725	311	160	4.64
	E1	112	179	13	16	814	725	311	160	4.64
	F1	96	194	14	16	814	725	311	160	4.64
0.45	A2	142	199	15	—	770	745	319	160	5.16
	B2	125	215	16	—	770	745	319	160	5.16
	C2	107	232	17	—	770	745	319	160	5.16
	D2	89	249	18	—	770	745	319	160	5.16

续表

水胶比	配合比编号	水泥	磨细矿渣	体积稳定剂(一)	体积稳定剂(二)	砂	中石	小石	水	HLC低碱泵送剂
0.45	E2	125	199	15	18	770	745	319	160	5.16
	F2	107	215	16	18	770	745	319	160	5.16
0.42	A3	152	213	16	—	760	734	315	160	5.32
	B3	133	231	17	—	760	734	315	160	5.32
	C3	114	248	18	—	760	734	315	160	5.32
	D3	95	266	19	—	760	734	315	160	5.32
	E3	133	213	16	19	760	734	315	160	5.32
	F3	114	231	17	19	760	734	315	160	5.32
0.40	A4	160	224	16	—	752	727	311	160	5.60
	B4	140	242	18	—	752	727	311	160	5.60
	C4	120	261	19	—	752	727	311	160	5.60
	D4	100	280	20	—	752	727	311	160	5.60
	E4	140	224	16	20	752	727	311	160	5.60
	F4	120	242	18	20	752	727	311	160	5.60
0.35	A5	183	255	19	—	705	740	311	160	6.63
	B5	160	276	21	—	705	740	311	160	6.63
	C5	137	298	22	—	705	740	311	160	6.63
	D5	114	319	23	—	705	740	311	160	6.63
	E5	160	255	19	23	705	740	311	160	6.63
	F5	137	276	21	23	705	740	311	160	6.63

注:粗骨料为大岛山碎石。

表 5.1-27　混凝土抗压强度试验结果

龄期(d)	配合比编号(i=1～5)					
	抗压强度(MPa)					
	A_i	B_i	C_i	D_i	E_i	F_i
7	29.2	28.9	27.5	28.8	29.9	30.5
	33.4	30.2	30.5	29.5	31.7	32.4
	36.5	34.1	35.9	31.7	32.7	33.4
	34.6	36.0	35.4	33.0	33.7	33.8
	38.2	41.6	41.8	40.0	44.4	44.0
28	35.1	34.4	32.0	33.9	38.5	38.2
	40.0	38.4	39.1	35.7	40.1	38.6
	41.5	40.9	40.7	40.1	40.1	42.2
	41.6	41.9	42.4	40.3	39.4	38.8
	49.5	47.5	44.4	46.5	49.6	50.7

注:粗骨料为大岛山碎石。

表 5.1-28　C40 和 C25 高性能混凝土配合比(单位:kg/m³)

配合比编号	水泥	磨细矿渣	体积稳定剂(一)	体积稳定剂(二)	砂	中石	小石	水	HLC 低碱泵送剂
C40	183	255	19	-	705	740	311	160	6.63
C25	89	249	18	-	770	745	319	160	5.16

注:粗骨料为大岛山碎石。

表 5.1-29　C30 高性能混凝土配合比(单位:kg/m³)

配合比编号	水泥	磨细矿渣	体积稳定剂(一)	体积稳定剂(二)	砂	中石	小石	水	HLC 低碱泵送剂
A	160	224	16	—	752	727	311	160	5.60
B	140	242	18	—	752	727	311	160	5.60
C	120	261	19	—	752	727	311	160	5.60
D	100	280	20	—	752	727	311	160	5.60
E	140	224	16	20	752	727	311	160	5.60
F	120	242	18	20	752	727	311	160	5.60
对比组	333	—	—	—	799	741	318	160	4.83

注:粗骨料为大岛山碎石。

5.1.4　高性能混凝土拌合物性能

对上述 C30、C40 和 C25 配合比混凝土的拌合物性能进行了试验和评价,包括初始坍落度、坍落度经时损失、含气量、容重以及和易性。具体试验结果详见表 5.1-30、表 5.1-31。

表 5.1-30　C30 混凝土拌合物性能

配合比编号	初始坍落度(mm)	30 min 后坍落度(mm)	含气量(%)	容重(kg/m³)	和易性
A	220	200	3.10	2 357	一般
B	220	200	3.50	2 340	一般
C	220	196	3.20	2 346	一般
D	220	195	3.70	2 331	较黏
E	218	190	4.00	2 330	一般
F	220	190	3.50	2 334	一般
对比组	210	185	3.40	2 366	一般

表 5.1-31　C40 和 C25 混凝土拌合物性能

配合比编号	初始坍落度(mm)	30 min 后坍落度(mm)	含气量(%)	容重(kg/m³)	和易性
C40	210	195	3.30	2 380	较黏
C25	205	180	3.80	2 330	良好

5.1.5 高性能混凝土力学及变形性能

对于C30混凝土而言，进行了不同养护龄期(7 d、28 d、56 d和90 d)的力学性能测试，结果见表5.1-32；对于C40和C25混凝土而言，仅对其7 d、28 d、56 d和90 d抗压强度进行了测试，结果见表5.1-33。

表5.1-32 C30混凝土的力学性能

配合比编号	立方体抗压强度(MPa)				轴心抗压强度(MPa)				静力抗压弹性模量(GPa)			
	7 d	28 d	56 d	90 d	7 d	28 d	56 d	90 d	7 d	28 d	56 d	90 d
A	35.2	42.7	44.0	48.9	25.3	31.2	40.5	43.0	23.1	25.9	27.8	31.9
B	33.5	40.7	41.6	46.9	29.9	36.4	38.5	40.0	25.0	28.5	30.5	31.2
C	33.0	40.4	45.5	46.1	26.6	34.0	37.1	38.2	23.6	28.0	29.6	30.4
D	31.9	35.9	40.6	42.6	25.2	30.7	35.8	36.4	24.9	27.7	27.9	28.3
E	34.8	39.1	45.5	46.2	31.0	37.7	40.4	40.9	24.9	27.9	29.1	29.0
F	33.3	38.1	40.5	43.1	26.4	32.9	36.0	38.8	23.5	27.1	28.9	29.0
对比组	37.7	40.1	47.5	48.4	29.9	36.7	38.4	41.0	23.3	25.0	26.9	27.0

表5.1-33 C40和C25混凝土的力学性能

配合比编号	立方体抗压强度(MPa)			
	7 d	28 d	56 d	90 d
C40	39.1	49.7	51.2	53.6
C25	29.0	34.9	36.7	39.1

从试验结果可知：

(1) 除D配合比外，其余配合比混凝土的28 d抗压强度在38.1～42.7 MPa之间，满足C30混凝土试验室配制强度不低于37.4 MPa的要求；

(2) 随着养护龄期的延长，混凝土的抗压强度增加，后期(28 d到90 d)强度增幅较对比组小，可能是由于体积稳定剂(一)中硫酸盐的早期激发作用，水化速度加快，使大掺量磨细矿渣混凝土的7 d强度达到了28 d强度的80%左右，早期强度的增加在一定程度上影响了后期强度增幅；抗压强度随磨细矿渣比例的增加呈下降趋势；

(3) 轴心抗压强度和静力抗压弹性模量值在正常范围内，表现出与立方体抗压强度相似的变化规律，随养护龄期的延长而增加；

(4) 体积稳定剂(二)的加入对混凝土的力学性能影响不甚明显，见配合比E和F；

(5) C40和C25混凝土的28 d抗压强度分别为49.7 MPa和34.9 MPa，均能满足C40和C25混凝土配制强度分别不低于48.2 MPa和31.5 MPa的要求。

5.1.5.1 混凝土抗拉性能试验

试验方法参照《水工混凝土试验规程》(SL 352)进行。对不同养护龄期(3 d、7 d、28 d、56 d和90 d)混凝土的立方体劈裂抗拉强度和极限拉伸值进行了试验。试验结果见表5.1-34、表5.1-35。

表 5.1-34　劈裂抗拉强度试验结果

配合比编号	劈裂抗拉强度(MPa)				
	3 d	7 d	28 d	56 d	90 d
A	1.32	2.55	3.10	3.57	3.58
B	1.04	2.49	3.16	3.17	3.50
C	1.01	2.12	2.76	3.11	3.34
D	0.71	2.49	3.16	3.21	3.29
E	0.85	2.55	2.94	3.37	3.50
F	1.00	2.42	3.16	3.43	3.75
对比组	1.11	2.38	2.72	2.80	3.17

表 5.1-35　极限拉伸试验结果

配合比编号	轴心抗拉强度(MPa)				轴心抗拉模量(GPa)				极限拉伸值($\times10^{-6}$)			
	7 d	28 d	56 d	90 d	7 d	28 d	56 d	90 d	7 d	28 d	56 d	90 d
A	2.05	3.20	3.32	3.35	30.5	37.0	39.2	44.4	84	97	108	116
B	2.09	3.18	3.25	3.50	28.2	36.2	36.8	41.6	89	102	113	120
C	1.93	2.85	3.50	3.52	27.1	36.3	39.9	40.0	90	100	112	119
D	2.13	2.97	3.20	3.47	30.7	34.5	37.2	40.4	93	95	114	123
E	2.72	3.05	3.50	3.70	29.3	38.9	40.4	45.7	85	104	112	113
F	2.37	2.80	3.20	3.25	26.1	31.6	38.7	46.3	93	95	108	111
对比组	2.10	2.60	3.17	3.25	29.6	34.4	40.4	41.2	76	84	87	93

5.1.5.2　混凝土干缩试验

混凝土干缩试验参照《水工混凝土试验规程》(SL 352)中 4.12 进行，每组成型 3 个试件。混凝土成型后 2 d 拆模，测量初长，再浸泡饱和氢氧化钙溶液 5 d 后，放入干缩室，干缩室温度控制在 20℃±2℃，湿度控制在 60%±5%。试验结果见表 5.1-36 和图 5.1-10。

表 5.1-36　干缩变形性能试验结果

配合比编号	干缩率($\times10^{-6}$)							
	3 d	7 d	14 d	28 d	60 d	90 d	120 d	180 d
A	−39	−77	−109	−191	−295	−316	−345	−352
B	−71	−103	−143	−225	−338	−353	−398	−404
C	−85	−103	−154	−251	−332	−372	−422	−430
D	−103	−108	−163	−248	−336	−363	−402	−408
E	25	3	−70	−155	−247	−276	−326	−332
F	56	40	−27	−97	−191	−226	−277	−287
对比组	−123	−171	−267	−375	−489	−509	−547	−525

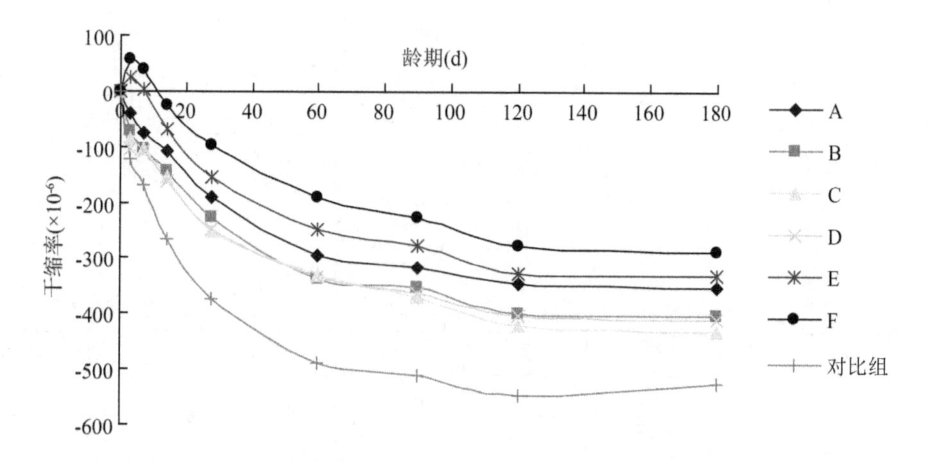

图 5.1-10　干缩变形与龄期的关系

由试验结果可知,混凝土早期水养护,会产生适量的微膨胀。对比组(普通混凝土)各个龄期的干缩率都最大,而A、B、C、D配合比混凝土的干缩率相对较小,E、F配合比混凝土的干缩率最小。随着矿渣掺量的增加,混凝土的干缩率呈增大趋势。说明体积稳定剂(一)单掺、与体积稳定剂(二)复掺,均有利于大掺量磨细矿渣混凝土干缩性能的改善。

5.1.5.3　混凝土自生体积变形试验

自生体积变形是指在恒温绝湿条件下,由胶凝材料的水化作用引起的混凝土体积变形。混凝土的自生体积变形值与水泥品种、水泥用量、水泥混合材种类、混凝土掺合料品种和掺量等有关。一般来说,混凝土的自生体积变形值为$(20\sim100)\times10^{-6}$。

试验参照《水工混凝土试验规程》(SL 352)中4.13,每组成型3个试件,在20℃±2℃的恒温绝湿条件下进行养护。混凝土成型后2 h、6 h、12 h、24 h分别进行电阻和电阻比测量,再进行相应龄期的混凝土电阻和电阻比测量,并以24 h的测量值作为基准值进行自生体积变形计算。试验结果见表5.1-37和图5.1-11。

表 5.1-37　自生体积变形试验结果

*龄期/d	各配合比混凝土的自生体积变形值($\times10^{-6}$)						
	A	B	C	D	E	F	对比组
1	35	39	49	47	51	49	−2
2	34	51	59	62	81	89	−4
3	33	49	58	64	83	87	−4
4	35	46	56	62	81	86	−9
5	24	40	53	55	74	83	−12
6	24	36	53	56	75	79	−16
7	20	34	50	54	72	78	−17
8	16	33	48	53	70	77	−19
9	12	32	46	52	67	75	−20

续表

* 龄期/d	各配合比混凝土的自生体积变形值($\times 10^{-6}$)						
	A	B	C	D	E	F	对比组
10	7	27	44	50	65	74	−21
11	11	27	44	50	65	74	−21
12	7	27	44	50	65	74	−22
13	3	25	42	48	62	73	−24
14	1	22	38	46	59	73	−24
28	−11	9	31	36	59	68	−28
60	−40	−20	4	8	35	45	−40
90	−60	−24	−8	0	27	37	−40
120	−93	−48	−38	−28	−2	13	−61
180	−127	−63	−52	−66	−47	−19	−67

注：* 指基准值选定后的龄期。

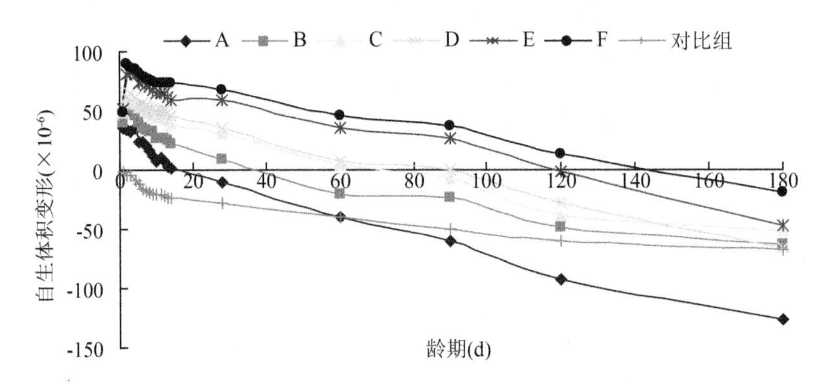

图 5.1-11　自生体积变形与龄期的关系

由表 5.1-37 和图 5.1-11 可知，随着水化反应的不断进行，各配合比混凝土的自生体积变形增加；自生体积变形与磨细矿渣的掺量(60%～75%)有良好的相关性，即磨细矿渣掺量越高，自生体积变形越小。相对于对比组普通混凝土而言，除 A 配合比外，其他 5 个配合比高性能混凝土的自生体积变形相对较小，说明大掺量磨细矿渣在该条件下(掺 65%～75%)能够减少混凝土的自生体积变形；体积稳定剂(二)的加入，能够显著减少混凝土的自生体积变形，对混凝土的抗裂性是非常有利的，这是由于体积稳定剂(二)含有膨胀组分，与水化产物反应使混凝土产生微膨胀的缘故。

5.1.5.4　**混凝土平板法抗裂性试验**

为了评价混凝土抵抗早期收缩裂缝的能力，可以采用混凝土平板试验装置。目前，国内外采用的平板试验方法主要有三种，分别是 Dr. Soroushian 方法、Kraai 方法和笠井芳夫方法。

本试验参照《混凝土结构耐久性设计与施工指南》(CCES 01)(2005 年修订版)，进行平板约束试验。以该试验作为评价不同原材料和配合比混凝土的抗裂性的依据。

试模尺寸为 600 mm×600 mm×80 mm，模具四周用型钢制成，以保持足够的刚度，在模具每个边上同时用双螺帽固定三排螺杆，伸向模具内侧。螺杆直径 5 mm，横向间距 50 mm，纵向间距 20 mm。中间一排螺杆长 80 mm，上下两排螺杆长 40 mm。三排螺杆相互交错，便于浇注的混凝土能够填充密实。当浇注后的混凝土平板试件发生收缩时，四周将受到这些螺杆的约束。在试件底部使用塑料薄膜把浇注的混凝土与模具底板隔开。图 5.1-12 为平板试件模具示意图。

每组试件为 2 个，混凝土装模 2 h 后，以 5 m/s 的风速吹混凝土表面。环境温度 20℃，相对湿度为 67%。风扇吹 24 h 后，记录裂缝数量、裂缝长度和宽度。根据裂缝形态、平均开裂面积、单位面积的开裂裂缝数目、单位面积上的总裂开面积等参数来评价混凝土抗裂能力优劣。

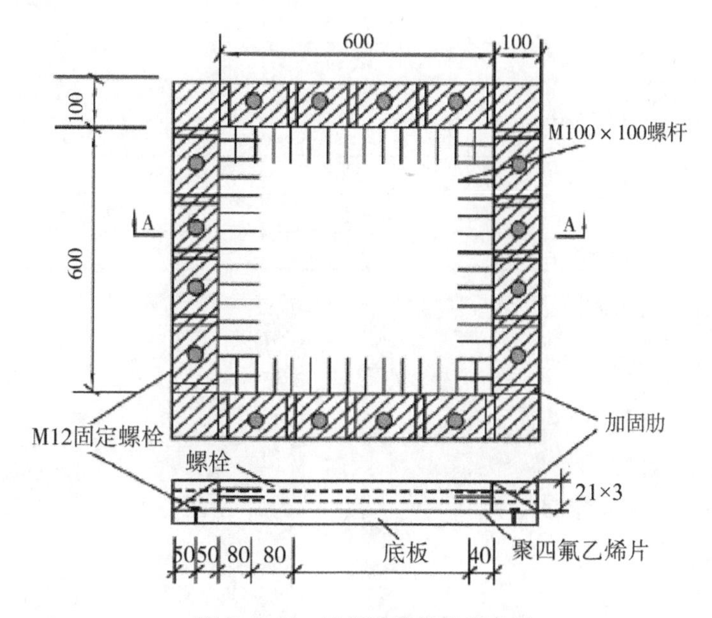

图 5.1-12　平板试件模具示意图

反映混凝土抗裂性能的几个参数计算方法如下：

(1) 裂缝的平均开裂面积

$$a = \frac{1}{2N}\sum_{i}^{N} W_i \cdot L_i \tag{5.1-12}$$

(2) 单位面积的开裂裂缝数目

$$b = \frac{N}{A} \tag{5.1-13}$$

(3) 单位面积上的总开裂面积

$$C = a \cdot b \tag{5.1-14}$$

式中：

W_i——第 i 根裂缝的最大宽度，mm；

L_i——第 i 根裂缝的长度，mm；

N——总裂缝数目，根；

A——平板的面积，0.36 m^2。

根据以上试验方法和评价指标，对前述 7 个典型配合比进行了试验和分析，结果见表 5.1-38 和图 5.1-13。

表 5.1-38　平板法试验结果

配合比编号	总开裂面积（mm^2）	总裂缝数目（根）	平均开裂面积（mm^2/根）	单位面积的开裂裂缝数目（根/m^2）	单位面积上的总开裂面积（mm^2/m^2）
A	48.4	7	7.0	19.4	134.4
B	49.0	4	12.3	11.1	136.1
C	156.5	19	8.2	52.8	434.7
D	248.0	18	13.8	50.0	688.9
E	40.1	2	20.0	5.6	111.4
F	26.5	4	6.6	11.1	73.6
对比组	124.3	18	6.9	50.0	345.3

(a) A配合比

(b) B配合比

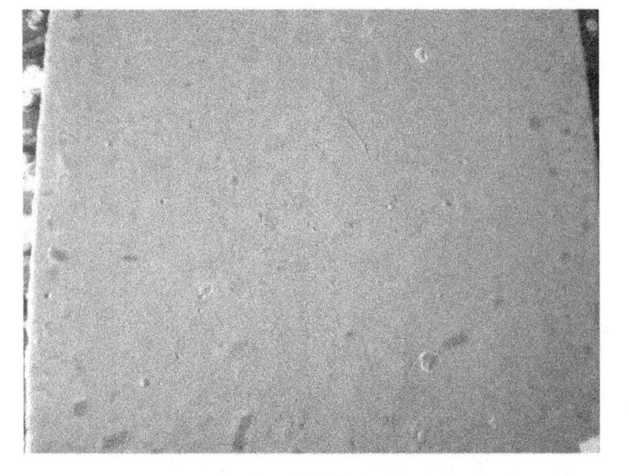

(c) C配合比

(d) D配合比

(e) E配合比

(f) F配合比

(g) 对比组

图 5.1-13　各配合比混凝土表面裂缝状况

(注:表面裂缝状况为通过描图处理的示意图)

表5.1-38的平板法试验结果表明:随着磨细矿渣掺量的提高(由60%增加到80%),混凝土的总开裂面积增加;体积稳定剂(二)的加入,能在一定程度上降低塑性裂缝发生的可能性;当磨细矿渣的掺量低于70%时,相对于对比组的普通混凝土而言,大掺量磨细矿渣高性能混凝土具有较好的早期抗裂能力。

5.1.5.5　**混凝土抗裂能力分析**

用抗裂系数来衡量各配合比混凝土的抗裂能力。在不考虑温度应力条件下,抗裂系数K=抗拉强度×极限拉伸值/(干缩率×抗拉弹模),对比结果见表5.1-39。

表 5.1-39　混凝土的抗裂能力

配合比	抗拉强度(MPa)	抗拉弹模(GPa)	极限拉伸值($\times 10^{-6}$)	28 d干缩率($\times 10^{-6}$)	抗裂系数K($\times 10^{-6}$)
A	3.20	37.0	97	191	43.9
B	3.18	36.2	102	225	39.8
C	2.85	36.3	100	251	31.3
D	2.97	34.5	95	248	33.0
E	3.05	38.9	104	155	52.6

续表

配合比	抗拉强度(MPa)	抗拉弹模(GPa)	极限拉伸值(×10⁻⁶)	28 d 干缩率(×10⁻⁶)	抗裂系数 K(×10⁻⁶)
F	2.80	31.6	95	97	86.8
对比组	2.60	34.4	84	375	16.9

由表 5.1-39 可知,A～F 各配合比高性能混凝土的抗裂系数均大于对比组普通混凝土的抗裂系数,说明相对于普通混凝土而言,高性能混凝土具有较高的抗裂能力。高性能混凝土的抗裂系数随矿渣掺量的提高呈下降趋势,体积稳定剂(二)的加入能够显著提高混凝土的抗裂能力。结合平板法试验结果可以看出,上述分析结果与平板法试验结果基本吻合。

5.1.6 高性能混凝土热学性能

5.1.6.1 绝热温升

混凝土中水泥的水化放热性能对混凝土结构开裂敏感性的影响越来越受到人们的重视。美国混凝土学会认为,任何现浇混凝土结构,当其尺寸达到必须解决水化热及由此引起的体积变形问题,以便最大限度地减少其对开裂的影响时,即可称为大体积混凝土,这些工程都要采取温控措施。混凝土绝热温升值是进行大体积混凝土温控设计的主要参数,由于水泥水化放热是一个漫长的过程以及现有测量温度手段等诸多因素的影响,要直接测得混凝土的最终绝热温升值几乎是不可能的。因此,只能在室内进行混凝土绝热温升模拟试验,掌握不同类型或配合比混凝土在短龄期内的温升值与龄期之间的关系,从而建立混凝土绝热温升值与龄期之间相应的数学回归模型,来预测混凝土的最终绝热温升值,以供温控设计参考用。

混凝土的绝热温升值和温升速率反映了早龄期混凝土中胶凝材料的水化速率和水化程度;胶凝材料在混凝土中和在净浆中相比,其水化环境不同,可以通过测定混凝土的绝热温升来评价混凝土中胶凝材料的水化。影响混凝土中胶凝材料的水化反应及其放热特性的因素很多,如胶凝材料的用量及组成、水化放热能力、集料种类、外加剂品种、水胶比、反应起始温度、环境条件等。由于混凝土配比及其所用胶凝材料的组成和性能的变化,混凝土的绝热温升特性也会随之变化。通过对不同类型、配比混凝土绝热温升进行试验研究,有利于掌握不同混凝土内部的温升规律,特别是早龄期混凝土的水化放热状况,为满足工程优选配合比和温控计算提供试验依据。

参照《水工混凝土试验规程》(SL/352)进行试验:在绝热条件下,测定混凝土胶凝材料(包括水泥、掺合料等)在水化过程中的温度变化及温升值。使用长江科学院生产的JR-2 型混凝土绝热温升测定仪,温度显示精度小于 0.1℃,温度的最小分辨率为 0.05℃,试件尺寸为 Φ38 cm×42 cm×40 cm;同时借助自主开发的数字测温系统,既可读取温度,还可同时记录相应的绝热温升过程曲线。一般而言,同胶凝材料用量且其他条件相同时,磨细矿渣等量取代水泥的量越多,混凝土的最终绝热温升值会越低。本项目提出的 6 个高性能混凝土配合比的胶凝材料方案中,A～D 配合比混凝土中磨细矿渣等量取代水泥用量范围为 60%～75%,且它们之间的取代率级差为 5%,而 E、F 配合比是在 A、B 配合比的基础上,体积稳定剂(二)再等量取代 5%水泥。磨细矿渣的等量取代率相差 5%时,一般使得混凝土的最终绝热温升值差距很小。因此，代表性选取磨细矿渣取代量为60%的A配合比混凝土与磨细矿渣取代量为70%的C配合比及对比组混凝土进行对比试验。A、C配合比和对比组混凝土的绝热温升试验结果见表5.1-40和图5.1-14；绝热温升值回归分析结果见表5.1-41。

表5.1-40 混凝土绝热温升试验结果

龄期/d	各配合比混凝土绝热温升值(℃)		
	A	C	对比组
1	11.50	7.38	34.99
2	36.78	33.09	45.51
3	41.57	36.59	47.85
4	43.48	37.88	49.02
5	44.40	38.75	49.69
6	44.96	39.18	50.12
7	45.20	39.61	50.49
8	45.33	39.85	50.74
9	45.33	40.04	50.86
10	45.33	40.16	50.92
11	45.33	40.28	51.05
12	45.39	40.34	51.11
13	45.39	40.34	51.11
14	45.39	40.41	51.11
28	45.63	40.59	51.35

表5.1-41 混凝土绝热温升值回归分析结果

配合比编号	最终温升值(℃)	表达式
A	48.93	$T=48.93t/(0.9863+t)$
C	43.61	$T=43.61t/(1.0883+t)$
对比组	53.13	$T=53.13t/(0.5764+t)$

由表5.1-41可知，同等强度条件下，磨细矿渣的加入能显著降低混凝土的绝热温升值。相对于普通混凝土(对比组)而言，磨细矿渣掺量为60%时，最终绝热温升值降低了7.9%；磨细矿渣掺量为70%时，最终绝热温升值降低了17.9%。结合表5.1-40和图5.1-14可以看出，普通混凝土(对比组)的早龄期水化放热速度较快，1d的绝热温升值达到总量的65.9%，而大掺量磨细矿渣高性能混凝土(A、C配合比)1 d的绝热温升值还不到总量的25%。结果表明，上述试验条件下，大掺量磨细矿渣的应用对大体积混凝土温控防裂十分有利。

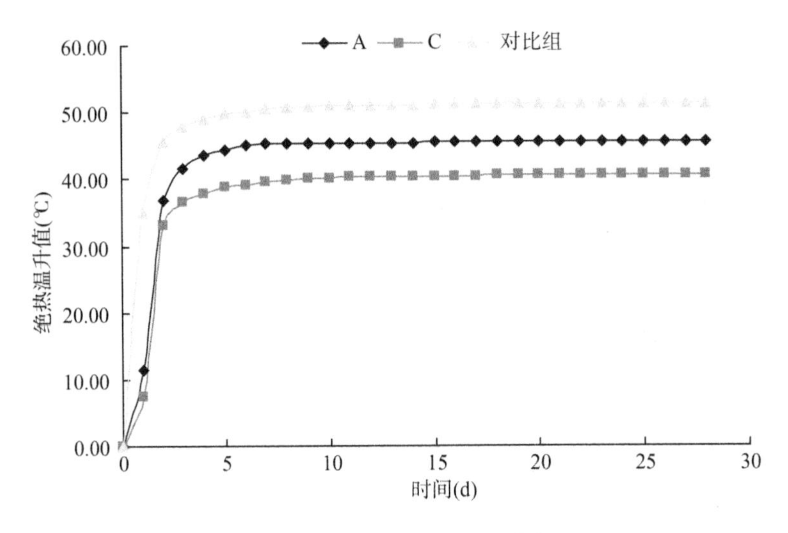

图 5.1-14　绝热温升过程曲线

5.1.6.2　线膨胀系数

混凝土的线膨胀系数是指温度每升高 1℃，使混凝土产生的应变值。其计算方式如下：

$$\alpha = \frac{\varepsilon_m}{\Delta\theta} \tag{5.1-15}$$

$$\varepsilon_m = f'\Delta Z + b\alpha'(R_t - R_0) \tag{5.1-16}$$

式中：

α——混凝土线膨胀系数，10^{-6}/℃；

ε_m——混凝土产生的应变值，10^{-6}；

$\Delta\theta$——试验终止温度与初始温度之差，℃；

f'——应变计灵敏度，10^{-6}/0.01%；

ΔZ——电阻比变化量，即试验终止温度的电阻比与初始温度电阻比的差值；

b——仪器温度补偿系数，10^{-6}/℃；

R_t——试验终止时仪器的电阻，Ω；

R_0——试验开始时仪器的电阻，Ω。

由于物质的不同，线膨胀系数亦不相同，其数值也与实际温度和确定长度时所选定的参考温度有关，但由于固体的线膨胀系数变化不大，通常可以忽略，而将 α 当作与温度无关的常数。

参照《水工混凝土试验规程》(SL 352)进行试验：将自生体积变形试件用于该试验，水的起始温度、终止温度分别为 20℃和 60℃，当试件中心温度与水温一致时，测量起始、终止时的电阻和电阻比。联合式(5.1-15)和(5.1-16)进行混凝土膨胀系数计算，计算结果见表 5.1-42。

表 5.1-42　混凝土线膨胀系数

编号	线膨胀系数(10^{-6}/℃)
A	10.4
B	9.7
C	10.0
D	9.9
E	10.8
F	9.8
对比组	9.8

由表 5.1-42 可知，高性能混凝土与普通混凝土的线膨胀系数相近，且 7 个配合比混凝土的线膨胀系数都在 9.7×10^{-6}/℃～10.8×10^{-6}/℃之间，属正常范围。

5.2　水工泵送高性能混凝土耐久性研究及工程寿命预测

5.2.1　高性能混凝土耐久性能

5.2.1.1　混凝土抗渗透性能试验

根据《水工混凝土试验规程》(SL 352)中 4.21 进行试验，采用逐级加压法(水压逐级加压至 0.9 MPa)进行混凝土抗渗试验，结果表明，前述 7 个配合比混凝土的抗渗等级均能达到 W8 要求。

参照《水工混凝土试验规程》(SL 352)中 4.22 进行混凝土相对抗渗性试验。通过测定混凝土在恒定水压下的渗水高度，计算相对渗透系数 K_r，来评价不同养护龄期混凝土的抗渗透性。混凝土养护龄期为 28 d，试验水压 0.9 MPa，恒压 24 h。

相对渗透系数的计算方法如下：

$$K_r = \frac{\alpha D_m^2}{2TH} \tag{5.2-1}$$

式中：K_r ——相对渗透性系数，cm/h；

D_m ——平均渗水高度，cm；

H ——水压力，以水柱高度表示，cm；

T ——恒压时间，h；

α ——混凝土的吸水率，一般为 0.03。

以一组六个试件的平均值作为试验结果，表 5.2-1 列出 7 个配合比混凝土的相对渗透系数。

表 5.2-1　混凝土的相对渗透系数

配合比编号	平均渗透高度(cm)	相对渗透系数(10^{-8} cm/h)
A	1.77	21.3
B	2.53	43.6
C	3.96	106.9
D	5.70	221.4
E	1.50	15.4
F	3.28	73.3
对比组	5.92	238.3

由表 5.2-1 可知,在同养护龄期和同强度条件下,6 个配合比(A～F)大掺量磨细矿渣高性能混凝土的相对渗透系数都比普通混凝土(对比组)小,说明高性能混凝土具有更高的密实性。

5.2.1.2　混凝土抗冻性试验

混凝土中的冻害,是由于混凝土细孔中的水分受到冻结,伴随着这种相变,产生膨胀压力;剩余的水分迁移至附近的孔隙和毛细管中,水在运动过程中,会产生液体压力;由于膨胀压力和液体压力,使混凝土被破坏。

本项目进行高性能混凝土和普通混凝土抗冻性能对比试验,参照《水工混凝土试验规程》(SL 352)4.23 进行试验,对前述 7 个配合比混凝土进行试验。侵蚀介质为海水,每 25 次冻融循环后,测试质量损失和动弹性模量,100 次冻融循环结束后对试件外观进行描述和评价。

(1) C30 高性能混凝土

100 次冻融循环结束后,试件外观评级与文字描述见表 5.2-2。各冻融循环次数后混凝土的相对动弹性模量和质量变化试验结果见表 5.2-3。

表 5.2-2　C30 高性能混凝土冻融后试件外观描述与评级

配合比编号	100 次冻融循环后
A	试件表面平整,无异常
B	试件表面脱皮,呈麻面
C	试件表面脱皮,呈麻面
D	试件表面脱皮,呈麻面
E	试件表面脱皮,呈麻面
F	试件表面脱皮,呈麻面
对比组	试件表面脱皮,呈麻面

表 5.2-3　C30 高性能混凝土的相对动弹性模量和质量变化试验结果

配合比编号	相对动弹性模量(%)				质量损失率(%)			
	冻融循环次数							
	25	50	75	100	25	50	75	100
A	99.0	98.0	94.4	90.6	0	0	0	0
B	99.2	97.4	95.0	91.1	0	0	0	0
C	96.9	90.5	85.6	83.2	0.04	0.08	0.11	0.15
D	94.7	90.6	89.8	88.6	0	0	0	0
E	95.6	90.9	87.1	83.8	0	0	0	0
F	96.3	94.2	92.3	90.2	0	0	0	0
对比组	93.5	86.6	81.4	77.2	0	0	0	0

由表 5.2-3 可知，100 次冻融循环后，相对于普通混凝土而言，6 个高性能混凝土配合比的相对动弹性模量下降幅度较小，这是由于，一方面，高性能混凝土内部较密实，另一方面，大掺量磨细矿渣的加入，改善了混凝土内部的孔结构和孔分布，提高了混凝土抵抗冻融循环产生的膨胀压力破坏的能力；7 个配合比混凝土的相对动弹性模量均大于 60%，质量损失率均小于 5%。根据《水工混凝土试验规程》(SL 352)进行评判，所有配合比的混凝土的抗冻等级都大于 F100，均满足设计要求。

(2) C25 和 C40 高性能混凝土

100 次冻融循环结束后，各冻融循环次数后 C25 和 C40 高性能混凝土的相对动弹性模量和质量变化试验结果见表 5.2-4。

表 5.2-4　C25 和 C40 高性能混凝土的相对动弹性模量和质量变化试验结果

强度等级	相对动弹性模量(%)				质量损失率(%)			
	冻融循环次数							
	25	50	75	100	25	50	75	100
C25	91.0	88.0	84.3	80.5	0	0.05	0.15	0.28
C40	99.5	98.6	95.8	92.6	0	0	0	0

表 5.2-4 结果表明，100 次冻融循环后，C25 和 C40 高性能混凝土的相对动弹性模量均大于 60%，质量损失率均小于 5%。根据《水工混凝土试验规程》(SL 352)进行评判，所有配合比的混凝土的抗冻等级都大于 F100，均满足设计要求。

5.2.1.3　混凝土抗氯离子渗透性能试验

调查表明，在所有引起混凝土结构破坏的原因中，钢筋腐蚀破坏占主导地位，与钢筋腐蚀有关的腐蚀损失约占全世界腐蚀损失的 40%。引起混凝土中钢筋锈蚀的主要环境因素是盐害，破坏多发生在海洋与沿海、道路除冰盐、盐碱地、工业盐环境等，而盐害又以氯盐为首。方璟等调查了我国沿海典型海域部分高桩码头的钢筋混凝土建筑物后认为，氯离子侵入混凝土引发钢筋锈蚀是导致海洋环境下高桩码头钢筋混凝土建筑物破坏的最主要原因。比较一致的观点是：氯离子导致对钢筋起保护作用的钝化膜被破坏，当钝化膜被破坏后，钢筋便开始锈蚀，钢筋锈蚀必然导致体积膨胀，从而使混凝土开裂，严重时导致整个结构破坏。

阻止氯离子侵蚀的措施很多，但是最经济合理且有效的措施是提高混凝土材料本身对钢筋的保护作用。D. roy 等研究掺加粉煤灰的砂浆的氯离子渗透性时，发现需要较高的粉煤灰掺量才能显著降低氯离子渗透。K. Torii 和 M. Kawamura 用 AASHTO T 277—831 方法研究了掺加粉煤灰、矿渣和硅粉的混凝土的氯离子渗透性，研究表明：矿物掺合料大大降低了氯离子的渗透性。D. J. Cook 等研究了掺加 60%矿渣混凝土的抗氯离子性能，研究表明：矿渣是海洋工程中取代水泥的理想材料。P. F. McGrath 和 R. D. Hooton 研究了水胶比为 0.3～0.4 掺加粉煤灰、矿渣和硅粉的混凝土的氯离子渗透性能。以上研究表明：粉煤灰、矿渣、硅粉等矿物掺合料掺入混凝土，发挥了形态效应、火山灰效应和微集料效应，降低了混凝土孔隙率，改善了孔结构，降低了混凝土渗透性，降低了侵蚀离子进入混凝土内部的程度；同时，掺合料对氯离子有较强的化学结合能力，降低了混凝土孔液中游离氯离子的含量。通过上述两方面的作用，起到了延缓钢筋锈蚀的作用。

本试验采用 RCM 法、电量法、自然浸泡法对前述 7 个配合比混凝土的抗氯离子渗透性能进行评价。

(1) RCM 法

参照《混凝土结构耐久性设计与施工指南》(CCES 01)(2005 年修订版)附录 B1 混凝土氯离子扩散系数快速测定的 RCM 法进行试验，定量评价不同原材料和配合比混凝土抵抗氯离子扩散的能力。

RCM 法又称为 CTH 法，这一方法是唐路平提出的，北欧的标准 NT Build 492 采用了这个方法，在欧洲 DuraCrete 的研究总结中也是基于这一方法提出了相应的标准试验方法。实验室内采用 RCM 法测定的扩散系数，是将试件的两端分别置于两种溶液之间并施加 30V 的电压差，阳极为 0.2 mol/L 的 KOH 溶液，阴极为含 5%NaCl 的 0.2 mol/L 的 KOH 溶液，在外加电场的驱动下氯离子快速向混凝土内迁移，经过一定时间后劈开试件测出氯离子侵入试件中的深度，利用理论公式计算出相应的扩散系数。

试件尺寸为直径 100 mm、厚 50 mm 的圆柱体混凝土试件，粒径大于 20 mm 的骨料用湿筛法筛除。试件在 20℃±3℃饱和氢氧化钙溶液中养护 28 d 和 56 d 后进行测试。

混凝土氯离子扩散系数的计算方法如下：

$$D_{\mathrm{RCM},0}=2.872\times10^{-6}\frac{Th(x_{\mathrm{d}}-\alpha\sqrt{x_{\mathrm{d}}})}{t} \tag{5.2-2}$$

$$\alpha=3.338\times10^{-3}\sqrt{Th} \tag{5.2-3}$$

式中：$D_{\mathrm{RCM},0}$——RCM 法测定的混凝土氯离子扩散系数，m^2/s；

T——阳极电解液初始和最终温度的平均值，K；

h——试件的高度，m；

x_{d}——氯离子扩散深度，m；

t——通电试验时间，s；

α——辅助变量。

根据以上试验方法，对前述 7 个典型配合比混凝土进行了试验和分析，试验装置见图 5.2-1，测试结果见表 5.2-5。

图 5.2-1 RCM 法试验装置

表 5.2-5 RCM 法试验结果

配合比编号	氯离子扩散系数 $D_{RCM,0}$（$\times10^{-12}m^2/s$）		氯离子扩散系数相对百分比(%)	
	28d	56d	28d	56d
A	2.58	1.39	34.7	20.3
B	2.65	1.32	35.7	19.3
C	3.36	1.23	45.2	18.0
D	3.55	1.15	47.8	16.8
E	3.14	1.26	42.3	18.4
F	3.31	1.22	44.5	17.8
对比组	7.43	6.85	100	100

注：试件的养护龄期为 28 d 和 56 d。

由表 5.2-5 可知，在水胶比同为 0.40、养护龄期同为 28d 条件下，相对于普通混凝土而言，A、B、C、D、E 和 F 配合比高性能混凝土的氯离子扩散系数都较小，分别为普通混凝土的 34.7%、35.7%、45.2%、47.8%、42.3%和 44.5%。

养护龄期同为56d条件下，相对于普通混凝土而言，A、B、C、D、E和F配合比高性能混凝土的氯离子扩散系数都较小，并且随磨细矿渣掺量的提高，氯离子扩散系数越来越小，分别为普通混凝土的20.3%、19.3%、18.0%、16.8%、18.4%和17.8%。

(2) 电量法

ASTM C1202的氯离子快速试验方法(Rapid Chloride Penetration Test，简称RCPT方法)，利用外加的60V直流电压使得氯离子快速进入混凝土材料中，再由测量得到的电流值计算6 h内的总通过电荷量表示混凝土抗氯离子渗透能力，评价指标见表5.2-6。由于这个方法具有耗时较短与测量方式简单等优点，目前广泛应用于评估混凝土耐久性试验中。试验装置见图5.2-2。

表5.2-6　RCPT方法评价指标

电通量(C)	氯离子渗透性
＞4 000	高
2 000～4 000	中
1 000～2 000	低
100～1 000	极低
＜100	可忽略

图5.2-2　RCPT法试验装置

本试验参照RCPT方法进行了电量测量，结果见表5.2-7。

表 5.2-7 RCPT 方法试验结果

配合比	电通量(C)	渗透性评价
A	872	极低
B	911	极低
C	704	极低
D	807	极低
E	704	极低
F	779	极低
对比组	3 005	中

注：试件的养护龄期为 28 d。

RCPT 方法测试结果表明，6 个配合比大掺量磨细矿渣高性能混凝土的电通量均在 1 000C 以下，相对于普通混凝土（对比组）而言，大掺量磨细矿渣的加入能显著降低氯离子在混凝土的渗透能力。

（3）自然浸泡法

混凝土试件尺寸为 100 mm×100 mm×100 mm，混凝土成型后一天拆模，放入标准养护室养护 28 d，取出试件自然晾干，然后把试件五个面涂上两层环氧树脂，另外一个面作为渗透面。环氧树脂固化后，将试件放入 3.5%氯化钠溶液中并密封，防止水分蒸发，并放入养护室。试件浸泡 6 个月后，将试件取出，用清水冲掉试件表面盐溶液，把试件晾干。用能严格控制钻孔深度的设备进行钻孔取样。取样从没有涂环氧树脂的那个面开始钻起，每个面布置 9 个孔，钻取深度分别为 0～5 mm、5～10 mm、10～20 mm、20～30 mm、30～40 mm、40～50 mm，共六层，分别代表 2.5 mm、7.5 mm、15 mm、25 mm、35 mm、45 mm深度，同一层所钻取的混凝土粉末收集在一起，作为该层的代表样品。

根据《水工混凝土试验规程》(SL 352)中 4.34 测定混凝土中水溶性氯离子含量，试验结果见表 5.2-8 和图 5.2-3。

表 5.2-8 不同扩散深度的水溶性氯离子含量(单位:%)

配合比编号	扩散深度					
	0～5(mm)	5～10(mm)	10～20(mm)	20～30(mm)	30～40(mm)	40～50(mm)
A	40.8	19.0	0.6	0.6	0.5	0.5
B	38.1	18.3	0.9	0.6	0.5	0.5
C	34.7	15.2	0.7	0.6	0.5	0.5
D	32.4	7.9	0.9	0.7	0.6	0.6
E	40.0	24.2	2.3	1.0	1.0	1.0
F	36.6	19.5	1.2	0.9	1.0	0.8
对比组	41.6	25.7	11.1	2.4	1.1	0.7

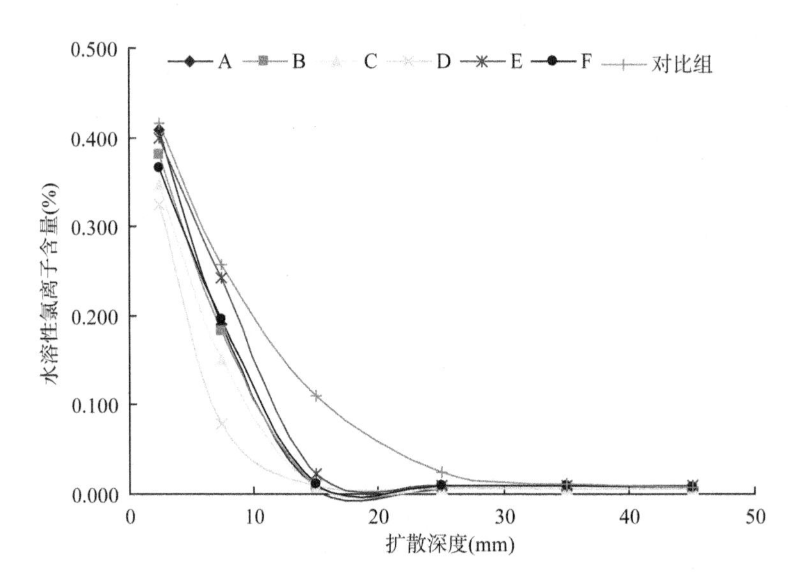

图 5.2-3　不同扩散深度的水溶性氯离子含量

由表 5.2-8 可知，各配合比混凝土中的水溶性氯离子含量随扩散深度的增加呈下降趋势；水溶性氯离子含量基本上集中在扩散深度 0～15 mm 范围内；同一扩散深度条件下，相对于对比组的普通混凝土而言，6 个配合比高性能混凝土中的水溶性氯离子含量都相对较低；就高性能混凝土表层(0～10 mm)水溶性氯离子含量而言，磨细矿渣的掺量由 60%提高到 75%时，同一扩散深度条件下，混凝土中的水溶性氯离子含量呈下降趋势。

(4) 氯离子有效扩散系数

混凝土浸入盐溶液中，氯离子在混凝土中的扩散符合 Fick 第二定律，其基本关系式为：

$$C(x,t) = C_0\left[1 - \operatorname{erf}\left(\frac{x}{2\sqrt{D_c t}}\right)\right] \tag{5.2-4}$$

式中：x ——扩散深度，m；

$C(x,t)$ ——在浸泡时间为 t，深度为 x 的混凝土中氯离子含量，%；

C_0 —— $x=0$ 处的混凝土氯离子含量，即氯离子扩散源的氯离子浓度，%；

D_c ——有效扩散系数，m^2/s；

t ——扩散时间，即浸泡时间，本试验浸泡时间为 6 个月，1.555×10^7 s；

erf ——误差函数。

由自然浸泡法测定的混凝土中不同深度水溶性氯离子含量，见表 5.2-8，依据 Fick 第二扩散理论，可以拟合出氯离子有效扩散系数 D_c。计算结果见表 5.2-9。

表 5.2-9 混凝土水溶性氯离子有效扩散系数

配合比编号	D_c（$\times10^{-12}m^2/s$）
A	1.49
B	1.61
C	1.45
D	1.09
E	2.51
F	1.89
对比组	4.27

由表 5.2-9 可知，普通混凝土（对比组）中氯离子有效扩散系数最大，达到 $4.27\times10^{-12}m^2/s$；磨细矿渣的加入，大幅度地降低了混凝土中氯离子有效扩散系数，其中，D 配合比高性能混凝土（磨细矿渣掺量为 75%）中氯离子扩散系数最小，为 $1.09\times10^{-12}m^2/s$，仅为普通混凝土（对比组）中氯离子有效扩散系数的 25%左右。

5.2.1.4　混凝土抗碳化性能试验

大气中的二氧化碳向混凝土内部扩散，与混凝土中氢氧化钙反应，生成碳酸钙或其他物质，使水泥石原有的碱性降低，pH 值下降到 8.5 左右，这种现象称为混凝土碳化。碳化是混凝土中性化最常见的一种形式。碳化降低了混凝土碱度，使混凝土失去对钢筋的保护作用，给钢筋锈蚀带来不利的影响。碳化与混凝土的耐久性密切相关，是衡量钢筋混凝土结构可靠度的重要指标。

梁建林等对开封地区水工建筑物混凝土病害的调查发现，水工建筑物混凝土碳化现象突出，主要原因是：建筑物设计受时代限制，施工质量差，混凝土碳化加快，工程管理人员对碳化缺乏认识，缺少管理维护等。

碳化反应的主要产物比原先反应物的体积膨胀约 17%，混凝土凝胶孔隙和部分毛细孔隙被碳化产物堵塞，因此，在碳化初期混凝土密实度和强度会有所提高，一定程度上阻碍了二氧化碳和氧气向混凝土内部扩散；但同时混凝土碳化使混凝土碱度降低，使混凝土中钢筋脱钝，严重碳化时，会使混凝土成分分解，强度下降。

（1）碳化深度试验

本试验方法参照《水工混凝土试验规程》（SL 352）中 4.28 条进行。混凝土试件标准养护到 7 d、28 d、56 d 和 90 d 龄期，60℃下烘 48 h，经 4 面封蜡处理后放入 CCB-70A 型混凝土碳化试验箱，进行碳化快速试验。碳化箱二氧化碳浓度保持在 20%±3%，相对湿度保持在 70%±5%，测 7 d、14 d、28 d 和 60 d 后混凝土的碳化深度，试验结果见表 5.2-10 和图 5.2-4。

表 5.2-10　混凝土碳化深度

配合比编号	养护龄期(d)	各碳化龄期的碳化深度(mm)			
		7 d	14 d	28 d	60 d
A	7	7.2	7.1	11.2	15.6
	28	5.3	5.2	6.5	9.3
	90	2.0	4.4	7.2	11.5
B	7	7.0	7.7	11.0	17.0
	28	5.4	6.2	6.6	11.1
	90	2.6	4.0	7.7	11.3
C	7	7.8	7.8	12.1	19.0
	28	6.4	7.0	8.0	12.5
	90	4.0	5.1	8.7	13.6
D	7	7.8	8.0	12.3	17.7
	28	7.1	8.3	9.3	14.9
	90	3.8	5.5	9.8	16.8
E	7	7.0	7.2	11.0	15.7
	28	6.6	6.8	8.9	14.0
	90	0.2	1.7	5.4	8.0
F	7	6.6	7.0	11.3	16.8
	28	6.2	7.0	9.0	14.6
	90	0.3	2.4	5.4	8.8
对比组	7	8.6	7.9	9.2	11.8
	28	2.6	3.3	4.2	6.4
	90	0.6	1.3	3.0	4.4

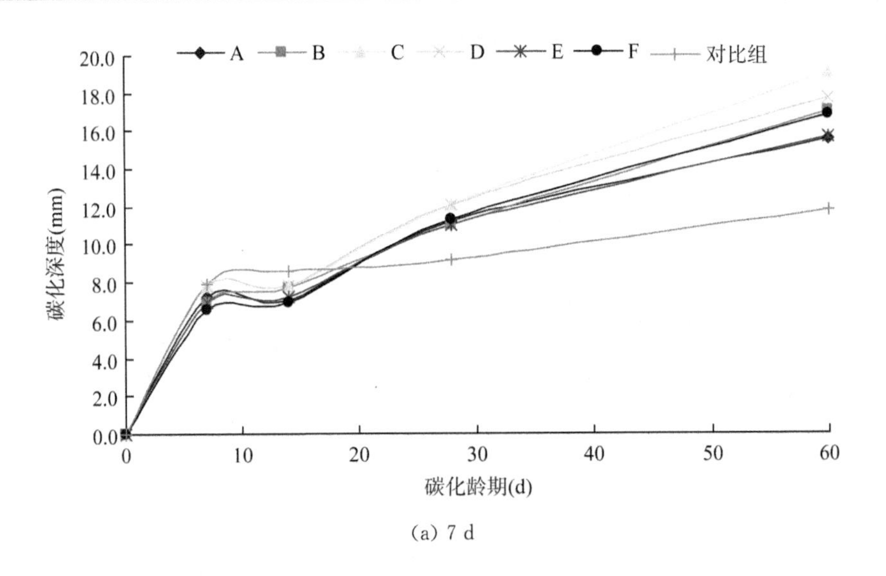

(a) 7 d

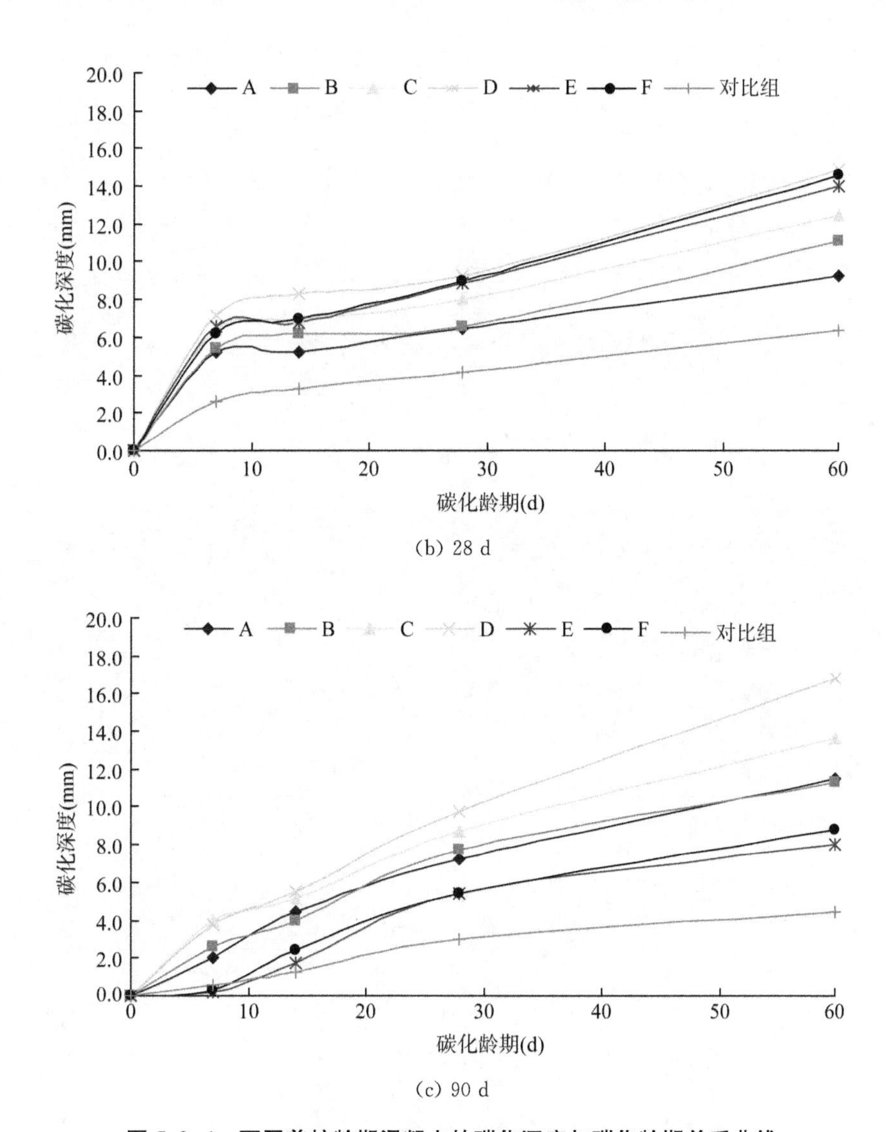

图 5.2-4　不同养护龄期混凝土的碳化深度与碳化龄期关系曲线

结合表 5.2-10 和图 5.2-4 可知，不同养护龄期的普通混凝土碳化深度比大掺量磨细矿渣高性能混凝土碳化深度小；随着磨细矿渣掺量的提高，混凝土的碳化深度增加。这是由于磨细矿渣的掺入降低了混凝土碱度储备，以及火山灰反应，消耗了一部分氢氧化钙，使其碳化速度加快。

总之，与普通混凝土相比，不同配合比的高性能混凝土的抗碳化能力稍差，但碳化深度都不大，60 d 的碳化深度均小于 20 mm。由 Fick 第一定律可知，一般而言，试验室中 60 d 的碳化深度，基本相当于大气中 100 年的碳化深度。所以，实际工程在较低水胶比的情况下，碳化对大掺量磨细矿渣混凝土的耐久性能影响不大。

(2) 碳化对混凝土回弹值的影响

一般大气环境下混凝土的腐蚀主要是碳化腐蚀。一方面，随着时间的推移，碳化使混凝土的碱性逐渐降低，碳化的持续进行使混凝土失去对钢筋的保护作用，从而引起钢筋锈蚀；另一方面，随着时间的变化，碳化对混凝土强度本身也有一定的影响。

为了解碳化龄期与混凝土强度的关系，制作尺寸为 100 mm×100 mm×400 mm 的长方体试件 21 组，分别在标准条件下养护 7 d、28 d 和 90 d，在测量碳化深度的同时进行回弹法混凝土测强试验，碳化龄期对混凝土回弹值的影响试验结果见图 5.2-5。

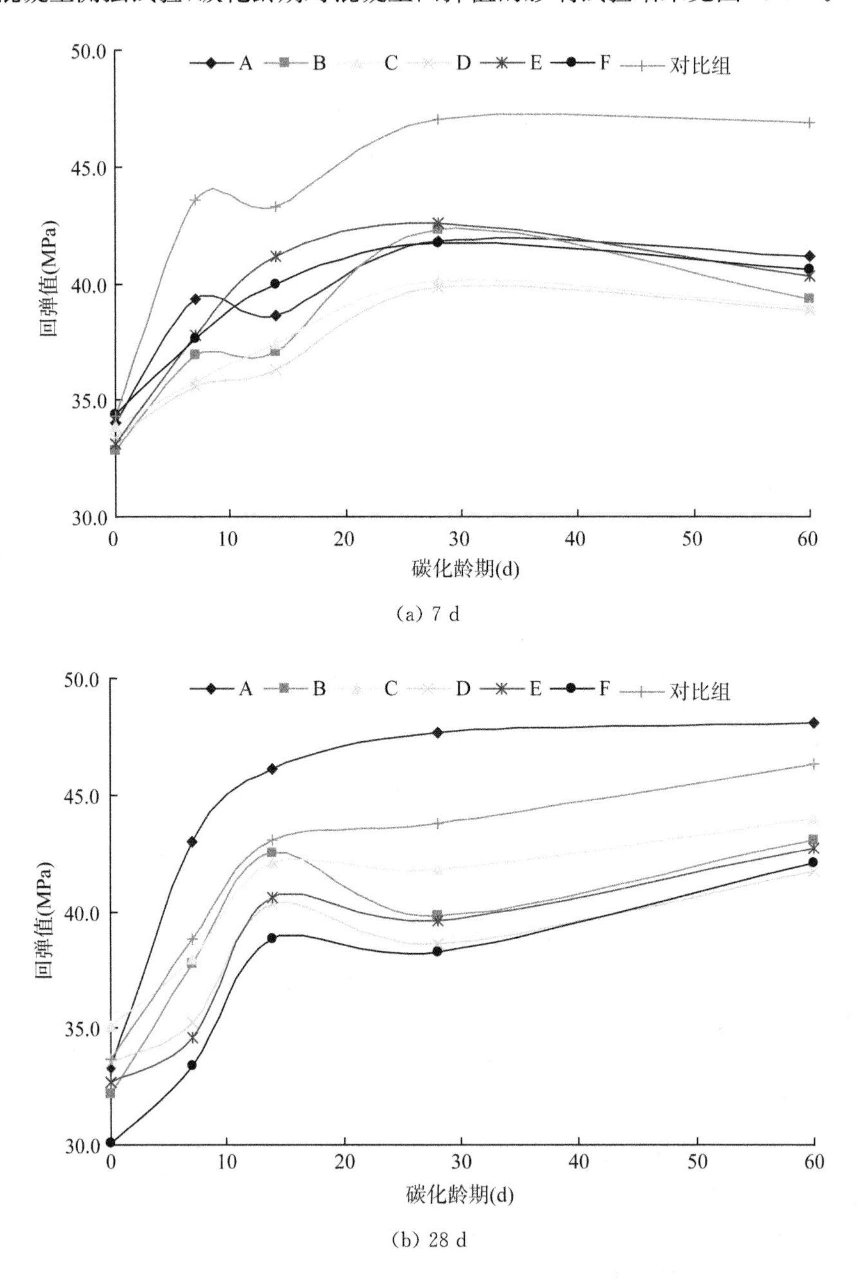

(a) 7 d

(b) 28 d

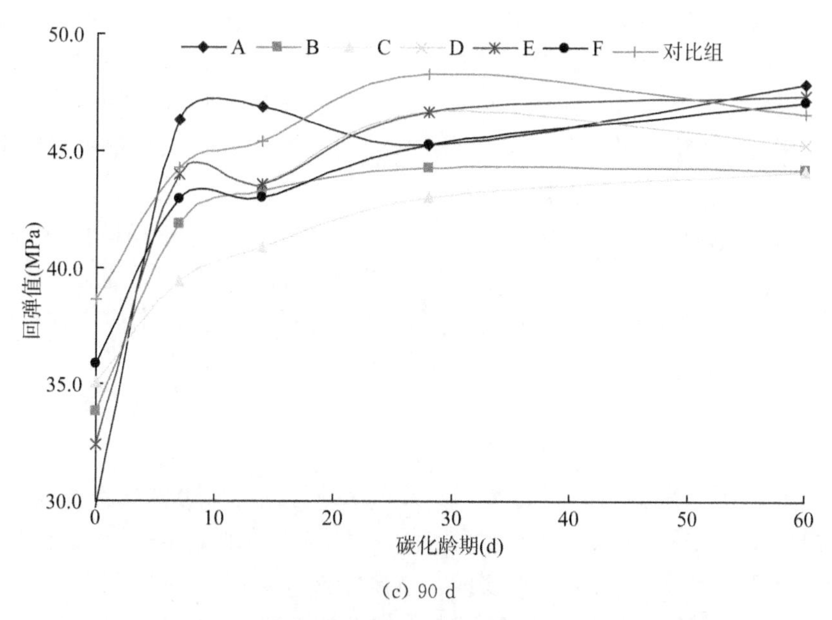

(c) 90 d

图 5.2-5　不同养护龄期混凝土回弹值与碳化龄期关系曲线

由图 5.2-5 可知，总体上，混凝土的回弹值随龄期的延长而增加，其中，7 d 碳化龄期内，是混凝土回弹值的快速增长期，7 d 后是混凝土回弹值的缓慢增长期。一方面，由于 7 d碳化龄期内混凝土中可供反应的碱的量最多，外界的 CO_2 参与反应生成大量的 $CaCO_3$ 填充混凝土孔隙，增加了密实性；另一方面，由于碳化反应需要消耗 $Ca(OH)_2$，促进水泥的水化速度，水化产物增多，致使混凝土强度增加。基于上述原因，7 d 碳化龄期内，混凝土的回弹值急剧增加。

5.2.1.5　抗硫酸盐侵蚀试验

硫酸盐侵蚀是影响水工混凝土耐久性的一项重要因素，硫酸盐侵蚀能够造成混凝土结构疏松，导致混凝土开裂破坏，失去强度，最终影响建筑物的安全使用和寿命。1985 年原水电部混凝土耐久性调查组对全国已建的大中型水电工程病害进行调查，发现一些水电工程不同程度地存在硫酸盐侵蚀问题，如：李家峡水电站坝址的水样中硫酸根离子的含量最高达到 4 417 mg/L，根据我国《建筑防腐蚀工程施工及验收规范》、“水电工程勘察标准”和美国垦务局环境水对混凝土侵蚀标准进行评判，李家峡水电站坝址环境水对混凝土有相当大的侵蚀和严重侵蚀作用；八盘峡水电站左坝头横向廊道混凝土凸起胀裂，多处变酥，排水沟边沿混凝土大部分剥落；盐锅峡水电站十八个坝段有十四个坝段存在硫酸盐侵蚀问题，美国怀俄明州的 Alcova 坝的破坏也是由硫酸盐侵蚀引起的。其他比如刘家峡水电站、青海朝阳水电站、甘肃靖会电力提灌工程、引大入秦灌溉工程、克孜尔水库工程等都出现了程度不同的混凝土硫酸盐侵蚀破坏问题。

从 20 世纪 70 年代开始，我国的一些科研单位就开始了混凝土硫酸盐侵蚀问题的研究，也取得了许多有益的科研成果。比如：掺加粉煤灰、硅粉、矿渣等混合材，可以显著地提高混凝土的抗硫酸盐侵蚀的能力，这一结论已经被大量的事实和科学研究所证实。

测定水泥胶砂或混凝土抵抗硫酸盐溶液侵蚀能力的方法，常用的是强度试验法和测长试验法。强度试验法有国家标准，将按规定方法制成的水泥砂浆棱柱试体分别置于硫酸盐溶液和淡水中，到达一定龄期后，分别测定其抗折强度，根据两者强度比值，评定其耐蚀能力。测长试验法是根据在硫酸盐溶液中试件长度的变化来评定水泥混凝土的耐蚀能力，试体膨胀越大，表示耐蚀能力越差。

国外进行硫酸盐侵蚀性能试验时，多测量长龄期的试件膨胀率，最长测试龄期为3年，而国内则多以抗蚀系数来评价水泥胶砂或混凝土的抗硫酸盐侵蚀能力。本项目从测定砂浆试件的抗蚀系数、膨胀率、混凝土试件的重量变化3个方面来综合评价混凝土抵抗硫酸盐侵蚀的能力。

(1) 抗蚀系数

试验参照《水泥抗硫酸盐侵蚀试验方法》(GB/T 749)进行。采用胶砂比1∶2，水胶比0.50。试件尺寸为10 mm×10 mm×60 mm，压力成型，每个配合比成型18个试件，标准养护24 h后脱模，再在50℃水中养护7 d。取出试件，同一配合比试件中，半数的试件浸泡在20℃清水中，半数试件浸泡在质量分数为3%的Na_2SO_4溶液中，每天用稀硫酸中和，浸泡28 d后，测试砂浆的抗折强度，以抗蚀系数K(即Na_2SO_4溶液中的抗折强度与清水中的抗折强度之比)来反映不同胶凝材料抵抗硫酸侵蚀能力的大小。测试结果见表5.2-11。

除对比组普通混凝土和F配合比胶凝材料方案外，其余配合比的胶凝材料方案的砂浆抗蚀系数均大于1.00。说明掺加磨细矿渣可以提高混凝土或砂浆的抗硫酸盐侵蚀能力。

表5.2-11 抗蚀系数计算结果

配合比编号(胶凝材料方案)	抗折强度(MPa)		抗蚀系数K
	清水中	溶液中	
A	11.19	12.76	1.14
B	10.13	11.40	1.13
C	10.08	11.23	1.11
D	10.26	10.99	1.07
E	9.73	11.35	1.17
F	9.74	9.71	0.99
对比组	9.82	9.33	0.95

(2) 膨胀率

本试验参照*Standard Test Method for Length Change of Hydraulic-Cement Mortars Exposed to a Sulfate Solution*(ASTM C1012)进行，采用胶砂比1∶2.75，砂为ISO老标准砂，水胶比为0.485。试件尺寸为25 mm×25 mm×285 mm，试件成型后，在35℃水中养护24 h，再在23℃的饱和氢氧化钙溶液中浸泡，待抗压强度≥20 MPa时进行初长测试。同一组试件中，半数的试件浸泡在20℃清水中，半数的试件浸入5 000 mg/L的

Na_2SO_4溶液中，定期用稀硫酸中和，测量不同侵蚀龄期的砂浆膨胀率，共进行了为期6个月的测试，试验结果见表5.2-12和图5.2-6，图中的膨胀率为溶液砂浆膨胀率减去同组的清水中砂浆膨胀率，来表示由Na_2SO_4溶液侵蚀而引起的砂浆膨胀率。

表5.2-12　砂浆膨胀率试验结果

配合比编号	膨胀率(%)							
	3 d	7 d	14 d	28 d	60 d	90 d	120 d	180 d
A	0.002 3	0.014 0	0.014 9	0.019 7	0.032 0	0.030 9	0.031 9	0.035 3
B	0.003 4	0.012 0	0.012 0	0.013 0	0.017 2	0.015 2	0.014 0	0.016 6
C	0.000 6	0.007 9	0.006 2	0.006 9	0.010 1	0.007 0	0.006 8	0.009 3
D	0.006 5	0.010 9	0.011 1	0.012 8	0.016 6	0.012 8	0.012 8	0.015 9
E	0.006 5	0.011 8	0.012 3	0.012 7	0.021 4	0.020 0	0.023 1	0.025 3
F	0.012 4	0.016 3	0.018 2	0.019 2	0.025 9	0.025 3	0.026 3	0.028 6
对比组	0.011 1	0.021 3	0.024 5	0.028 7	0.056 8	0.060 4	0.075 7	0.081 3

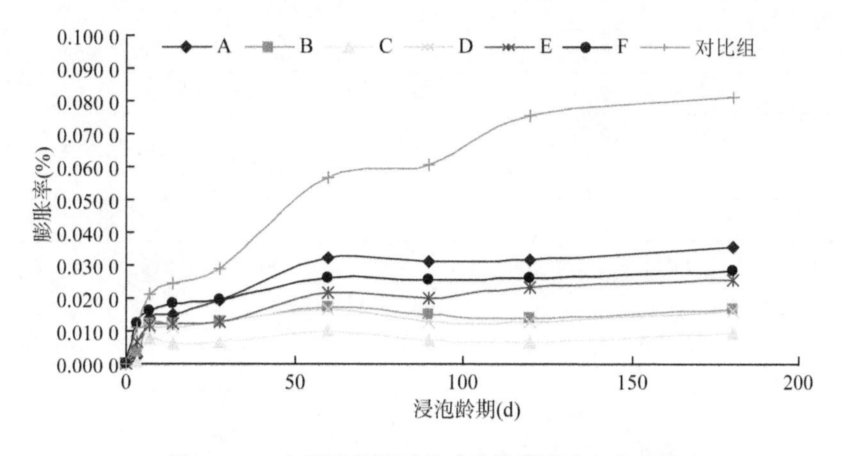

图5.2-6　各浸泡龄期砂浆试件的膨胀率变化曲线

试验结果表明，磨细矿渣与普通水泥复合的胶凝材料体系的抵抗硫酸盐侵蚀的能力明显优于普通水泥，相对于对比组(普通水泥砂浆)膨胀率，A～F配合比胶凝材料方案的180d砂浆膨胀率分别降低了56.6%、79.6%、78.6%、70.4%、68.9%和64.8%。原因主要体现在以下两个方面：一方面，磨细矿渣的加入降低了胶凝材料体系中C_3A的含量，有效降低了硫酸盐侵蚀破坏的风险；另一方面，由于火山灰效应，消耗了水泥水化产物$Ca(OH)_2$，减少了参与硫酸盐破坏反应的$Ca(OH)_2$的含量，改善砂浆内部的界面，使砂浆内部更密实。

(3) 重量变化率

采用本项目设计的7个实际配合比进行混凝土试件成型，筛出大于20 cm的粗骨料，制作7.07 cm×7.07 cm×7.07 cm的立方体混凝土试件，标准养护90d后，通过浸泡加速试验来进行混凝土的抗硫酸盐腐蚀能力测试，加速措施主要体现在以下几个方面：

①提高侵蚀溶液 Na_2SO_4 的浓度。本试验配制浓度为5%的 Na_2SO_4 溶液。②pH值控制。通过定时滴加一定浓度的稀 H_2SO_4 溶液来调节侵蚀溶液的pH值和定时更换侵蚀溶液，使其保持中性。③干湿浸烘循环加速腐蚀。循环制度是:60℃时烘4 d,再在60℃环境的侵蚀溶液中浸泡3 d,共计7 d为一个循环,如此往复,直至设计试验龄期,测试龄期为4个循环(28 d后)、8个循环(56 d后)、12个循环(84 d后)、16个循环(112 d后)、24个循环(168 d后)、32个循环(224 d后)。

按上述试验方法,对相应龄期混凝土试件的重量和外观变化过程进行研究。结果见表5.2-13和图5.2-7,168d侵蚀龄期后的试件外观见图5.2-8。

表 5.2-13　混凝土试件重量变化试验结果

配合比编号	不同侵蚀龄期后的混凝土重量变化率(%)					
	28 d	56 d	84 d	112 d	168 d	224 d
A	0.77	0.80	0.63	0.31	−1.24	−5.85
B	0.71	0.85	0.80	0.68	−0.56	−3.08
C	0.64	0.82	0.82	0.68	−0.73	−4.26
D	0.54	0.67	0.62	0.51	−0.51	−2.80
E	0.55	0.24	0.26	0.01	−0.28	−1.83
F	0.45	0.55	0.53	0.39	−0.68	−6.42
对比组	1.06	1.36	1.14	0.15	−4.91	−8.40

注：7 d为一个干湿浸烘循环;“−”表示重量损失。

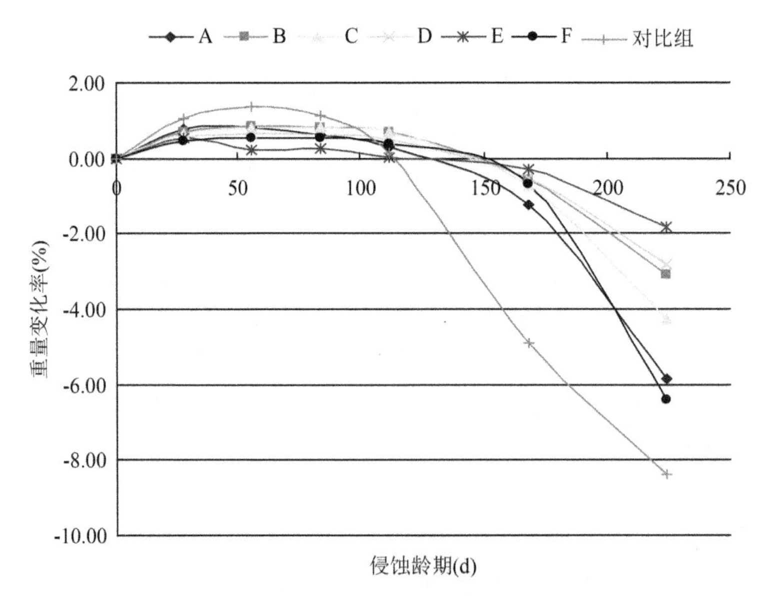

图 5.2-7　混凝土试件的重量变化与侵蚀龄期关系曲线

(a) A配合比

(b) B配合比

(c) C配合比

(d) D配合比

(e) E配合比

(f) F配合比

(g) 对比组

图 5.2-8　侵蚀后(168 d)的混凝土试件外观

由表5.2-13和图5.2-8可知，总体上，随着侵蚀龄期的延长，混凝土的重量变化表现为先增加，而后减少的过程。

硫酸盐侵蚀引起的混凝土的重量变化过程大致可以分为三个阶段：侵蚀龄期在0～56 d时段内，混凝土试件重量呈不断增加趋势；侵蚀龄期在56～112 d时段内，混凝土试件重量已不再继续增加，而是重量增加率逐渐变小；侵蚀龄期在112 d以后，混凝土的重量呈现明显的减少趋势，相对于大掺量磨细矿渣高性能混凝土而言，普通混凝土（对比组）的重量下降尤为迅速，在混凝土表层未产生裂缝前，甚至混凝土表面仅产生大量裂缝还未剥落前，混凝土试件的重量在不断增加，主要是由于反应结合了溶液中的SO_4^{2-}生成钙矾石和石膏所致；而随着侵蚀的不断进行，混凝土的表面裂缝不断增多，甚至内部开始出现裂缝，混凝土表面开始剥落，导致混凝土的重量的不断减少。在试件重量增加的过程中，普通混凝土的重量增加率显著高于大掺量磨细矿渣高性能混凝土，这是由于同强度条件下，普通混凝土的水胶比相对较高，不如高性能混凝土内部密实，SO_4^{2-}相对更容易渗入所致。

5.2.1.6 水工混凝土钢筋腐蚀快速试验

试验方法参照《水工混凝土试验规程》(SL 352)中4.30进行，试验的目的是通过室内加速试验比较不同配合比混凝土在氯离子侵蚀环境中防止钢筋腐蚀的能力。试件成型示意图见图5.2-9。试件养护90 d后，放入烘箱，在80℃±2℃的温度下烘4 d，在3.5%食盐水中浸泡24 h，再在60℃±2℃的温度下烘13 d，从开始泡食盐水至烘毕，共历时14 d为一次循环。至一定检查龄期，劈开试件，取出钢筋，测试钢筋的表面锈积率和质量损失率。

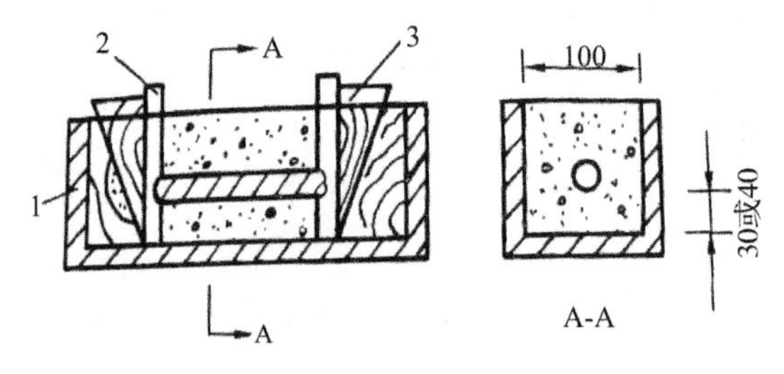

1. 试模；2. 端头板；3. 木锲

图5.2-9 试件成型示意图(单位：mm)

钢筋的表面锈积率按照下式计算：

$$R=\frac{A_n}{A_0}\times 100 \tag{5.2-5}$$

式中：R——钢筋锈积率，%；

A_n——n次循环后钢筋锈蚀面积，mm^2；

A_0——钢筋表面积，mm^2。

钢筋的质量损失率按照下式计算：

$$L=\frac{M_0-M-\frac{(M_{01}-M_1)+(M_{02}-M_2)}{2}}{M_0}\times 100\% \qquad (5.2-6)$$

式中：L——钢筋质量损失率，%；

M_{01}、M_{02}——分别为空白校正用的两根钢筋的初始质量，g；

M_1、M_2——分别为空白校正用的两根钢筋酸洗后的质量，g；

M_0——试验钢筋初始质量，g；

M_1——试验后钢筋质量，g。

11次浸烘循环后的钢筋锈积率和质量损失率见表5.2-14。混凝土中钢筋的锈蚀状况见图5.2-10。

表5.2-14　11次浸烘循环后钢筋的锈积率和质量损失率

配合比编号	锈积率(%)	质量损失率(%)
A	0	0
B	0	0
C	0	0
D	0	0
E	0	0
F	0	0
对比组	56.8	1.01

从表5.2-14看出，11次浸烘循环后，普通混凝土中的钢筋锈蚀较为严重，其钢筋锈积率为56.8%，质量损失率达到1.01%，钢筋表面锈蚀状况如图5.2-10所示；而A～F配合比的大掺量磨细矿渣中的钢筋没有任何锈蚀，其钢筋锈积率和质量损失率都为0，说明大掺量磨细矿渣高性能混凝土能够显著提高护筋性，防止钢筋过早锈蚀。

(a) A配合比

(b) B配合比

(c) C配合比

(d) D配合比

(e) E配合比

(f) F配合比

(g) 对比组

图 5.2-10　各配合比混凝土中钢筋表面锈蚀情况

5.2.2 高性能混凝土工程寿命预测与分析

5.2.2.1 基于碳化深度的寿命预测

对于混凝土碳化深度的预测，国内外的众多学者已经做了很多的研究工作，并建立了多种碳化深度预测的数学模型。从建立模型的方法看，主要有两种途径：一种是基于Fick第一定律推导的理论模型；另一种是基于试验回归和经验分析的模型。目前，国内外公认的预测碳化深度的数学模型为：$X = At^B$，但通常将常数 B 取值0.5，即认为碳化深度 X 与时间的平方根成正比，即 $X = K\sqrt{t}$，式中，K 为碳化系数。

(1) 碳化深度随时间变化规律

碳化随时间而不断加深，为了用数学表达式描述碳化深度与时间的确切关系，对不同条件下的碳化-时间试验数据曲线分别进行回归，结果详见表5.2-15。

表5.2-15 碳化深度随时间变化回归方程

配合比编号	回归方程	剩余标准方差	相关系数(%)
$X = A/(B \cdot t + C)\sqrt{t}$，式中，A、B为回归常数。			
A	$X = 13.8174/(0.0587t + 8.4159)\sqrt{t}$	1.0491	97.55
B	$X = 15.0595/(0.0302t + 9.1210)\sqrt{t}$	1.3226	97.17
C	$X = 17.8682/(0.0417t + 8.9872)\sqrt{t}$	1.3468	97.71
D	$X = 1728.8718/(2.6567t + 769.4200)\sqrt{t}$	1.4774	98.07
E	$X = 1579.3904/(1.4463t + 807.1474)\sqrt{t}$	1.2938	98.34
F	$X = 18.4172/(0.0044t + 9.690)\sqrt{t}$	1.0846	98.93
对比组	$X = 6.4841/(0.0105t + 7.2326)\sqrt{t}$	0.3011	99.58
$X = At^B$，式中，A、B为回归常数。			
A	$X = 2.5162t^{0.3091}$	0.6285	98.69
B	$X = 2.2853t^{0.3721}$	0.9198	97.95
C	$X = 2.8416t^{0.3501}$	0.8654	98.59
D	$X = 3.0413t^{0.3771}$	0.9901	98.70
E	$X = 2.4583t^{0.4155}$	0.9311	98.71
F	$X = 2.1837t^{0.4558}$	0.8291	99.06
对比组	$X = 1.0243t^{0.4426}$	0.2032	99.71
$X = A\sqrt{t}$，式中，A为回归常数。			
A	$X = 1.2836\sqrt{t}$	1.0345	95.18
B	$X = 1.4531\sqrt{t}$	1.0262	96.58
C	$X = 1.6723\sqrt{t}$	1.1598	96.59
D	$X = 1.9676\sqrt{t}$	1.2062	97.42
E	$X = 1.8206\sqrt{t}$	0.9655	98.15
F	$X = 1.8652\sqrt{t}$	0.7715	98.92
对比组	$X = 0.8351\sqrt{t}$	0.2429	99.45

注：混凝土养护龄期为28 d。

由表 5.2-15 可知，$X=A/(B\cdot t+C)\sqrt{t}$ 、$X=At^B$ 和 $X=A\sqrt{t}$ 三种回归模型计算结果表明，回归模型 $X=At^B$ 计算结果与实测数据的相关性最好，其中，A、B 为回归常数。以模型 $X=At^B$ 回归的曲线见图 5.2-11。

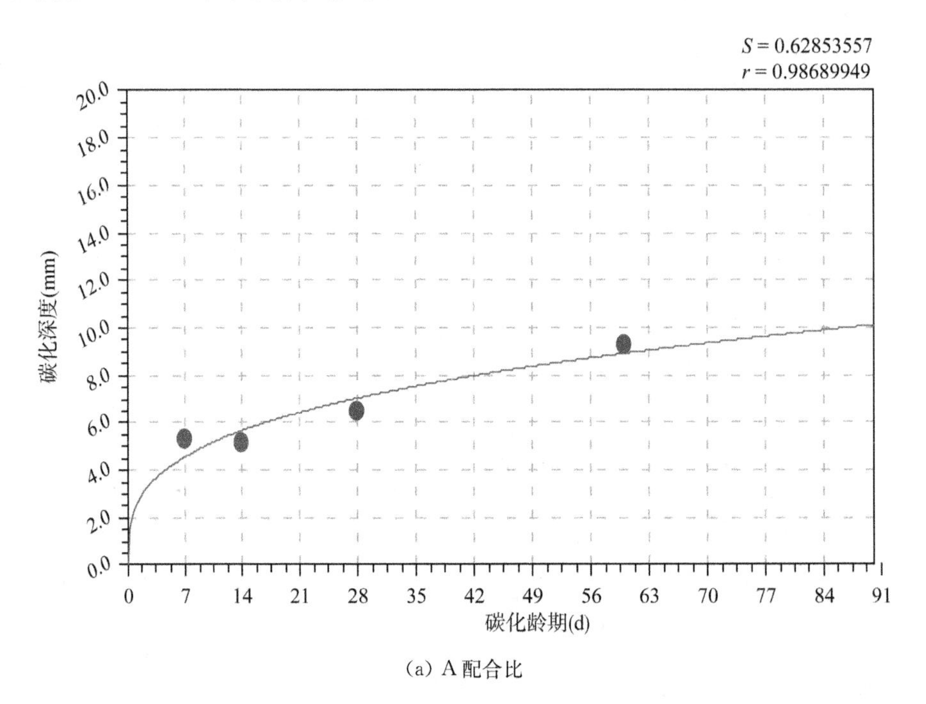

(a) A 配合比

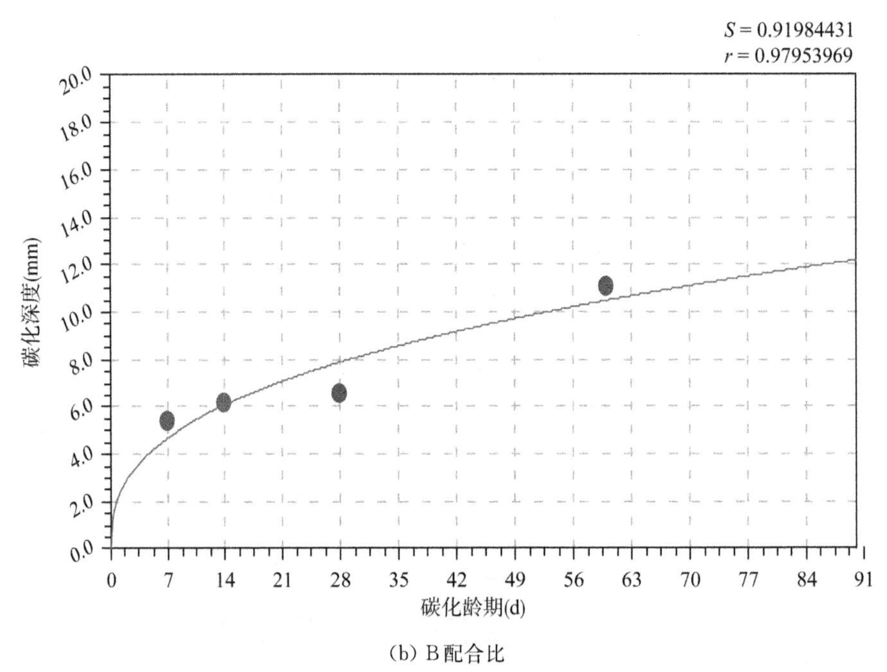

(b) B 配合比

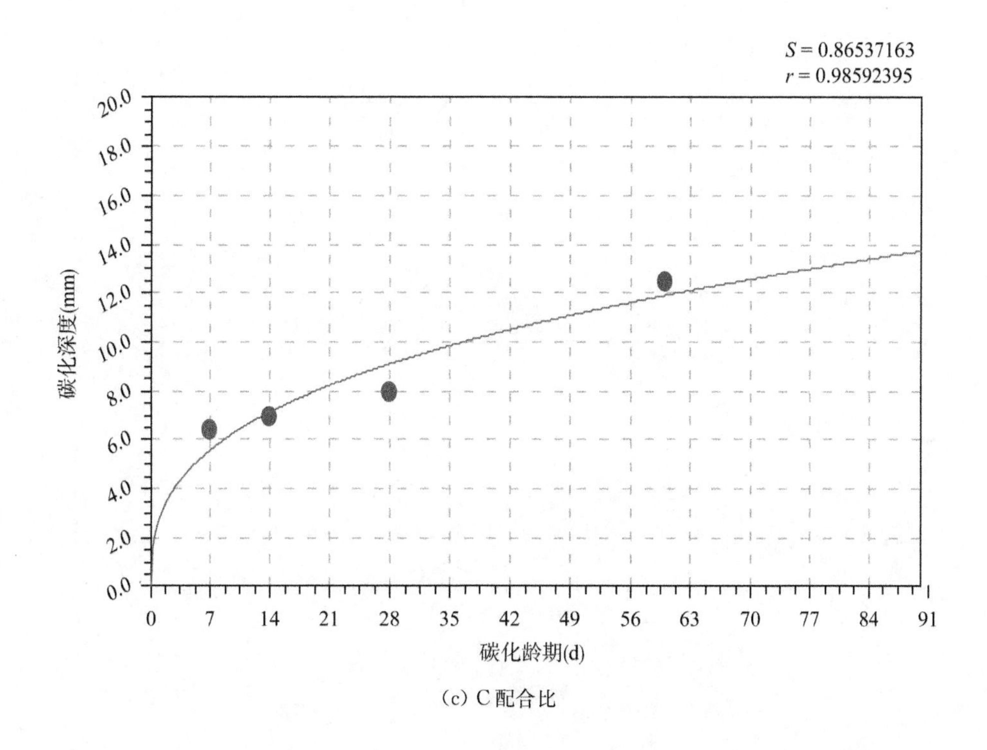
S = 0.86537163
r = 0.98592395
碳化深度(mm)
20.0
18.0
16.0
14.0
12.0
10.0
8.0
6.0
4.0
2.0
0.0
0
7
14
21
28
35
42
49
56
63
70
77
84
91
碳化龄期(d)

（c）C 配合比

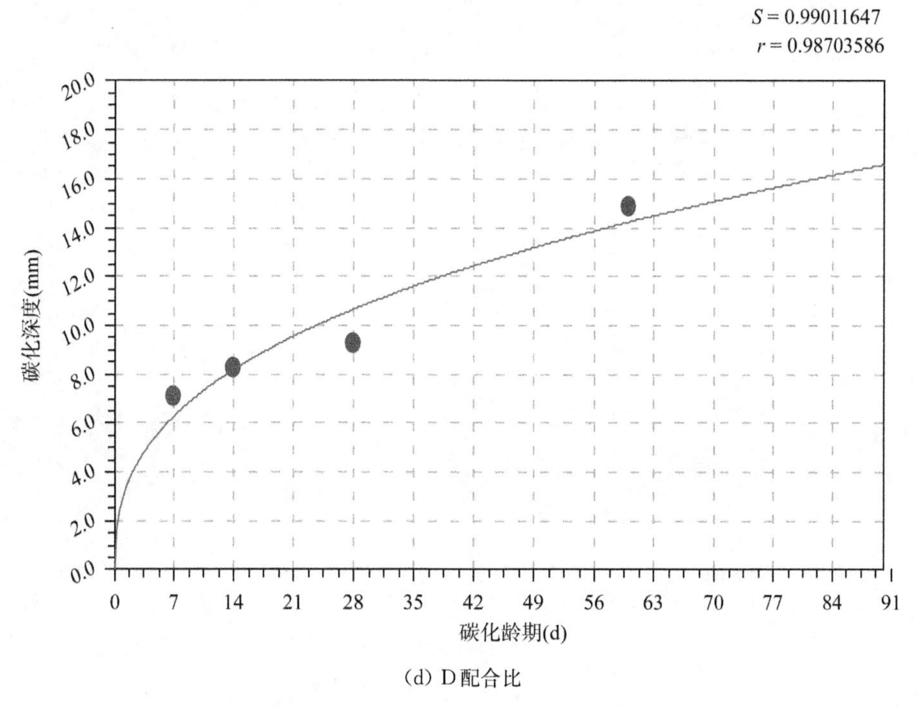
S = 0.99011647
r = 0.98703586
碳化深度(mm)
20.0
18.0
16.0
14.0
12.0
10.0
8.0
6.0
4.0
2.0
0.0
0
7
14
21
28
35
42
49
56
63
70
77
84
91
碳化龄期(d)

（d）D 配合比

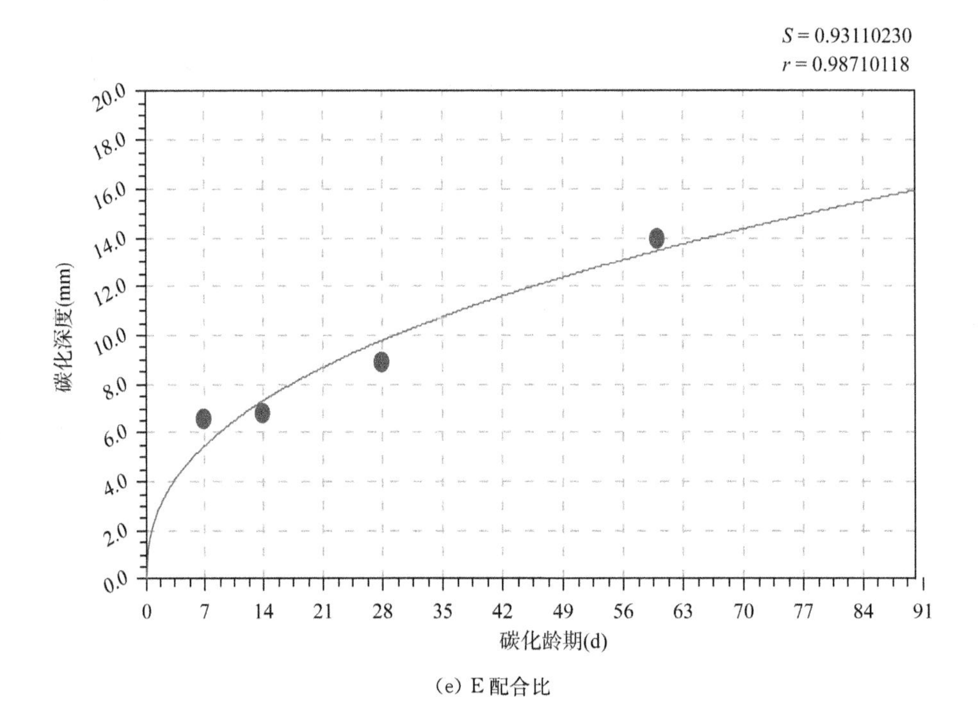
S = 0.93110230
r = 0.98710118
碳化深度(mm)
0.0
2.0
4.0
6.0
8.0
10.0
12.0
14.0
16.0
18.0
20.0
0
7
14
21
28
35
42
49
56
63
70
77
84
91
碳化龄期(d)

(e) E 配合比

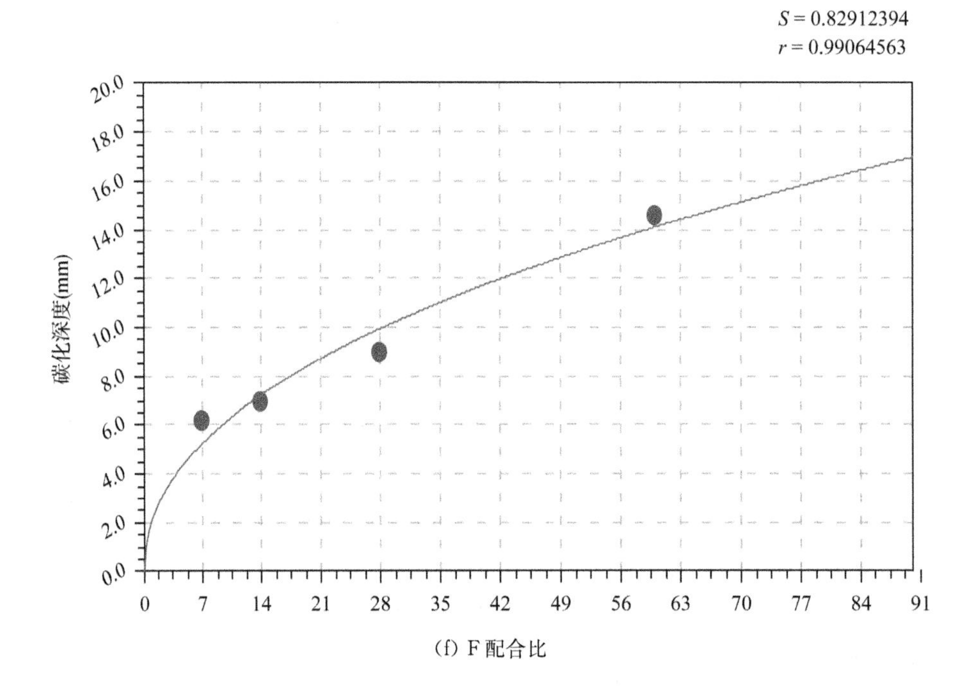
S = 0.82912394
r = 0.99064563
碳化深度(mm)
0.0
2.0
4.0
6.0
8.0
10.0
12.0
14.0
16.0
18.0
20.0
0
7
14
21
28
35
42
49
56
63
70
77
84
91

(f) F 配合比

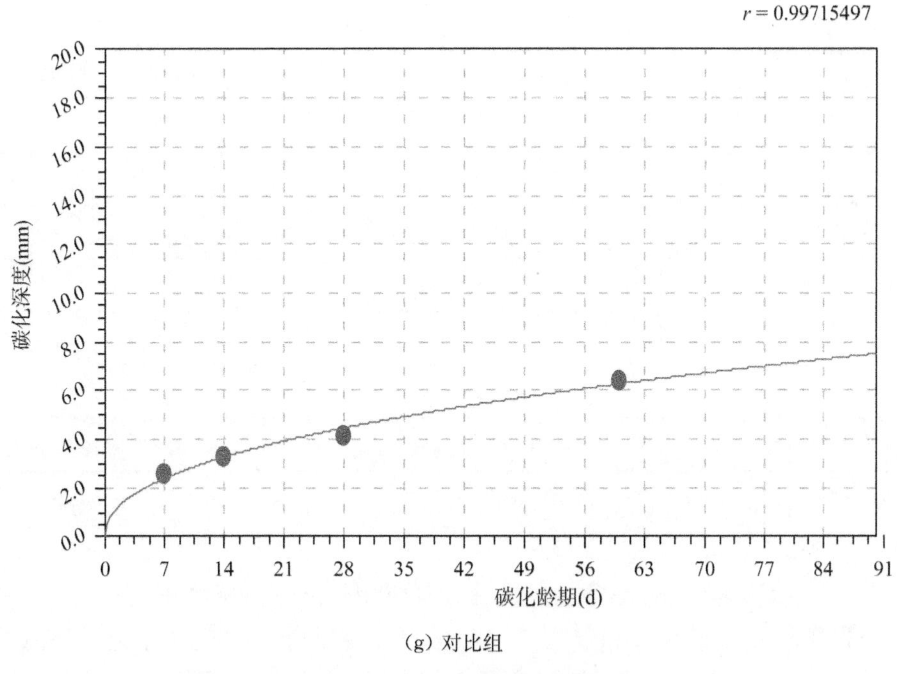

(g) 对比组

图 5.2-11　各配合比混凝土碳化深度与时间回归曲线

(2) 抗碳化耐久年限预测

室内试验碳化龄期与自然碳化时间之间的对应关系可采用目前较普遍认可的 $X = \alpha_1 (C_1 t_1)^b = \alpha_2 (C_2 t_2)^b$ 关系式,此处假定 $\alpha_1 = \alpha_2$,给定保护层厚度,根据室内快速碳化试验回归结果可以预测工程寿命。可见,室内快速试验碳化深度和自然碳化深度具有如下关系式:

$$t_2 = \left(\frac{X_2}{X_1}\right)^{\frac{1}{b}} \left(\frac{C_1 t_1}{C_2}\right) \tag{5.2-7}$$

式中:X_2 ——预测某龄期混凝土的自然碳化深度,mm;

X_1 ——快速碳化时的混凝土碳化深度,mm;

b ——回归参数;

t_1 ——混凝土快速碳化龄期,年;

t_2 ——预测的自然碳化龄期,年;

C_1 ——快速碳化时二氧化碳的浓度,为 20%;

C_2 ——预测对象周围介质的二氧化碳浓度,在大气中,一般可取为 0.03%。

X_1 根据表选取,为养护和碳化龄期为 28 d 的试验结果,7 个配合比混凝土的碳化深度分别为 6.5 mm、6.6 mm、8.0 mm、9.3 mm、8.9 mm、9.0 mm 和 4.2 mm。快速试验中,t_1 为 28 天,即 0.076 7 年。表 5.2-16 列出保护层厚度分别为 40 mm 和 60 mm 时,基于碳化深度的工程预测寿命。

表 5.2-16　基于碳化深度的工程预测寿命

配合比编号	工程预测寿命(年)	
	保护层厚度 40 mm	保护层厚度 60 mm
A	18 273	67 844
B	6 483	19 274
C	5 073	16 152
D	2 449	7 176
E	1 904	5 051
F	1 349	3 284
对比组	8 323	20 803

从表 5.2-16 可以看出,在保护层厚度分别为 40 mm 和 60 mm 时,所有配合比混凝土的工程预测寿命都大大超过 100 年。

5.2.2.2　基于氯离子扩散系数的寿命预测(欧洲 DuraCrete 方法)

现场实测表明,扩散系数 D_a 与混凝土水胶比、胶凝材料品种与掺量以及环境条件等多种因素有关,并随混凝土受环境氯离子作用时间或年限增长而降低,符合指数衰减规律:

$$D_a(t) = D_i\left[\frac{t_i}{t}\right]^n \tag{5.2-8}$$

式中:D_i ——经历环境作用 t_i 后测得扩散系数,m^2/s;

n ——指数,与胶凝材料品种与掺量以及环境条件等多种因素相关。

DuraCrete 方法是欧共体资助的有关混凝土结构耐久性的联合研究项目,提出的氯离子侵入混凝土过程的计算模型为:

$$C(x,t) = C_{sa} \cdot \left[1-\mathrm{erf}\left(\frac{x}{2\sqrt{D_a t}}\right)\right] \tag{5.2-9}$$

$$D_a = D_a(t) = D_{RCM,0} \cdot k_t \cdot k_c \cdot k_e \cdot \left[\frac{t_0}{t}\right]^n \tag{5.2-10}$$

式中:$D_{RCM,0}$ ——龄期 t_0 的混凝土用 RCM 法测定的扩散系数,m^2/s;

k_t ——考虑 RCM 法测定的扩散系数来表达早期混凝土扩散系数 D_a 的修正系数,通常取 1;

k_e ——环境条件影响系数;

k_c ——混凝土养护条件影响系数。

混凝土的表面氯离子浓度与环境条件、混凝土的水胶比以及胶凝材料种类有关,其平均值可用下式表示:

$$C_{sa} = A_c \cdot (W/B) \tag{5.2-11}$$

式中：A_C——拟合回归系数。

将式(5.2-9)中 $C(x,t)$ 代之以钢筋的氯离子临界浓度 c_0，混凝土保护层厚度作为 x，$D_{RCM,0}$ 的取值见表 5.2-17，并联合式(5.2-9)、(5.2-10)，即可推测混凝土中钢筋开始腐蚀的使用寿命。

参考《混凝土结构耐久性设计与施工指南》(CCES 01)(2005 年修订版)附录 C，各配合比混凝土使用寿命预测参数取值见表 5.2-17。

表 5.2-17　基于 DuraCrete 方法的混凝土使用寿命预测参数取值

配合比编号	参数取值					
	$D_{RCM,0}$ ($\times 10^{-12}m^2/s$)	A_c	k_e	k_c	n	c_0 *(%)
A	1.39	7.17	1.99	0.79	0.51	0.37
B	1.32	7.12	2.08	0.79	0.52	0.37
C	1.23	7.07	2.17	0.79	0.53	0.37
D	1.15	7.02	2.26	0.79	0.54	0.37
E	1.26	7.12	2.08	0.79	0.52	0.37
F	1.22	7.07	2.17	0.79	0.53	0.37
对比组	6.85	7.76	0.92	0.79	0.37	0.37

注：c_0 * 按《混凝土结构耐久性评定标准》(CECS 220:2007)中表 6.0.5 取值

当混凝土保护层厚度，分别取 40 mm 和 60 mm 时，基于欧洲 DuraCrete 方法的工程预测寿命见表 5.2-18。

表 5.2-18　基于欧洲 DuraCrete 方法的工程预测寿命

配合比编号	工程预测寿命(年)	
	保护层厚度 40 mm	保护层厚度 60 mm
A	207	1 082
B	244	1 321
C	303	1 701
D	379	2 207
E	269	1 456
F	308	1 731
对比组	8	30

由表 5.2-18 可知，基于欧洲 DuraCrete 方法的工程预测寿命分析表明：对比组普通混凝土预测寿命较短：当混凝土保护层厚度 40 mm 时，工程寿命只有 8 年；当混凝土保护层厚度 60 mm 时，工程寿命为 30 年，是难以保证工程百年耐久性的。而高性能混凝土预测寿命较长，寿命基本上是普通混凝土的 10 倍以上。当混凝土保护层厚度达到 40 mm 时，高性能混凝土完全能够保证工程寿命在 100 年以上。

5.2.2.3 基于等效时间的混凝土硫酸盐侵蚀寿命预测

混凝土结构的使用寿命问题已成为当前工程界急需解决的问题。硫酸盐侵蚀是影响混凝土耐久性的一项重要因素，能够造成混凝土结构疏松和开裂破坏，使混凝土失去承载能力，最终影响工程结构的安全使用和寿命。从混凝土材料设计角度考虑，在硫酸盐侵蚀机理的研究中，建立合理、实用的寿命预测模型，分析和预估混凝土结构正常使用极限状态下的抗硫酸盐侵蚀耐久寿命，对指导混凝土的原材料选取和耐久性设计都具有重要的现实意义。

本研究以加速试验方法为基础，来建立基于等效时间的混凝土硫酸盐侵蚀寿命预测模型；以混凝土的重量变化作为损伤因子来确定混凝土的失效破坏准则。应用该寿命预测模型对大掺量磨细矿渣高性能混凝土的抗硫酸盐侵蚀耐久寿命进行了预测。

(1) 等效时间

通常，通过提高硫酸盐侵蚀溶液的浓度、温度和控制侵蚀溶液的 pH 值等手段进行混凝土硫酸盐侵蚀加速试验。要建立室内试验结果与工程环境侵蚀结果之间的关系，可通过确立加速失效时间与实际等效时间之间的关系实现。

① 温度的影响

提高试验温度的作用主要体现在以下两个方面：其一，提高硫酸盐与 C_3A 或 $Ca(OH)_2$ 的反应速度，加速反应产物产生的膨胀破坏过程；其二，提高 SO_4^{2-} 的扩散系数 D_{eff}。

1889 年，Arrhenius 认为温度对蔗糖转化的影响关系式可表达为：

$$S(T) = A\exp[-E(T)/RT] \tag{5.2-12}$$

其中：T 为绝对温度，K；$S(T)$ 为温度 T 条件下的反应速度；R 为气体常数，J/mol·K；A 为频度因数；$E(T)$ 为活化能，kJ/mol。

1977 年，P. F. Hansen 和 J. Pedersen 提出了 Arrhenius 公式和成熟度结合的函数来表达等效龄期 t_{eT1}，有：

$$t_{eT1} = \int_0^t e^{\left(\frac{1}{T_0}-\frac{1}{T_a}\right)\frac{E(T)}{R}} dt \tag{5.2-13}$$

其中：T_0 为基准温度，293K；T_a 为加速试验温度，K；其余参数意义同式(5.2-12)。

相对于氯离子的扩散系数而言，有关硫酸根的扩散系数文献极少。有关文献对硫酸根和氯离子扩散系数之间的关系进行了研究，两者的关系如下：

$$D_{SO_4^{2-}} = D_{Cl^-}\left(D_{fSO_4^{2-}}/D_{fCl^-}\right)^{\frac{2}{b}} \tag{5.2-14}$$

其中：$D_{SO_4^{2-}}$ 为硫酸根在混凝土孔液中的扩散系数，m^2/s；D_{Cl^-} 为氯离子在混凝土孔液中的扩散系数，m^2/s；$D_{fSO_4^{2-}}$ 为硫酸根在纯水中的扩散系数，25℃水中为 $1.07\times10^{-9}m^2/s$；D_{fCl^-} 为氯离子在纯水中的扩散系数，25℃水中为 $2.03\times10^{-9}m^2/s$；b 为常数，取值1.5。

代入常数，则式(5.1-14)可表达为：$D_{SO_4^{2-}}=0.808D_{Cl^-}$ 。可见，硫酸根扩散系数与氯离子的扩散系数呈线性关系。

在假定氯离子的扩散系数为定值 D_a 的条件下，根据Fick第二定律，有以下解析解：

$$C(x,t)=C_{sa}\cdot\left[1-\mathrm{erf}\left(\frac{x}{2\sqrt{D_a t}}\right)\right] \tag{5.2-15}$$

由于扩散系数 D_a 与混凝土水胶比、胶凝材料品种与掺量、环境条件等多种因素有关，并随混凝土受环境氯离子作用时间或年限的增长而降低，符合指数衰减：

$$D_a=D_a(t)=D_i\left[\frac{t_i}{t}\right]^n \tag{5.2-16}$$

其中：D_i 为历经环境作用时间 t_i 后测得的扩散系数，m^2/s；n 为指数，与胶凝材料种类、掺量和不同环境条件有关。

由于式(5.1-15)中的环境作用年限远长于混凝土结构开始接触氯离子时的龄期，则式(5.2-15)中的 t 也可认为是混凝土的龄期。结合式(5.1-15)和式(5.1-16)，可得：

$$C(x,t)=C_{sa}\cdot\left[1-\mathrm{erf}\left(\frac{x}{2\sqrt{D_0\cdot t_0^n\cdot t^{1-n}}}\right)\right] \tag{5.2-17}$$

由式(5.1-17)可知，某一龄期测得的氯离子扩散系数 D_0 与 t^{1-n} 成反比。有关文献认为温度每升高10℃，混凝土氯离子的扩散系数增大近2倍；而Stephen认为氯离子的扩散系数与温度存在如下关系：

$$D_{Cl^-T_a}=D_{Cl^-T_0}\cdot\frac{T_a}{T_0}\cdot e^{q\left(\frac{1}{T_0}-\frac{1}{T_a}\right)} \tag{5.2-18}$$

其中：q 为活化常数，当 $W/C=0.4$ 时，$q=6\,000K$，当 $W/C=0.5$ 时，$q=5450K$；T_0 为基准温度，293K；T_a 为加速试验温度，K；$D_{Cl^-T_0}$ 为温度 T_0 下的氯离子扩散系数，m^2/s；$D_{Cl^-T_a}$ 为温度 T_a 下的氯离子扩散系数，m^2/s。

可见，加速试验温度为 T_a 时，氯离子的扩散系数为基准温度 T_0 时氯离子扩散系数的 $\frac{T_a}{T_0}\cdot e^{q\left(\frac{1}{T_0}-\frac{1}{T_a}\right)}$ 倍。由 $D_{SO_4^{2-}}=0.808D_{Cl^-}$ 可知，温度为 T_a 时，硫酸根的扩散系数为温度 T_0 时硫酸根的扩散系数的 $\frac{T_a}{T_0}\cdot e^{q\left(\frac{1}{T_0}-\frac{1}{T_a}\right)}$ 倍。因此，等效时间 t_{eT2} 与加速试验时间 t 的关系式可表达为：$t_{eT2}=e^{\frac{1}{1-n}\cdot\left(\ln\frac{T_a}{T_0}+q\left(\frac{1}{T_0}-\frac{1}{T_a}\right)\right)}\cdot t$ 。

② 浓度的影响

混凝土结构遭受腐蚀离子侵蚀时，其腐蚀过程受侵蚀离子的扩散控制，根据Fick第

一定律,则等效时间 t_{en} 与加速试验时间 t 之间的相关关系可表达为:

$$t_{en} = \frac{C_A}{C_0} \cdot t \tag{5.2-19}$$

其中:t 为加速试验时间;t_{en} 为考虑侵蚀溶液浓度影响的等效时间;C_A 为加速试验侵蚀溶液浓度;C_0 为环境侵蚀介质浓度。

(2) 预测模型

仅考虑提高侵蚀溶液温度和浓度时,混凝土结构的等效失效时间 t_e 与加速失效时间 $t(D)$ 的关系可表达为:

$$t_e = K_{eT1} \cdot K_{eT2} \cdot K_{en} \cdot t(D) = e^{\left(\frac{1}{T_0}-\frac{1}{T_a}\right)\frac{E(T)}{R}} \cdot e^{\frac{1}{1-n}\cdot\left(\ln\frac{T_a}{T_0}+q\left(\frac{1}{T_0}-\frac{1}{T_a}\right)\right)} \cdot \frac{C_A}{C_0} \cdot t(D) \tag{5.2-20}$$

其中:$t(D)$ 是损伤变量的函数,为加速失效时间,年;t_e 为等效失效时间,年;T_0 为基准温度,K;T_a 为加速试验温度,K;R 为气体常数,J/mol·K;$E(T)$ 为硫酸盐与水泥石反应的活化能,kJ/mol;q 为活化常数,当 $W/C=0.4$ 时,$q=6\ 000$K,当 $W/C=0.5$ 时,$q=5\ 450$K;C_A 为加速试验侵蚀溶液浓度;C_0 为环境侵蚀介质浓度;n 为指数,与胶凝材料种类、掺量和不同环境条件有关。

(3) 混凝土抗硫酸盐侵蚀寿命预测

① 损伤因子与浸泡龄期的关系

根据5.2.1.5节列举各配合比混凝土的重量变化率测试结果,以混凝土的重量变化作为损伤因子 D 进行回归分析。回归结果见表5.2-19。

表5.2-19 混凝土重量随浸泡龄期变化回归方程

配合比编号	回归方程	剩余标准方差	相关系数(%)
$D=At^2+Bt$,式中,A、B 为回归常数。			
A	$D=0.031\ 887t-0.000\ 254t^2$	0.316 6	99.27
B	$D=0.025\ 545t-0.000\ 175t^2$	0.088 2	99.84
C	$D=0.029\ 675t-0.000\ 214t^2$	0.195 9	99.53
D	$D=0.021\ 206t-0.000\ 149t^2$	0.091 1	99.78
E	$D=0.010\ 969t-0.000\ 084t^2$	0.203 0	97.17
F	$D=0.033\ 515t-0.000\ 266t^2$	0.672 1	97.04
对比组	$D=0.037\ 832t-0.000\ 349t^2$	0.756 7	98.32

以 $D=At^2+Bt+C$ 模型进行数据拟合时,各配合比混凝土的损伤变量 D 与浸泡龄期 t 具有良好的相关性,相关系数均在90%以上。该模型的回归曲线见图5.2-12。

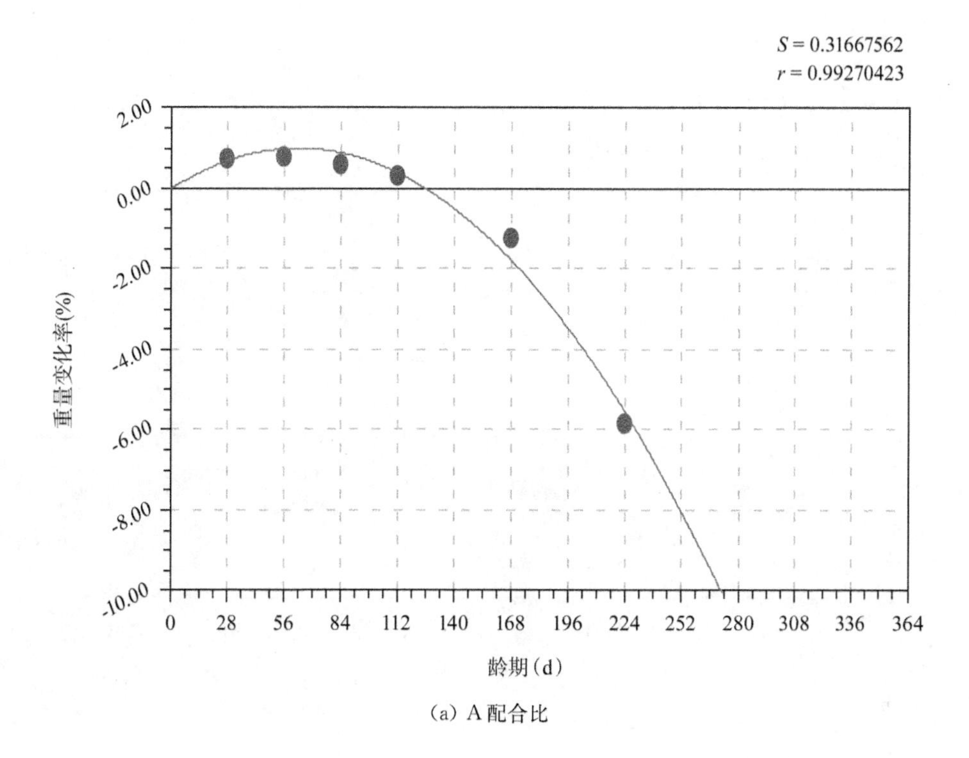
S = 0.31667562
r = 0.99270423
2.00
0.00
-2.00
-4.00
-6.00
-8.00
-10.00
重量变化率(%)
0
28
56
84
112
140
168
196
224
252
280
308
336
364
龄期(d)

(a) A配合比

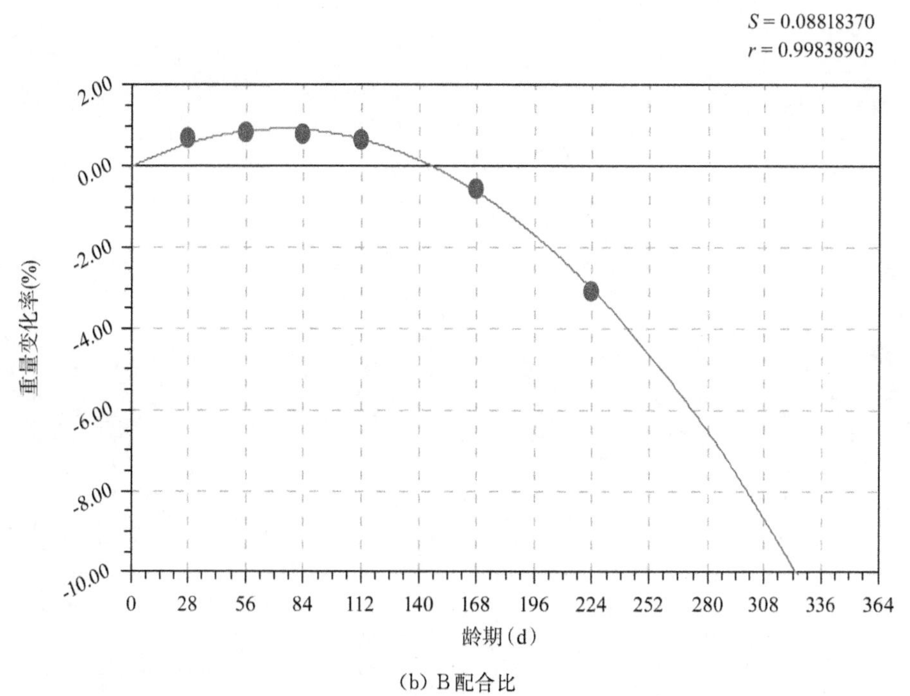
S = 0.08818370
r = 0.99838903
2.00
0.00
-2.00
-4.00
-6.00
-8.00
-10.00
重量变化率(%)
0
28
56
84
112
140
168
196
224
252
280
308
336
364
龄期(d)

(b) B配合比

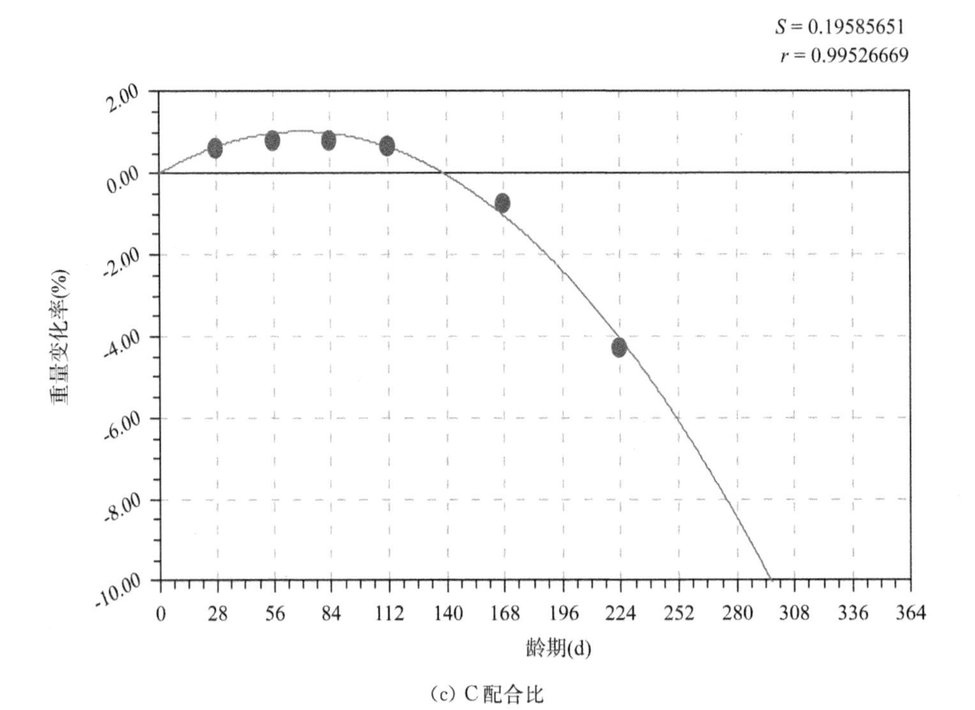
S = 0.19585651
r = 0.99526669
2.00
0.00
-2.00
-4.00
-6.00
-8.00
-10.00
重量变化率(%)
0
28
56
84
112
140
168
196
224
252
280
308
336
364
龄期(d)

(c) C配合比

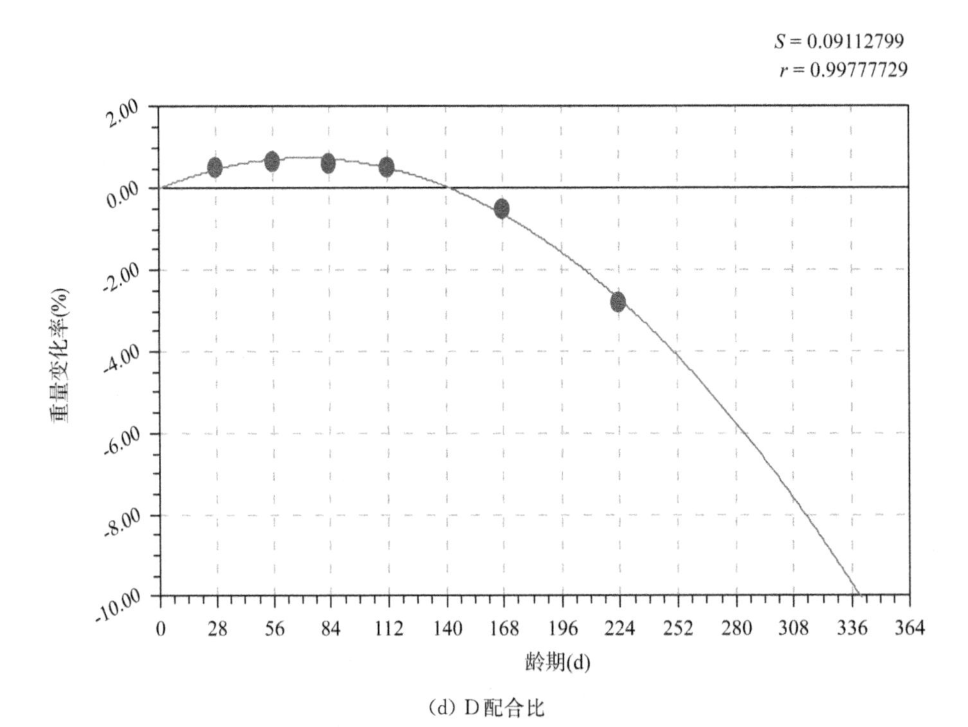
S = 0.09112799
r = 0.99777729
2.00
0.00
-2.00
-4.00
-6.00
-8.00
-10.00
重量变化率(%)
0
28
56
84
112
140
168
196
224
252
280
308
336
364
龄期(d)

(d) D配合比

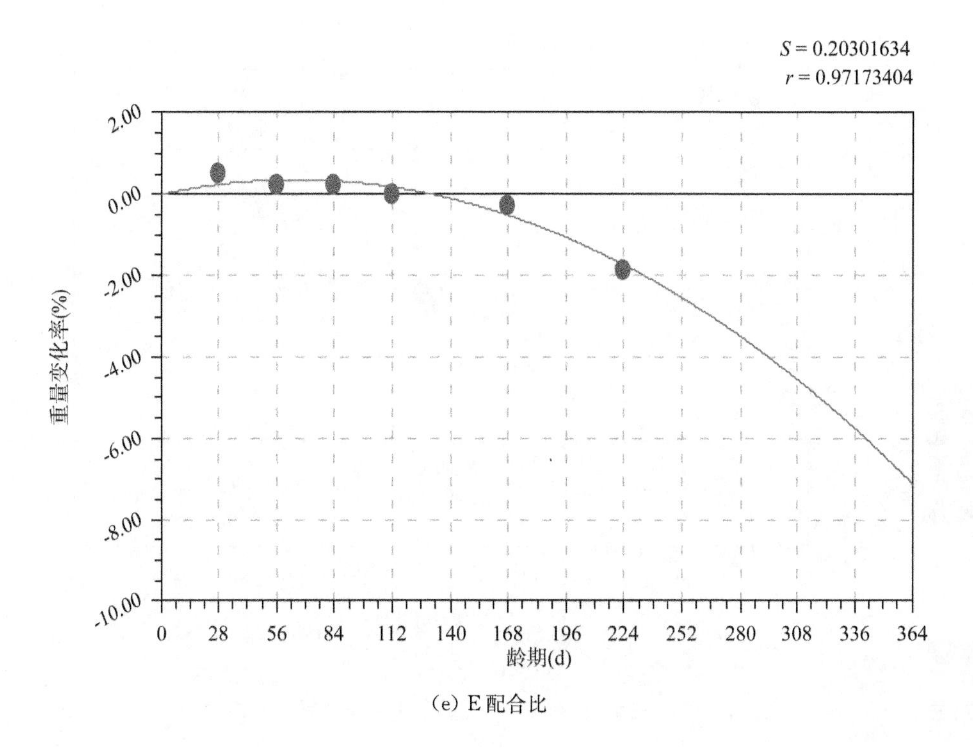
S = 0.20301634
r = 0.97173404
2.00
0.00
-2.00
-4.00
-6.00
-8.00
-10.00
重量变化率(%)
0
28
56
84
112
140
168
196
224
252
280
308
336
364
龄期(d)

(e) E配合比

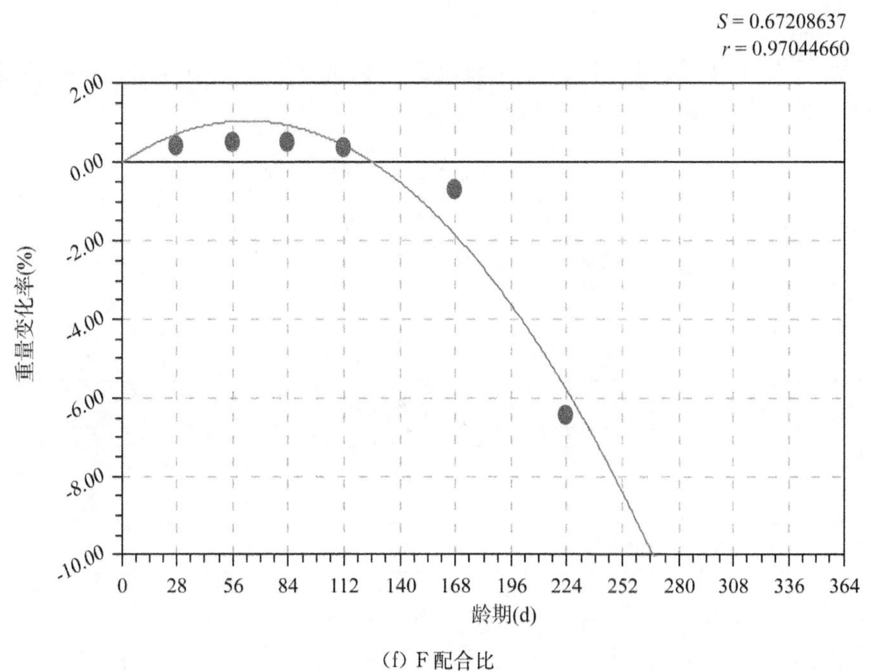
S = 0.67208637
r = 0.97044660
2.00
0.00
-2.00
-4.00
-6.00
-8.00
-10.00
重量变化率(%)
0
28
56
84
112
140
168
196
224
252
280
308
336
364
龄期(d)

(f) F配合比

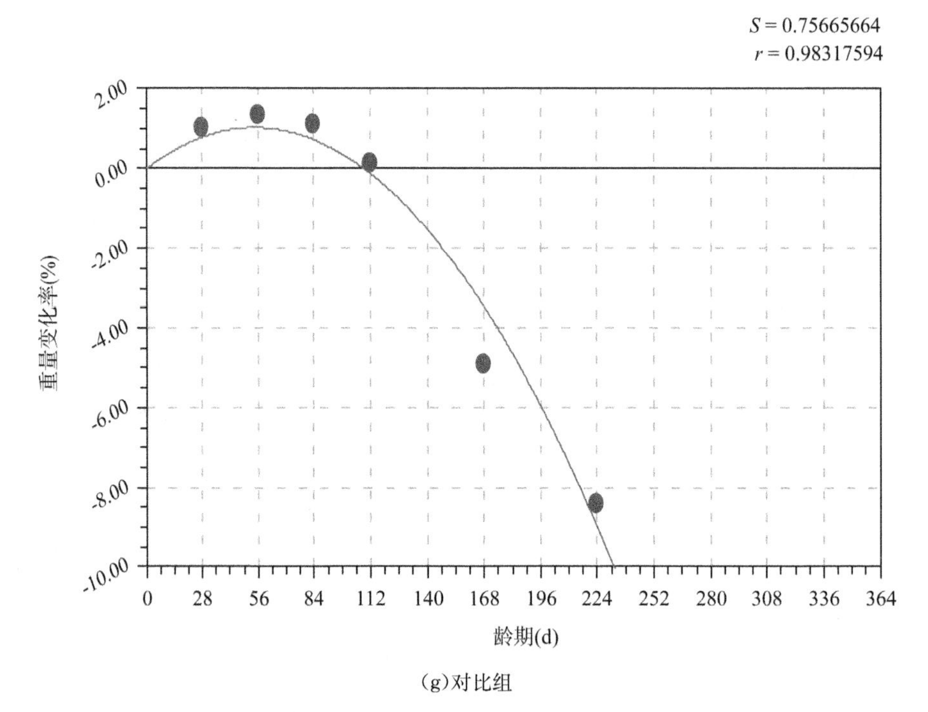

(g)对比组

图 5.2-12　各配合比混凝土重量变化率与时间回归曲线

② 寿命预测

根据表 5.2-19 的回归方程即可计算出加速条件下各配合比混凝土的失效破坏时间。结果见表 5.2-20。

表 5.2-20　加速条件下各配合比混凝土的失效破坏时间

配合比编号	失效破坏时间(年)		
	质量开始下降时	质量出现负增长时	质量损失 5%时
A	0.172 0	0.349 9	0.593 1
B	0.200 0	0.399 9	0.704 4
C	0.190 0	0.379 9	0.649 8
D	0.195 0	0.389 9	0.733 4
E	0.178 9	0.357 8	0.870 8
F	0.172 6	0.345 2	0.586 0
对比组	0.148 5	0.297 0	0.508 5

联合式 5.1-19 和表 5.2-20 进行混凝土硫酸盐侵蚀寿命预测，n 根据《水泥中的碱对混凝土坍落度的影响》一文中的 $n=0.2+0.4$(%粉煤灰/50+%矿渣/70)计算。郭成举分析国外实验数据指出混凝土的活化能 $E(T)$ 可取为 30～40 kJ/mol，由于目前尚缺乏硫酸盐与水泥石反应活化能的相关资料，本文参照混凝土的活化能，对各配合比

混凝土与硫酸盐反应的活化能均取值35 kJ/mol。其余参数意义如前所述。以某工程为例，水质分析结果表明，承压水中的 SO_4^{2-} 浓度最高，但小于 2 000 mg/L，保守取值环境水中的 Na_2SO_4 浓度 C_0 =0.30%进行计算。各参数取值见表 5.2-21、寿命预测结果见表 5.2-22。

表 5.2-21　硫酸盐侵蚀寿命预测参数取值

配合比编号	参数取值							
	C_A (%)	C_0 (%)	R (J/mol·K)	$E(T)$ (kJ/mol)	q (K)	T_0 (K)	T_a (K)	n
A	5.0	0.30	8.314	35	6 000	293.15	333.15	0.54
B	5.0	0.30	8.314	35	6 000	293.15	333.15	0.57
C	5.0	0.30	8.314	35	6 000	293.15	333.15	0.60
D	5.0	0.30	8.314	35	6 000	293.15	333.15	0.63
E	5.0	0.30	8.314	35	6 000	293.15	333.15	0.54
F	5.0	0.30	8.134	35	6 000	293.15	333.15	0.57
对比组	5.0	0.30	8.314	30	5450	293.15	333.15	0.20

表 5.2-22　基于硫酸盐侵蚀的工程预测寿命

配合比编号	工程预测寿命(年)		
	质量开始下降时	质量出现负增长时	质量损失 5%时
A	1 910	3 820	6 586
B	3 143	6 286	11 071
C	4 453	8 906	15 229
D	7 270	14 540	27 343
E	1 987	3 974	9 670
F	2 713	5 426	9 210
对比组	155	310	531

预测模型中，由于诸多参数[如 $E(T)$ 、q 和 n 等]的合理取值还有待进一步的研究，预测结果仅供相对比较参考。预测结果表明，相对于对比组的普通混凝土而言，大掺量磨细矿渣高性能混凝土具有优异的抗硫酸盐侵蚀能力，工作寿命能够延长 10 倍以上。

5.3　微观机理分析

C30 高性能混凝土的力学性能和耐久性能试验研究结果表明，高性能混凝土与普通混凝土性能存在较大差异，综合性能明显优于普通混凝土。混凝土的宏观性能由其微观结构决定，本节拟采用 MIP、XRD 和 SEM 三种测试方法，从微观角度阐述高性能混凝土性能改善的微观机理。

5.3.1 MIP 分析

混凝土中的水泥硬化浆体是一种多孔材料，国际上许多混凝土专家已经把孔作为水泥硬化浆体中的一个重要的组分。混凝土材料具有细观、微观多孔特征，即使是精心配制的高性能混凝土，也会不同程度地含有微孔隙和微裂纹。孔隙对水泥混凝土性能的影响显著。孔隙的测试方法主要有光学法、压汞法、等温吸附法和 X 射线小角度散射法。压汞法(MIP 法)主要是根据压入多孔材料系统中汞的数量与所加压力之间的函数关系，计算孔的直径和不同大小孔的体积。该方法常用于水泥硬化浆体和混凝土的孔隙测试，在测试时必须对孔的形状进行假定，且试样需进行干燥。

将 A、C 配合比混凝土和对比组混凝土的胶材浆体标样 28 d，乙醇终止水化，烘干后，再取样分析。根据汞的压入体积与孔径的关系，将孔径分布曲线的斜率 $dv/\log(d)$ 对 $\log(d)$ 作图，得孔径分布特征曲线。A、C 配合比混凝土和对比组混凝土的硬化浆体 MIP 分析结果见表 5.3-1、表 5.3-2，孔径分布特征曲线见图 5.3-1。

MIP 测试结果表明，相对于普通混凝土(对比组)的硬化浆体而言，大掺量磨细矿渣混凝土(A、C 配合比混凝土)硬化浆体内部孔隙的比表面积较大，最可几孔径较小。A、C 配合比混凝土内部孔隙的比表面积分别是对比组混凝土的 126.49%和 179.06%；A、C 配合比混凝土的最可几孔径分别仅为 10.69 nm、10.71 nm，而对比组混凝土的最可几孔径则达到了 55.44 nm。说明磨细矿渣的大量加入，细化了浆体的孔结构，使硬化浆体中的中、大孔所占份额减少，小孔所占份额增加。

表 5.3-1 硬化浆体 MIP 分析结果(1)

配合比	孔径分布							
	0～20 nm		20～100 nm		100～200 nm		>200 nm	
	孔体积(cc/g)	孔隙率(%)	孔体积(cc/g)	孔隙率(%)	孔体积(cc/g)	孔隙率(%)	孔体积(cc/g)	孔隙率(%)
A	0.018 9	29.95	0.026 0	41.20	0.005 0	7.92	0.013 2	20.92
C	0.025 2	41.93	0.017 5	29.11	0.005 0	8.32	0.012 4	20.63
对比组	0.011 2	17.45	0.031 2	48.60	0.002 6	4.05	0.018 2	28.35

表 5.3-2 硬化浆体 MIP 分析结果(2)

配合比	总孔隙率(%)	比表面积(m^2/g)	最可几孔径(nm)
A	11.92/99.09	8.41/126.49	10.69
C	10.48/81.12	9.42/179.06	10.71
对比组	12.03/100	6.71/100	55.44

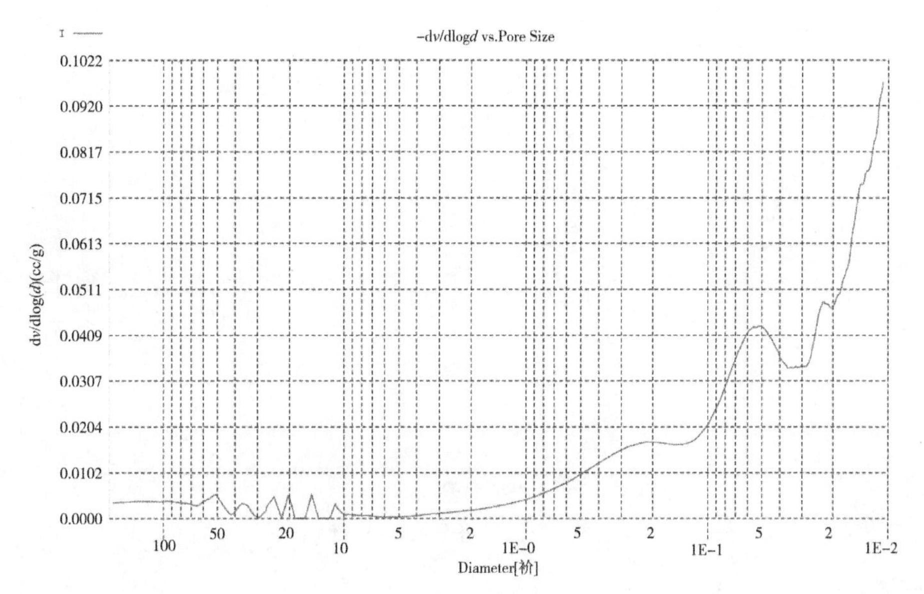

(a) A配合比混凝土

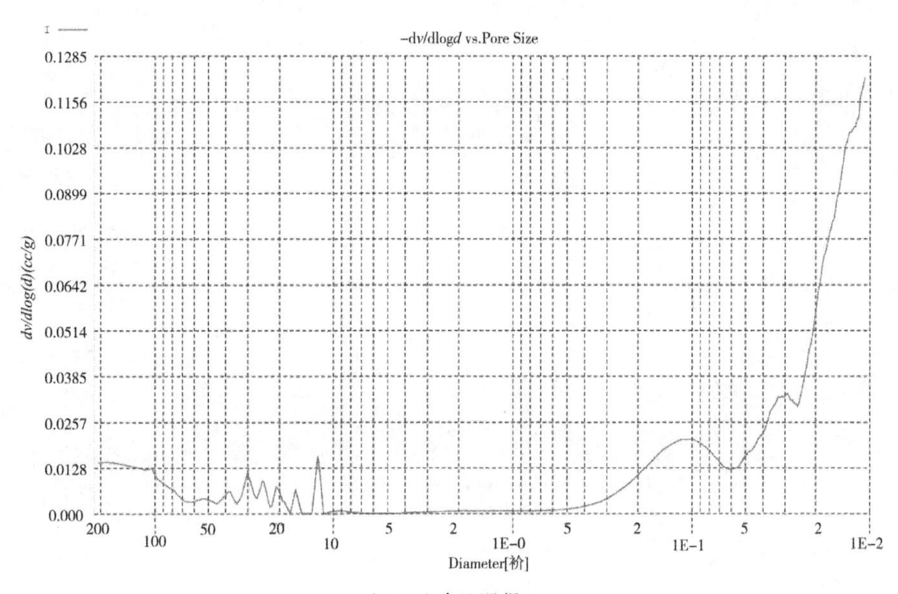

(b) C配合比混凝土

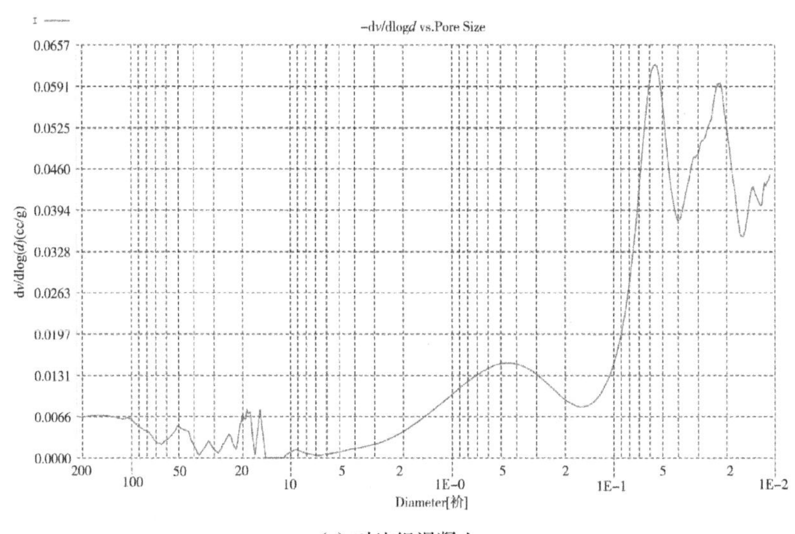

(c) 对比组混凝土

图 5.3-1　孔径分布特征曲线

5.3.2　XRD 分析

XRD 分析是定性及定量研究晶相物质的非常有效的一种测试技术，基本原理是当试样原子的内层电子被激发后，外层电子跳入补充，即能级产生跃迁，多余的能量就产生 X 射线，各种元素有特定的能量差，因此激发出来的 X 射线具有该元素的特征波长，称为特征 X 射线。测定特征 X 射线的波长或能量，就可以知道为何种元素。测定了强度，就可以知道该元素的含量，从而可以对样品进行定性、定量分析。

把 A、C 配合比混凝土和对比组混凝土的硬化水泥浆体标样 28 d 后，用乙醇浸泡终止水化，放入烘箱烘干，在研钵研磨成粉末，筛去较大颗粒，进行 XRD 分析。硬化水泥浆体的 XRD 图谱见图 5.3-2。

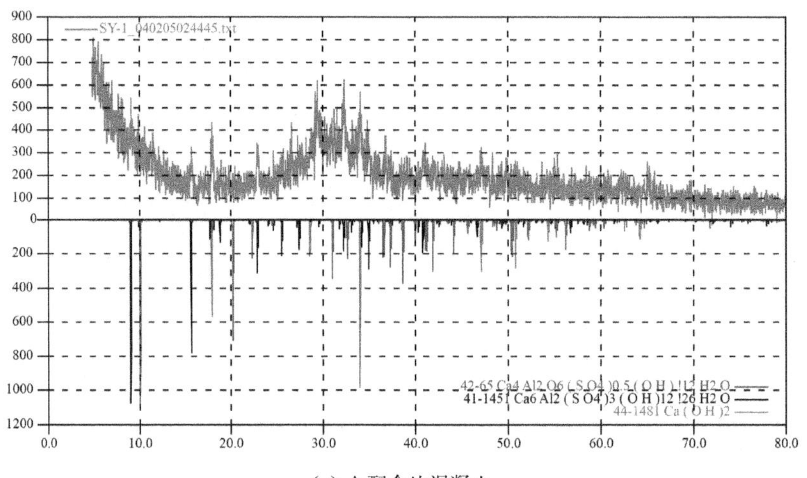

(a) A 配合比混凝土

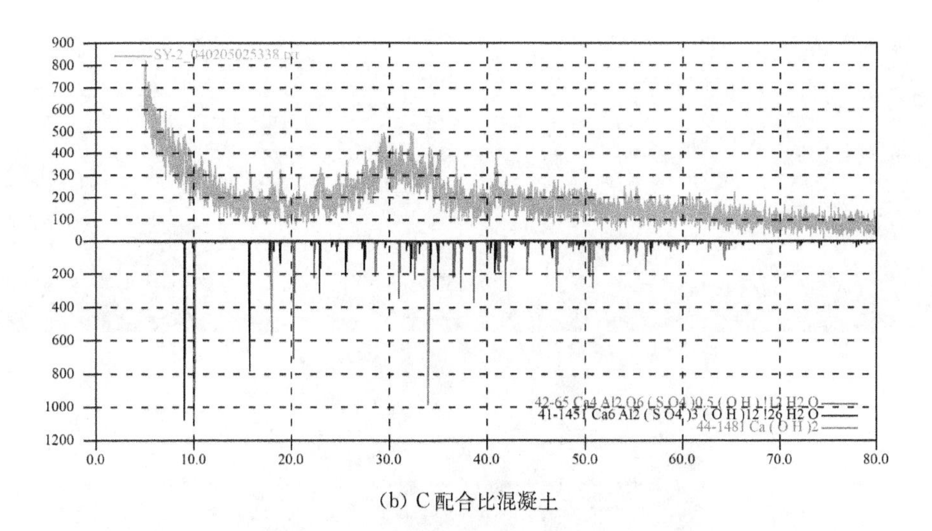

(b) C配合比混凝土

(c) 对比组混凝土

图 5.3-2　硬化水泥浆体的 XRD 图

结果表明：普通混凝土（对比组）硬化水泥浆体中 $Ca(OH)_2$ 峰值明显，AFt 和 AFm 峰值不明显；高性能混凝土硬化水泥浆体中 $Ca(OH)_2$ 衍射峰值明显低于对比组，说明磨细矿渣的大量加入，减少了 $Ca(OH)_2$ 晶体的生成，同时由于二次水化反应，消耗了大量 $Ca(OH)_2$，生成了更多的无定形凝胶。

5.3.3　SEM 分析

扫描电子显微镜（简称扫描电镜，SEM）是继透射电镜之后发展起来的一种电镜，是用聚焦电子束在试样表面逐点扫描成像。采用日本电子株式会社（JEOL）生产的 JSM-5900 型扫描电镜进行 SEM 分析，观察到的标样 28 d 后的硬化水泥浆体的微观形貌见图 5.3-3 至图 5.3-5。

图 5.3-3　A 配合比混凝土浆体的 SEM 图

图 5.3-4　C 配合比混凝土浆体的 SEM 图

图 5.3-5 对比组混凝土浆体的 SEM 图

A、C 配合比混凝土和普通混凝土(对比组)浆体中都可见一定量的 C-S-H 凝胶、板状的 $Ca(OH)_2$ 晶体和针状、短棒状的钙矾石晶体。相对而言,普通混凝土(对比组)浆体中生成了数量更多的排列规整的 $Ca(OH)_2$ 晶体。

5.4 成果应用

5.4.1 研究成果

对三洋港挡潮闸枢纽工程闸墩、底板等部位 C30W8F100 水工高性能混凝土进行了试验研究,试验成果总结如下:

(1) 依据相关规范和技术标准,对应用于该工程的原材料(水泥、磨细矿渣、骨料、外加剂等)的性能指标进行了检测与分析;性能能够满足三洋港挡潮闸枢纽工程对原材料控制指标的要求。

(2) 针对该工程粗骨料具有潜在碱活性的特点,进行了不同掺量磨细矿渣(等量取代水泥 30%～70%)对现场活性骨料碱-硅反应的抑制效能试验,并与普通砂浆进行对比。结果表明:磨细矿渣对骨料碱-硅反应的抑制作用,随磨细矿渣掺量的增加而增强;当磨细矿渣掺量达到 50%及以上时,砂浆试件 28 d 膨胀率小于 0.10%。

(3) 考虑该工程处于氯离子和硫酸盐双重侵蚀环境,并结合当地的混凝土原材料状况，设计了磨细矿渣[包括体积稳定剂(一)和体积稳定剂(二)在内]的掺入比例为60%、65%、70%和75%共6个高性能混凝土配合比方案，在同强度条件下，与普通混凝土进行一系列性能对比试验。

(4) 同强度条件下，相对于普通混凝土而言，大掺量磨细矿渣高性能混凝土具有更优的变形性能：混凝土早期水养护，会产生适量的微膨胀；体积稳定剂(一)单掺或与体积稳定剂(二)复掺，均有利于大掺量磨细矿渣混凝土干缩性能的改善，对比组(普通混凝土)各个龄期的干缩率都最大，而A、B、C、D配合比混凝土的干缩率相对较小，E、F配合比混凝土的干缩率最小；随着矿渣掺量的增加，混凝土的干缩率呈增大趋势，其中，A配合比大掺量矿渣混凝土180 d干燥收缩值较对比组普通混凝土降低了近30%；平板法试验结果表明，磨细矿渣及其活化剂[体积稳定剂(一)]的加入，提高了混凝土的早期抗裂能力，混凝土的裂缝数量、总开裂面积等显著减少。以抗裂系数K$\left(K=\frac{\varepsilon_P R_L}{E_L \varepsilon_s}\right)$作为评价指标，大掺量磨细矿渣高性能混凝土(A～D配合比)的抗裂系数较普通混凝土提高约2～3倍，其中A配合比高性能混凝土的抗裂系数提高2.6倍。

(5) 普通混凝土(对比组)的最终绝热温升值为53.13℃，相对于普通混凝土(对比组)而言，磨细矿渣掺量为60%时，最终绝热温升值降低了7.9%，为48.93℃；磨细矿渣掺量为70%时，最终绝热温升值降低了17.9%，为46.31℃。

普通混凝土(对比组)的早龄期水化放热速度较快，1d的绝热温升值达到总量的65.9%；大掺量磨细矿渣高性能混凝土(A、C配合比)1d绝热温升值不到总量的25%。

可见，大量磨细矿渣的掺入，改善了混凝土的热学性能，显著降低了混凝土绝热温升值，推迟了放热峰。

(6) 与普通混凝土(对比组)相比，大掺量磨细矿渣混凝土具有优异的抗氯离子渗透能力：

RCM法试验结果表明，养护龄期同为28 d条件下，相对于普通混凝土而言，A、B、C、D、E和F配合比高性能混凝土的氯离子扩散系数都较小，分别仅为普通混凝土的34.7%、35.7%、45.2%、47.8%、42.3%和44.5%；养护龄期同为56 d条件下，相对于普通混凝土而言，A、B、C、D、E和F配合比高性能混凝土的氯离子扩散系数都较小，并且随磨细矿渣掺量的提高，氯离子扩散系数越来越小，分别仅为普通混凝土的20.3%、19.3%、18.0%、16.8%、18.4%和17.8%。

电量法(RCPT)试验结果表明，普通混凝土的电通量为3 005C，渗透性评价为中等，而相对于普通混凝土，A～F配合比的高性能混凝土的电通量均低于1 000C，渗透性评价为极低。

自然浸泡法试验结果表明：各配合比混凝土中的水溶性氯离子含量随扩散深度的增加呈下降趋势；水溶性氯离子含量基本上集中在扩散深度0～15 mm范围内；同一扩散深度条件下，相对于对比组的普通混凝土而言，6个配合比高性能混凝土中的水溶性氯离子含量都相对较低。

(7) 所有配合比的高性能混凝土的抗渗等级都大于W8、抗冻等级都大于F100，均满足设计要求。

(8) 参照 ASTM C1012 测定砂浆试件的膨胀率，试验结果表明，磨细矿渣与普通水泥复合的胶凝材料体系的抵抗硫酸盐侵蚀的能力明显优于普通水泥：相对于对比组(普通水泥砂浆)膨胀率，A～F 配合比胶凝材料方案的 180d 砂浆膨胀率分别降低了 56.6%、79.6%、78.6%、70.4%、68.9%和 64.8%。

干湿循环加速试验条件下，混凝土的重量变化率试验结果表明，总体上，随着侵蚀龄期的延长，混凝土的重量变化表现为先增加，而后减少的过程。硫酸盐侵蚀引起的混凝土的重量变化过程大致可以分为三个阶段：侵蚀龄期在 0 d～56 d 时段内，混凝土试件重量呈不断增加趋势；侵蚀龄期在 56～112 d 时段内，混凝土试件重量已不再继续增加，而是重量增加率逐渐变小；侵蚀龄期在 112 d 以后，混凝土的重量呈现明显的减少趋势，相对于大掺量磨细矿渣高性能混凝土而言，普通混凝土(对比组)的重量下降尤为迅速，在混凝土表层未产生裂缝前，甚至混凝土表面仅产生大量裂缝还未剥落前，混凝土试件的重量在不断增加；而随着侵蚀的不断进行，混凝土的表面裂缝不断增多，甚至内部开始出现裂缝，混凝土表面开始剥落，导致混凝土的重量的不断减少。在试件重量增加的过程中，普通混凝土的重量增加率显著高于大掺量磨细矿渣高性能混凝土，这是由于同强度条件下，普通混凝土的水胶比相对较高，不如高性能混凝土内部密实，SO_4^{2-} 相对更容易渗入所致。

(9) 不同养护龄期的普通混凝土碳化深度都比大掺量磨细矿渣高性能混凝土碳化深度小，但碳化深度都不大，60 d 的碳化深度均小于 20 mm。

应用 $X=A/(B\cdot t+C)\sqrt{t}$ 、$X=At^B$ 和 $X=A\sqrt{t}$ 三种回归模型对试验结果进行回归分析比较，发现回归模型 $X=At^B$ 计算结果与实测数据的相关性最好，并利用回归数据，对基于碳化深度的大掺量磨细矿渣高性能混凝土寿命进行了预测，结果表明，正常混凝土的保护层条件下，大掺量磨细矿渣高性能混凝土完全能够满足百年耐久要求。

(10) 基于氯离子扩散系数的寿命预测(欧洲 DuraCrete 方法)结果表明，对比组普通混凝土预测寿命较短：当混凝土保护层厚度为 40 mm 时，工程寿命只有 8 年；当混凝土保护层厚度 60 mm 时，工程寿命为 30 年，是难以保证工程百年耐久性的。而高性能混凝土预测寿命较长，寿命基本是普通混凝土的 10 倍以上。当混凝土保护层厚度达到 40 mm 时，高性能混凝土完全能够保证工程寿命在 100 年以上。

(11) 基于等效时间的混凝土硫酸盐侵蚀寿命预测结果表明，相对于对比组的普通混凝土而言，大掺量磨细矿渣高性能混凝土具有优异的抗硫酸盐侵蚀能力，工作寿命能够延长 10 倍以上。

(12) MIP 测试结果表明，相对于普通混凝土(对比组)，大掺量磨细矿渣混凝土内部孔隙的比表面积较大，最可几孔径较小，说明磨细矿渣的大量加入，细化了混凝土的孔结构，使硬化水泥浆体中的中、大孔所占份额减少，小孔所占份额增加；XRD 测试结果表明，普通混凝土(对比组)硬化水泥浆体中 $Ca(OH)_2$ 峰值明显，AFt 和 AFm 峰值不明显；高性能混凝土硬化水泥浆体中 $Ca(OH)_2$ 衍射峰值明显低于对比组，说明磨细矿渣的大量加入，减少了 $Ca(OH)_2$ 晶体的生成，同时由于二次水化反应，消耗了大量 $Ca(OH)_2$，生成了更多的无定形凝胶。

(13) 根据试验结果，推荐在沉井、底板和闸墩等主要部位采用大掺量磨细矿渣高性能混凝土，其中，磨细矿渣及其体积稳定剂(一)(活化剂)总量占胶凝材料用量的60%。

工程应用试验结果表明，采用大掺量磨细矿渣混凝土技术配制的高性能混凝土，其性能完全满足三洋港挡潮闸枢纽工程对混凝土在施工、力学性能及耐久性等方面的技术要求。

5.4.2 应用效果

根据研究成果，三洋港挡潮闸闸墩、岸翼墙、沉井等主体结构采用C30W6F100水工泵送高性能混凝土，混凝土总量约16万m^3，磨细矿渣掺入量为胶凝材料的60%，水泥用量由每立方约400 kg减少至160 kg。

根据研究，高性能混凝土耐久性能是普通混凝土的10倍以上，当混凝土保护层厚度达到40 mm时，高性能混凝土完全能够保证工程寿命在100年以上。三洋港闸采用高性能混凝土，大大延长了工程的使用寿命，解决了工程的耐久性问题，由于大量采用了价格低廉的工业矿渣替代水泥，与常规采用抗硫酸盐水泥、环氧钢筋的防腐蚀方案相比，节约工程投资约1.06亿元，经济效益显著，做到了质量、经济、环保、节能的完美结合。

第6章

温控防裂关键技术与成果应用

三洋港挡潮闸附近的环境水对普通混凝土及钢结构有弱腐蚀性，建筑物所用混凝土将受海水侵蚀，混凝土闸底板、闸墩的耐久性要求高，因此都使用高性能混凝土，且施工时采用泵送浇筑。

工程所在地属北暖温带半湿润大陆性季风气候区，受大陆性和海洋性气候交替作用的影响，四季分明，昼夜温差大、风速大，尤其在春夏之交常伴有突发性气温突变，其混凝土温控防裂问题突出。

因此，针对三洋港挡潮闸闸底板及闸墩进行三维温度场及温度应力场仿真分析，并通过在现场布置温度测点进行现场监测，根据监测成果进行参数反演分析，通过计算分析和现场监测成果分析提出科学合理的温度控制措施，对现场施工提供理论指导，避免出现混凝土温度裂缝，从而保证施工质量。

本章的主要研究内容包括：

(1) 建立三洋港挡潮闸闸墩及闸底板三维温度场和温度应力场分析有限元模型；

(2) 根据所采用高性能混凝土不同龄期强度和模量进行反演分析，提出闸底板和闸墩的温控措施包络方案；

(3) 进行两孔一联闸底板三维温度场和温度应力场仿真分析，参数反演分析，水管布置方式及冷却效果分析；

(4) 进行挡潮闸闸墩三维温度场和温度应力场仿真分析，比较不同水管布置方式的冷却效果，选取更为科学合理的水管布置方式；

(5) 根据结构模型计算分析成果确定闸底板和闸墩现场测点布置，进行现场监测及监测成果分析；

(6) 根据分析成果及现场监测资料分析，完善包络施工方案，提出更加科学合理的闸底板及闸墩温度控制措施，为现场科学施工提供理论指导，在保证施工质量的前提下按期完成施工任务。

6.1 水工泵送高性能混凝土温度场及温度应力场分析理论

6.1.1 混凝土施工期不稳定温度场分析

6.1.1.1 热传导方程

在混凝土结构施工期，由于水泥水化热作用，混凝土内部温度将随时间变化而变化。这一问题可描述为具有内部热源的热传导问题，根据热传导理论可推导出相应的平衡方程。这种不稳定温度场 T(x,y,z,t)在区域 R 内应满足如下基本方程：

$$\frac{\partial T}{\partial \tau}=\alpha\left(\frac{\partial^2 T}{\partial x^2}+\frac{\partial^2 T}{\partial y^2}+\frac{\partial^2 T}{\partial z^2}\right)+\frac{\partial \theta}{\partial \tau} \tag{6.1-1}$$

及初边值条件：

(a)初始条件：

$$\tau=0,\ T=T_0(x,y,z) \tag{6.1-2}$$

(b) 在条件已知边界 C_1上满足(即第一类边界)：

$$T(x,y,z,t)=T_b(x,y,z,t) \tag{6.1-3}$$

(c) 在散热边界 C_2上满足(即第二类边界)：

$$\lambda\frac{\partial T}{\partial x}l_x+\lambda\frac{\partial T}{\partial y}l_y+\lambda\frac{\partial T}{\partial z}l_z+\beta(T-T_a)=0 \tag{6.1-4}$$

(d) 在绝热边界 C_3上满足(第三类边界)：

$$\frac{\partial T}{\partial n}=0 \tag{6.1-5}$$

式中：θ 为混凝土的绝热温升；β 为混凝土表面放热系数，kJ/(m^2 · d · ℃)；λ 为混凝土导热系数，kJ/m · d · ℃；T_a、T_b为给定的边界温度，℃；a 为混凝土的导温系数，m^2/d，可由下式计算而得：

$$a=\frac{\lambda}{c\rho} \tag{6.1-6}$$

式中：c 为混凝土的比热容，kJ/(kg · ℃)；ρ 为混凝土的密度，kg/m^3。

选择恰当的散热系数 β 值，第一类边界和第三类边界均可用第二类边界代替。式(6.1-4)可改写为

$$a\frac{\partial T}{\partial n}+\bar{\beta}(T-T_a)=0 \tag{6.1-7}$$

$$\bar{\beta}=\frac{a\beta}{\lambda}=\frac{\beta}{c\rho} \tag{6.1-8}$$

在式(6.1-7)中，当表面放热系数β趋于无穷大时，即转化为已知边界条件；当表面放热系数β等于0时，即转化为绝热边界。

6.1.1.2　不稳定温度场有限元分析的空间离散

方程(6.1-1)可用标准的伽辽金法进行空间离散，设：

$$T(x,y,z,t)=\sum[N]\{T\}^{e} \tag{6.1-9}$$

则可得离散后的控制方程为：

$$(H_h+B_h)T+S_h\dot{T}+Q_i+Q_b=0 \tag{6.1-10}$$

式中：

$$H_h=\int\nabla^{T}N_h\alpha N_h\mathrm{d}\Omega \tag{6.1-11a}$$

$$S_h=\int N_h{}^{T}N_h\mathrm{d}\Omega \tag{6.1-11b}$$

$$B_h=\int_{\tau}N_h{}^{T}\bar{\beta}N_h\mathrm{d}\tau \tag{6.1-11c}$$

$$Q_i=-\int N_h{}^{T}\frac{\partial\theta}{\partial\tau}\mathrm{d}\Omega \tag{6.1-11d}$$

$$Q_b=-\int_{\tau}N_h{}^{T}\bar{\beta}T_a\mathrm{d}\tau \tag{6.1-11e}$$

6.1.1.3　不稳定温度场有限元分析的时域离散

温度变量在时间区域内可离散为：

$$T_{n+1}=T_n+\Delta t\dot{T}_n+\theta\Delta t\dot{T}_n=T_n^{p}+\theta\Delta t\dot{T}_n \tag{6.1-12}$$

$$\dot{T}_{n+1}=\dot{T}_n+\Delta\dot{T}_n \tag{6.1-13}$$

将式6.1-12、6.1-13代入式6.1-10可得：

$$[(H_h+B_h)\theta\Delta t+S_h]\Delta T_n=f_h \tag{6.1-14}$$

其中：

$$f_h=-(Q_i+Q_b)_{n+1}-(H_h+B_h)T_n-S_hT_n \tag{6.1-15}$$

式(6.1-14)为求解不稳定温度场的隐式有限元格式，为了保证结果的稳定性，需要$\theta\geqslant\frac{1}{2}$。若式(6.1-14)中的$\theta=0$，$S_h$为集中矩阵，则方程(6.1-14)变为求解不稳定温度场的显式有限元格式，此时时间步长受单元网格尺寸和导温系数数值的限制。本研究对不稳定温度场的求解采用隐式解法。

6.1.2 混凝土结构温度徐变应力分析

6.1.2.1 徐变变形分析

假定在计算分析每个时段 $\Delta\tau_i$ 内应力呈线性变化，即

$$\frac{\partial\sigma}{\partial\tau} = \zeta_i = \text{常数} \tag{6.1-16}$$

则从 τ_0 加荷到时刻为 t 时的混凝土徐变变形为

$$\varepsilon^c(t) = \int_{\tau_0}^{t} C(t,\tau)\frac{\partial\sigma}{\partial\tau}\mathrm{d}\tau = \sum_{i=1}^{n}\int_{t_{i-1}}^{t_i} C(t,\tau)\frac{\partial\sigma}{\partial\tau}\mathrm{d}\tau \tag{6.1-17}$$

式中：$\varepsilon^c(t)$ 为时刻 t 时的徐变变形；$C(t,\tau)$ 为徐变度，$t_0 = \tau_0$；t 为时间，τ 为龄期。

设混凝土受拉徐变度为：

$$C^{(\mathrm{I})}(t,\tau) = C^{(\mathrm{I})}(\tau)(1-\mathrm{e}^{-k_{\mathrm{I}}(t-\tau)}) \tag{6.1-18}$$

受压徐变度为：

$$C^{(\mathrm{II})}(t,\tau) = C^{(\mathrm{II})}(\tau)(1-\mathrm{e}^{-k_2(t-\tau)}) \tag{6.1-19}$$

令：

$$C_i^{(\mathrm{I})} = C^{(\mathrm{I})}(\tau_i) \tag{6.1-20a}$$

$$C_i^{(\mathrm{II})} = C^{(\mathrm{II})}(\tau_i) \tag{6.1-20b}$$

$$(i = 1,2,3,\cdots,n)$$

$$\lambda_j = k_j/k_1,(j=1,2) \tag{6.1-21}$$

$$\Omega_{im} = C_i^{(m)}/C_i^{\mathrm{I}}(m=\mathrm{I},\mathrm{II};i=0,1,\cdots,n)$$

上式中：

当混凝土处于受拉状态时 $\lambda_1 = 1$ 或 $\Omega_{i\mathrm{I}} = 1$；

当混凝土处于受压状态时 $\lambda_2 = k_2/k_1$ 或 $\Omega_{i\mathrm{II}} > 1$。

经过这样处理后，可用受拉徐变度来表示受压徐变度。为了书写方便，在下列推导过程中均略去 C 的右上角标及 k 的右下角标。

取三个相临时段 t_{n-1}、t_n、t_{n+1}，$\Delta\tau_n = t_n - t_{n-1}$，$\Delta\tau_{n+1} = t_{n+1} - t_n$，则各时段的徐变变形为：

$$\begin{aligned}\varepsilon^c(t_{n-1}) = {}& \Delta\sigma_0 C_0\Omega_{0,m}(1-e^{-\lambda_j k(t_n-\Delta\tau_n-t_0)}) + \Delta\sigma_1 C_1\Omega_{1,m}(1-f_1 e^{-\lambda_j k(t_n-\Delta\tau_n-t_0)}) + \cdots \\ & + \Delta\sigma_{n-1}C_{n-1}\Omega_{n-1,m}(1-f_{n-1}\mathrm{e}^{-\lambda_j k(t_n-\Delta\tau_n-t_0)})\end{aligned} \tag{6.1-22}$$

$$\begin{aligned}\varepsilon^c(t_n) = {}& \Delta\sigma_0 C_0\Omega_{0,m}(1-\mathrm{e}^{-\lambda_j k(t_n-t_0)}) + \Delta\sigma_1 C_1\Omega_{1,m}(1-f_1\mathrm{e}^{-\lambda_j k(t_n-t_0)}) + \cdots \\ & + \Delta\sigma_{n-1}C_{n-1}\Omega_{n-1,m}(1-f_{n-1}\mathrm{e}^{-\lambda_j k(\Delta\tau_{n-1}+\Delta\tau_n)}) + \Delta\sigma_n C_n\Omega_{n,m}(1-f_n\mathrm{e}^{-\lambda_j k\Delta\tau_n})\end{aligned} \tag{6.1-23}$$

$$
\begin{aligned}
\varepsilon^{c}(t_{n+1}) &= \Delta\sigma_0 C_0 \Omega_{0,m}(1-e^{-\lambda_j k(t_n+\Delta\tau_{n+1}-t_0)}) \\
&+\Delta\sigma_1 C_1 \Omega_{1,m}(1-f_1 e^{-\lambda_j k(t_n+\Delta\tau_{n+1}-t_0)})+\cdots \\
&+\Delta\sigma_{n-1} C_{n-1} \Omega_{n-1,m}(1-f_{n-1} e^{-\lambda_j k(\Delta\tau_{n-1}+\Delta\tau_n+\Delta\tau_{n+1})}) \\
&+\Delta\sigma_n C_n \Omega_{n,m}(1-f_n e^{-\lambda_j k(\Delta\tau_n+\Delta\tau_{n+1})}) \\
&+\Delta\sigma_{n+1} C_{n+1} \Omega_{n+1,m}(1-f_{n+1} e^{-\lambda_j k\Delta\tau_{n+1}})
\end{aligned}
\tag{6.1-24}
$$

上式中：

$$
f_i=(e^{-\lambda_j k\Delta\tau_i}-1)/\lambda_j k\Delta\tau_i \tag{6.1-25}
$$

$$
\Delta\tau_i=t_i-t_{i-1}
$$

由(6.1-24)减去(6.1-23)得：

$$
\begin{aligned}
\Delta\varepsilon_{n+1}^{c} &= \Delta\sigma_0 C_0 \Omega_{0,m} e^{-\lambda_j k(t_n-t_0)}(1-e^{-\lambda_j k\Delta\tau_{n+1}}) \\
&+\Delta\sigma_1 C_1 \Omega_{1,m} f_1 e^{-\lambda_j k(t_n-t_0)}(1-e^{-\lambda_j k\Delta\tau_{n+1}})+\cdots \\
&+\Delta\sigma_{n-1} C_{n-1} \Omega_{n-1,m} f_{n-1} e^{-\lambda_j k(\Delta\tau_n+\Delta\tau_{n-1})}(1-e^{-\lambda_j k\Delta\tau_{n+1}}) \\
&+\Delta\sigma_n C_n \Omega_{n,m} f_n e^{-\lambda_j k\Delta\tau_n}(1-e^{-\lambda_j k\Delta\tau_{n+1}}) \\
&+\Delta\sigma_{n+1} C_{n+1} \Omega_{n+1,m}(1-f_{n+1} e^{-\lambda_j k\Delta\tau_{n+1}})
\end{aligned}
\tag{6.1-26}
$$

由(6.1-23)减去(6.1-22)得：

$$
\begin{aligned}
\Delta\varepsilon_{n}^{c} &= \Delta\sigma_0 C_0 \Omega_{0,m} e^{-\lambda_j k(t_n-\Delta\tau_n-t_0)}(1-e^{-\lambda_j k\Delta\tau_{n1}}) \\
&+\Delta\sigma_1 C_1 \Omega_{1,m} f_1 e^{-\lambda_j k(t_n-\Delta\tau_n-t_0)}(1-e^{-\lambda_j k\Delta\tau_{n1}})+\cdots \\
&+\Delta\sigma_{n-1} C_{n-1} \Omega_{n-1,m} f_{n-1} e^{-\lambda_j k\Delta\tau_{n-1}}(1-e^{-\lambda_j k\Delta\tau_n}) \\
&+\Delta\sigma_n C_n \Omega_{n,m}(1-f_n e^{-\lambda_j k\Delta\tau_n})
\end{aligned}
\tag{6.1-27}
$$

若 $k_1=k_2=k$，则有 $\lambda_j=1$，此时式(6.1-26)、式(6.1-27)可变成递推形式：

$$
\Delta\varepsilon_{n+1}^{c}=\omega_{n+1}(1-e^{-k\Delta\tau_{n+1}})+\Delta\sigma_{n+1} C_{n+1} \Omega_{n+!,m}(1-f_{n+!} e^{-k\Delta\tau_{n+1}}) \tag{6.1-28}
$$

$$
\begin{aligned}
\omega_{n+1} &= \Delta\sigma_0 C_0 \Omega_{0,m} e^{-k(t_n-t_0)}+\Delta\sigma_1 C_1 \Omega_{1,m} f_1 e^{-k(t_n-t_0)}+\cdots \\
&+\Delta\sigma_{n-1} C_{n-1} \Omega_{n-1,m} f_{n-1} e^{-k(\Delta\tau_n+\Delta\tau_{n-1})}+\Delta\sigma_n C_n \Omega_{n,m} f_n e^{-k(\Delta\tau_n)}
\end{aligned}
\tag{6.1-29}
$$

$$
\Delta\varepsilon_{n}^{c}=\omega_n(1-e^{-k\Delta\tau_n})+\Delta\sigma_n C_n \Omega_{n,m}(1-f_n e^{-k\Delta\tau_n}) \tag{6.1-30}
$$

$$
\begin{aligned}
\omega_n &= \Delta\sigma_0 C_0 \Omega_{0,m} e^{-k(t_n-\Delta\tau_n-t_0)}+\Delta\sigma_1 C_1 \Omega_{1,m} f_1 e^{-k(t_n-\Delta\tau_n-t_0)}+\cdots \\
&+\Delta\sigma_{n-1} C_{n-1} \Omega_{n-1,m} f_{n-1} e^{-k\Delta\tau_{n-1}}
\end{aligned}
\tag{6.1-31}
$$

对比式(6.1-29)与式(6.1-31)可知：

$$
\omega_{n+1}=\omega_n e^{-k\Delta\tau_n}+\Delta\sigma_n C_n \Omega_{n,m} f_n e^{-k\Delta\tau_n} \tag{6.1-32a}
$$

$$
\omega_1=\Delta\sigma_0 C_0 \Omega_{0,m} \tag{6.1-32b}
$$

对于复杂应力状态，有：

$$\{\Delta\varepsilon_n^c\}=(1-e^{-k\Delta\tau_n})(\omega_n)+[Q](\Delta\sigma_n)C_n\Omega_{n,m}(1-f_n e^{-k\Delta\tau_n}) \tag{6.1-33a}$$

$$\{\omega_n\}=\{\omega_{n-1}\}e^{-k\Delta\tau_{n-1}}+[Q](\Delta\sigma_{n-1})C_{n-1}\Omega_{n-1,m}f_{n-1}e^{-k\Delta\tau_{n-1}} \tag{6.1-33b}$$

$$\{\omega_1\}=[Q](\Delta\sigma_0)C_0\Omega_{0,m} \tag{6.1-33c}$$

式中

对于平面应力状态：

$$[Q]=\begin{bmatrix}1 & -\mu & 0\\ -\mu & 1 & 0\\ 0 & 0 & 2(1+\mu)\end{bmatrix} \tag{6.1-34a}$$

对于平面应变问题：

$$[Q]=(1+\mu)\begin{bmatrix}1-\mu & -\mu & 0\\ -\mu & 1-\mu & 0\\ 0 & 0 & 2\end{bmatrix} \tag{6.1-34b}$$

三维问题：

$$[Q]=\begin{bmatrix}1 & -\mu & -\mu & 0 & 0 & 0\\ -\mu & 1 & -\mu & 0 & 0 & 0\\ -\mu & -\mu & 1 & 0 & 0 & 0\\ 0 & 0 & 0 & 2(1+\mu) & 0 & 0\\ 0 & 0 & 0 & 0 & 2(1+\mu) & 0\\ 0 & 0 & 0 & 0 & 0 & 2(1+\mu)\end{bmatrix}$$

6.1.2.2 徐变应力分析

在温度荷载作用下，某时段某单元的应变增量 $\{\Delta\varepsilon_n\}$ 可表示为：

$$\{\Delta\varepsilon_n\}=\{\Delta\varepsilon_n^e\}+\{\Delta\varepsilon_n^c\}+\{\Delta\varepsilon_n^T\}+\{\Delta\varepsilon_n^0\} \tag{6.1-35}$$

式中：$\{\Delta\varepsilon_n^e\}$ 为弹性应变增量；$\{\Delta\varepsilon_n^c\}$ 为徐变变形增量；$\{\Delta\varepsilon_n^T\}$ 为温差应变增量；$\{\Delta\varepsilon_n^0\}$ 为自生体积变形增量。

对单向应力状态有：

$$\Delta\varepsilon_i^e=\int_{t_{i-1}}^{t_i}\frac{1}{E(\tau)}\frac{\partial\sigma}{\partial\tau}d\tau=\zeta_i\int_{t_{i-1}}^{t_i}\frac{d\tau}{E(\tau)} \tag{6.1-36}$$

近似地令

$$\int_{t_{i-1}}^{t_i}\frac{d\tau}{E(\tau)}=\frac{\Delta\tau_i}{E_i^*} \tag{6.1-37}$$

式中：

$$E_i^* = E\left(t_{i-1} + \frac{1}{2}\Delta\tau_i\right) = E\left[\frac{1}{2}(t_{i-1} + t_i)\right] \tag{6.1-38}$$

$$\zeta_i = \frac{\Delta\sigma_i}{\Delta\tau_i} \tag{6.1-39}$$

则由式(6.1-36)可得：

$$\Delta\varepsilon_i^{e} = \Delta\sigma_i / E_i^* \tag{6.1-40}$$

大量的水工混凝土实验资料统计表明拉压弹性模量相差不大，因此为简化计算可近似取为拉压弹性模量相等。在复杂应力状态下有：

$$\{\Delta\varepsilon_n^{e}\} = \frac{1}{E_n^*}[Q]\{\Delta\sigma_n\} \tag{6.1-41}$$

$$\{\Delta\sigma_n\} = [D_n]\{\Delta\varepsilon_n^{e}\} \tag{6.1-42}$$

式中：

$$[D_n] = E_n^* \ [Q]^{-1} \tag{6.1-43}$$

考虑式(6.1-33)、(6.1-35)和(6.1-42)可得：

$$\{\Delta\sigma_n\} = [\overline{D_n}]([B]\{\Delta\delta_n\} - \{\omega_n\}(1 - \mathrm{e}^{-k\Delta\tau_n}) - \{\Delta\varepsilon_n^T\} - \{\Delta\varepsilon_n^0\}) \tag{6.1-44}$$

式中：

$$[\overline{D_n}] = [D_n]/(1 + C_n\Omega_{n,m}h_nE_n^*) \tag{6.1-45a}$$

$$h_n = 1 - f_n\mathrm{e}^{-k\Delta\tau_n} \tag{6.1-45b}$$

式中：$[B]$ 为应变与位移的转换矩阵；$\{\Delta\delta_n\}$ 为第 n 时段的节点位移列阵。相应的非线性有限元公式为：

$$k\{\mathrm{d}(\Delta\delta_n)\}^{i+1} = F - \int_\Omega B\sigma_n^i \mathrm{d}\Omega \tag{6.1-46}$$

式中：

$$\sigma_n = \sigma_{n-1} + (\sigma_n)^i \tag{6.1-47}$$

$$\Delta\delta_n^{i+1} = \Delta\delta_n^i + \mathrm{d}(\Delta\delta_n)^{i+1} \tag{6.1-48}$$

对于无温度应力变化、无弹模变化的岩体单元或接触面单元，其应力增量可由下式求得：

$$\Delta\sigma_n^i = \int Dep\mathrm{d}\varepsilon^i \tag{6.1-49}$$

对于考虑徐变应力的混凝土单元，其应力增量为：

$$\{\Delta\sigma_n\}^i = [\overline{D_n}]([B]\{\Delta\delta_n\}^i - \{\omega_n\}(1 - \mathrm{e}^{-k\Delta\tau_n}) - \{\Delta\varepsilon_n^T\} - \{\Delta\varepsilon_n^0\} \tag{6.1-50}$$

式(6.1-46)至式(6.1-50)即为本文计算岩体与混凝土复合结构考虑温度徐变应力、自重等综合影响的有限元公式。

为了更好地拟合混凝土徐变试验资料，常采用 $\sum_{i=1}^{r} C_i^{(j)}(1-e^{-k_j(t-\tau)})$ 类函数来表示混凝土的徐变度。当 $r=1$ 时，即为复杂应力状态下混凝土的徐变变形公式(6.1-33)。当 $r>1$ 时相应的徐变变形公式为：

$$\{\Delta\varepsilon_n^c\} = \sum_{j=1}^{r}(\{\omega_n^{(j)}\}(1-e^{-k_j\Delta\tau_n}) + [Q]\{\Delta\sigma_n\}C_n^{(j)}\Omega_{n,m}^{(j)}(1-f_{n-1}^{(j)}e^{-k_j\Delta\tau_n})) \tag{6.1-51a}$$

$$\{\omega_n^{(j)}\} = \{\omega_{n-1}^{(j)}\}e^{-k_j\Delta\tau_{n-1}} + [Q]\{\Delta\sigma_{n-1}\}C_{n-1}^{(j)}\Omega_{n-1,m}^{(j)}f_{n-1}^{(j)}e^{-k_j\Delta\tau_{n-1}} \tag{6.1-51b}$$

$$\{\omega_1^{(n)}\} = [Q](\Delta\sigma_0)C_0^{(j)}\Omega_{0,m}^{(j)} \tag{6.1-51c}$$

相应的徐变应力公式为：

$$\{\Delta\sigma_n\} = [\bar{D}_n]([B]\{\Delta\sigma_n\} - \sum_{j=1}^{r}\{\omega_n^{(j)}\}(1-e^{-k_j\Delta\tau_n}) - \{\Delta\varepsilon_n^T\} - \{\Delta\varepsilon_n^0\}) \tag{6.1-52}$$

式中：

$$[\bar{D}_n] = \frac{[D_n]}{1+E_n^*\sum_{j=1}^{r}C_n^{(j)}\Omega_{n,m}^{(j)}(1-f_n^{(j)}e^{-k_j\Delta\tau_n})}$$

6.1.3 水管冷却效果分析

6.1.3.1 无热源水管冷却分析

考虑单独一根水管的冷却效果，设混凝土水管圆柱体直径为 D，长度为 L，无热源，混凝土初温度为 T_0，进口温度为 T_w，混凝土平均温度可表示为：

$$T = T_w + (T_0 - T_w)\varphi \tag{6.1-53}$$

函数 φ 有两种表达式：

(1) 函数 φ 的第一种表达式

$$\varphi = \exp(-k_1 z^s) \tag{6.1-54}$$

$$z = a\tau/D^2 \tag{6.1-55}$$

式中：a ——导热系数；

τ ——时间；

D ——直径。

水管冷却效果参数 ξ 表达为：

$$\xi = \lambda L/c_w\rho_w q_w \tag{6.1-56}$$

式中：λ——导热系数；

L——管长；

c_w——水的比热；

ρ_w——水的密度；

q_w——水的流量。

k_1 表达式为：

$$k_1 = 2.08 - 1.174\xi + 0.256\xi^2 \tag{6.1-57}$$

把 $z = a\tau/D^2$ 代入式(6.1-54)得到：

$$\varphi = \exp(-p\tau^s) \tag{6.1-58}$$

式中：

$$p = k_1 (a/D^2)^s \tag{6.1-59}$$

(2) 函数 φ 的第二种表达式

在一期冷却中，冷却时间通常不超过 15 天，$z = a\tau/D^2 \leqslant 0.75$，函数 φ 可采用较简单的表达式：

$$\varphi = e^{-kz} \tag{6.1-60}$$

$$k_1 = 2.09 - 1.35\xi + 0.320\xi^2 \tag{6.1-61}$$

把 $z = a\tau/D^2$ 代入式(6.1-60)，得到：

$$\varphi = e^{-p\tau} \tag{6.1-62}$$

式中：

$$p = ka/D^2 \tag{6.1-63}$$

在一期冷却中，由于 $z \leqslant 0.75$，可用式(6.1-60)计算，而在二期冷却中，z 可能较大，最好采用式(6.1-54)。

6.1.3.2 考虑水管冷却效果的混凝土等效热传导方程

为了用数值方法求出近似解，可以把只考虑水管冷却作用计算得到的混凝土平均温度作为绝对温升，从而得到等效的热传导方程如下：

$$\frac{\partial T}{\partial t} = a\left(\frac{\partial^2 T}{\partial x^2} + \frac{\partial^2 T}{\partial y^2} + \frac{\partial^2 T}{\partial z^2}\right) + (T_0 - T_w)\frac{\partial \varphi}{\partial t} + \theta_0 \frac{\partial \psi}{\partial t} + \frac{\partial \eta}{\partial t} \tag{6.1-64}$$

6.1.4 混凝土水管冷却的直接算法

在区域 R 内，混凝土温度满足热传导方程：

$$\frac{\partial^2 T}{\partial x^2} + \frac{\partial^2 T}{\partial y^2} + \frac{\partial^2 T}{\partial z^2} + \frac{1}{a}\left(\frac{\partial \theta}{\partial \tau} - \frac{\partial T}{\partial \tau}\right) = 0 \tag{6.1-65}$$

并满足以下四种可能边界条件之一：

表面温度已知边界条件：$T(\tau)=f(\tau)$

表面热流量是时间的已知函数：$-\lambda\dfrac{\partial T}{\partial n}=f(\tau)$

与空气接触的边界条件：$-\lambda\dfrac{\partial T}{\partial n}=\beta(T-T_a)$

两种不同固体接触边界条件：$T_1=T_2\quad \lambda_1\dfrac{\partial T_1}{\partial n}=\lambda_2\dfrac{\partial T_2}{\partial n}$

式中：T 为温度；τ 为时间；θ 为绝热温升；β 为表面放热系数；λ 为导热系数；a 为导温系数；T_a 为气温。

对式(6.1-65)运用 Galerkin 方法进行空间离散，可得到有限元方程：

$$[H]\{T\}+[S]\left\{\frac{\partial T}{\partial \tau}\right\}=\frac{1}{\lambda}\{Q_\Gamma\}+\{Q_\theta\} \tag{6.1-66}$$

式(6.1-66)中：
$$\begin{cases}[H]=\int_\Omega \nabla N^T\,\nabla N\mathrm{d}\Omega\\ [S]=\int_\Omega N^T\dfrac{1}{a}N\mathrm{d}\Omega\\ \{Q_\Gamma\}=\lambda\int_\Gamma N^T\dfrac{\partial T}{\partial n}\mathrm{d}\Gamma\\ \{Q_\theta\}=\int_\Omega\dfrac{1}{a}N^T\dfrac{\partial\theta}{\partial\tau}\mathrm{d}\Gamma\end{cases}$$

其中：N 表示为温度场插值的形函数；Ω 为混凝土温度场计算区域；Γ 为与该区域相对应的外边界。在考虑冷却水效果问题中主要采用两类边界 Γ_1 和 Γ_2，前者为混凝土与空气接触的边界，后者为混凝土与冷却水管接触的边界，将相应的边界条件代入式(6.1-66)中，可得：

$$([\mathrm{H}]+[\mathrm{P}])\{\mathrm{T}\}+[\mathrm{S}]\left\{\frac{\partial\mathrm{T}}{\partial\mathrm{n}}\right\}=\frac{1}{\lambda}\{\mathrm{Q}\}+\frac{1}{\lambda}\{\mathrm{Q}\}+\{\mathrm{Q}_\theta\} \tag{6.1-67}$$

上式中：
$$\begin{cases}[P]=\int_{\Gamma_1}N^T\dfrac{\beta}{\lambda}N\mathrm{d}\Gamma_1\\ \{Q_{\Gamma 2}\}=\lambda\int_{\Gamma_2}N^T\dfrac{\partial T}{\partial n}\mathrm{d}\Gamma_2\\ \{Q_{\Gamma_1}\}=\lambda[P]\{T_a\}\end{cases}$$

式(6.1-67)在任一时刻均成立。假设 n 时刻各点温度变化速度和温度已得到，则 $n+1$ 时刻采用 Newmark 法进行离散后的方程为：

$$\begin{aligned}&([S]+\varphi\Delta t([H]+[P]))\{\Delta T_n\}=\\&\{Q_{\Gamma_1}\}+\{Q_{\Gamma 2}\}+\{Q_\theta\}-([H]+[P])(\{T_n\}+\Delta t\{\dot{T}_n\})-[S]\{\dot{T}_n\}\end{aligned} \tag{6.1-68}$$

其中：$\begin{cases} T_{n+1} = T_n + \Delta t \dot{T}_n + \varphi \Delta t \Delta \dot{T}_n \\ \dot{T}_{n+1} = \dot{T}_n + \Delta \dot{T}_n \end{cases}$

且 φ 为 Newmark 参数，一般用隐式解法时取 0.5。当 φ 取零时，方程(6.1-68)可用显式方法求解，此时为了保证计算结果的收敛性，时间步长的选取有限制要求。

在不考虑水管本身的热能变化及忽略水温沿程变化梯度对热量影响的条件下，水管水温沿程增量的计算公式可简化为：

$$\{\Delta T_w\} = \frac{-\lambda}{c_w \rho_w q_w} \int_{\Gamma_2} N^T \frac{\partial T}{\partial n} d\Gamma_2 \tag{6.1-69}$$

式中：c_w，ρ_w，q_w 分别为冷却水的比热、密度和流量；λ 为混凝土的导热系数。

将冷却水管沿程划分为由 m 结点组成的 $(m-1)$ 个线单元，结点编号为 $i=1,2,\cdots,m$，1 和 m 分别对应于冷却水管进口和出口结点，考虑到在混凝土与冷却水管交界处的结点上两者温度相等，式(6.1-69)中的 $\{\Delta T_w\}$ 可简写成 $\{\Delta T\}$。对水管单元 e，设结点编号为 $\{i-1, i\}$，式(6.1-69)可改写成：

$$\lambda(Q_e^{i-1} + Q_e^i) = -c_w \rho_w q_w (T_e^i - T_e^{i-1}) \tag{6.1-70}$$

上式表明水管单元 e 传给混凝土内部的热量为该单元两结点上水温变化值所决定。则式(6.1-70)可写为：

$$\begin{Bmatrix} Q^{i-1} \\ Q^i \end{Bmatrix}^e = -\frac{c_w \rho_w q_w}{2\lambda} \begin{bmatrix} -1 & 1 \\ -1 & 1 \end{bmatrix} \begin{Bmatrix} T^{i-1} \\ T^i \end{Bmatrix}^e \tag{6.1-71}$$

将沿程水管单元累加，可得到：

$$\begin{gathered} \{Q_{\Gamma_2}\} = -[D]\{T\} \qquad [D] = \sum [D^e] \\ [D^e] = \frac{c_w \rho_w q_w}{2\lambda} \begin{bmatrix} -1 & 1 \\ -1 & 1 \end{bmatrix} \end{gathered} \tag{6.1-72}$$

将式(6.1-72)代入(6.1-67)、(6.1-68)，可得到包含冷却水管的温度场有限元求解方程：

$$([H] + [P] + [D])\{T\} + [S]\left\{\frac{\partial T}{\partial \tau}\right\} = \{Q_{\Gamma_1}\} + \{Q_\theta\} \tag{6.1-73}$$

$$\begin{aligned} &([S] + \theta \Delta t([H] + [P] + [D]))\{\Delta T_n\} = \\ &\{Q_{\Gamma_1}\} + \{Q_\theta\} - ([H] + [P] + [D])(\{T_n\} + \Delta t\{\dot{T}_n\}) - [S]\{\dot{T}_n\} \end{aligned} \tag{6.1-74}$$

方程(6.1-73)、(6.1-74)中同时包含了混凝土和冷却水管的未知量，但需注意的是 De 为非对称矩阵。对大型问题，可采用共轭梯度迭代法求解。

6.2 三洋港挡潮闸闸底板和闸墩施工期现场监测资料分析

6.2.1 底板现场监测仪器布置

全面了解混凝土在施工及冷却保温过程中温度变化特性，了解温度、应力分布情况，寻找施工过程中的薄弱环节，提高混凝土施工质量及有效防止裂缝的产生。用以改进和完善混凝土温控措施，为后续工程施工提供依据。

底板浇筑在沉井上，处在强约束区，隔墙又是关键部位，针对裂缝产生的规律及工程结构的具体情况，埋设相关监测仪器。在9＃底板埋设了2支应变计及一支无应力计，布置在上游隔墙部位，仪器埋设布置如图6.2-1所示。2010年4月7号该处开始浇筑，跟随施工安装监测仪器并开始监测。6＃底板埋设了8支应变计及5支温度计，仪器埋设布置如图6.2-2所示。由于底板基础沉井情况复杂，井中有的部分土没有全部回填，横向中间部位回填至隔墙顶，上下游两边只回填了部分并有水，但未到隔墙顶。出于结构考虑，底板下部的结构使导温系数存在较大差异。因此，相关部位埋设了温度计，6＃底板从4月15号开始浇筑，跟随施工安装监测仪器开始采集数据。为满足永久观测要求，数据采集连续不间断。

6.2.2 闸墩现场监测仪器布置

三洋港挡潮闸闸墩高9米，底部处于强约束区，在距底板2米处布置了较多温度计及应变计，仪器埋设综合考虑了下游门槽，上下游圆头等结构，在16＃中墩2 m、5 m、

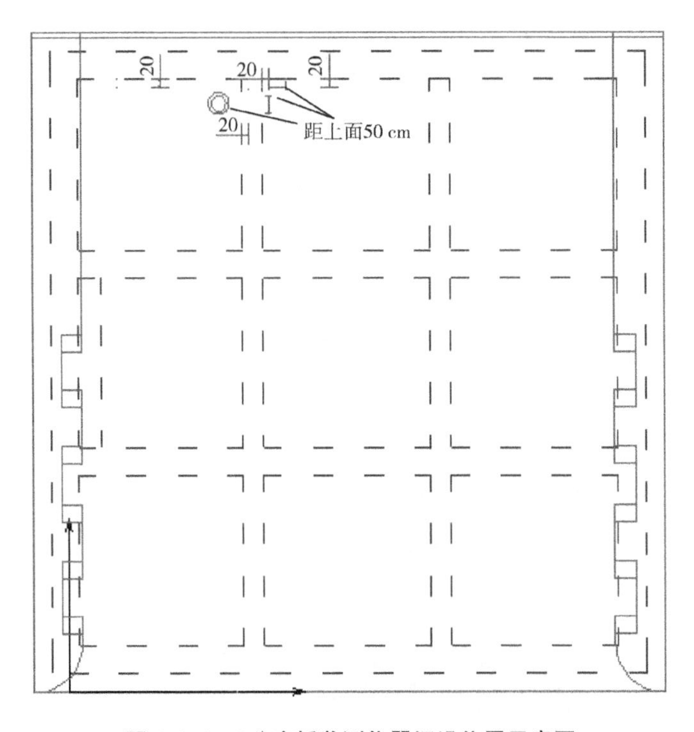

图6.2-1　9＃底板监测仪器埋设位置示意图

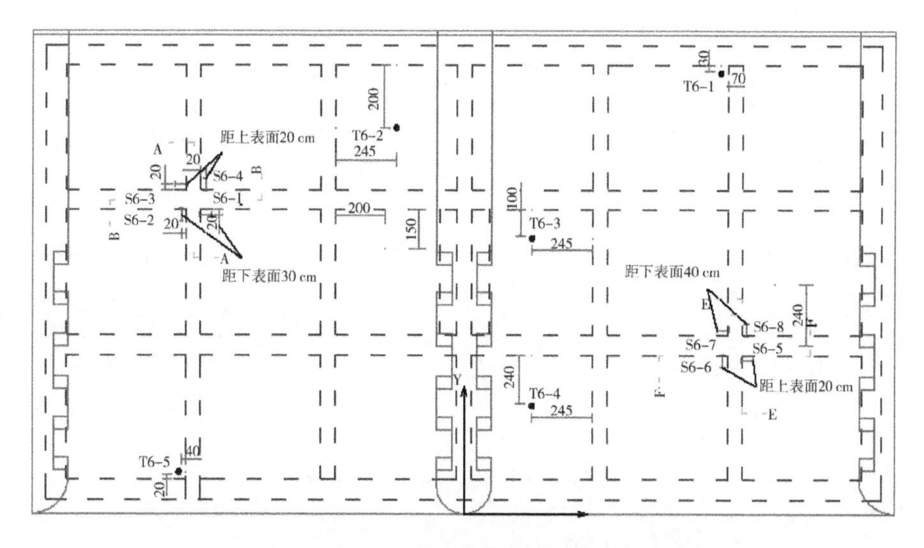

图 6.2-2　6#底板监测仪器埋设位置示意图

7 m 处(均从与底板接触处算起)共布置了 8 支应变计,6 支温度计和 1 支无应力计;17#缝墩 2 m、5 m、7 m 处(均从与底板接触处算起)共布置了 6 支温度计。监测仪器埋设布置如图 6.2-3 和图 6.2-4 所示,所有布置在靠近闸墩边界上的监测仪器跟闸墩外边界距离均为 20 cm。16#中墩 5 月 2 号开始浇筑,17#缝墩 5 月 5 号开始浇筑,随即开始监测。

为能够了解混凝土在温升温降阶段的实际情况,在混凝土入仓后的 16 个小时内每 2 个小时观测一次,16 小时之后每 4～8 小时测一次;通过现场监测捕捉到温度变化情况以实时指导施工,采取对应的温控措施。

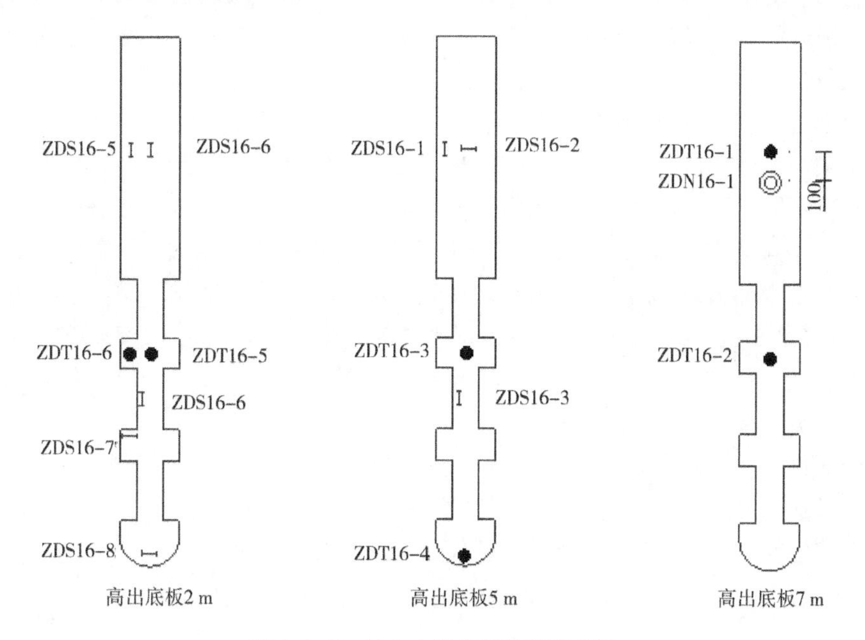

图 6.2-3　16#中墩监测仪器布置图

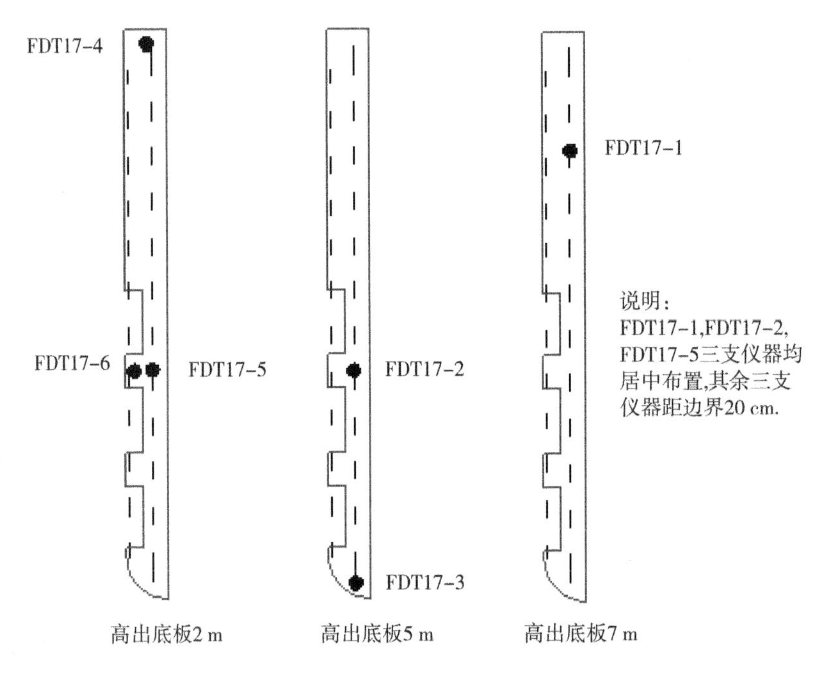

图 6.2-4　17＃缝墩监测仪器布置图

6.2.3　混凝土温度监测分析

混凝土的浇筑施工是先将混凝土从拌和楼运抵现场，再用泵车将混凝土送入浇筑仓面。在浇筑 6＃底板的过程中，混凝土的入仓温度在 11～13℃之间，闸墩的入仓温度在 18℃到 25℃之间；受水化热的作用，随后 2 天内混凝土内部温度上升到最大值。该阶段为混凝土温升阶段。随后温度开始下降，最终达到与外部气温一致。此阶段为混凝土温降阶段；裂缝一般发生在温降阶段，要尽可能地控制温升阶段的温升值，降低温降阶段温度下降速率，使内外温差控制在允许的范围内，有效防止裂缝的发生。

各监测对象由于冷却效果、环境因素及所处结构位置存在差异，所测得的最高、最低温度也有所不同。9＃底板测得最高温度是 40.09℃，6＃底板上表面最高温度 42.33℃（S6－4），下表面测得最高温度 31.98℃（S6－5），中心部位最高温度 42.85℃（T6－1）；16＃中墩冷却区表面最高温度 56.88℃（ZDS16－1），中心最高温度 58.91℃（ZDS16－2），上部非冷却区最高温度 63.55℃（ZDT16－1）；17＃缝墩冷却区表面最高温度 54.10℃（T17－6），中心最高温度 50.10℃（T17－5），非冷却区最高温度 61.00℃（T17－1）。各监测对象各部位峰值详见表 6.2-1 至表 6.2-4。

监测成果表明：混凝土在浇筑后 1～2 天左右温度达到最高，而后，随着水化热作用的减弱以及通水冷却、自身散热作用，温度逐渐开始回落，最高温升在 25～30℃之间。温降阶段下降平稳，各部位典型温度时序过程线如图 6.2-5 至图 6.2-7 所示。

表 6.2-1 9♯底板温度特征值表

仪器编号	浇筑温度(℃)	最高温度(℃)	峰值时间(t)	温升度数(℃)	24 h温度(℃)	3 d温度(℃)	7 d温度(℃)
应变计 X 向	12.00	36.42	48	34.42	28.35	33.09	27.53
应变计 Y 向	12.00	36.86	46	34.86	28.66	33.51	27.06
无应力计	12.00	40.09	51	38.09	33.67	36.66	28.64

表 6.2-2 6♯底板温度特征值表

仪器编号	浇筑温度(℃)	最高温度(℃)	峰值时间(t)	温升度数(℃)	24 h温度(℃)	3 d温度(℃)	7 d温度(℃)
T6-1	12.00	42.85	42	30.85	36.7	39.55	30.7
T6-2	12.00	39.6	46	27.60	27.1	37.2	28
T6-3	12.00	42	42	30.00	36.1	38.45	30.45
T6-4	12.00	41.1	46	29.10	33.28	37.65	27.3
T6-5	12.00	38.8	44	26.80	28.5	34.45	23.6
S6-1	12.00	37.61	55	25.61	24.71	36.78	29.79
S6-2	12.00	39.32	55	27.32	25.34	38.17	31.78
S6-3	12.00	41.54	49	29.54	26.66	36.72	28.44
S6-4	12.00	42.33	43	30.33	26.88	36.5	28.67
S6-5	12.00	31.98	63	19.98	28.02	31.35	20.28
S6-6	12.00	37.66	37	25.66	31.41	34.32	23.06
S6-7	12.00	36.92	61	24.92	28.26	36.53	27.26
S6-8	12.00	36.3	61	24.30	28.25	35.91	26.85

表 6.2-3 16♯中墩温度特征值表

仪器编号	浇筑温度(℃)	最高温度(℃)	峰值时间(t)	温升度数(℃)	24 h温度(℃)	3 d温度(℃)	7 d温度(℃)
ZDT16-1	18	63.55	50	45.55	59.85	63.2	54.77
ZDT16-2	18	60.15	32	42.15	59.55	55.45	39.08
ZDT16-3	18	53.5	40	35.5	52.6	50.9	36.75
ZDT16-4	18	50.95	24	32.95	50.95	39.98	30.08
ZDT16-5	18	50.1	49	32.1	48.8	46.6	33.65
ZDT16-6	18	51.45	31	33.45	50	41.45	29.55
ZDN16-1	18	64.67	44	46.67	63.21	63.75	54.79
ZDS16-1	18	56.88	28	38.88	56.78	49.6	40.5
ZDS16-2	18	58.91	28	40.91	57.31	58.47	48.42
ZDS16-3	18	51.39	22	33.39	51.11	42.34	31.6
ZDS16-4	18	51.66	31	33.66	50.29	45.16	36.55
ZDS16-5	18	54.7	31	36.7	52.74	51.14	43.23
ZDS16-6	18	50.32	27	32.32	49.59	40.76	30.27
ZDS16-7	18	50.05	31	32.05	48.39	41.45	29.21
ZDS16-8	18	53.05	35	35.05	50.39	43.32	30.21

表 6.2-4　17#缝墩温度特征值表

仪器编号	浇筑温度(℃)	最高温度(℃)	峰值时间(t)	温升度数(℃)	24 h 温度(℃)	3 d 温度(℃)	7 d 温度(℃)
T17-1	22.00	61.00	40	39.00	56.40	57.50	41.40
T17-2	22.00	52.65	24	30.65	52.65	40.05	26.12
T17-3	22.00	42.65	30	20.65	41.42	41.95	22.78
T17-4	22.00	40.85	24	18.85	40.85	35.55	26.14
T17-5	22.00	50.10	24	28.10	50.10	41.75	28.44
T17-6	22.00	54.10	24	32.10	54.10	44.30	28.57

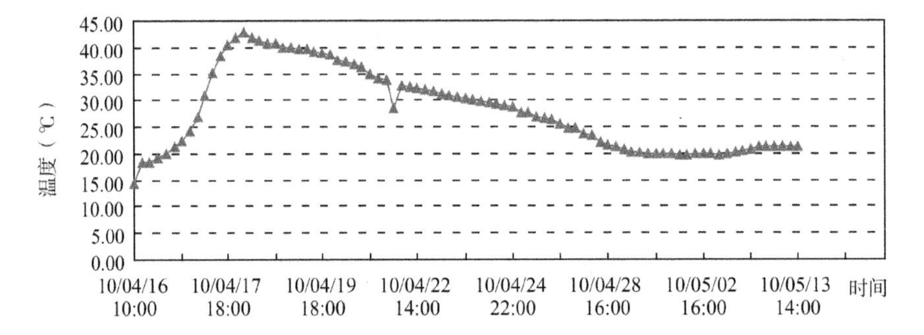

图 6.2-5　6#底板 T1 测点温度过程线

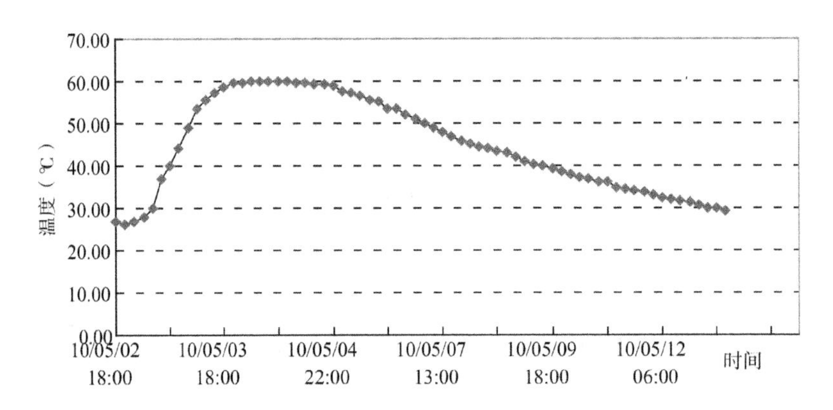

图 6.2-6　16#中墩 T2 测点温度过程线

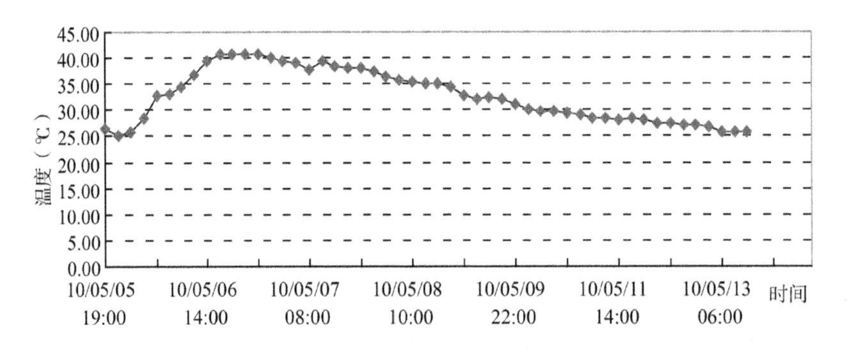

图 6.2-7　17#缝墩 T4 测点温度过程线

从图 6.2-5 的温度过程曲线我们可以看到，在 4 月 21 日曲线出现拐点，是当天气温骤降引起混凝土温度的突变，并且该骤降气温出现在底板混凝土的温降阶段，对混凝土产生不利影响。

6.2.4 底板和闸墩温度梯度变化比较

6.2.4.1 底板温度的空间梯度变化

为监测底板空间温度梯度变化，在 6＃底板上下游沉井隔墙交叉处，分别有一组仪器监测温度的空间梯度变化，9＃底板分析同 6＃底板。图 6.2-8 显示的上游沉井隔墙处温度空间梯度变化。

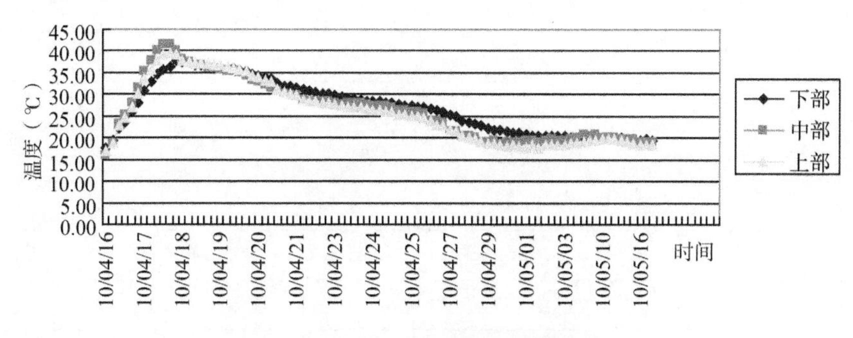

图 6.2-8 靠近上游处温度的空间梯度分布

(1) 图 6.2-8 及表 6.2-5 显示的是靠近上游部位温度空间分布梯度情况，从中可以看出，底板上表面的最高温度稍高于下表面，温升阶段上表面较下表面快，温降阶段上表面较下表面慢。同样，距下游处空间分布梯度同上游(S6－5 除外)。S6－5 和 S6－6 距底板上表面 20 cm，但其垂直水流向距门槽不到 10 cm，散热边界较 S6－6 要好，所以在同样位置处 S6－5 先到达峰值，且峰值略低于 S6－6 的峰值。

(2) 从监测数据分析，底板所用高性能混凝土水化热时间很快，温升较高，历时较短。底板上表面峰值较下表面更接近于底板中心温度，可初步判断底板初期的保温措施较好；底板中心部位的温度与表面温度相差不大，引起的温度应力也较小。

(3) 由于散热边界的不同，上下游温度峰值也存在差别：上游峰值较下游高。比较两部位上下表面温升阶段与温降阶段的温度，下表面无保温措施，但其下部温度较为稳定，上表面受气象因素影响较大，需加强混凝土表面温控措施。

表 6.2-5 靠近上游处温度空间梯度分布表

日期	上部温度 $T_{上}$(℃)	中部温度 $T_{中}$(℃)	下部温度 $T_{下}$(℃)	$T_{上}-T_{中}$(℃)	$T_{下}-T_{中}$(℃)
2010/4/16	16.07	19.00	16.99	－2.93	－2.01
2010/4/17	35.21	31.80	30.98	3.41	－0.82
2010/4/18	40.08	42.00	37.61	－1.92	－4.39
2010/4/19	36.04	39.00	36.30	－2.96	－2.70
2010/4/20	33.31	36.40	34.56	－3.09	－1.84
2010/4/21	30.88	33.65	32.57	－2.77	－1.08

续表

日期	上部温度 $T_{上}$(℃)	中部温度 $T_{中}$(℃)	下部温度 $T_{下}$(℃)	$T_{上}-T_{中}$(℃)	$T_{下}-T_{中}$(℃)
2010/4/22	28.64	32.20	31.02	−3.56	−1.18
2010/4/23	28.05	30.90	29.62	−2.85	−1.28
2010/4/24	27.71	29.70	28.56	−1.99	−1.14
2010/4/25	26.4	27.55	27.64	−1.15	0.09
2010/4/26	24.01	25.40	26.72	−1.39	1.32
2010/4/27	21.62	23.40	25.26	−1.78	1.86
2010/4/28	20.5	22.00	24.05	−1.50	2.05
2010/4/29	19.04	20.25	23.28	−1.21	3.03
2010/4/30	18.98	19.60	21.63	−0.62	2.03
2010/5/1	18.8	19.45	20.96	−0.65	1.51
2010/5/2	18.94	19.50	20.42	−0.56	0.92
2010/5/3	19.38	19.55	20.57	−0.17	1.02
2010/5/4	20.02	20.20	20.18	−0.18	−0.02
2010/5/5	20.55	20.65	20.28	−0.10	−0.37
2010/5/10	19.92	19.70	20.13	0.22	0.43
2010/5/11	20.02	19.55	20.09	0.47	0.54
2010/5/12	20.06	19.70	20.04	0.36	0.34
2010/5/13	19.87	19.65	19.99	0.22	0.34
2010/5/14	19.77	19.50	19.89	0.27	0.39
2010/5/15	19.67	19.55	19.80	0.12	0.25
2010/5/16	19.14	19.35	19.46	−0.21	0.11
2010/5/17	19.19	19.20	19.60	−0.01	0.40
2010/5/18	19.04	19.10	19.31	−0.06	0.21

6.2.4.2 闸墩温度的空间梯度变化

选取关键部位分析闸墩温度的空间分布情况，距底板 2 m 处处于强约束区，通过处于边缘及中心部位的两支温度计分析闸墩的空间分布情况。

图 6.2-9 所示是两个不同部位温降阶段的时间梯度，该值由表面温度与中心温度相减所得。我们可以看出在温升阶段由于通水冷却的效果明显，使得在这个阶段中心温度在同一时间段略低于表面温度；在温降初期温度变化比较快，中心与表面温度最大温差超过了 6℃，温度下降过快将引起超过混凝土极限抗拉强度的温度应力，但从图中也可以看出，相邻两日的温度梯度变化相对较小。

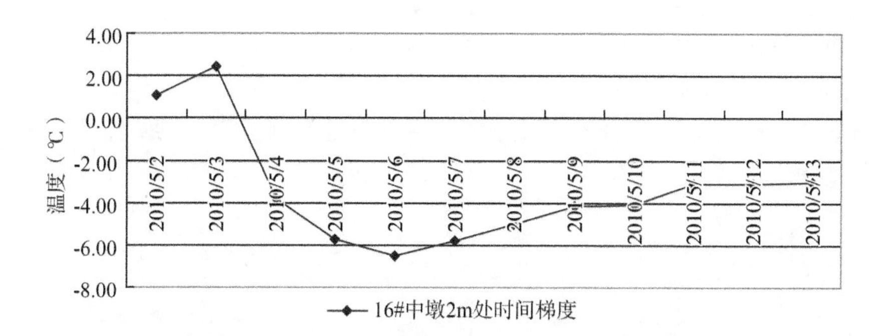

图 6.2-9　16＃中墩距底板 2 m 处空间梯度分布图

6.2.4.3　底板温度的时间梯度变化

闸底板平面尺寸大，厚度较薄，易受环境温度变化及风速的影响，其中底板上表面最为敏感，如果底板上表面某处温度下降超过某一极限值，所引起的温度应力超过当时混凝土的极限抗拉强度，那么混凝土将会出现裂缝。为了解底板上表面温度随时间的分布情况，表 6.2-6 给出了 6＃底板上表面温度的时间梯度变化，从该表中我们可以看出，上表面温度在降温初期变化较大，而此时混凝土的抗拉强度仍较低，此阶段是温控的关键时段。

表 6.2-6　6＃底板上表面温度的时间梯度变化

时间	温度梯度			
	S6－3 时间梯度(℃)	S6－4 时间梯度(℃)	S6－5 时间梯度(℃)	S6－6 时间梯度(℃)
2010/4/18	－4.82	－5.25	－0.78	－2.55
2010/4/19	－2.29	－2.87	－2.19	－2.26
2010/4/20	－3.16	－3.16	－4.27	－6.69
2010/4/21	－1.61	－1.65	－4.23	－2.16
2010/4/22	－1.22	－0.68	－0.05	－0.87
2010/4/23	－0.49	－0.05	－0.44	－0.96
2010/4/24	－0.83	－0.44	－0.78	－1.83
2010/4/25	－1.66	－1.17	－1.12	－1.59
2010/4/26	－1.90	－3.01	－0.10	－1.64
2010/4/27	－2.24	－2.80	－3.35	－0.34
2010/4/28	－1.07	－1.24	－0.19	－0.34
2010/4/29	－0.10	－1.17	1.51	0.77
2010/4/30	－0.68	0.24	0.78	0.77
2010/5/1	－0.10	0.19	1.36	1.06
2010/5/2	0.44	0.34	2.04	－1.06

注：表中各值是该日某一时间与前一天同一时间所测温度差。

6.2.4.4　闸墩温度的时间梯度变化

闸墩高度较高，距底部三分之一处是强约束区，关注该部位的温度变化有利于我们及时调整温控措施，避免时间梯度过大引起的温度应力超过同一时刻混凝土的极限抗拉强度，17＃缝墩分析同16＃中墩。

从图6.2-10中我们可以看出降温初期混凝土的温度下降较快，后期相对平缓，最终随环境温度变化。

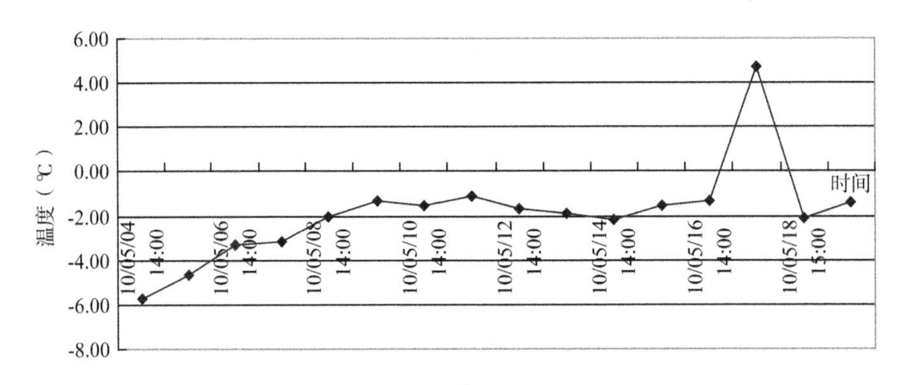

图6.2-10　16＃中墩(温度计ZDT16－6埋设处)表面温度的时间梯度

6.2.5　通水冷却效果分析

6.2.5.1　6＃闸底板通水冷却效果

为了了解混凝土内通水冷却的效果，将T6－5布置在冷却水管附近以便对冷却效果进行监测。通冷却水可以带走水管附近混凝土的水化热，起到削峰降低温升的作用。底板内水管呈U型排列在中间部位，水管间距1 m，每块大底板内部布置4套水管，左右小底板内各两套水管。通水流量根据实际情况而定，使得冷却区混凝土降温效果明显，但不能使冷却区温度因降得过快而产生内部温度应力。

从监测数据来分析，T6－5所测得的混凝土最高温度比离冷却水管稍远的其他温度计低2.3～4.8℃，与冷却水的进出口温度差数据相对较为一致，说明通水冷却的效果明显。

6.2.5.2　16＃中墩的通水冷却效果

中墩水管布置在距底板0～5 m范围内，上部未布置水管。

从门槽处T16－2(距底板7 m中间)、T16－3(距底板5 m中间)、T16－5(距底板2 m中间)、T16－6(距底板2 m距墩边20 cm)的监测数据来看，通水冷却降温可达8.25～9.20℃，因测点距通水冷却管及布置位置略有不同，所以值有点差异。

距底板7 m中间上下游各布置了一支仪器(上游T16－1，下游T16－2)，两者的散热边界不同，两处水化热达到的峰值也存在差别，上游比下游要高出3.4℃。

6.2.5.3　17＃缝墩通水冷却效果

比较门槽处的3支温度计(T17－2、T17－5、T17－6)，3支温度计均布置在通水冷却管范围内，其中T17－6离冷却水管的距离最远，比T17－5高出4.0℃，比T17－2高出1.45℃。由于T17－2处于冷却水管外围端，而T17－5处于冷却水管内部，因此造成降温效果上的差异。

比较 T17－3 和 T17－4，两者都处于闸墩的墩头部位，但两者的周围环境存在差别，上游处受风速影响较大，因此在相似情况下其最高温度较低。

6.2.6 混凝土自身体积变形及应变监测

9＃底板监测断面埋设了两支应变计(横河向及顺水流向)及一支无应力计，以此监测混凝土的自身体积变形及应力变化趋势。图 6.2-11 为该无应力计的变化过程线。

通过最小二乘法计算得混凝土的线膨胀系数 $\alpha=9.717\times10^{-6}/℃$。

在混凝土浇筑初期，同温度变化对应，应变值变化也较剧烈，并在混凝土温度达到最大值时，应变值达到最小(即压应变最大)；通水冷却结束后，随着混凝土温度的逐渐下降，其应变值则呈缓慢减小态势。

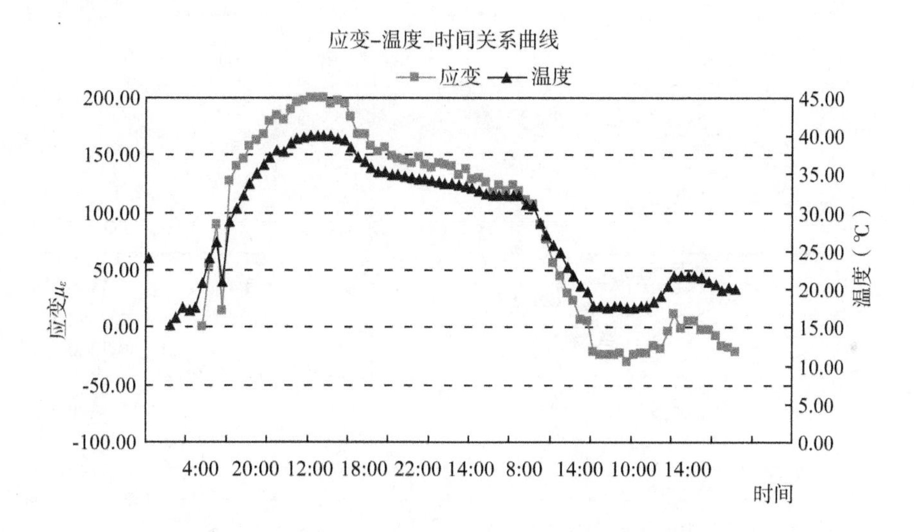

图 6.2-11 9＃底板无应力计、应变计温度变化过程线

6.2.7 混凝土应变监测分析

6.2.7.1 6＃底板

监测成果表明：混凝土的应变早期均为压应变，个别后期陡变呈拉应变。早期应变与温度呈正相关变化，即在温升阶段压应变也在变大，温降阶段压应变变小，在混凝土浇筑初期，同温度变化对应，应变值变化也较剧烈，并在混凝土温度达到最大值时，应变值达到最小。通水冷却结束后，随着混凝土温度的逐渐下降，其压应变值则呈缓慢减小态势，测值在 2010 年 4 月 22 日出现一微小跳跃，这是由于温度突变引起的。

从各支应变计的时序线上(图 6.2-12)我们可以了解到，底板的裂缝可能是从上往下裂。应变计 S6－1 埋设距底板最下端 30 cm，观测初期该处应变一直处于受压状态，看不出有裂缝的出现，在观测期间多次出现气温骤降的天气，后期观测应变出现陡变。

6.2.7.2 16＃闸墩

在 16＃闸墩距底板 7 米处埋设了一支无应力计，该无应力计所测应变随着时间从拉应变向压应变变化，变化趋势平稳，经计算的混凝土温度膨胀系数 $\alpha=9.717\times10^{-6}/℃$。

监测成果：应变与温度呈相关关系变化，即温度升高应变相应增大，温度降低应变也相应降低。从各支应变计的监测成果上看，其相应拉应变均超过 60 个微应变。典型应变过程线见图 6.2-12 至图 6.2-14。

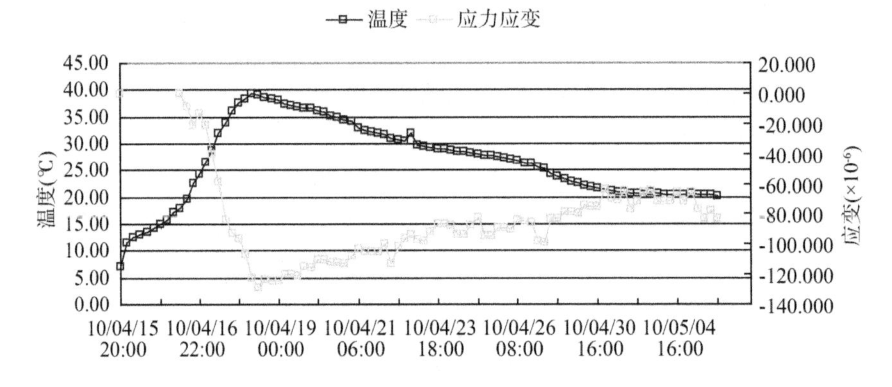

图 6.2-12　应变计 S6－2 的应变曲线

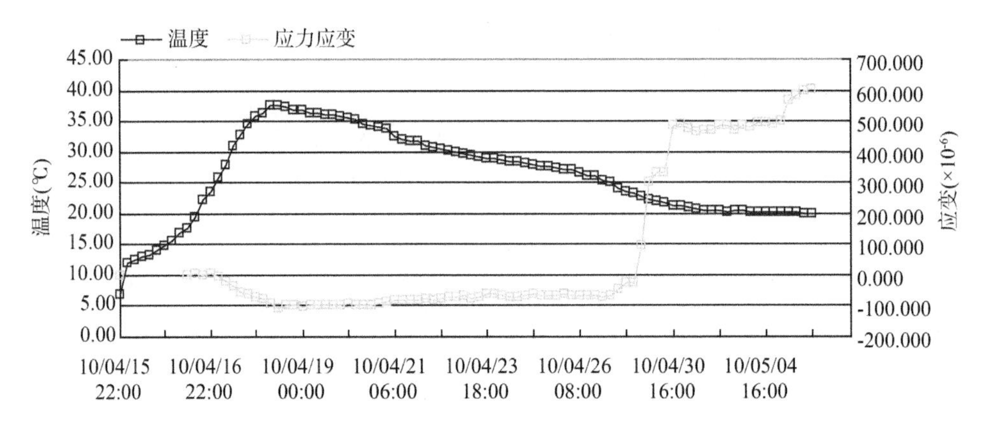

图 6.2-13　应变计 S6－1 的应变曲线

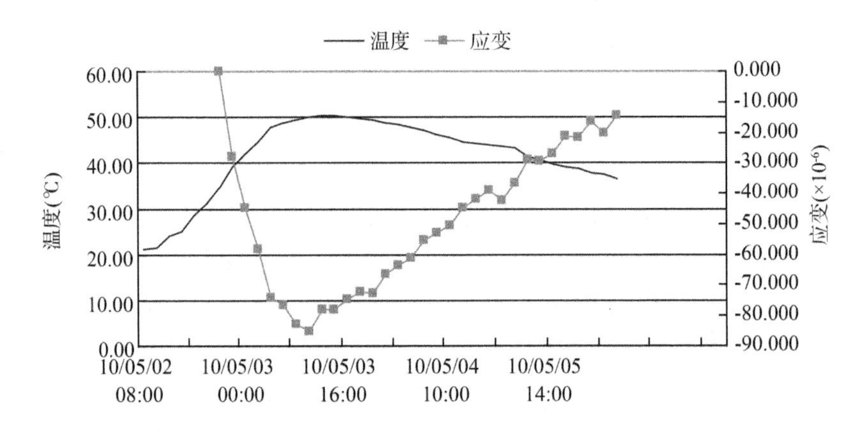

图 6.2-14　6♯闸墩应变计 S6 过程线

6.2.8 监测成果小结

(1) 混凝土入仓温度与气温关系密切,限于现场浇筑条件,入仓温度随气温而变化。对闸底板,入仓温度应不高于 20℃,对闸墩应不高于 25℃。

(2) 底板尺寸大,厚度薄,强约束。监测数据表明:上表面最高温度最高达到 42.33℃,中部最高温度达到 42.85℃,下表面最高温度 39.32℃。上表面温度随环境温度变化敏感,做好后期保温尤为重要。闸墩高度高,下部受基础约束强。监测数据表明:中墩上部最高温度有 63.55℃,下部最高温度 42.05℃;缝墩上部最高温度有 61.00℃,下部最高温度有 40.85℃。

(3) 底板混凝土内通水冷却可削峰值在 2～5℃之间。中墩、缝墩通水冷却可使峰值下降近 10℃左右,水管冷却削峰效果明显。

(4) 底板内部温度变化初期都比较平缓,而底板上表面受气温及风速影响很大,上表面若温控措施不到位,极易引起裂缝。

(5) 混凝土的线膨胀系数约为 $\alpha=9.717\times10^{-6}$/℃。4 月 21 日气温突降,引起混凝土上表面温度骤降,所测应变也呈突变。

(6) 综合以上情况,在不改变施工工艺及材料的情况下,控制入仓温度,优化冷却水管的布置,做好后期保温措施,是控制裂缝的关键。尤其要做好气温骤降时的保温预案。

6.3 基于高性能混凝土内外温差的快速温控指标确定方法

6.3.1 闸底板温度控制措施分析

混凝土在浇筑过程初期,由于水泥产生水化热反应,混凝土内外温度均会升高,表面由于与空气接触,部分热量会散入空气中,混凝土内部产生的热量则需要传至表面,然后再散到空气中去。因此,混凝土内部温度升高得要比外部温度升高得多些,内部混凝土由于受到外部混凝土约束而产生一定的压应力。随着混凝土龄期增长,水化热反应结束,混凝土温度开始下降,在温降过程中,混凝土内部压应力逐渐减小,并随温度的逐渐降低而产生一定的拉应力,这也是混凝土最容易出现裂缝的阶段。

基于这一过程,在不考虑时间效应的前提下,假定混凝土在初期产生一定幅度的温升(内部升温多一些,外部升温少一些),并用早期不同龄期(如 0.5 d、1 d、3 d 等)下的混凝土模量进行分析,可以得到不同龄期混凝土在指定温升情况下的应力场;在随后的温降阶段,再假定混凝土均匀地产生一定幅度的温降(内部降温多一些,外部降温少一些),并用后期不同龄期(如 3 d、7 d、28 d 等)下的混凝土模量进行分析,可以得到不同龄期混凝土在指定温降情况下的应力场。然后,将温升阶段和温降阶段不同龄期的应力场进行叠加即得混凝土最终的应力状态。最后,可根据混凝土最终应力状态是否超过混凝土相应龄期时的抗拉强度来判断混凝土是否开裂。在进行温升和温降阶段分析时,可以根据结构周边所处边界条件的不同来控制结构均匀温升(温降)或不均匀温升(温降)。另外,温升和温降阶段都可以认为是两个温度场的叠加,即一个均匀温度场和一个非均匀线性温度场。比如，对闸底板，由于底板坐落在沉井基础上，底板表面向空气散热，因此，可认为表面温升或温降比底面多一些，表面与底板之间可简单认为是线性变化；而对于闸墩，由于闸墩四周散热条件相同，可以认为四周边界温升或温降一样。

根据前面的计算思路，采用混凝土不同龄期弹性模量进行底板温度控制措施的概化计算。考虑到混凝土水化热一般在 3 d 左右完成绝大部分，因此，在温升阶段采用 0.5 d、1 d、3 d 的弹性模量，在温降阶段采用 3 d、7 d、28 d 的弹性模量。由于早期温升阶段的弹性模量没有试验数据，因此采用拟合曲线公式计算弹性模量，温降阶段的弹性模量采用试验室测得的数据，各龄期的混凝上弹性模量如表 6.3-1 所示。

表 6.3-1　不同龄期的混凝土弹性模量

龄期(d)	弹性模量(GPa)	备注
0.5	10.00	拟合值
1	21.09	拟合值
3	26.34	拟合值
7	30.50	试验值
28	37.00	试验值

在对底板进行温控概化措施分析时，采用不同龄期的混凝土模量，取底板顶面、中间、底面，分别升高或降低不同的温差值，计算得到的底板顺水流向(Sy)和横水流向(Sx)的最大应力如表 6.3-2 所示，从表中可以看出，在温升阶段出现较大拉应力的组合为底板中间升高 20℃，表面和底面分别升高 10℃，即中间与上下面均有 10℃温差的情况，即表中的 A1－1、A2－1 和 A3－1 组合，随着混凝土模量的增大，最大拉应力也在增大，当采用 3 d 龄期混凝土模量时，最大拉应力可达到 2.229 MPa，很可能超过此龄期下混凝土的抗拉强度，从而导致温升过程的裂缝。因此，在温升阶段要尽量控制混凝土内外表面温差，使最大温差不大于 10℃。

表 6.3-2　底板温控措施分析计算表

组合	混凝土龄期(d)	底板顶面(℃)	底板中间(℃)	底板底面(℃)	Max Sx(MPa)	Max Sy(MPa)
A1－1	0.5	10	20	10	0.776/－1.504	0.643/－1.280
A1－2	0.5	15	20	10	0.250/－0.675	0.176/－0.649
A1－3	0.5	10	20	15	0.246/－0.675	0.176/－0.649
A2－1	1	10	20	10	1.768/－2.855	1.289/－2.200
A2－2	1	15	20	10	0.547/－1.375	0.444/－1.318
A2－3	1	10	20	15	0.547/－1.375	0.444/－1.318
A3－1	3	10	20	10	2.229/－3.409	1.593/－2.548
A3－2	3	15	20	10	0.683/－1.703	0.574/－1.628
A3－3	3	10	20	15	0.683/－1.703	0.574/－1.628
B1－1	3	－10	－20	－10	4.073/－0.873	2.708/－0.872

续表

组合	混凝土龄期(d)	底板顶面(℃)	底板中间(℃)	底板底面(℃)	Max Sx(MPa)	Max Sy(MPa)
B1-2	3	−10	−20	−15	1.703/−0.683	1.628/−0.574
B1-3	3	−20	−15	−10	1.703/−0.683	1.628/−0.574
B1-4	3	−10	−15	−20	2.134/−0.508	1.833/−0.498
B2-1	7	−10	−20	−10	4.551/−1.015	3.037/−1.013
B2-2	7	−10	−20	−15	1.961/−0.792	1.872/−0.677
B2-3	7	−20	−15	−10	1.961/−0.792	1.872/−0.677
B2-4	7	−10	−15	−20	2.134/−0.508	1.833/−0.498
B3-1	28	−10	−20	−10	4.551/−1.015	3.037/−1.013
B3-2	28	−10	−20	−15	2.357/−0.957	2.249/−0.835
B3-3	28	−20	−15	−10	2.357/−0.957	2.249/−0.835
B3-4	28	−10	−15	−20	2.929/−0.721	2.522/−0.707

6.3.2 闸墩温度控制措施分析

为了解闸墩在不同龄期下不同温度变化时结构的应力分布情况，采用与闸底板温控措施相类似的分析方法，取如表6.3-1所示不同龄期下混凝土的弹性模量，对闸墩整体、表面和中部升高或降低指定温差值，分析闸墩的应力变化情况。表6.3-3、表6.3-4给出了闸墩整体均匀温变时应力极值情况以及内外不均匀温变时应力极值情况，并对均匀温变和不均匀温变进行了组合。图6.3-1至图6.3-3给出了闸墩内外产生不均匀温升时的温度分布图。从表中可以看出，在温升阶段，若闸墩整体均匀温升，并不会产生太大的拉应力，而若闸墩内外存在不均匀温升时就会产生较大的拉应力，拉应力数值随混凝土模量的提高而增大。因此，在温升阶段应控制混凝土内外温差不大于10℃。在混凝土水化热结束后的温降阶段，由于混凝土模量相对于前期已经较高，即使均匀的温降，由于受底板混凝土的约束，都会产生较大的拉应力；若再加上内外不均匀温降，则拉应力数值就会更大。因此，为减小混凝土温降阶段的降温幅度，在混凝土浇筑初期采取降低入仓温度、通水冷却等降温措施来减小由于混凝土水化热引起的最大温升，可以有效减小混凝土温降阶段的降温幅度。

根据以往闸墩温控措施的经验，闸墩底部区域受底板约束比较大，属于强约束区，在混凝土温度变化时容易产生温度裂缝。因此，一般在闸墩下部2/3的区域内采取布置冷却水管的方法来降低由于水泥水化热引起的最高温升。考虑这一因素，对闸墩上部1/3和下部2/3区别进行不同的温变，采用不同龄期的混凝土模量进行分析，表6.3-4给出了闸墩上下部分发生非均匀温变时的最大应力值，图6.3-1给出了闸墩内部和边界非均匀温升时的温差分布情况，图6.3-2给出了闸墩上部和下部区域分别整体温升不同数值时的温差分布情况，图6.3-3给出了闸墩上部区域内外不均匀温升、下部区域均匀温升时的温差分布情况。图6.3-4至图6.3-7分别给出了组合A1-4和组合B2-4时闸墩上下部不均匀温变时横河向和顺河向的应力分布图。从图中可以看出，在温升阶段由于闸墩底部混凝土膨胀受到闸底板的强约束会产生一定的压应力，而闸墩顶部由于表面膨胀则产生一定的拉应力；在温降阶段，由于混凝土收缩受到底板的强约束而在闸墩底部产生较大的拉应力，且拉应力数值随混凝土模量增加而增大，内外不均匀温降也进一步加大了拉应力的数值。因此，在闸墩底部进行通水冷却、降低入仓温度则显得更为重要。

由于三洋港挡潮闸闸墩处于夏季高温季节施工，混凝土的入仓温度较高，容易产生较高的水化热温升，温控措施则显得更为重要。

表 6.3-5 给出了闸墩在不同龄期混凝土模量时产生较大内外不均匀温变时的应力极值，并对温升和温降进行了组合。图 6.3-8 和图 6.3-9 给出了组合 B2－6 时闸墩横河向和顺河向应力分布图，从图中可以看出，在闸墩产生较大的不均匀温降时在闸墩底部的强约束区容易产生较大的拉应力。

表 6.3-3　闸墩(中墩)上下均匀温变时温控措施分析计算表

组合	混凝土龄期(d)	整体温差(℃)	中部温差(℃)	边界温差(℃)	Max Sx	Max Sy
A1－1	0.5	10			0.149/－1.069	0.130/－1.086
A1－2	0.5		10	0	0.854/－0.394	0.670/－0.874
A2－1	1	10			0.293/－1.928	0.425/－2.065
A2－2	1		10	0	1.802/－0.831	1.419/－1.817
A3－1	3	10			0.355/－2.282	0.585/－2.473
A3－2	3		10	0	2.251/－1.039	1.775/－2.258
B1－1	3	－10			2.28/－0.355	2.473/－0.585
B1－2	3		－10	0	1.039/－2.251	2.258/－1.775
B2－1	7	－10			2.534/－0.402	2.777/－0.715
B2－2	7		－10	0	1.203/－2.606	2.605/－2.057
B3－1	28	－10			2.888/－0.471	3.225/－0.923
B3－2	28		－10	0	1.459/－3.161	3.146/－2.500
(A1－1)＋(A1－2)	0.5		20	10	0.932/－1.897	0.992/－2.168
(A2－1)＋(A2－2)	1		20	10	1.940/－3.353	2.296/－4.221
(A3－1)＋(A3－2)	3		20	10	2.412/－3.919	2.941/－5.101
(B1－1)＋(B1－2)	3		－20	－10	3.919/－2.412	5.101/－2.941
(B2－1)＋(B2－2)	7		－20	－10	4.321/－2.784	5.766/－3.457
(B3－1)＋(B3－2)	28		－20	－10	4.876/－3.369	6.754/－4.269

表 6.3-4　闸墩(中墩)上下非均匀温变时温控措施分析计算表

组合	混凝土龄期(d)	整体温差(℃)	中部温差(℃)	边界温差(℃)	Max Sx	Max Sy
A1-3	0.5	10	UA10		0.293/−1.151	0.368/−1.055
A1-4	0.5	10	UM10B0		0.854/−1.111	0.739/−1.067
A2-3	1	10	UA10		0.588/−2.085	0.815/−1.990
A2-4	1	10	UM10B0		1.801/−1.988	1.574/−2.023
A3-3	3	10	UA10		0.722/−2.433	1.035/−2.385
A3-4	3	10	UM10B0		2.250/−2.307	1.972/−2.424
B1-3	3	−10	UA-10		2.433/−0.722	2.385/−1.035
B1-4	3	−10	UM-10B0		2.307/−2.250	2.424/−1.972
B2-3	7	−10	UA-10		2.674/−0.827	2.683/−1.211
B2-4	7	−10	UM-10B0		2.561/−2.605	2.724/−2.288
B3-3	28	−10	UA-10		3.097/−0.989	3.128/−1.489
B3-4	28	−10	UM-10B0		2.988/−3.160	3.168/−2.848

表 6.3-5　闸墩(中墩)温控措施分析计算表

组合	混凝土龄期(d)	整体温差(℃)	中部温差(℃)	边界温差(℃)	Max Sx	Max Sy
A1-5	0.5	25			0.373/−2.672	0.325/−2.715
A1-6	0.5	30			0.448/−3.206	0.390/−3.258
A1-7	0.5		30	25	0.582/−2.812	0.736/−3.179
A2-5	1.0	25			0.733/−4.818	1.062/−5.162
A2-6	1.0	30			0.880/−5.782	1.274/−6.195
A2-7	1.0		30	25	1.189/−4.894	1.968/−6.146
B2-5	7.0	−10			2.534/−0.402	2.777/−0.715
B2-6	7.0		−10	−15	3.726/−0.872	4.370/−1.179
(A1-5)+(B2-5)	0.5+7.0	25	−10	−10	0.179/−0.852	0.127/−0.589
(A1-7)+(B2-5)	0.5+7.0		30+(−10)	25+(−10)	0.437/−0.986	0.289/−0.796
(A1-7)+(B2-6)	0.5+7.0		30+(−10)	25+(−15)	1.728/0.945	1.730/−1.415
(A2-5)+(B2-5)	1.0+7.0	25	−10	−10	0.331/−2.346	0.346/−2.385
(A2-6)+(B2-5)	1.0+7.0		30+(−10)	25+(−10)	1.041/−2.845	1.269/−3.414
(A2-7)+(B2-6)	1.0+7.0		30+(−10)	25+(−15)	2.285/−2.940	2.353/−3.568

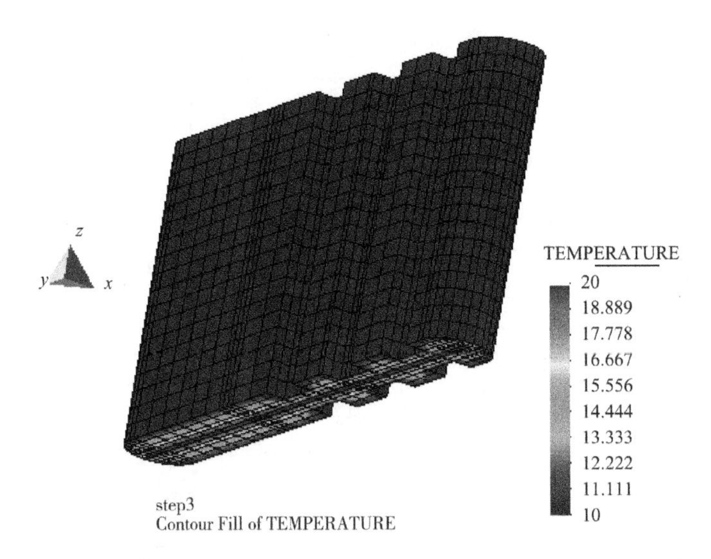

图 6.3-1　闸墩内部升高 20℃边界升高 10℃时温差分布图(单位:℃)

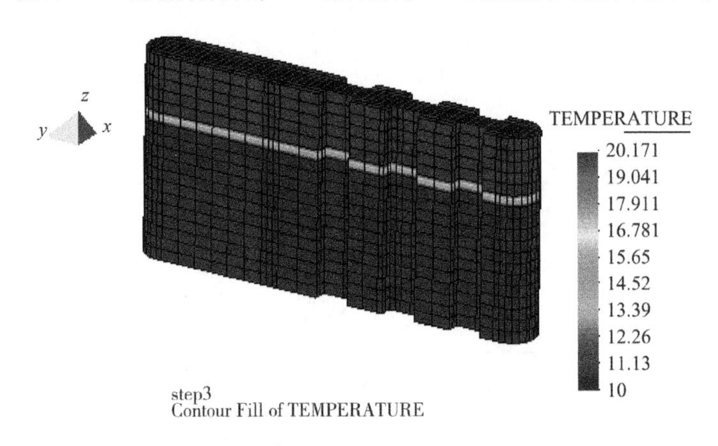

图 6.3-2　闸墩上部均匀升高 20℃下部均匀升高 10℃温差分布图(单位:℃)

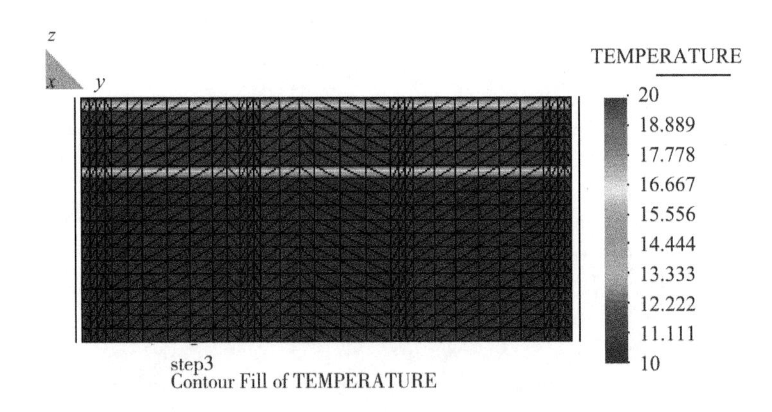

图 6.3-3　闸墩上部中间升高 20℃下部和边界升高 10℃时中面剖面温差分布图(单位:℃)

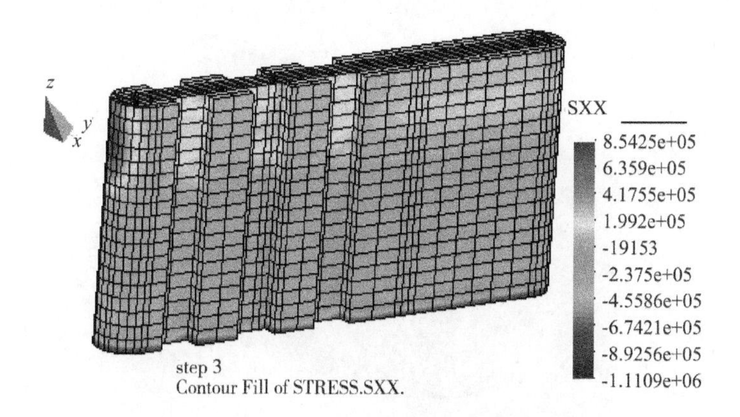

图 6.3-4　组合 A1－4 横河向应力分布图(单位:Pa)

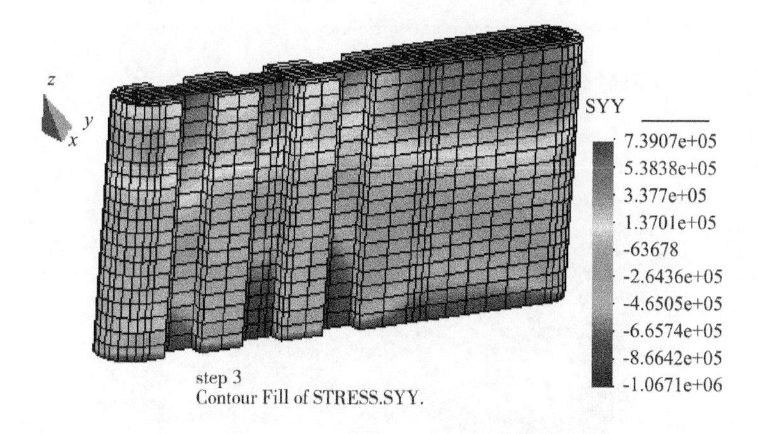

图 6.3-5　组合 A1－4 顺河向应力分布图(单位:Pa)

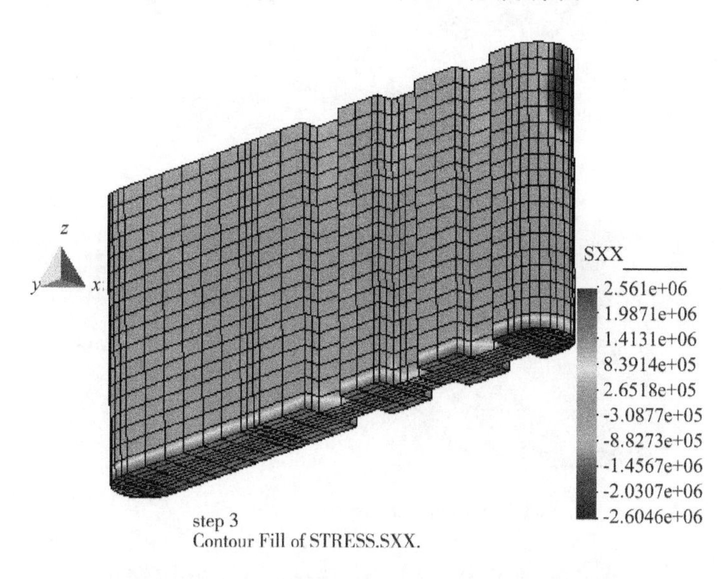

图 6.3-6　组合 B2－4 横河向应力分布图(单位:Pa)

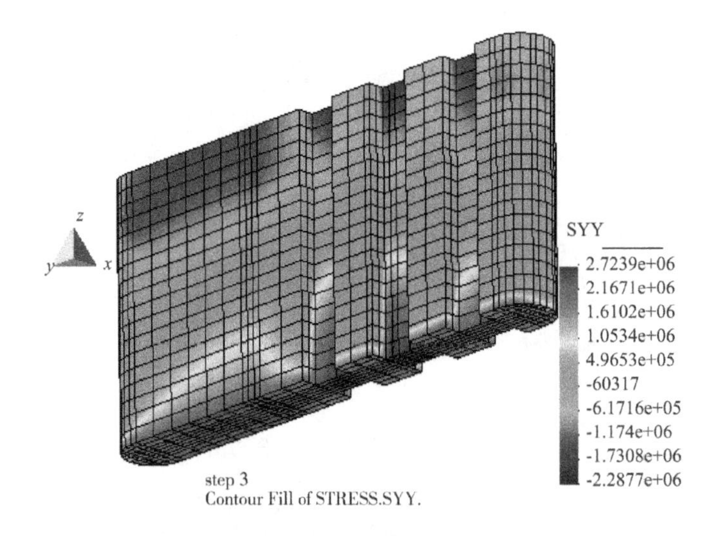

图 6.3-7　组合 B2－4 顺河向应力分布图(单位:Pa)

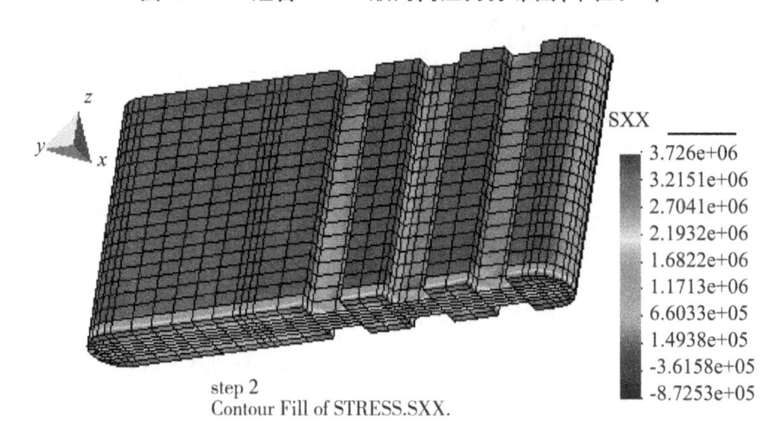

图 6.3-8　组合 B2－6 横河向应力分布图(单位:Pa)

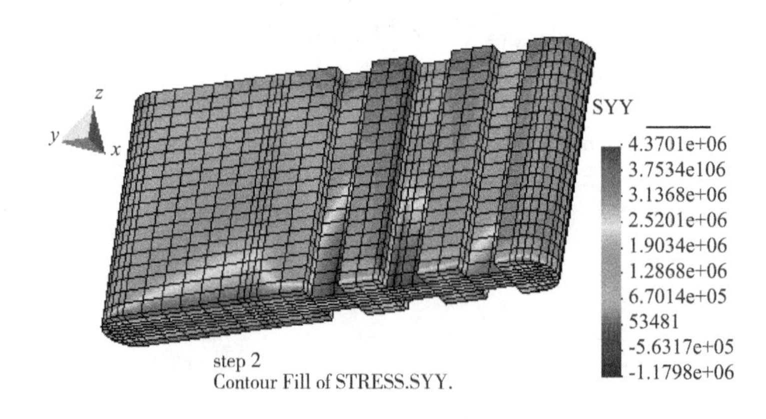

图 6.3-9　组合 B2－6 顺河向应力分布图(单位:Pa)

6.4 三洋港挡潮闸闸底板和闸墩施工期温度场及应力场仿真分析

6.4.1 闸底板和闸墩三维有限元分析模型

三洋港挡潮闸共有33孔，其中两孔一联16孔，中间为一个单孔一联闸室。本计算分析选取其中两孔一联大底板进行三维有限元建模，坐标系以闸室横河向为X向，以外河侧指向内河侧为Y正向，以竖直向上为Z正向。模型中包含闸底板沉井基础、沉井内填土、沉井内水体、闸底板及闸底板上中墩、边墩和缝墩等。为了进行冷却水管算法及水管布置方式对闸底板及闸墩温度场和温度应力场的影响，分别构建了等效水管分析模型和考虑冷却水管的直接算法的分析模型，在等效水管分析模型中采用等效热传导算法模拟水管的冷却效果，在考虑冷却水管的模型中采用直接法分析水管的冷却效果。

分析模型1：等效水管算法分析模型。在该模型中，所有结构均用8结点六面体单元进行空间离散，共剖分57 494个结点，50 274个六面体单元。为了在计算中对底板和闸墩浇筑过程进行仿真分析，根据底板和闸墩浇筑过程对单元进行分组，分析中按实际浇筑过程依次使相应单元组参与计算来进行仿真分析。三维整体有限元分析网格如图6.4-1至图6.4-4所示。

分析模型2：直接水管算法分析模型。在该模型中，底板以下沉井部分、水管及水管附近部分采用8结点六面体单元离散，其他部分采用4结点四面体单元离散，两种单元之间采用5结点五面体金字塔形单元进行过渡。在直接水管算法分析模型中分别建立了闸底板和闸墩的分析模型，其中闸墩分析模型中还设置不同水管布置方式的模型，下面对几种模型分别进行说明。

分析模型2-1：闸底板模型。在对底板进行分析时，沉井及沉井内填土、水体作为恒温体，底板板内根据现场水管布置方式对水管进行详细模拟，共剖分单元114 143个，结点95 407个，闸底板和水管布置有限元网格如图6.4-5和图6.4-6所示。

分析模型2-2：在对中墩进行分析时，底板、沉井及沉井内填土、水体作为恒温体，为比较不同水管布置方式对中墩温度场的影响，建立了两种不同的水管布置分析模型，一种为水管按高程分两层水管进行布置（简称分析模型2-2a），共剖分单元203 634个，结点81 170个，分析模型和水管布置如图6.4-7和图6.4-8所示；另一种沿水管上下游方向和高程分为三套水管进行布置（简称分析模型2-2b），共剖分单元230 925个，结点85 304个，分析模型和水管布置如图6.4-9和图6.4-10所示。

6.4.1.1 等效水管算法的有限元模型

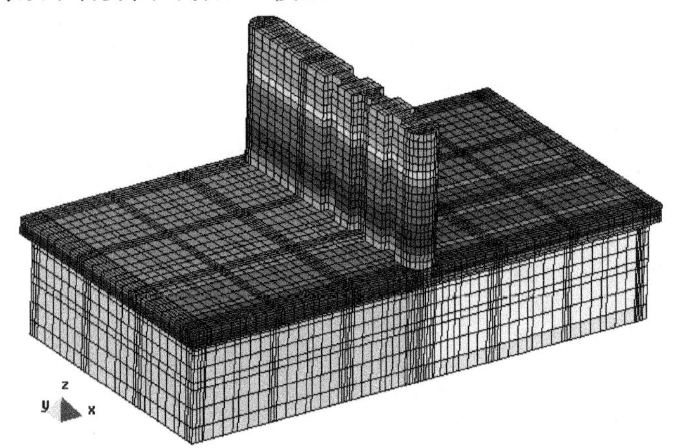

图 6.4-1 整体三维有限元分析模型(模型 1)

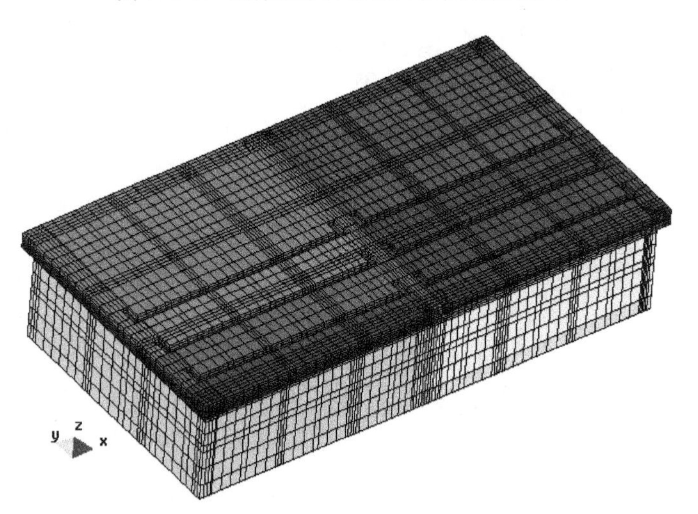

图 6.4-2 闸底板底板及沉井基础(模型 1)

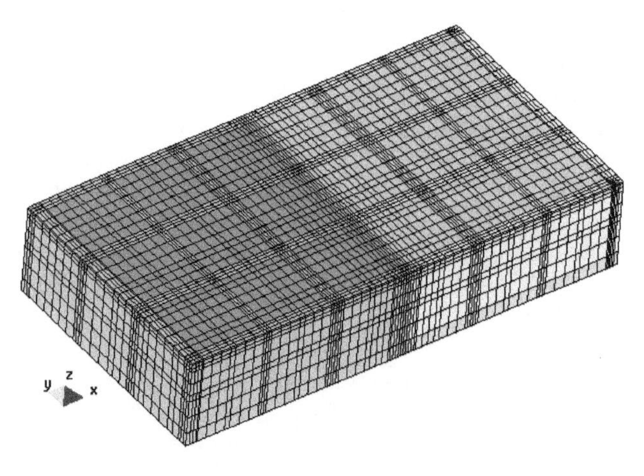

图 6.4-3 包含沉井内填土及盖板的沉井基础(模型 1)

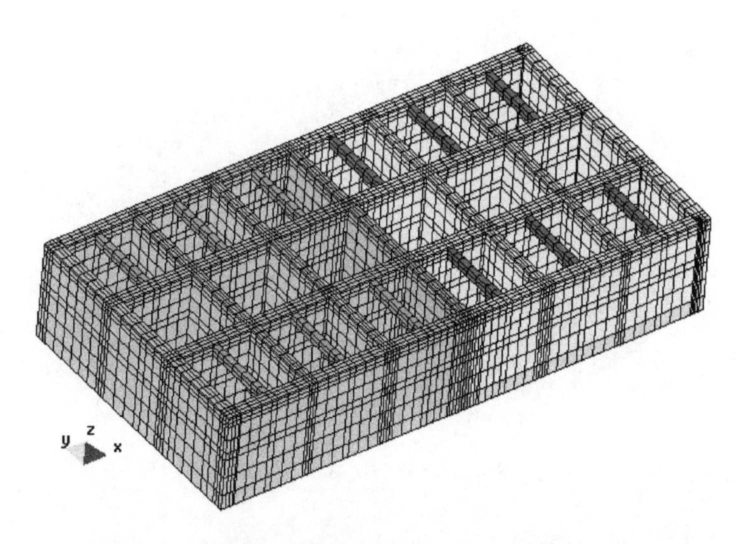

图 6.4-4　不含沉井内填土及盖板的沉井基础(模型 1)

6.4.1.2　直接水管算法的有限元模型

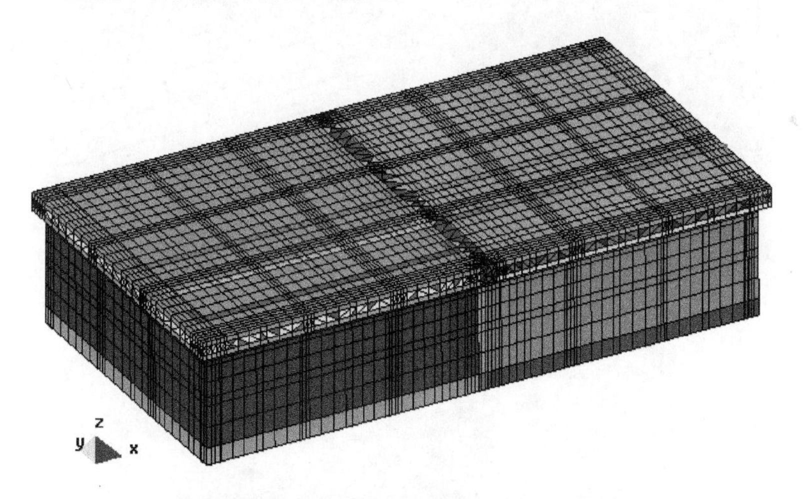

图 6.4-5　带有冷却水管的闸底板及沉井有限元网格图(模型 2-1)

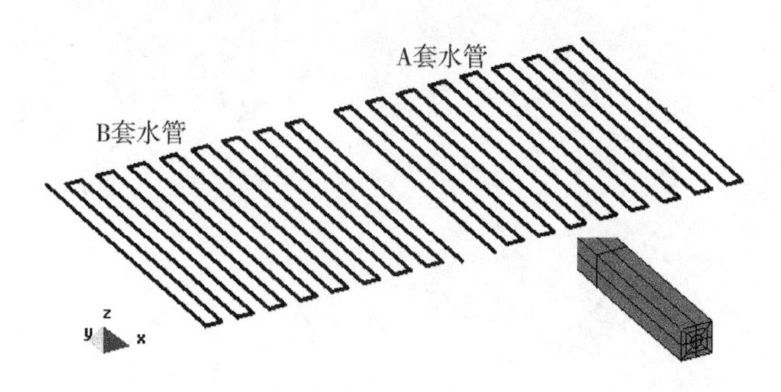

图 6.4-6　闸底板中冷却水管布置及有限元网格图(模型 2-1)

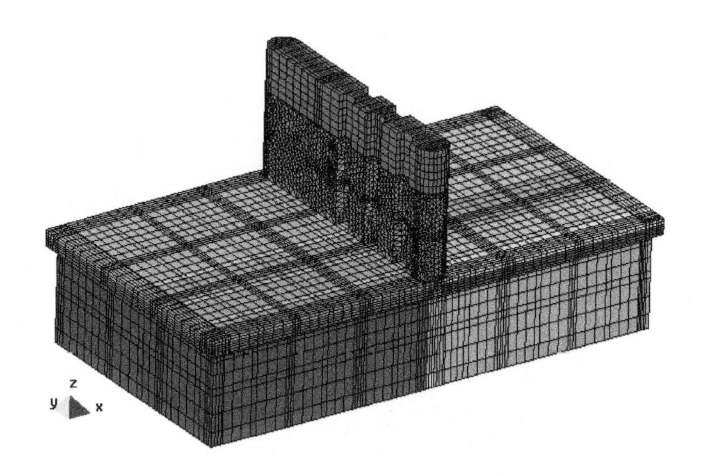

图 6.4-7　带冷却水管的中墩及底板沉井有限元网格图(模型 2 - 2a)

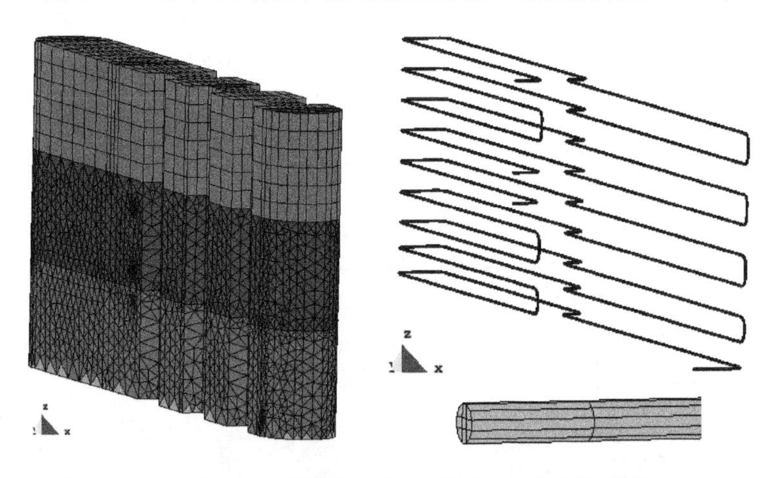

图 6.4-8　中墩冷却水管布置方案 1 的有限元网格图(模型 2 - 2a)

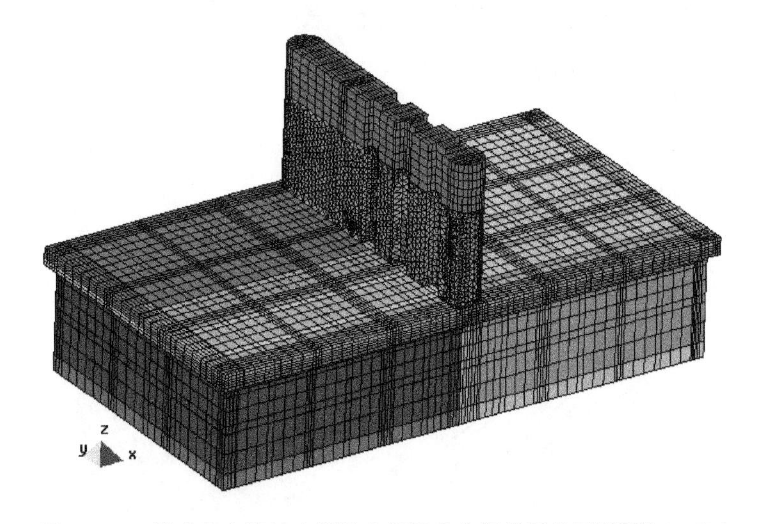

图 6.4-9　带冷却水管的中墩及底板沉井有限元网格图(模型 2 - 2b)

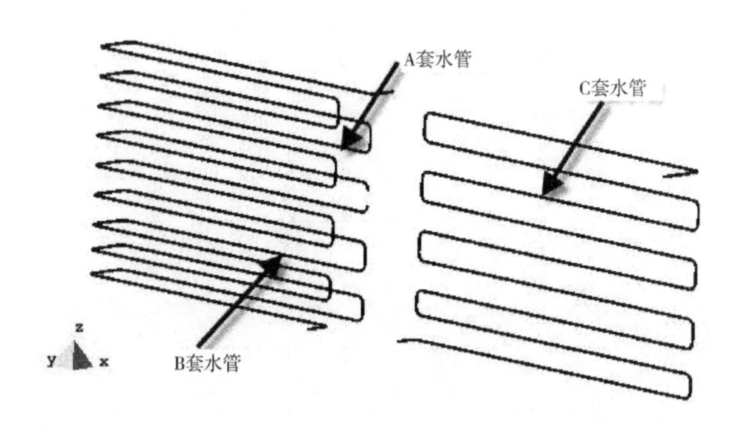

图 6.4-10 中墩冷却水管布置方案 2 的有限元网格图(模型 2－2b)

6.4.2 边界条件和材料参数

6.4.2.1 温度场分析边界条件

在进行闸底板温度场仿真分析时,根据现场实际施工浇筑过程及施工结束后对闸底板的边界保温措施进行全过程仿真模拟。在浇筑过程中,沉井基础按恒温边界,底板底面直接与沉井顶面盖板相接,底板四周为覆盖有木模板的散热边界,顶面及闸门槽为自由散热边界;在浇筑结束后,底板四周为覆盖有木模板及保温板的散热边界,顶面为加有土工布、草席及保温板的散热边界,闸门槽内为充有水体的散热边界。

在进行闸墩温度场仿真分析时,闸底板及沉井为恒温边界条件。在浇筑过程中,闸墩按 50 cm 一层进行分层浇筑,闸墩左右侧加有木模板的散热边界,闸墩两圆头为钢模板,考虑到钢模板导温系数大,故按自由散热边界处理,顶面为自由散热边界;在浇筑结束后,闸墩左右岸侧覆盖有木模板、草帘子的散热边界,两圆头外由于加了保温板,故按覆盖有保温板的散热边界处理,顶面为覆盖有土工布、草帘子及保温板的散热边界。

6.4.2.2 温度应力场分析边界条件

在进行闸底板和闸墩温度应力场分析时,取沉井底面为固定约束,由于沉井埋入地下,故沉井基础四周侧边按施加法向约束,底板四周侧为自由边界。

6.4.2.3 荷载条件

本研究分析主要为研究闸底板及闸墩施工期温度荷载引起的应力分布情况,故在分析中没有考虑其他荷载,仅考虑了结构承受温度荷载引起的变形和应力分布情况。

6.4.2.4 温度场分析热学参数

在进行温度场仿真分析时,由于施工浇筑阶段和浇筑完成后混凝土表面或四周边界覆盖条件有所不同,因此,仿真分析时所用的散热边界参数也不相同。根据现场施工所采用的保温措施,并结合《水工混凝土结构设计规范》(SL 191)附录 G 中建议的不同保温材料的散热系数,计算得到不同施工阶段所采用的表面散热系数如表 6.4-1 所示。计算分析中各材料的热学参数如表 6.4-2 所示。

表 6.4-1　不同覆盖情况下混凝土表面放热系数表

<table>
<tr><th>表面覆盖情况</th><th>覆盖材料</th><th>厚度
(m)</th><th>覆盖物的导热系数
[kJ/(m・h・℃)]</th><th>最外层放热系数
[kJ/(m²・h・℃)]</th><th>等效放热系数
[kJ/(m²・h・℃)]</th></tr>
<tr><td>表面自由散热</td><td>—</td><td>—</td><td>—</td><td>80.000</td><td>—</td></tr>
<tr><td rowspan="3">表面加覆盖层</td><td>土工布</td><td>0.002</td><td>0.170</td><td>—</td><td rowspan="3">4.585</td></tr>
<tr><td>草帘子</td><td>0.020</td><td>0.500</td><td>—</td></tr>
<tr><td>保温板</td><td>0.020</td><td>0.130</td><td>80.000</td></tr>
<tr><td>侧面加木模板</td><td>木模板</td><td>0.020</td><td>0.840</td><td>80.000</td><td>27.541</td></tr>
<tr><td rowspan="2">侧面加覆盖层</td><td>木模板</td><td>0.020</td><td>0.840</td><td>—</td><td rowspan="2">5.259</td></tr>
<tr><td>保温板</td><td>0.020</td><td>0.130</td><td>80.000</td></tr>
</table>

表 6.4-2　各种材料热学参数表

材料名称	导温系数(m²/h)	导热系数[kJ/(m・h・℃)]
混凝土	0.004 5	10.60
土体	0.002 52	
空气	0.057 96	
水体	0.000 54	

根据南京瑞迪高新技术有限公司所进行的高性能混凝土试验报告，混凝土水化热绝热温升曲线采用双曲线型公式，如下

$$T=\frac{48.93\tau}{0.9863+\tau} \tag{6.4-1}$$

6.4.2.5　温度场热学参数的反演分析

由于种种原因，试验室测得的参数与现场实际施工后混凝土的参数之间存在着一定的差异。而且现在施工后混凝土边界保养非常复杂，查得的散热系数参数与实际情况可能存在较大出入。因此，本节根据 17＃中墩混凝土中预埋设的温度场测量仪器对闸墩的散热边界条件及混凝土的绝热温升等进行了反演分析，后继的计算都是基于反演得到的参数进行的。表 6.4-3 给出四种计算，通过比较闸墩中实测点与计算值来确定最后的计算参数。

表 6.4-3　散热系数及绝对温升反演分析表

参数组	顶面	圆头	大块处	门槽	绝热 a	绝热 b
A1	1.946×10^{-3}	3.396×10^{-2}	2.233×10^{-3}	1.169×10^{-2}	48.93	0.99
A2	1.946×10^{-3}	9.396×10^{-3}	4.134×10^{-3}	7.169×10^{-3}	46.93	1.02
A3	1.946×10^{-3}	1.139×10^{-2}	6.134×10^{-3}	9.169×10^{-3}	52.93	1.02
A4	1.946×10^{-3}	1.140×10^{-2}	7.134×10^{-3}	1.017×10^{-2}	54.93	1.02

图 6.4-11 和图 6.4-12 给了 17#中墩中两个测点实测结果与反演计算参数得到的结果的对比，从图中可以看出 A4 组参数与实测吻合的更好。因此，后续计算对边界条件和混凝土绝热温度均采用 A4 组参数进行计算分析。

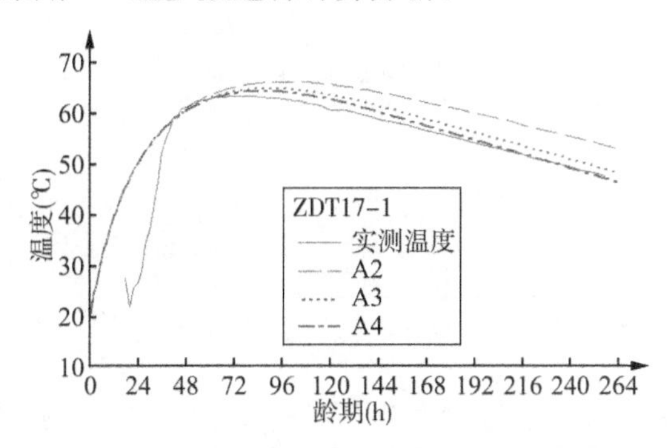

图 6.4-11　闸墩 17# T17-1 测点实测与反演计算结果比较

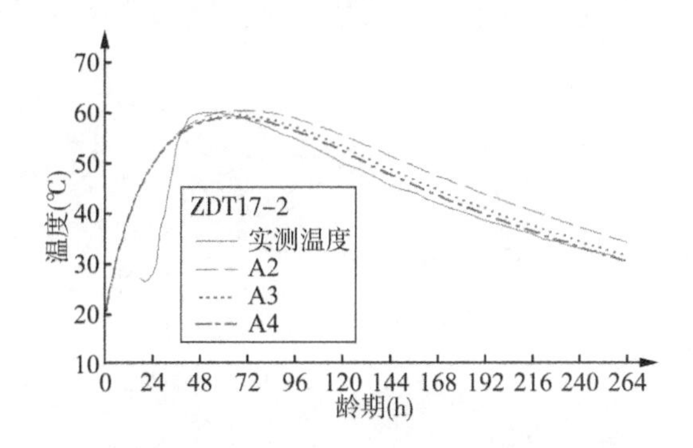

图 6.4-12　闸墩 17# T17-2 测点实测与反演计算结果比较

6.4.2.6　温度应力场分析力学参数(表 6.4-4)

在进行闸底板和闸墩温度应力场分析时，需要考虑混凝土弹性模量随龄期的变化过程。三洋港挡潮闸采用高性能混凝土，并采用混凝土泵送施工技术，高性能混凝土力学性能由南京瑞迪高新技术有限公司进行试验。根据试验所提供的混凝土弹性模量随龄期的变化曲线拟合出混凝土弹性模量随龄期变化公式为

$$E = 44.4(1 - e^{-0.25\tau^{0.3}}) \tag{6.4-2}$$

试验拟合所得混凝土弹性模量随龄期变化曲线如图 6.4-13 所示。试验所得混试验所得高性能混凝土自生体积变形曲线如图 6.4-14 所示。

表 6.4-4　温度应力场分析力学材料参数

	密度(kg/m³)	弹性模量(Pa)	泊松比	线膨胀系数
沉井盖板混凝土(C30)	2 400	3.00E+10	0.167	10.000E-06
土体	1 950	1.00E+07	0.350	1.000E-07
高性能混凝土	2 450	44.4E+10	0.167	9.717E-06

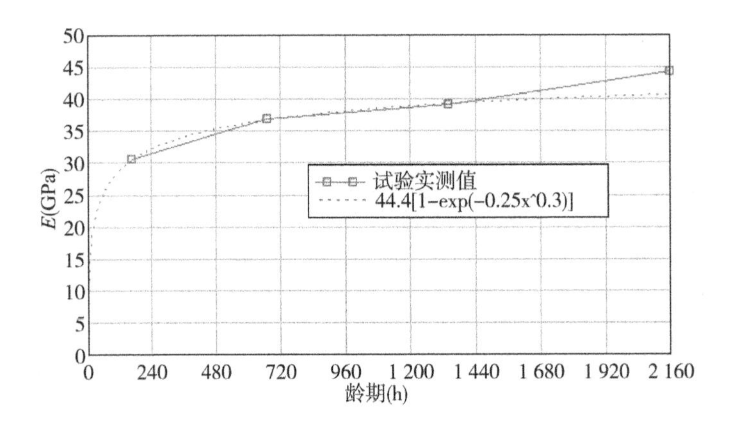

图 6.4-13　根据试验拟合出的混凝土弹性模量随龄期变化曲线

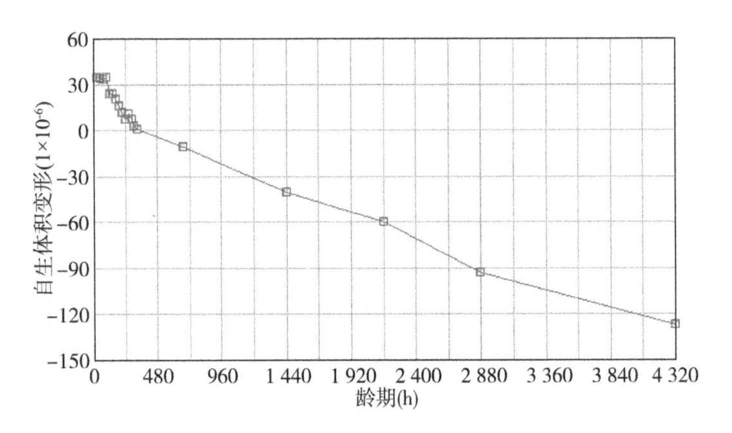

图 6.4-14　试验室测得的混凝土自生体积变形曲线

6.4.3　闸底板温度场及温度应力场仿真过程分析

以其中一块两孔一联闸底板作为研究对象进行施工过程温度场和温度应力场仿真分析，在底板的分析模型中包括底板下面的基础沉井及沉井内填土。对底板内冷却水管的模拟分别采用水管等效算法（分析模型如图 6.4-2 所示）和直接水管方法（分析模型如图 6.4-5 所示）进行模拟。在进行温度场仿真分析时，沉井基础及沉井内填土由于埋入地基中，按恒温材料处理；底板四周为带有木模板的散热边界，底板表面在浇筑过程中为向空间中自由散热边界，在浇筑结束后为表面覆盖有土工布、草席及保温板的散热边界，散热边界参数按表 6.4-1 中参数进行取值；底板内水管按等效水管进行考虑，水管间距取 1 m。底板混凝土浇筑入仓温度 13℃，浇筑结束后开始通地下水，水温 15℃，通水流量为 18 L/min，48 h 后停止通水。

6.4.3.1　等效水管算法的闸底板温度场仿真过程分析

在等效水管法进行闸底板温度场仿真分析时，不需要对水管布置情况进行有限元建模，只需要把水管的冷却效果考虑进去即可，采用的有限元分析模型如图 6.4-2 所示。为了比较通水效果的影响，计算分析了如下几种工况：

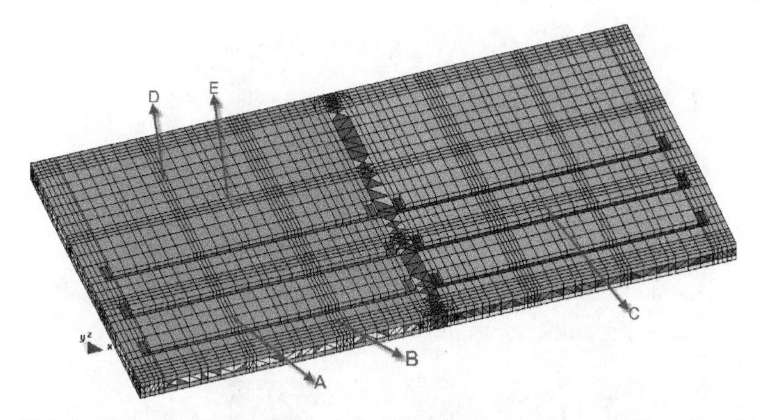

工况1:不进行通水,分考虑混凝土自生体积变形和不考虑混凝土自生体积变形两种情况;

工况2:考虑通水冷却,考虑混凝土自生体积变形。

图6.4-15和图6.4-16给出了底板浇筑结束后48 h时底板顶面和底面的温度分布图,从图中可以看出,由于门槽部分在浇筑结束后进行注水保温,因此,温度较其他部位相对较低。从底板底面温度分布图来看,底面中间部分温度相对较高,这是由于此沉井内没有填满土体,存在一定的空气,而空气的隔热效果较好,从而导致温度相对较高。图6.4-17和图6.4-18分别给出了底板浇筑结束后横河向(Sx)和顺河向(Sy)拉应力超过1 MPa的区域,从图中可以看出,最大拉应力主要集中在底板与沉井内横隔墙所在位置,这主要是由于沉井隔墙约束了底板的变形,从而产生较大的拉应力。

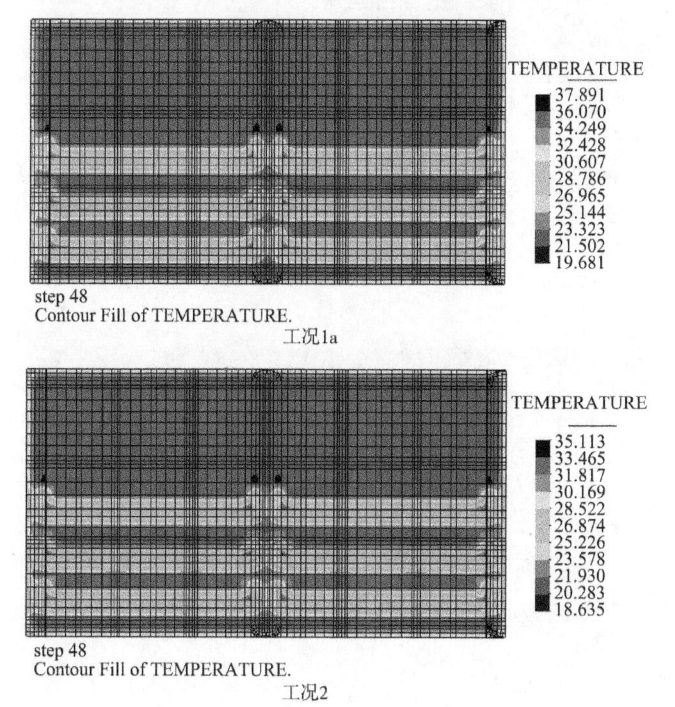

图6.4-15　浇筑结束48小时后底板顶面温度场分布图(单位:℃)

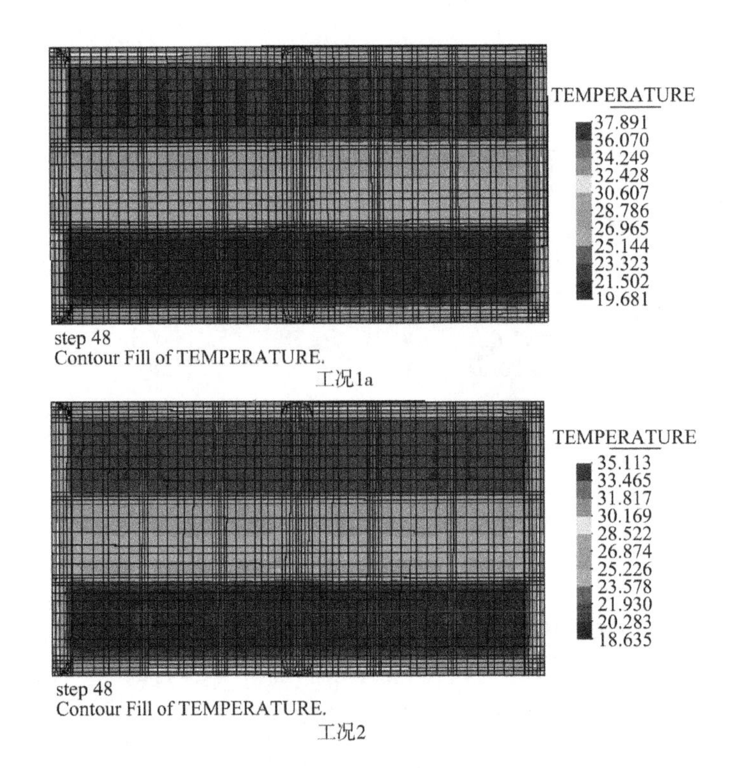

图 6.4-16　浇筑结束 48 小时后底板底面温度场分布图(单位:℃)

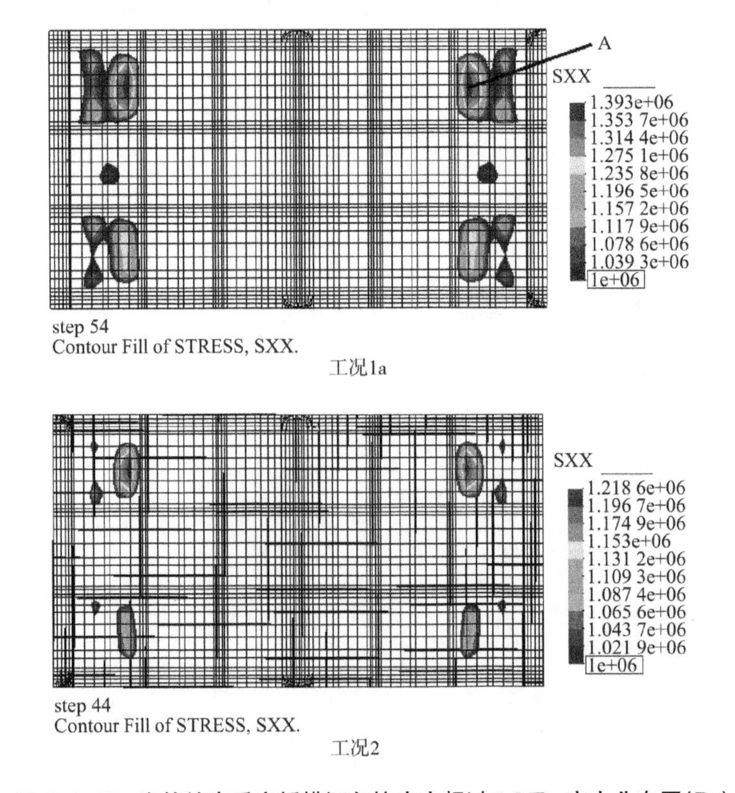

图 6.4-17　浇筑结束后底板横河向拉应力超过 1 MPa 应力分布图(Pa)

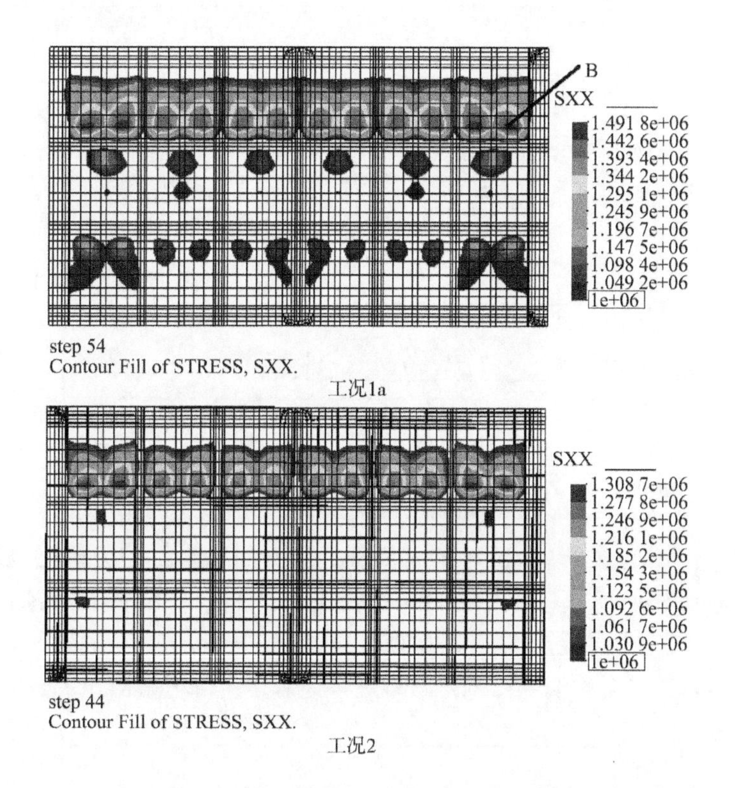

图 6.4-18　浇筑结束后底板顺河向拉应力超过 1 MPa 应力分布图(Pa)

6.4.3.2　等效水管算法的闸底板温度应力场分析成果

图 6.4-19 和图 6.4-20 给出了底板内最大拉应力点随浇筑时间的变化时程曲线，从图中可以看出，当不考虑通水冷却过程时，最大横河向拉应力在浇筑后 50 小时产生最大拉应力 1.4 MPa，最大顺河向拉应力为 1.5 MPa，此值可能会超过该龄期下混凝土的抗拉强度，从而导致混凝土出现温度裂缝。当考虑混凝土浇筑后的通水冷却过程后，横河向和顺河向的最大拉应力均减小，分别减小至 1.24 MPa 和 1.28 MPa，说明冷却水管的降温作用明显。

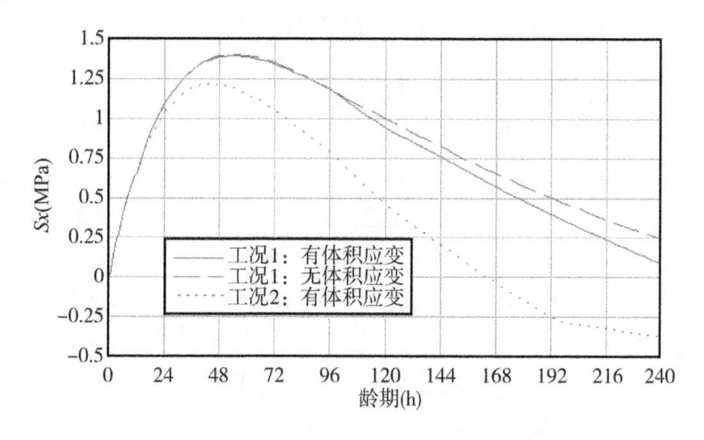

图 6.4-19　底板横河向最大应力点 A 随混凝土龄期变化曲线

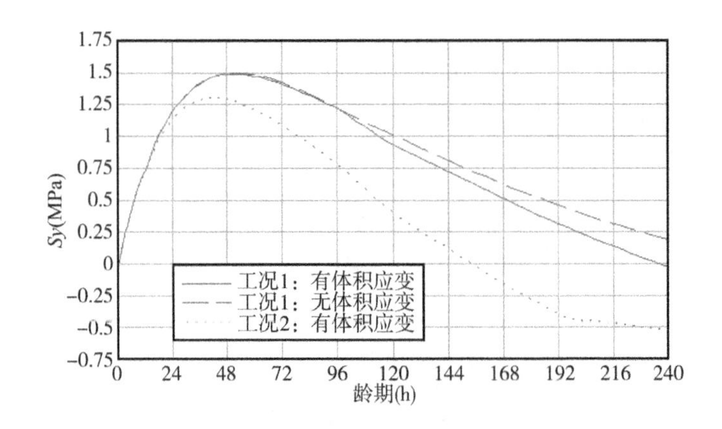

图 6.4-20　底板顺河向最大应力点 B 随混凝土龄期变化曲线

为了研究通水水温的影响，还对工况 2 进行了不同水温时的分析，分析了两种不同水温的情况，分别对通 15℃和 20℃冷却水进行比较。图 6.4-21 给出了通两种不同冷却水时对底板最大拉应力点顺河向拉应力的影响，从图中可以看出，通水水温对最大拉应力有一定的影响，通较低水温的冷却水可以在一定程度上降低混凝土的最大拉应力。

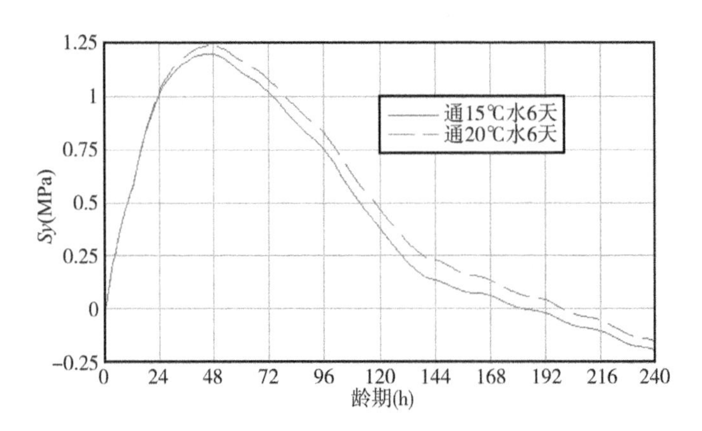

图 6.4-21　通水水温对顺河向最大拉应力的影响

6.4.3.3　直接水管算法的闸底板温度场仿真分析

用直接水管算法进行闸底板温度场仿真分析时，在有限元分析模型中将水管的位置精确模拟出来，对水管用 8 结点六面体单元进行离散。考虑到水管周围温度梯度比较大，在水管单元周围布置若干层 8 结点六面体网格，底板其他区域采用四面体网格进行离散，在四面体与六面体网格之间用金字塔型单元进行过渡。直接水管算法温度场仿真分析所采用的有限元模型如图 6.4-5 和图 6.4-6 所示，温度场分析过程及边界条件同等效水管算法时的分析。

图 6.4-22 至图 6.4-27 给出了采用直接水管算法得到的浇筑结束后不同时刻闸底板的温度场分布图，从闸底板表面的温度场分而来看，底板温度在浇筑结束后两到三天内即达到最大温度值。随后，随着外部边界的散热及内部通水冷却，温度逐渐降低。

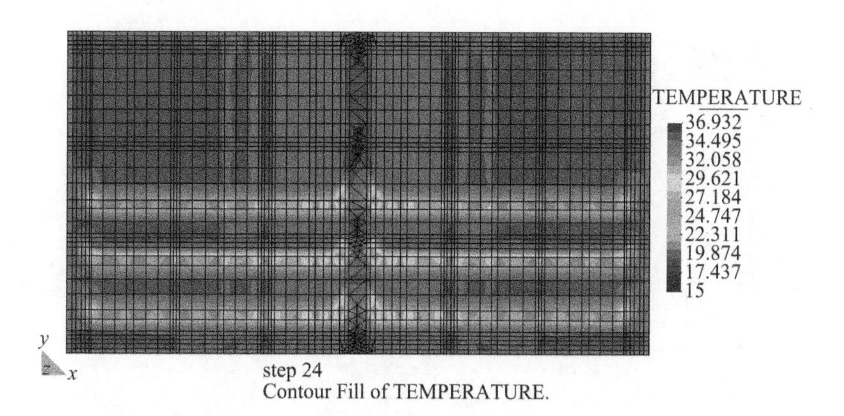

图 6.4-22　浇筑完成后 24 h 时闸底板表面温度分布图(直接水管模型)(℃)

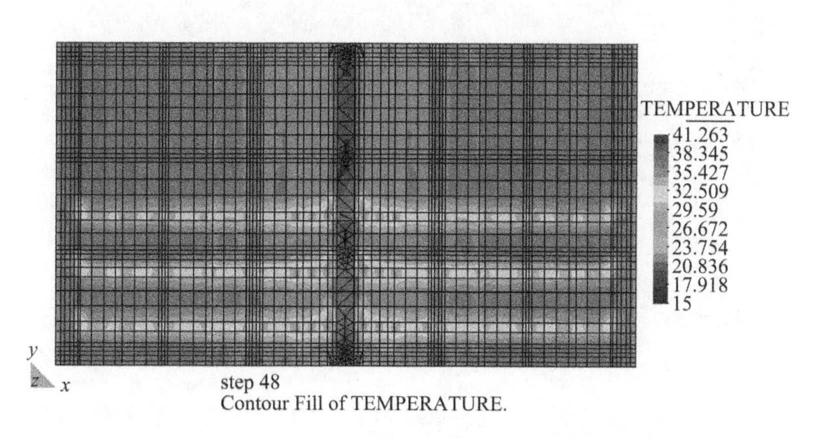

图 6.4-23　浇筑完成后 48 h 时闸底板表面温度分布图(直接水管模型)(℃)

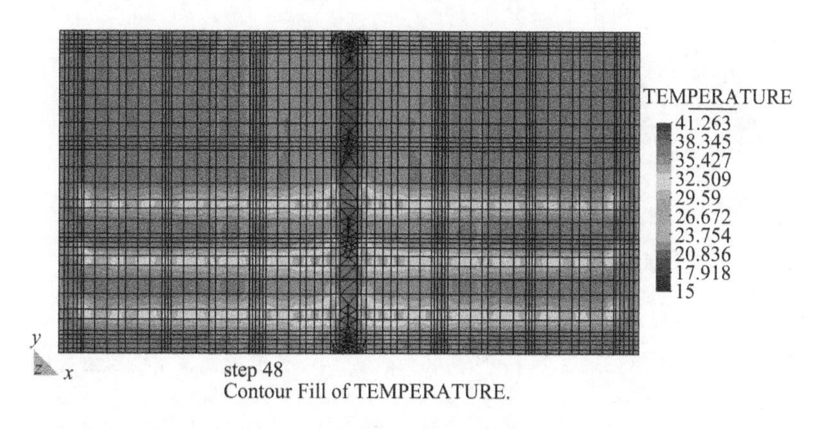

图 6.4-24　浇筑完成后 72 h 时闸底板表面温度分布图(直接水管模型)(℃)

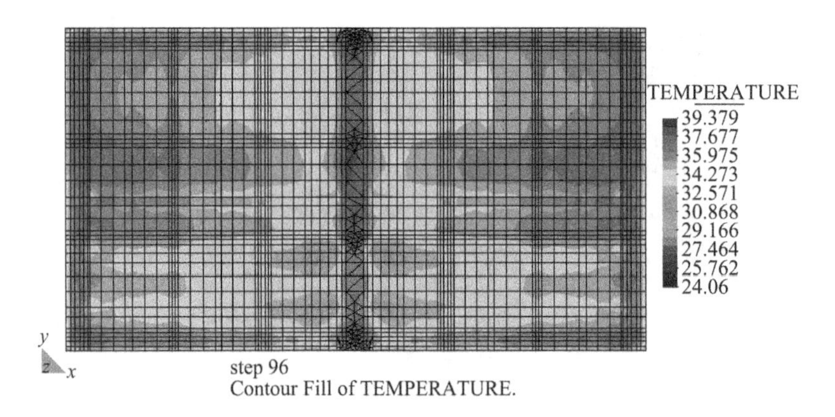

图 6.4-25　浇筑完成后 96 h 时闸底板表面温度分布图(直接水管模型)(℃)

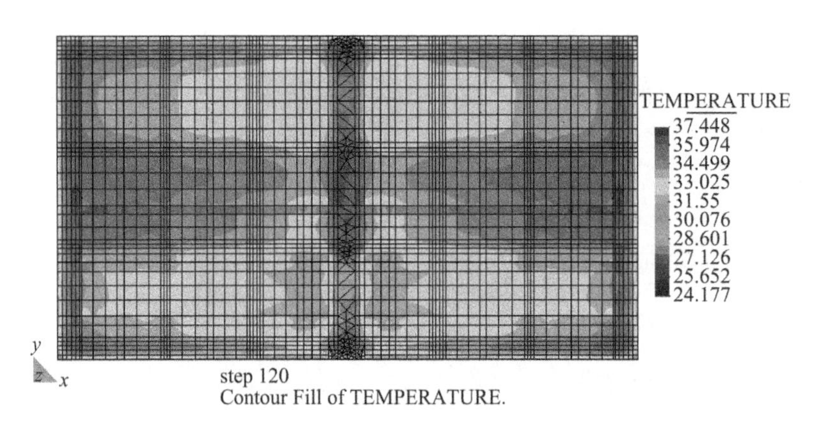

图 6.4-26　浇筑完成后 120 h 时闸底板表面温度分布图(直接水管模型)(℃)

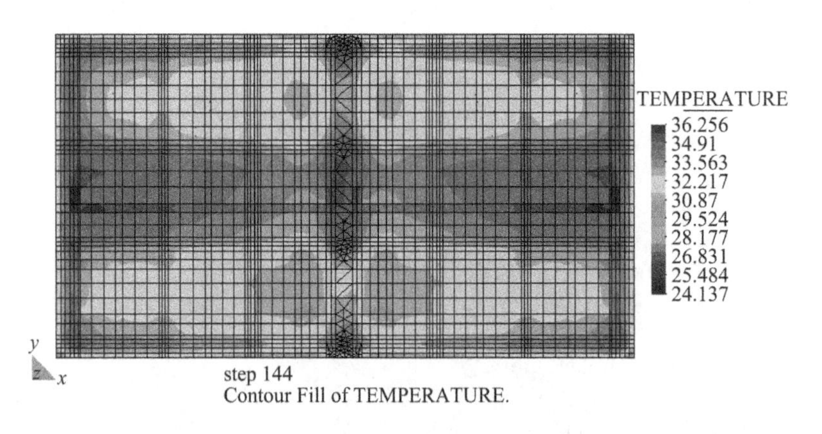

图 6.4-27　浇筑完成后 144 h 时闸底板表面温度分布图(直接水管模型)(℃)

图 6.4-28 至图 6.4-32 给出了不同测点处不同水管算法得到的温度随时间变化曲线。从图中可以看出,各测点处进行水管通水冷却后的最高温升比不考虑通水冷却

的最高温度要小5～10℃，可见进行水管通水冷却的效果是非常明显的。从靠近水管附近的T6－1及T6－5测点来看，采用直接水管算法得到的最高温度比等效水管算法得到的最高温度要低很多，这是由于等效水管算法把水管均匀等效地设置在混凝土结构中，不能反映水管附近混凝土温度剧烈的梯度变化。而直接水管算法把水管直接进行网格剖分，考虑了水管与周边混凝土之间的热量传导，更真实地反映水管附近混凝土温度梯度的变化，是更适合混凝土冷却水管仿真分析的算法，但所带来的问题就是网格剖分更加复杂，计算量也更大。

从考虑水管冷却效果的分析结果来看，由于本分析仅在浇筑完成后的48 h内进行了通水冷却，因此，在通水过程中混凝土温度比不考虑通水冷却时低。但在通水结束后，部分区域的温度还是有所回升的，这是由于混凝土后期水化热产生的热量导致的温度上升。因此，在实际进行温度控制时，前期通水结束后，若发现混凝土监测点温度上升，则再进行一定时间的通水冷却，可以达到更好的冷却效果。

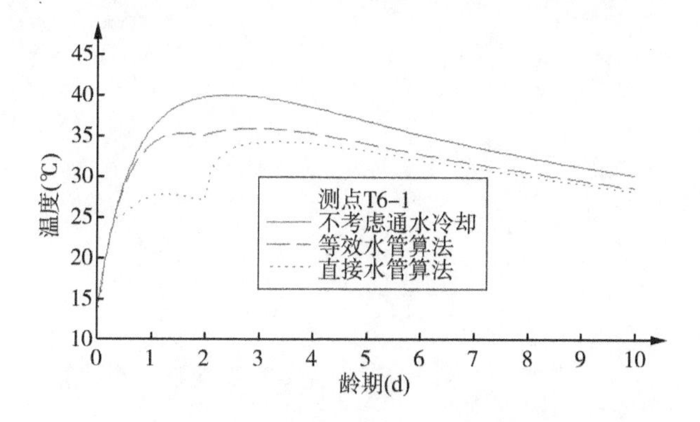

图6.4-28　点T6－1处不同水管算法温度随时间变化曲线

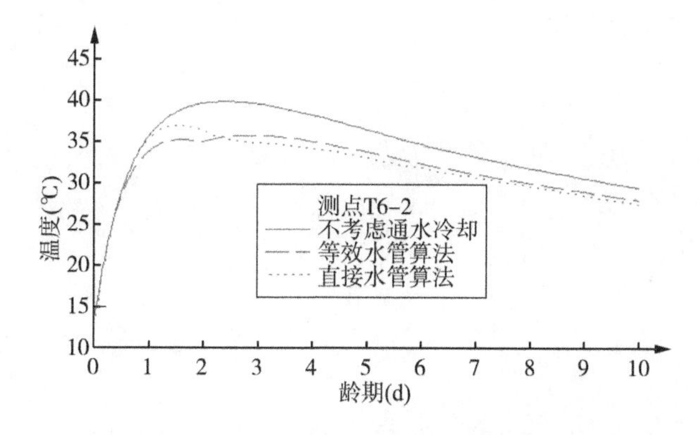

图6.4-29　点T6－2处不同水管算法温度随时间变化曲线

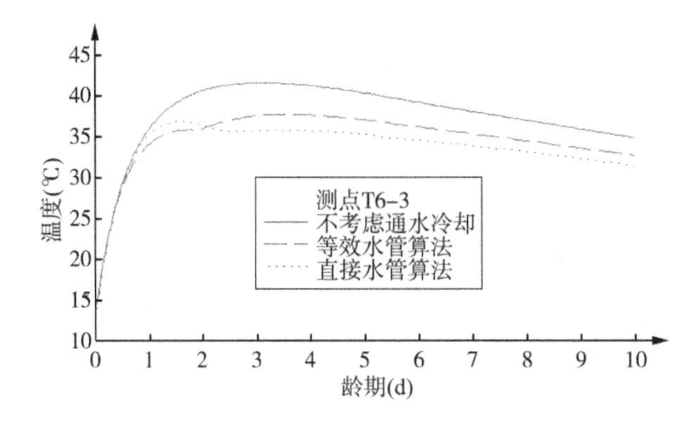

图 6.4-30　点 T6－3 处不同水管算法温度随时间变化曲线

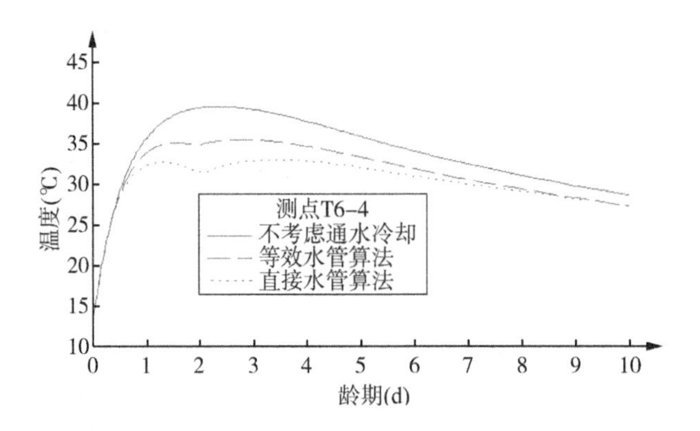

图 6.4-31　点 T6－4 处不同水管算法温度随时间变化曲线

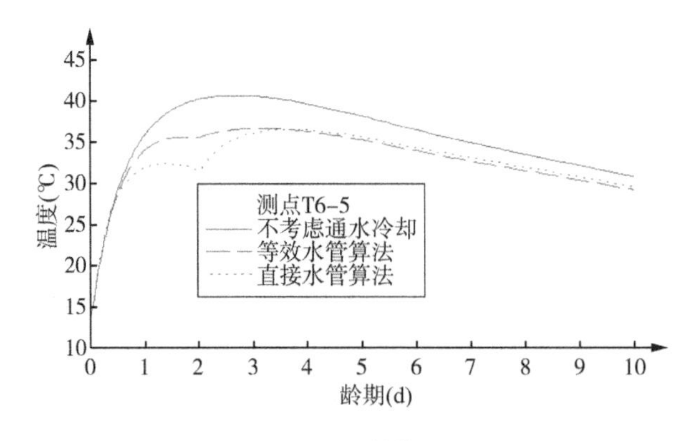

图 6.4-32　点 T6－5 处不同水管算法温度随时间变化曲线

6.4.3.4　直接水管算法的闸底板温度应力场分析

图 6.4-33 至图 6.4-36 给出了采用直接水管冷却算法计算得到不同时刻底板横河向的应力分布图，从图中可以看出，在浇筑完成后进行水管冷却时底板表面路况的横河

向应力水平都比较低，并没有出现太大拉应力，说明水管冷却效果明显。图 6.4-37 至图 6.4-40 给出了采用直接水管冷却算法得到的不同时刻底板顺河向应力分布图，从图中可以看出，采用水管冷却后在初期底板表面应力水平也比较低，水管通水冷却结束后，在底板的上下游边缘处出现较小部分拉应力，但拉应力水平比较小，最大拉应力不超过 1.0 MPa。

6.4.4 闸墩温度场及温度应力场仿真过程分析

本节对三洋港挡潮闸闸墩（中墩）进行三维温度场及温度应力场仿真分析。在进行闸墩温度场仿真分析中，沉井基础和闸底板作为 16.5℃恒温体，闸墩按 50 cm 一层进行浇筑，混凝土入仓温度为 20℃，通 15℃地下水进行冷却。根据以往经验，闸墩下部受底板约束较强，温度变化容易产生较大的应力，因此，考虑在闸墩下部 2/3 区域内布置冷却水管，水管间距为 1 m，采用等效热传导方法考虑水管的冷却效果，通水时间从混凝土开始浇筑至浇筑后 48 小时截止。闸墩上部 1/3 区域内由于受底板约束较小，不考虑水管冷却效果。为了比较水管的冷却效果，进行了两种工况的仿真分析：

工况 1：在闸墩下部 2/3 区域内考虑水管冷却效果。

工况 2：不考虑水管冷却效果。

温度场和温度应力场分析边界条件见 6.4.2 节所述。由于混凝土浇筑初期水化热及模量变化速度较快，因此，在计算分析初期采用较小的时间步长，之后随混凝土水化热减弱及弹性模量变化速率减慢而增大时间步长，本次分析所用的时间步长如下：

0～24 h 时间步长为 0.5 h 一步；

24～72 h 时间步长为 1.0 h 一步；

72～168 h 时间步长为 2.0 h 一步；

168～264 h 时间步长为 4.0 h 一步。

为了方便分析闸墩特征部位温度及应力随时间变化过程，取如图 6.4-41 所示位置的控制点进行分析。

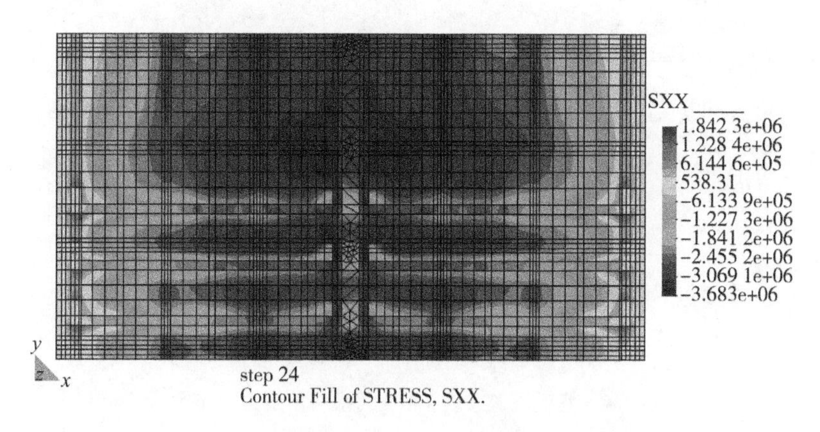

图 6.4-33 底板浇筑完成 24 h 后横河向应力分布图(Pa)

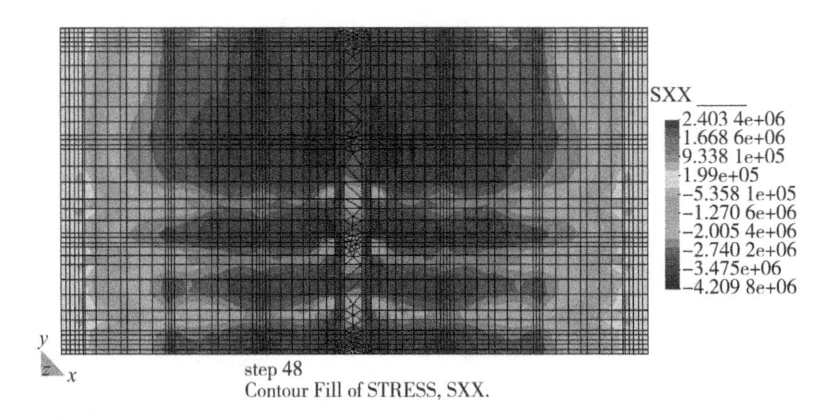

图 6.4-34　底板浇筑完成 48 h 后横河向应力分布图(Pa)

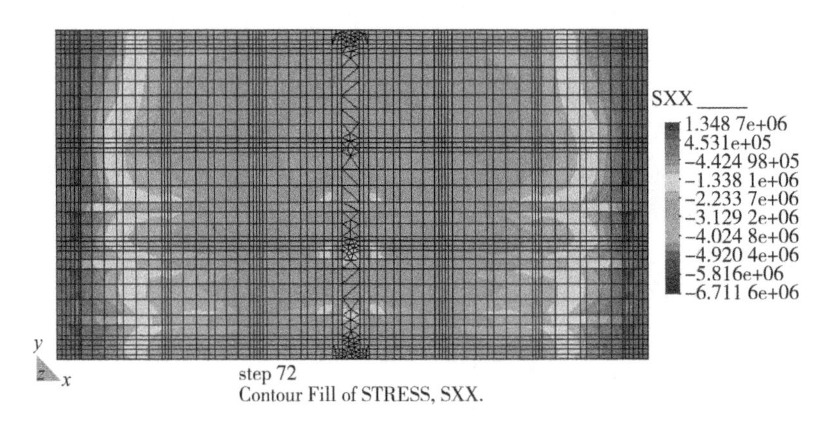

图 6.4-35　底板浇筑完成 72 h 后横河向应力分布图(Pa)

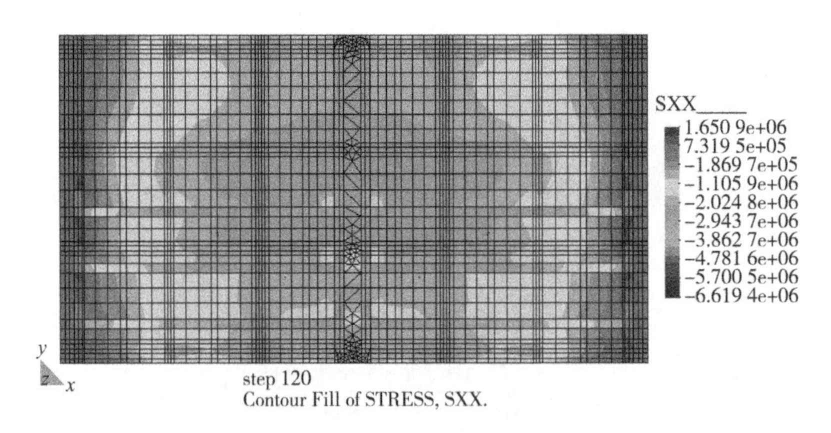

图 6.4-36　底板浇筑完成 120 h 后横河向应力分布图(Pa)

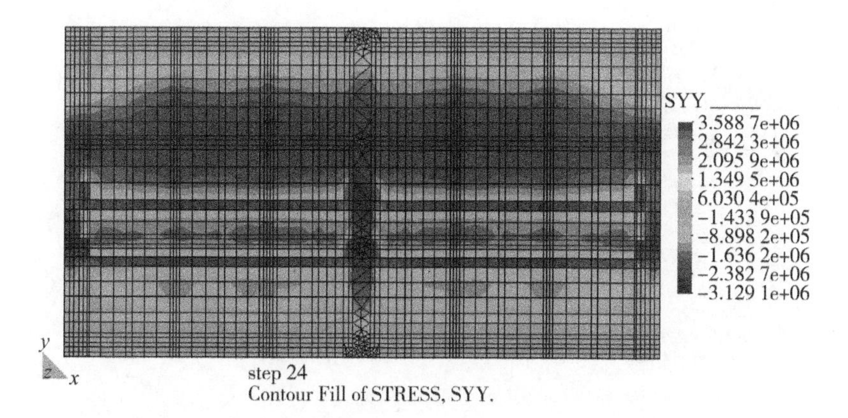

图 6.4-37　底板浇筑完成 24 h 后顺河向应力分布图(Pa)

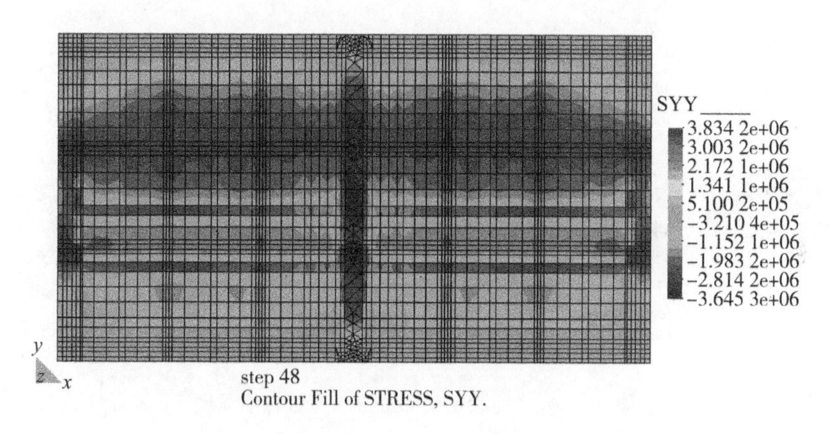

图 6.4-38　底板浇筑完成 48 h 后顺河向应力分布图(Pa)

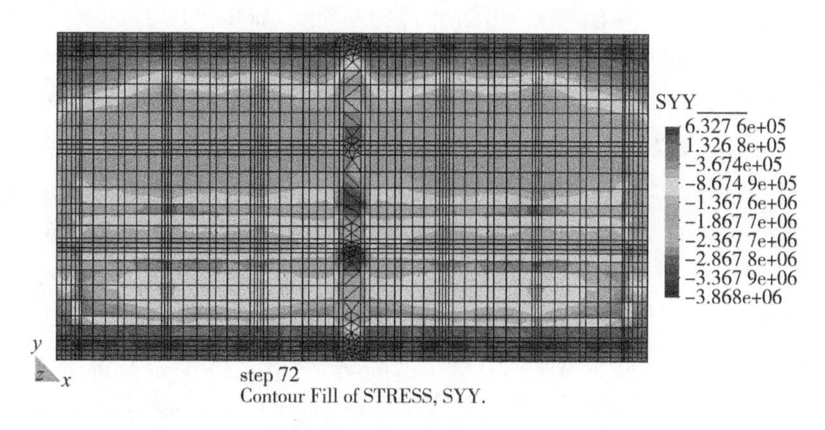

图 6.4-39　底板浇筑完成 72 h 后顺河向应力分布图(Pa)

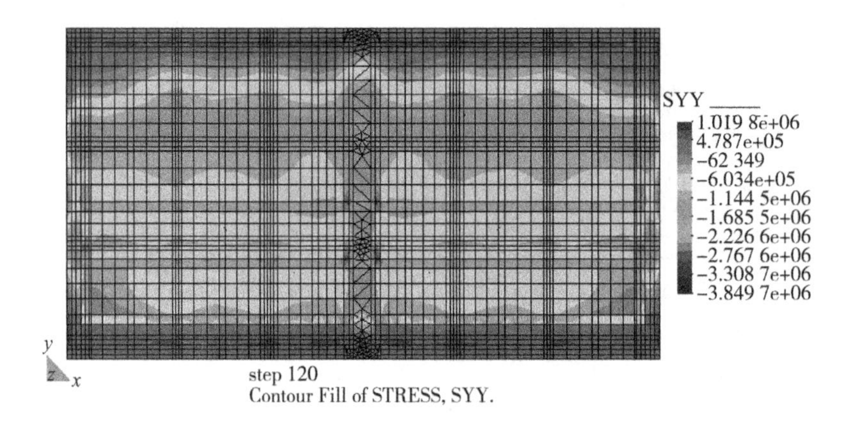

图 6.4-40　底板浇筑完成 120 h 后顺河向应力分布图(Pa)

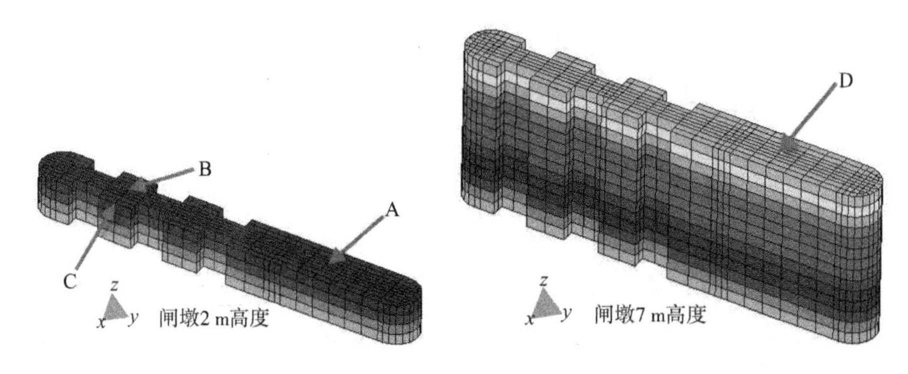

图 6.4-41　闸墩特征部位控制点位置示意图

6.4.4.1　等效水管算法的闸墩温度场仿真分析成果

图 6.4-42 至图 6.4-50 给出了考虑通水冷却不同浇筑时间闸墩中间剖面温度分布图，从图中可以看出，由于在闸墩下部 2/3 区域考虑了冷却水管，因此，这一区域内温度相对较低；而没有考虑冷却水管的上部区域则温度较高。从图中还可以看出，在闸墩靠上游侧大块体混凝土中部温度较高，靠下游闸槽之间的较大块混凝土内部温度次之，而闸槽及闸墩顶底面处由于散热较好，从而温度也较低。图 6.4-51 和图 6.4-52 分别给出了考虑冷却水管和不考虑冷却水管时闸墩关键点处温度随时间变化过程，从图 6.4-51 中可以看出 A 点和 B 点位于闸墩混凝土中央，但由于考虑了水管冷却效果，因此温度较低，在 48 h 时由于停止通水，关键点处混凝土温度又有所回升，因此，在进行温控作业操作时可在后期发现混凝土温度有所回升时再进行通水以降低混凝土内部温度。图中所示 D 点由于位于闸墩 7 m 高度处，此处没有考虑冷却水管，因此温度一直较高。而从图 6.4-52 可以看出，由于该工况下没有考虑闸墩内部的冷却水管效果，因此，内部 A 点和 D 点基本重合，温度较高；B 点位于混凝土相对较薄处，散热条件好于 A 点和 D 点，因此温度稍低；C 点由于处于闸墩表面，温度随外界气温变化明显。图 6.4-53 和图 6.4-54 分别给出了通水冷却措施对 A 点和 B 点的影响，从图中可以看出，水管的冷却效果非常明显，通水后可使混凝土内部温度降低大约8.7℃。

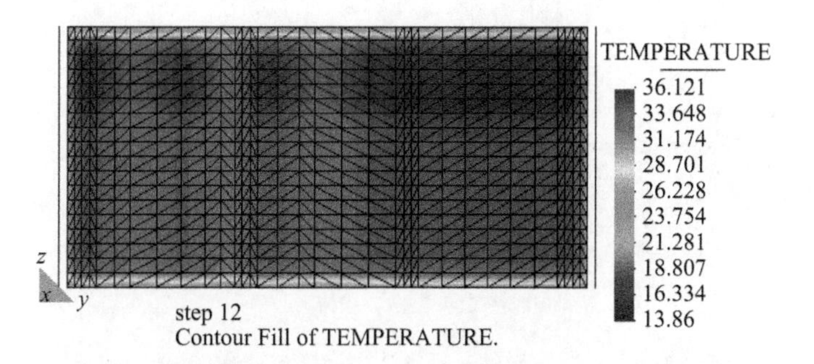

图 6.4-42　浇筑后 12 h 时闸墩中面温度分布图(单位:℃)

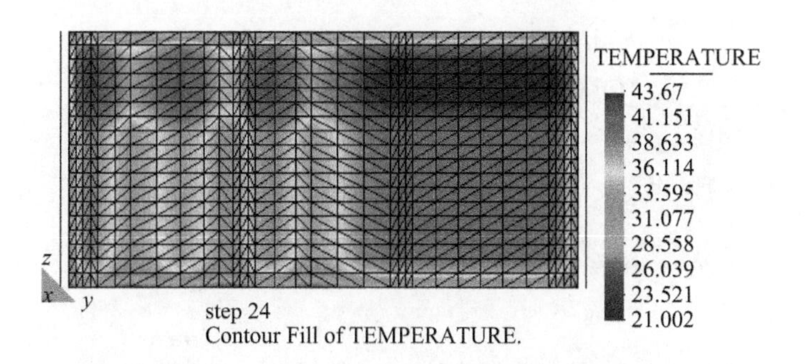

图 6.4-43　浇筑后 24 h 时闸墩中面温度分布图(单位:℃)

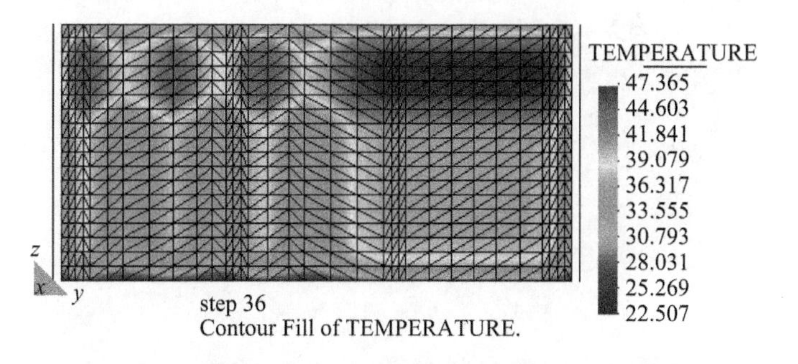

图 6.4-44　浇筑后 36 h 时闸墩中面温度分布图(单位:℃)

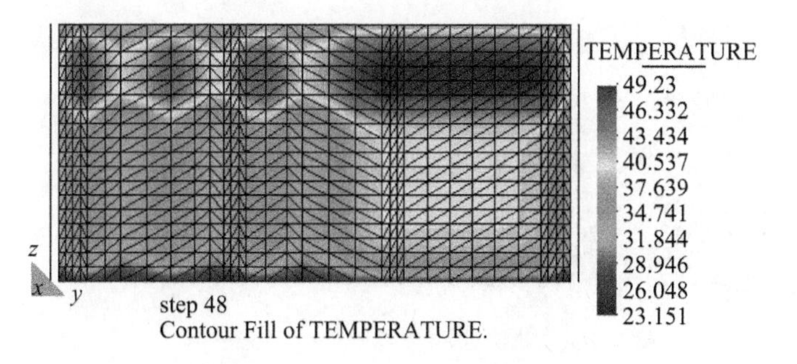

图 6.4-45　浇筑后 48 h 时闸墩中面温度分布图(单位:℃)

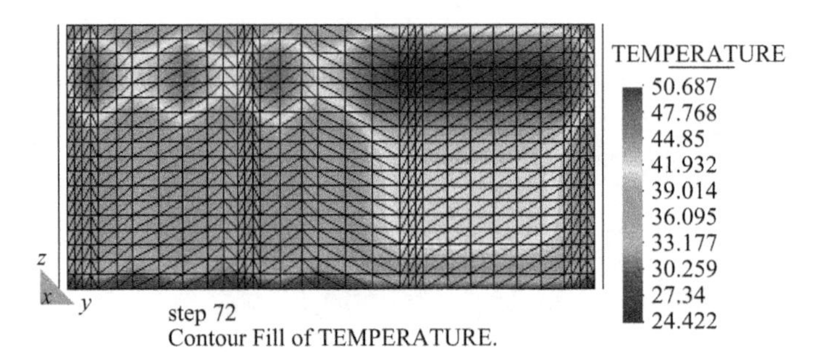

图 6.4-46　浇筑后 72 h 时闸墩中面温度分布图(单位:℃)

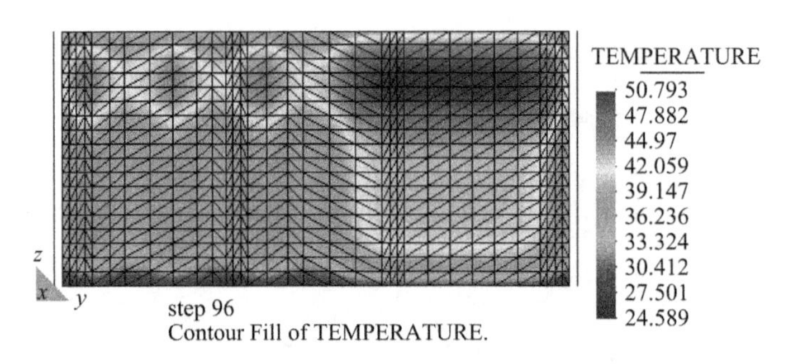

图 6.4-47　浇筑后 96 h 时闸墩中面温度分布图(单位:℃)

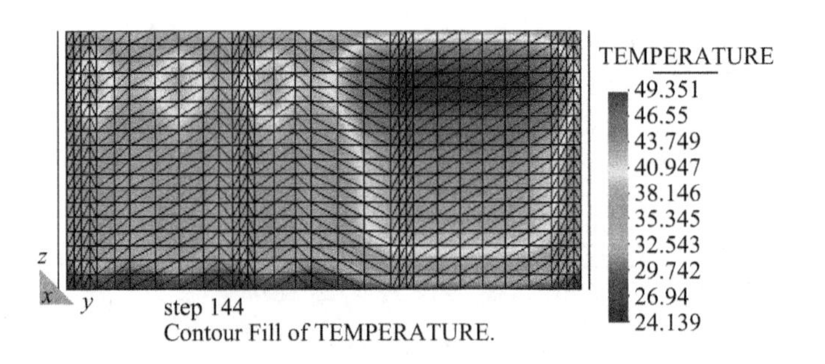

图 6.4-48　浇筑后 144 h 时闸墩中面温度分布图(单位:℃)

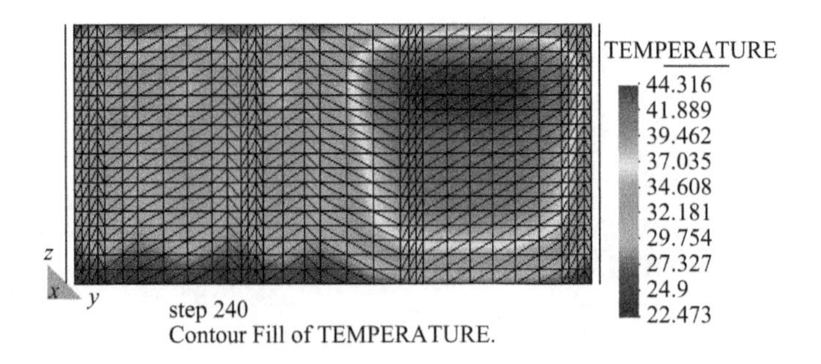

图 6.4-49　浇筑后 240 h 时闸墩中面温度分布图(单位:℃)

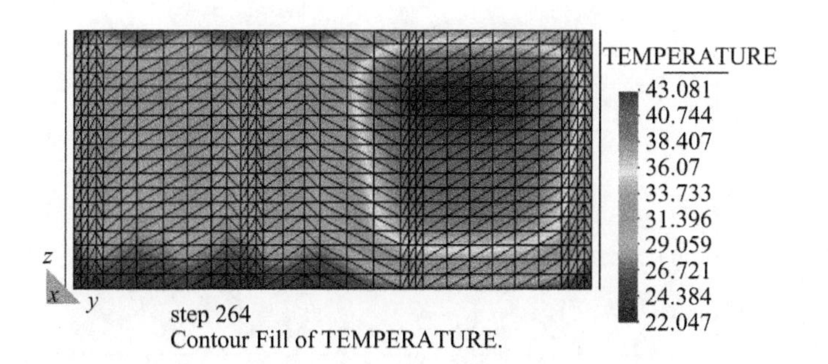

图 6.4-50　浇筑后 264 h 时闸墩中面温度分布图(单位:℃)

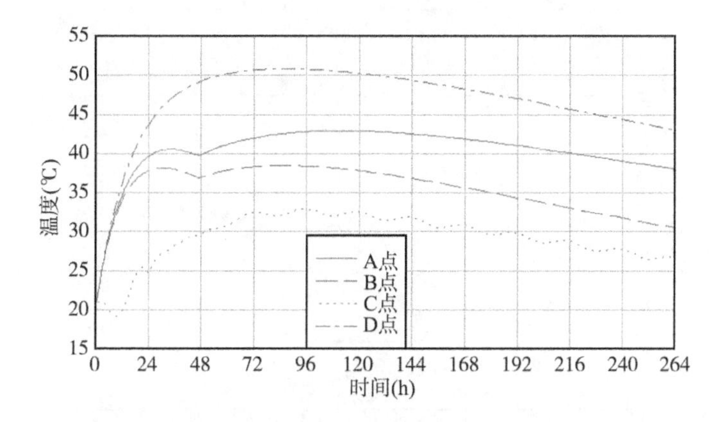

图 6.4-51　考虑通水冷却时闸墩关键点温度随时间变化过程

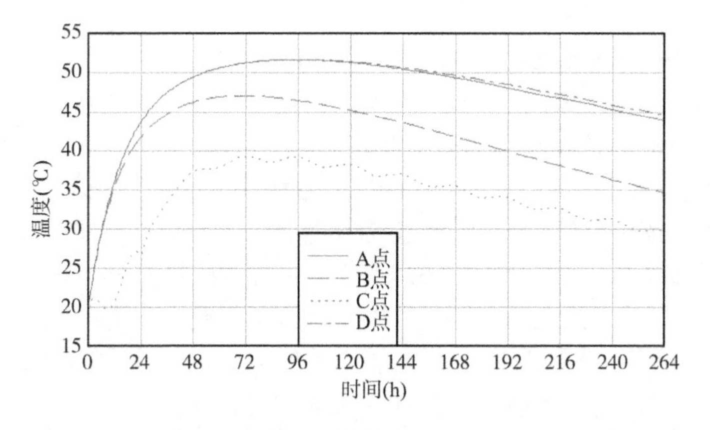

图 6.4-52　不考虑通水冷却时闸墩关键点温度随时间变化过程

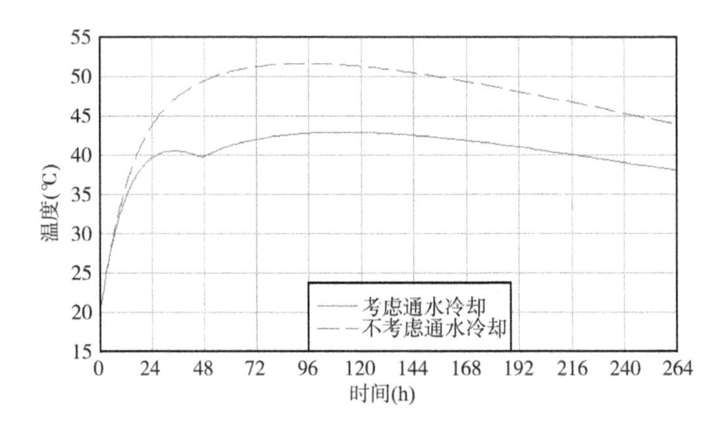

图 6.4-53　通水冷却措施对 A 点的影响

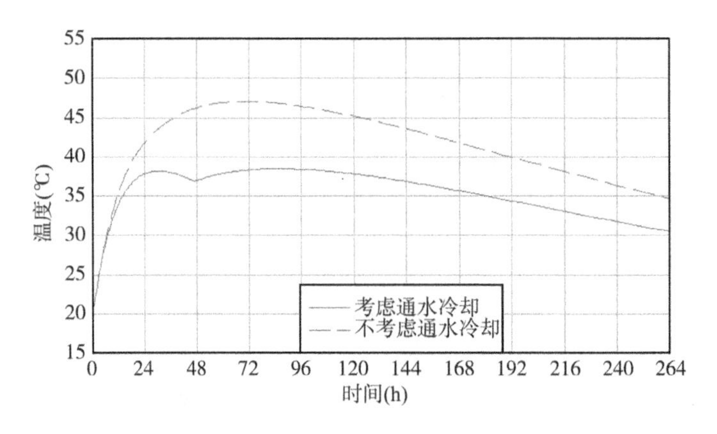

图 6.4-54　通水冷却措施对 B 点的影响

6.4.4.2　等效水管算法的闸墩温度应力场分析成果

图 6.4-55 给出了考虑通水冷却时闸墩关键点处顺河向应力随时间变化过程，从图中可以看出，在混凝土浇筑初期，混凝土内部 A 点、B 点和 D 点由于温度升高较快，受到外部混凝土的约束而产生一定的压应力；随后，随着混凝土水化热反应结束，混凝土开始进入温降阶段，混凝土内部的压应力逐渐减小，并进一步发展为拉应力；C 点由于位置在闸墩表面，在混凝土初期的温升过程中即产生一定程度的拉应力，而后随外界气温的变化，应力状态也在不断变化，但这些拉应力都比较小，不足以产生温度裂缝。图 6.4-56 至图 6.4-61 给出了考虑冷却水管效果的闸墩中间剖面不同时间的顺河向应力分布图，从图中可以看出，由于采取了冷却水管措施，闸墩底部的拉应力都不大，而在闸墩顶部有相对较大的拉应力，这主要是由于顶部作为散热边界，受外界环境影响较大，因此，需要做好顶部的保温措施，以减小顶面受外界环境影响的程度。

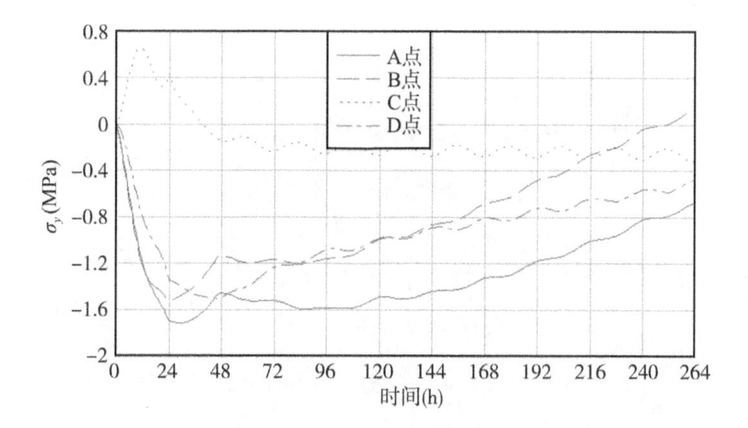

图 6.4-55 考虑通水冷却时闸墩关键点顺河向应力随时间变化过程

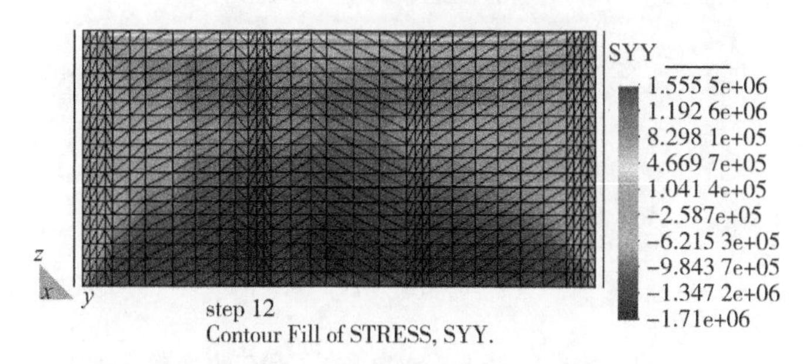

图 6.4-56 浇筑后 12 h 闸墩中面顺河向应力分布图(Pa)

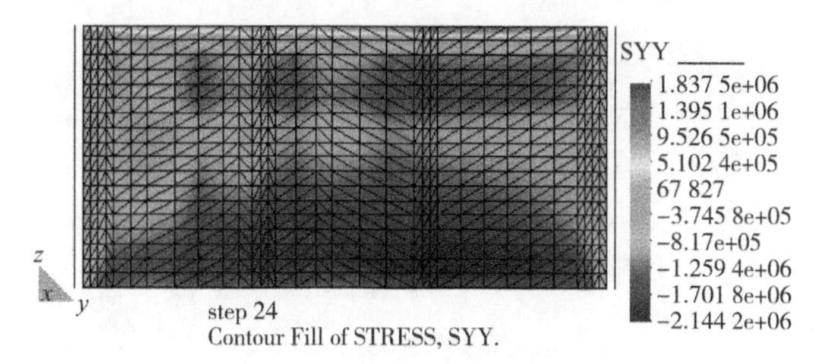

图 6.4-57 浇筑后 24 h 闸墩中面顺河向应力分布图(Pa)

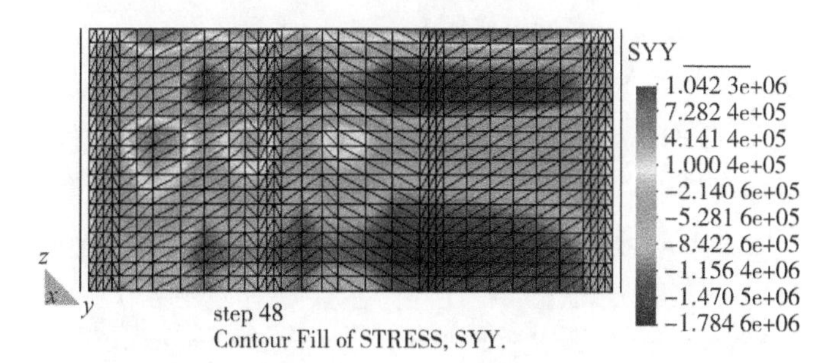

图 6.4-58 浇筑后 48 h 闸墩中面顺河向应力分布图(Pa)

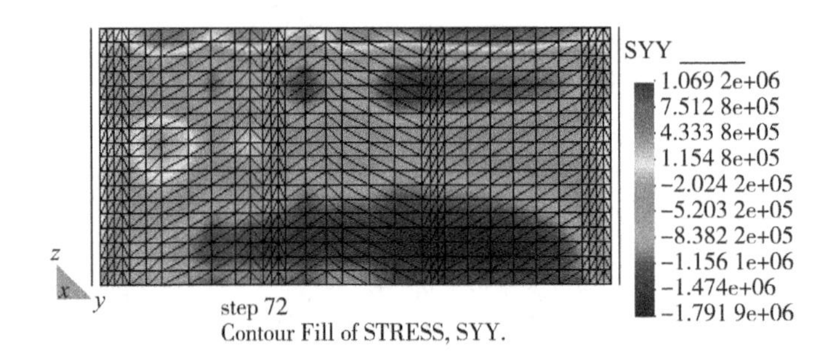

图 6.4-59　浇筑后 72 h 闸墩中面顺河向应力分布图(Pa)

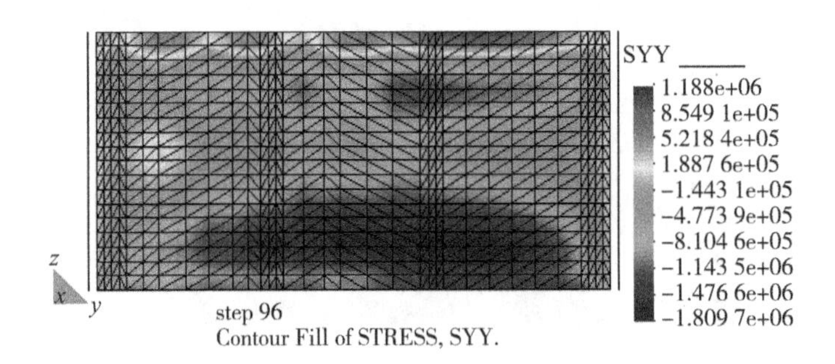

图 6.4-60　浇筑后 96 h 闸墩中面顺河向应力分布图(Pa)

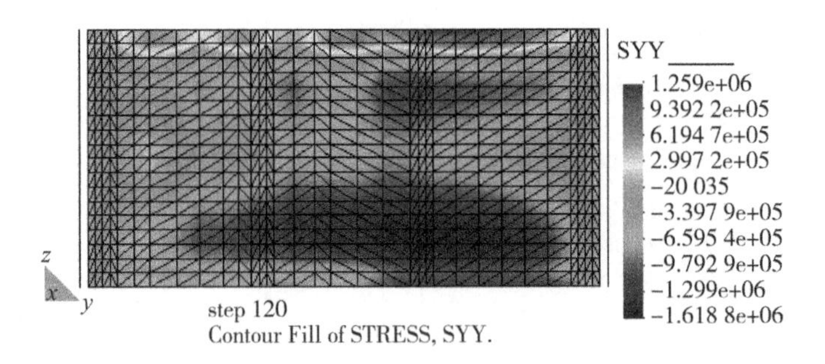

图 6.4-61　浇筑后 120 h 闸墩中面顺河向应力分布图(Pa)

6.4.4.3　直接水管算法的闸墩温度场仿真分析成果

(1) 水管布置方案 1(水管按高程布置)

在本小节分析中,对闸墩(中墩)水管按高程分两组水管布置方案进行了分析,所采用的计算分析有限元模型如图 6.4-9 和图 6.4-10 所示。图 6.4-62 至图 6.4-65 给了闸墩浇筑完成后不同时刻的温度场分布图,图中左边图为整个闸墩的温度场分布图,右边为布置有冷却水管的闸墩 0~6 m 高程的温度场分布图。从图中可以看出,在浇筑结束后 72 小时内闸墩温度在升高,之后温度开始下降。由于在闸墩底部 2/3 范围内布置有冷却水管,因此,温度升高并不是太多。

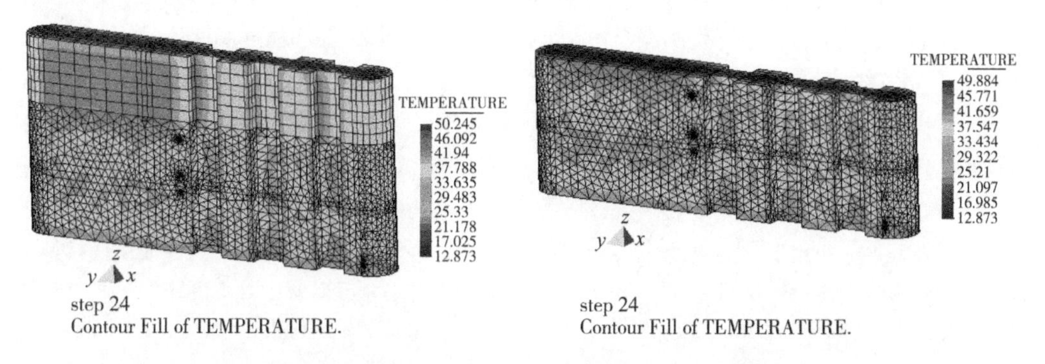

图 6.4-62　闸墩浇筑完成 24 h 后温度场分布图(水管布置方案 1)(单位:℃)

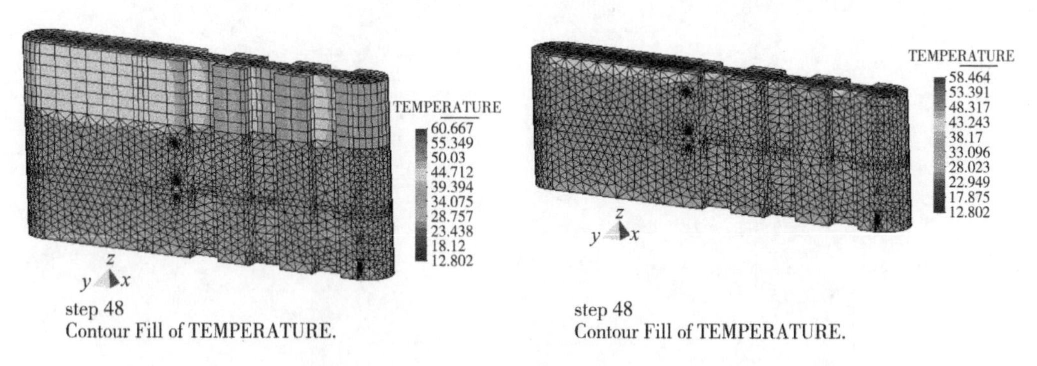

图 6.4-63　闸墩浇筑完成 48 h 后温度场分布图(水管布置方案 1)(单位:℃)

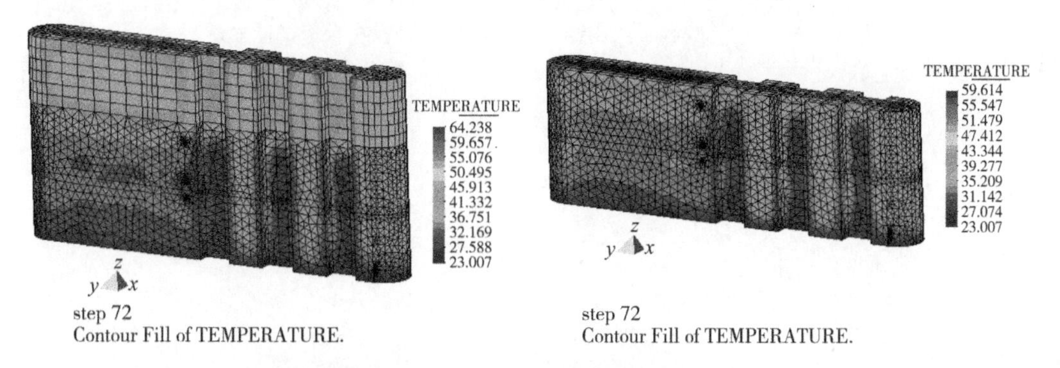

图 6.4-64　闸墩浇筑完成 72 h 后温度场分布图(水管布置方案 1)(单位:℃)

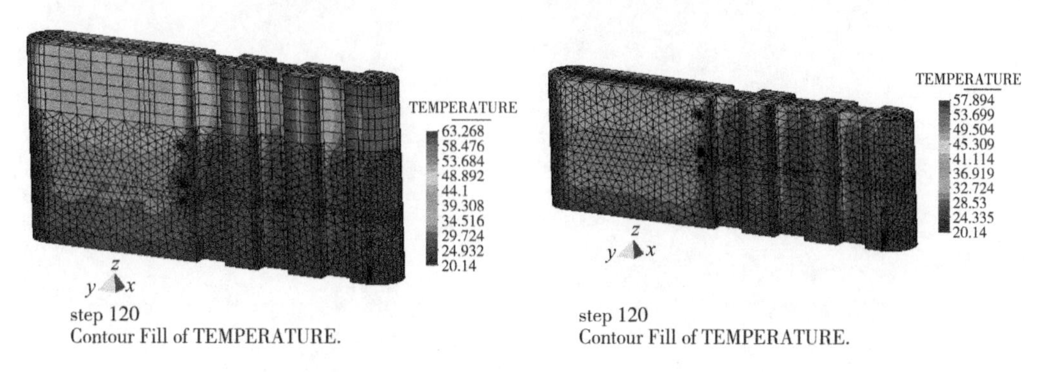

图 6.4-65　闸墩浇筑完成 120 h 后温度场分布图(水管布置方案 1)(单位:℃)

在实际施工时先对16号闸墩进行了试验浇筑，冷却水管布置采用按高程方法进行两套水管布置，并且在闸墩内布置了温度测点，测点布置位置如图6.2-3所示。图6.4-66至图6.4-71给出了计算得到的测点位置处温度与实测温度的对比曲线，从图中看出，总体吻合的比较好。但计算值均比实测值偏低，这可能是由于计算时边界条件一直是不变的，而实际工况中边界条件可能受外界条件影响有所变化，导致计算与实测有所不同。另外，由于实测点T3和T5处于闸门槽附近，此处边界条件复杂，且刚好有水管通过，在水管附近温度梯度比较大，由于计算网格尺寸的限制，实测与计算误差较大。

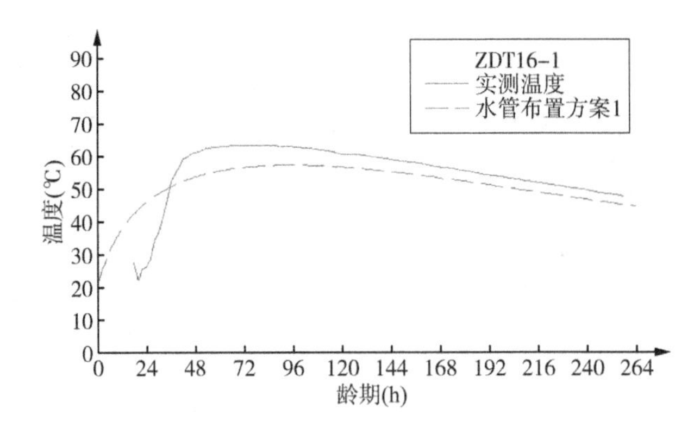

图6.4-66　中墩16♯ T1测点计算值与实测值比较(水管布置方案1)

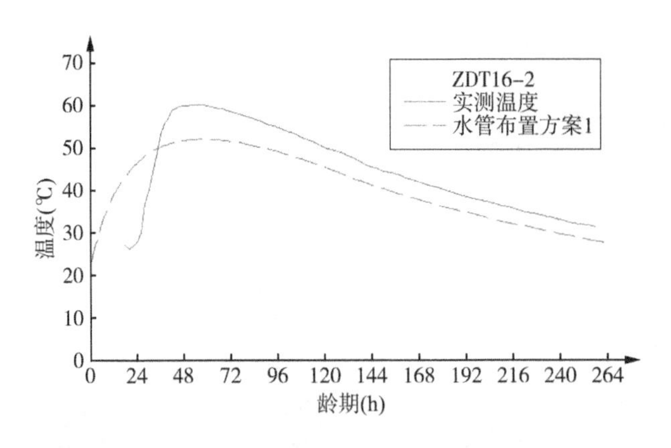

图6.4-67　中墩16♯ T2测点计算值与实测值比较(水管布置方案1)

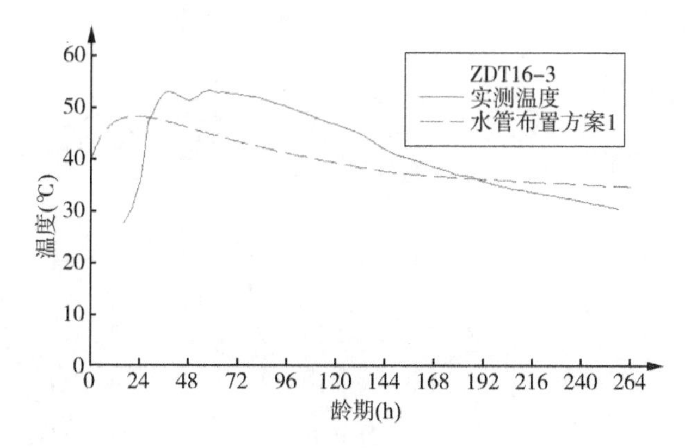

图 6.4-68 中墩 16# T3 测点计算值与实测值比较(水管布置方案 1)

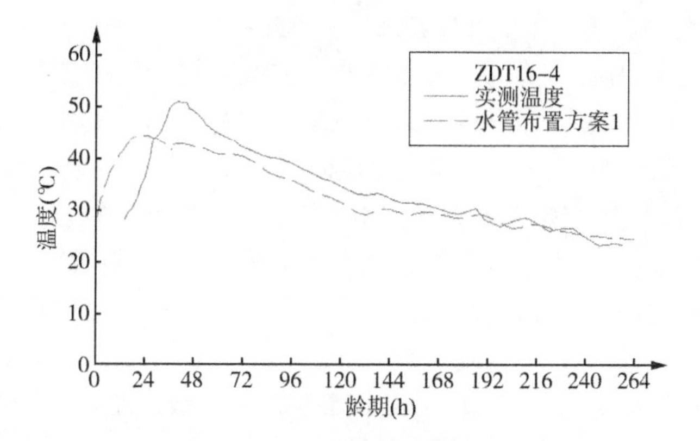

图 6.4-69 中墩 16# T4 测点计算值与实测值比较(水管布置方案 1)

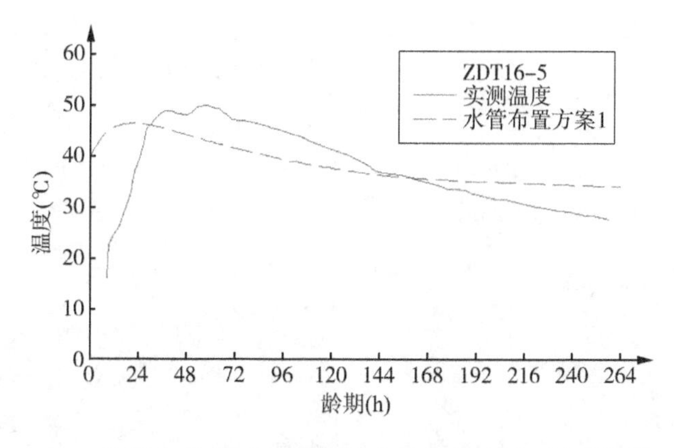

图 6.4-70 中墩 16# T5 测点计算值与实测值比较(水管布置方案 1)

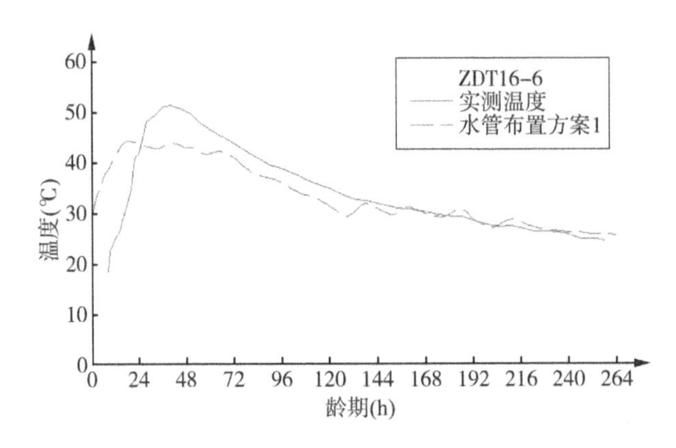

图 6.4-71　中墩 16# T6 测点计算值与实测值比较(水管布置方案 1)

(2) 水管布置方案 2(水管按上下游分 3 组布置)

根据现场温度控制情况，前面一种水管布置方案在进行温度控制时存在一些不便，比如闸墩靠内河方向大块儿头处与闸门槽处在同一高程布置一套水管，闸门槽处在水管冷却作用下温度降低过快，而大块儿头处温度降低较慢。若在门槽处温度降低后停止通水，侧大块儿头处温度仍然较高，不方便控制。因此，在试验墩浇筑后又对水管布置方案进行了修改，采用了新的水管布置方案。在本小节分析中，对闸墩(中墩)水管按上下游分三组水管布置方案进行了分析，闸墩大块作头部分沿高程分两组水管布置，闸门槽处布置一组水管，所采用的计算分析有限元模型如图 6.4-6 图 6.4-7 所示。

图 6.4-72 至图 6.4-75 给出了水管布置方案 2 闸墩浇筑后不同时刻的温度场分布图，图中左边图为整个闸墩的温度场分布图，右边为布置有冷却水管的闸墩 0～6 m 高程的温度场分布图，计算分析条件同前。从图中可以看出，闸墩在浇筑后 72 h 内温度逐渐上升，之后开始下降。与水管布置方案 1 相比，由于闸墩大块儿处采用了两套水管，门槽处采用一套水管，单根水管长度缩短，水管冷却效果提高，计算分析所得到闸墩的温度场分布比水管布置方案 1 的结果也要低一些。此外，这种水管布置方案方便施工中进行控制，在门槽处温度降低到一定温度之后，可以停止门槽处水管通水，而闸墩大块儿头处可以继续进行通水。

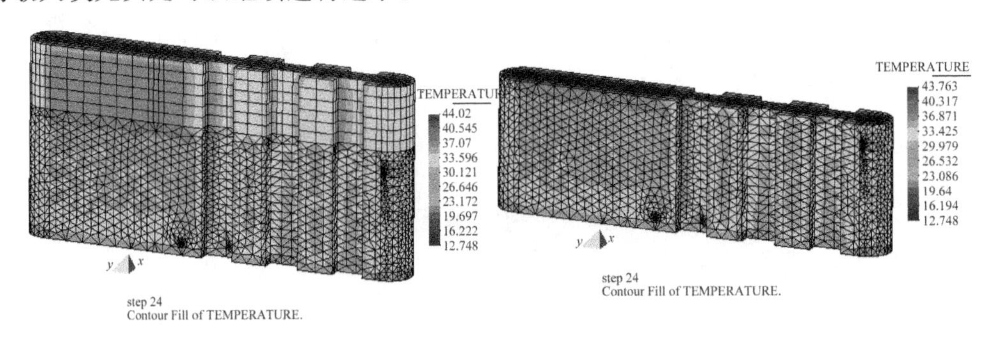

图 6.4-72　闸墩浇筑完成 24 h 后温度场分布图(水管布置方案 2)(单位:℃)

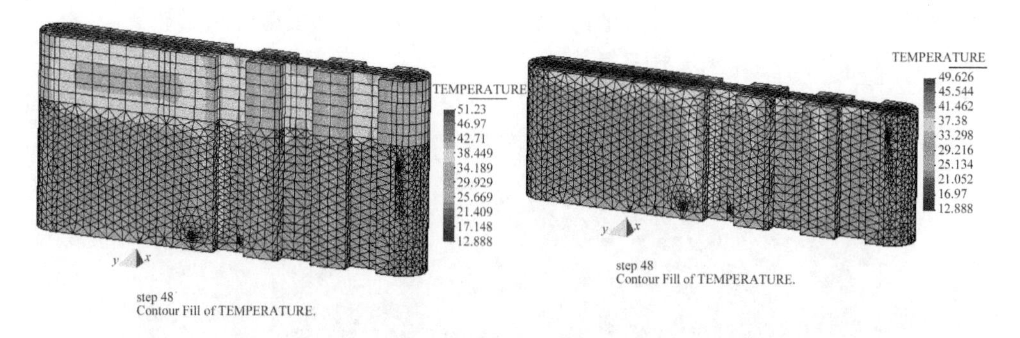

图 6.4-73　闸墩浇筑完成 48 h 后温度场分布图(水管布置方案 2)(单位:℃)

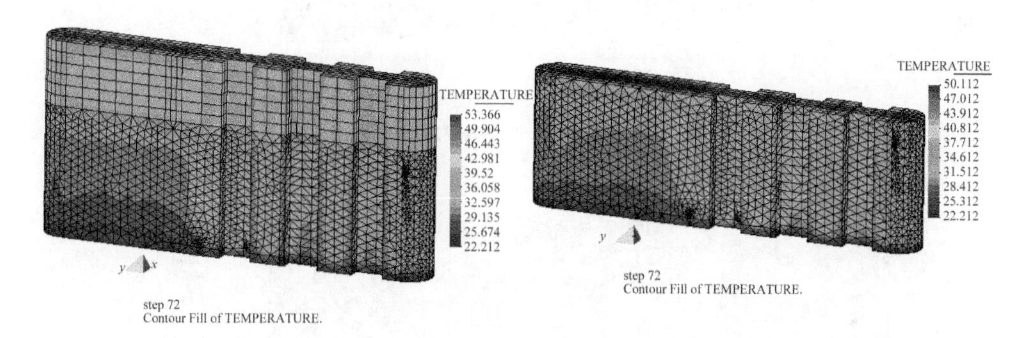

图 6.4-74　闸墩浇筑完成 72 h 后温度场分布图(水管布置方案 2)(单位:℃)

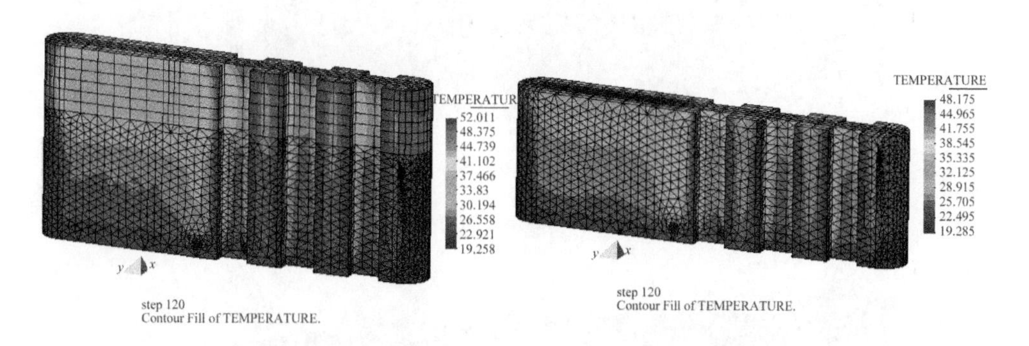

图 6.4-75　闸墩浇筑完成 120 h 后温度场分布图(水管布置方案 2)(单位:℃)

6.4.4.4　直接水管算法的闸墩温度应力场分析成果

本节在两种不同水管布置方案计算得到的温度场分布的基础上,对两种方案的温度应力场进行了分析。图 6.4-76 至图 6.4-91 给出两种水管布置方案下闸墩的顺水流向和竖直向的温度应力分布图。从图中可以看出,由于闸墩底部 2/3 范围内布置了冷却水管,此范围内温度应力都比较低,而上部没有布置冷却水管的部分,由于内外温差的作用,产生了相对较大的应力集中,但应力范围不太大,主要集中在闸墩大块儿头靠上部的表面。对比两种水管布置方案的应力分析成果,可以看出,水管布置方案 2 由于温度分布降低,所得到的应力分布也比水管布置方案 1 得到的温度应力低,因此,水管布置方案

2是较为理想的布置方案，在后续的闸墩浇筑过程中均推荐采用这种水管布置方案。

（1）水管布置方案1（水管按高程布置）

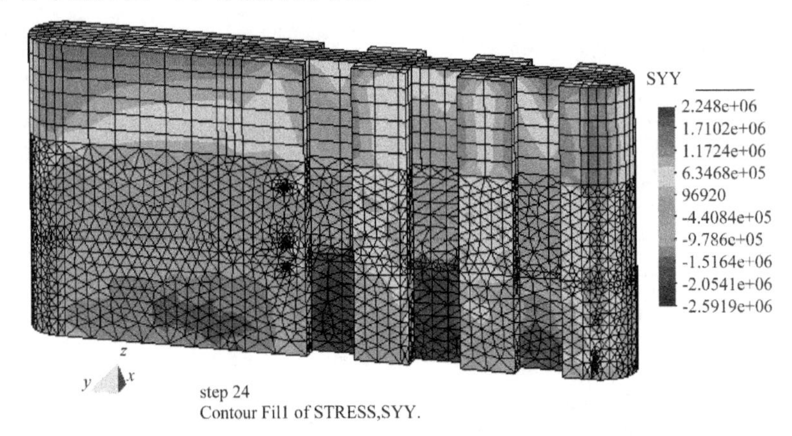

图6.4-76　闸墩浇筑完成24 h后顺河向应力分布图(水管布置方案1)(Pa)

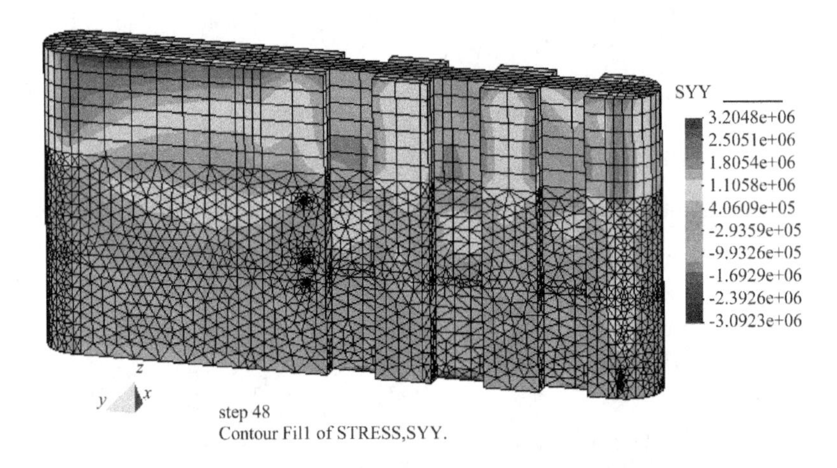

图6.4-77　闸墩浇筑完成48 h后顺河向应力分布图(水管布置方案1)(Pa)

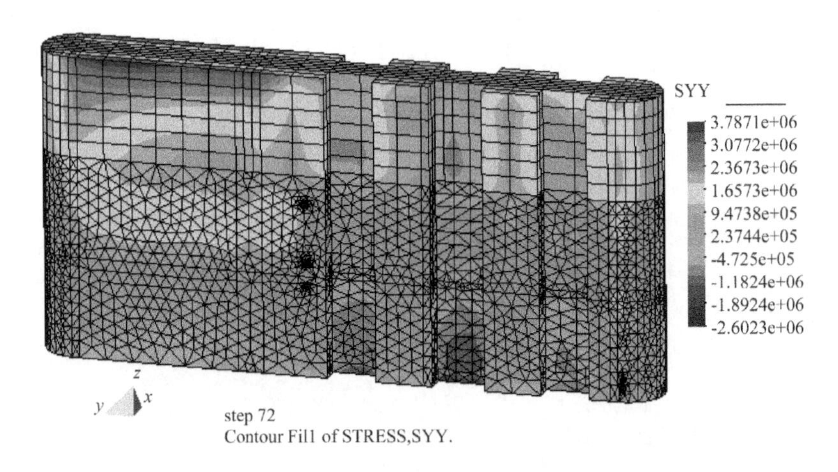

图6.4-78　闸墩浇筑完成72 h后顺河向应力分布图(水管布置方案1)(Pa)

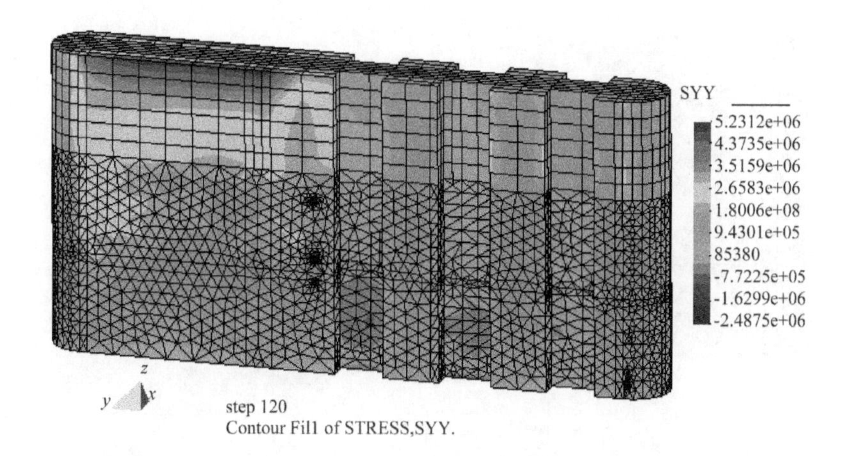

图 6.4-79 闸墩浇筑完成 120 h 后顺河向应力分布图(水管布置方案 1)(Pa)

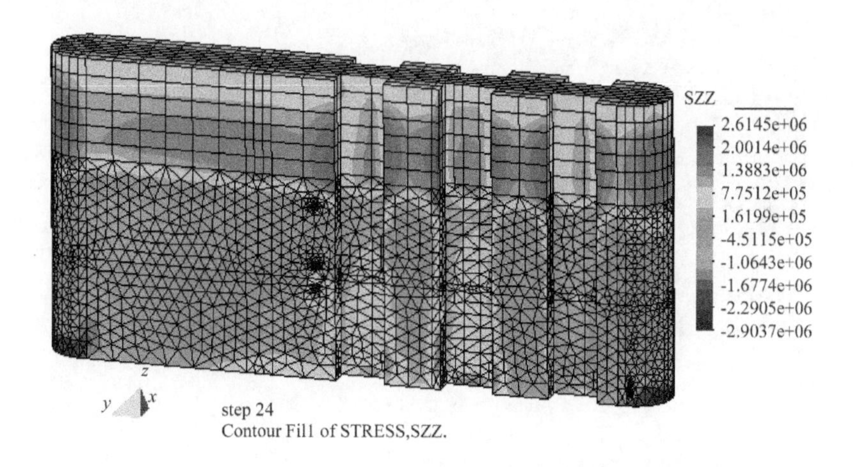

图 6.4-80 闸墩浇筑完成 24 h 后竖直向应力分布图(水管布置方案 1)(Pa)

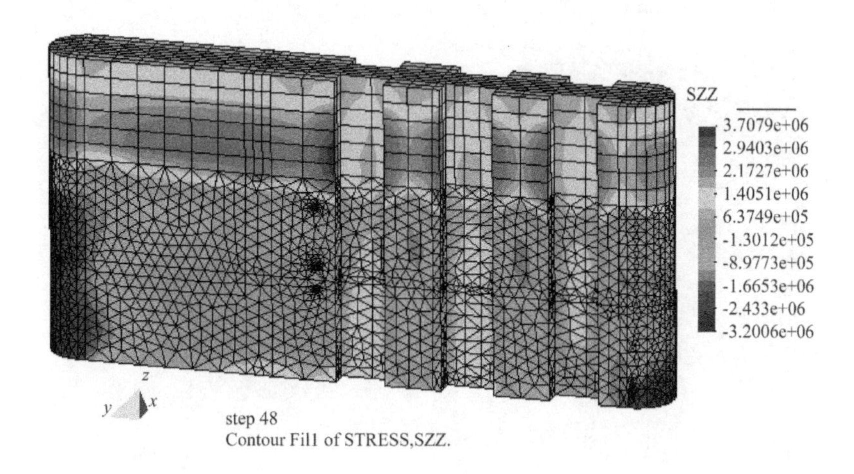

图 6.4-81 闸墩浇筑完成 48 h 后竖直向应力分布图(水管布置方案 1)(Pa)

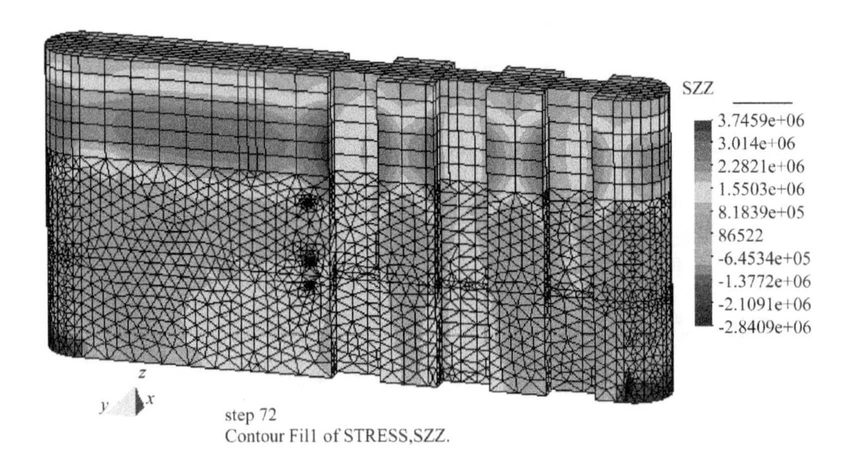

图 6.4-82 闸墩浇筑完成 72 h 后竖直向应力分布图(水管布置方案 1)(Pa)

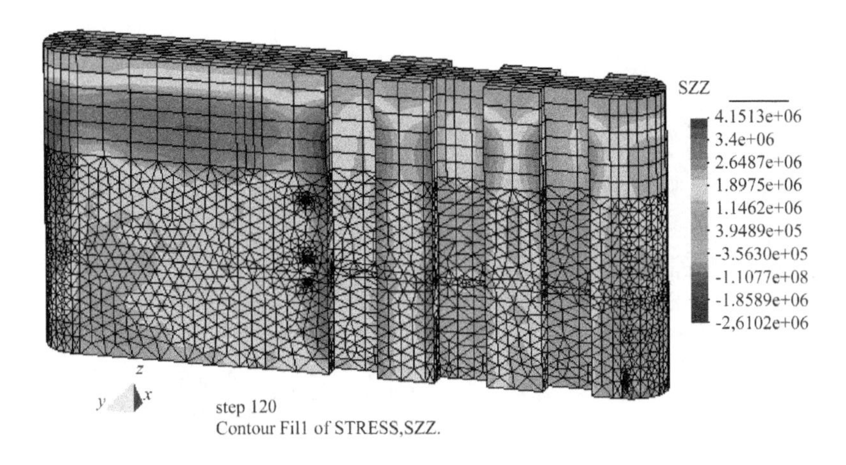

图 6.4-83 闸墩浇筑完成 120 h 后竖直向应力分布图(水管布置方案 1)(Pa)

(2) 水管布置方案 2(水管按上下游分 3 组布置)

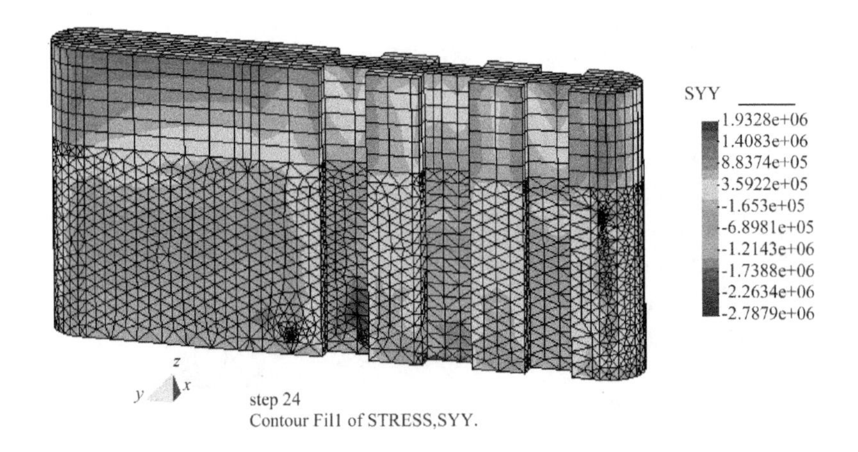

图 6.4-84 闸墩浇筑完成 24 h 后顺河向应力分布图(水管布置方案 2)(Pa)

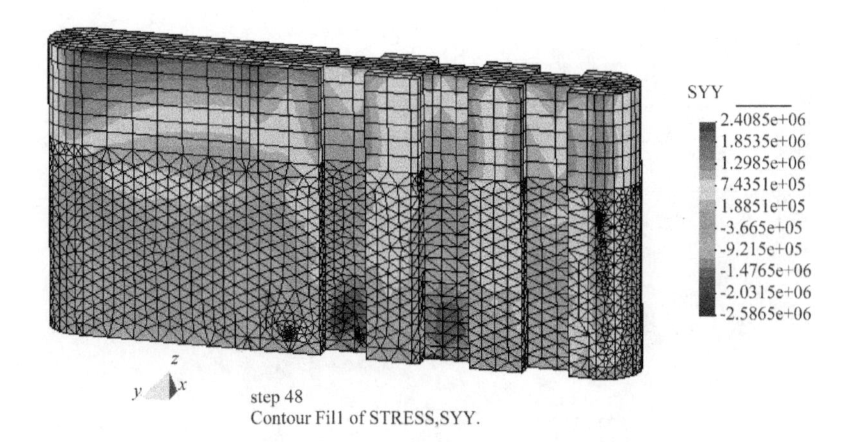

图 6.4-85　闸墩浇筑完成 48 h 后顺河向应力分布图(水管布置方案 2)(Pa)

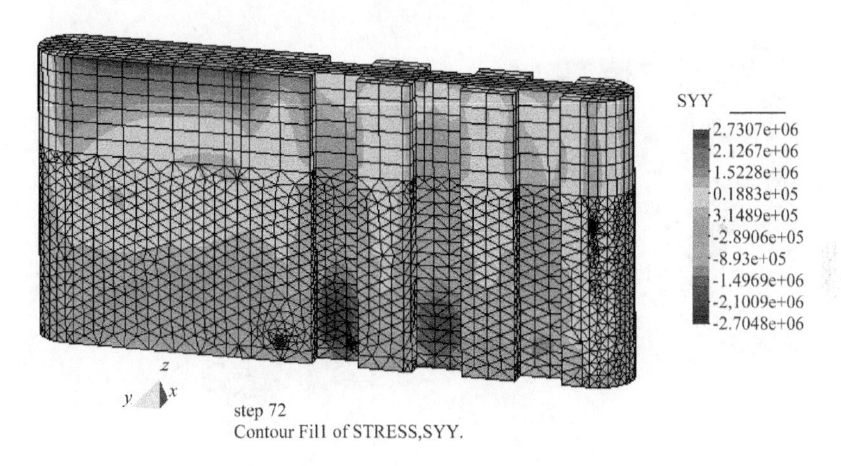

图 6.4-86　闸墩浇筑完成 72 h 后顺河向应力分布图(水管布置方案 2)(Pa)

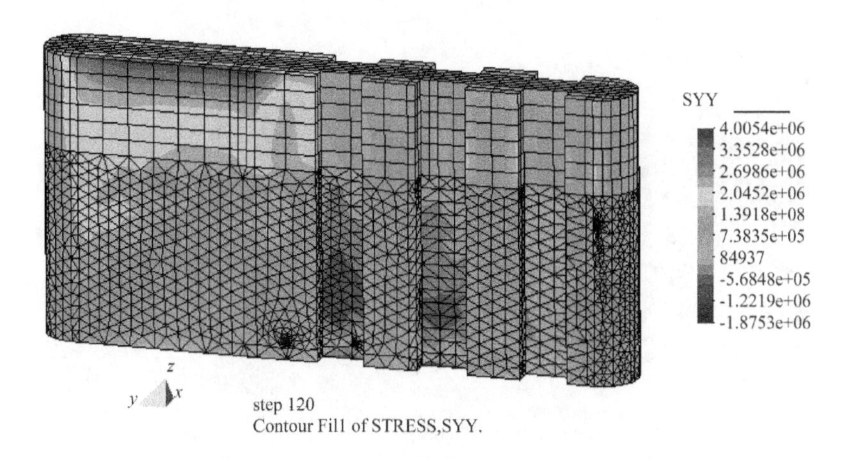

图 6.4-87　闸墩浇筑完成 120 h 后顺河向应力分布图(水管布置方案 2)(Pa)

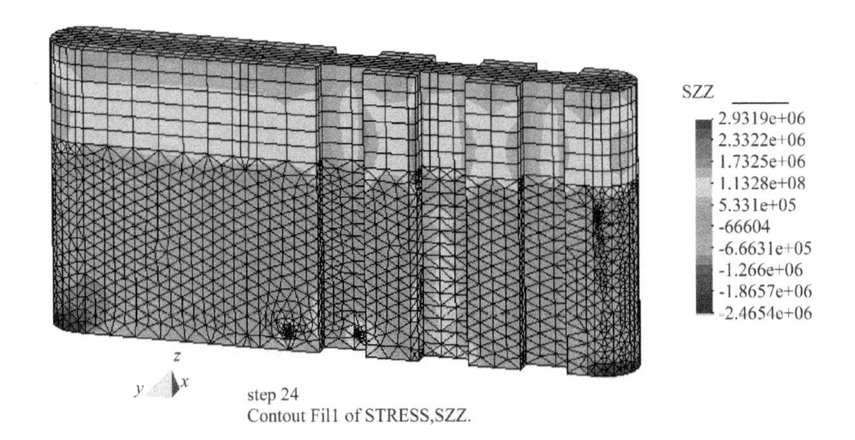

图 6.4-88　闸墩浇筑完成 24 h 后竖直向应力分布图(水管布置方案 2)(Pa)

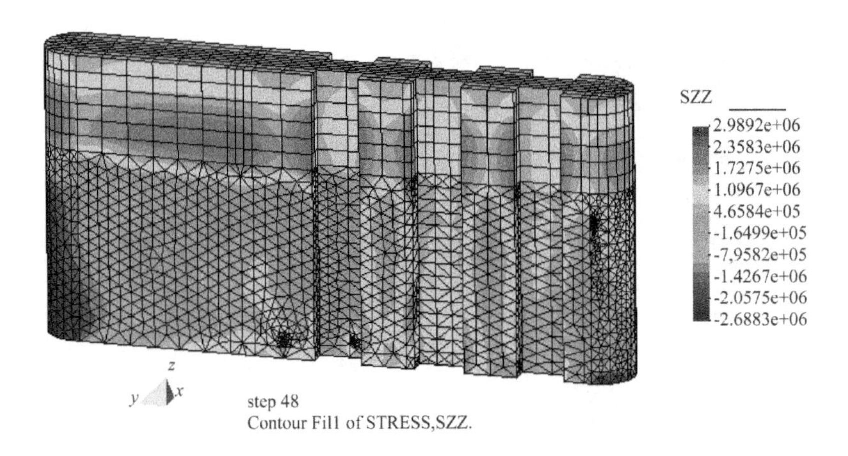

图 6.4-89　闸墩浇筑完成 48 h 后竖直向应力分布图(水管布置方案 2)(Pa)

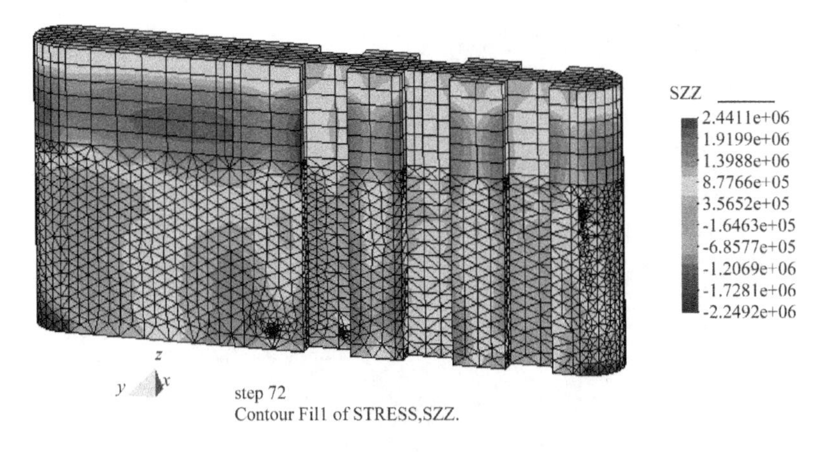

图 6.4-90　闸墩浇筑完成 72 h 后竖直向应力分布图(水管布置方案 2)(Pa)

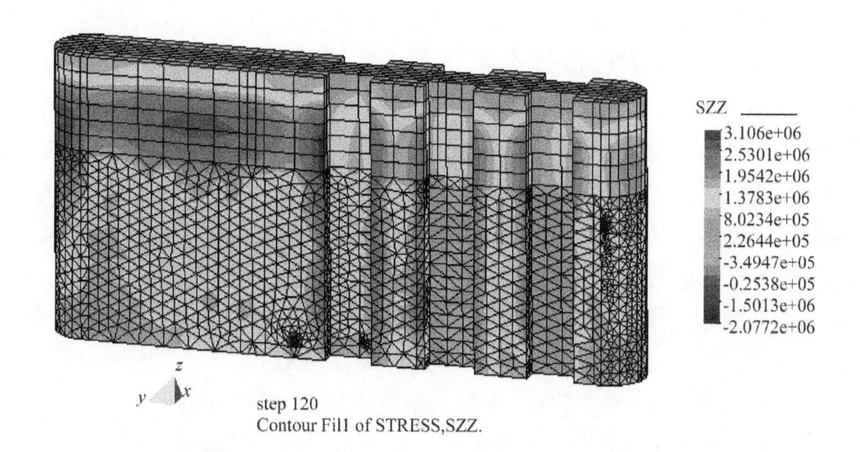

图 6.4-91 闸墩浇筑完成 120 h 后竖直向应力分布图(水管布置方案 2)(Pa)

6.5 成果应用

6.5.1 研究成果

6.5.1.1 闸底板温控方法

(1) 混凝土入仓温度控制在 20℃之内。

(2) 混凝土冷却水管按 1 m 间距布置,按中间偏下布置。单根水管长度小于 200 m,通水流量 2～4 m^3/h,随外界气温升高加大通水流量。

(3) 混凝土浇筑后具有通水条件时即开始采用井水通水,每隔 2 h 变换一次通水方向,待内部温度升到最高温度并开始下降 0.5℃后改用自来水通水,流量以 2 m^3/h 作基数调整,再降 0.5℃停止通水。若温度回升接近前期最高温度,继续通自来水,通水后,再降 0.5℃停止通水。

(4) 混凝土初凝后即采取必要的养护保温措施,当气温超过入仓温度 10℃时,每 2 h 在表面用自来水冲一次。当气温低于入仓温度 10℃时,且持续时间超过 1 d,需要在表面加盖一层保温板(施工单位需要做好气温骤降的保温预案)。

(5) 内部温度最高温升控制在 20℃之内。

(6) 前十天温降控制在 10℃以内,每天温度降幅不大于 2℃。

(7) 观测点拉应变 3 d 内超过 60 微应变,7 d 内超过 70 微应变需引起重视,进一步控制温度降幅。

(8) 底板内外表面最大温差控制在 10℃范围内。

(9) 作为底板底层保温措施,沉井盖板底面需要贴保温板。

(10) 底板内沉井隔墙处需加强横向钢筋布置。

6.5.1.2 闸墩温度控制方法

(1) 混凝土入仓温度控制在 25℃之内,在夏季高温季节可采用加冰拌和、骨料冷却等措施来降低混凝土出机口温度；在运输过程中加盖遮光布。

(2) 根据17#中墩实测温度值来看，在墩头钢模板栅格内贴保温板后，墩头温降仍然较大，建议在墩头目前保温条件基础上再在外面加裹一层保温板进行保温；目前对门槽的保温条件也导致门槽处温降较大，建议在门槽位置用双层木模板进行立模，并在模板外加保温板进行保温；墩侧木模板外自下至上挂草帘子，顶面覆盖条件同闸底板，闸墩保温板和草帘子外加盖彩条布。在拆模之前不得去除保温板、草帘子和彩条布，以避免外部温度变化引起闸墩表面温度变化，从而导致闸墩内部产生不均匀温差。为了加强墩头钢模板的保温条件，也可采取如下措施：①在钢模板没有贴到保温板的栅格上面喷聚氨酯保温材料；②在墩头钢模板外裹一层聚苯乙烯保温被。

(3) 混凝土冷却水管高度方向按0.6 m间距布置，水管距墩侧边距离不少于0.5 m，在闸墩下方5米高度内布置。先浇缝墩水管布置在中间，后浇缝墩水管布置在靠缝一侧，距缝侧边距离0.6 m。单根水管长度小于200 m，通水流量2～4 m^3/h，随外界气温升高加大通水流量。根据17#中墩的实测情况，由于上游大块混凝土处温降较慢，而下游门槽处温降较快，因此，调整水管布置：从上游圆头至上游检修门槽之间5米高度以下布置两路水管，按高度方向上下各一套水管布置，水管间距按上述原则布置；上游检修门槽至下游圆头之间5米高度以下布置另外一套水管，水管间距按上述原则布置，具体布置见图6.5-1。

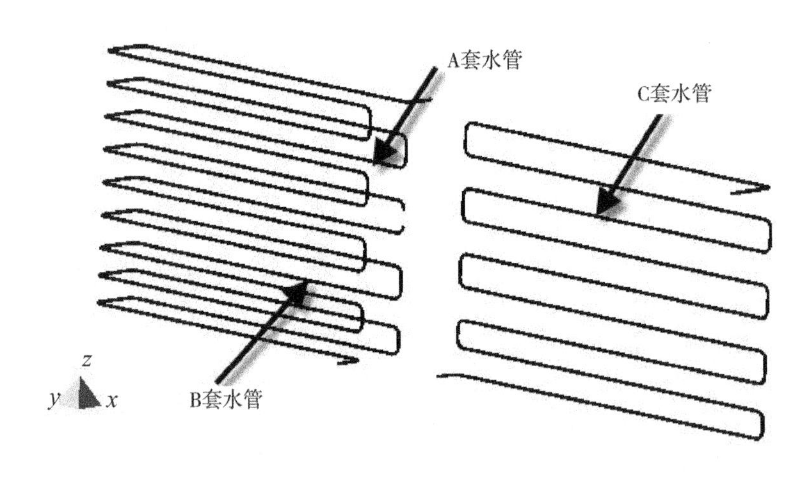

图6.5-1　闸墩三套水管布置示意图

(4) 在高温季节施工时，在混凝土浇筑前即可进行水管通水以降低仓内温度。闸墩开始浇筑前必须进行通水试验，确保上下两路水管同时通水时都能达到指定通水流量(至少每路水管流量70 L/min)后方可开仓浇筑。

(5) 混凝土浇筑后具有通水条件时即开始采用井水通水，水温16℃，在混凝土达到最高温度之前采用尽可能大的流量通水以降低最高温升。每隔2 h变换一次通水方向，待内部温度升到最高温度并开始下降0.5℃后改用小流量水通水，流量以2 m^3/h作基数调整，再降0.5℃停止通水。若温度回升接近前期最高温度，继续通小流量水，通水后，再降0.5℃停止通水。

(6) 在温升阶段要尽量保证最大流量通水以减小内外温差和最高绝热温升。根据分析,若最高温升超过30℃,用拟合的混凝土1 d模量进行计算,最大顺水流向拉应力可能达到1.27 MPa;温升阶段若内外温差超过5℃,用拟合的混凝土1 d模量进行计算,最大顺水流向拉应力可达到1.96 MPa。因此,保证温升阶段的通水,降低最高绝热温升和内外温差是非常重要的。

(7) 在停止通水后的1～3天内,若中午气温高于25℃,各温度测点白天降幅不大于1℃,内外测点温差大于5℃的情况下,可每三个小时通水半小时,正向通水15 min,反向通水15 min,以减小内外温差。

(8) 混凝土龄期大于10 d后且当内外温差小于10℃后可进行拆模,可选择在一天中气温最接近混凝土温度的时间拆模,拆模后做必要的保温和保湿措施,在闸墩外侧涂刷养护剂,并包裹土工布。在闸墩底部1/3部分加铺保温板进行保温。

(9) 内部温度最高温升控制在30℃之内。

(10) 从最高温度下降起8 d内温降累计控制在10℃以内,每天温度降幅控制不大于2℃。若发现温降幅度过大,可通过表面加保温板的方法减小降温幅度。

(11) 施工单位做好温度骤降的预案。

(12) 闸墩内外表面最大温差温升阶段控制在5℃范围内,温降阶段控制在10℃以内。

6.5.2 应用效果

沉井基础上基于水工泵送高性能混凝土早期性能的水闸墩墙防裂措施反推法研究成果已经成功应用于三洋港闸墩等大体积混凝土施工过程中的温控防裂。根据研究结果,提出了闸墩采取内通冷却水管降温、外表面加强保温、增设温度分布钢筋、降低泵送混凝土坍落度及掺加聚丙烯纤维的综合温控防裂措施;提出了混凝土内冷却水管布置、墩墙保温等具体的温控措施;提出了墩墙浇筑过程中入仓温度、通水要求、最高温升、内外温差、温降速率及拆模等具体的温控指标。基于高性能混凝土施工初期内外温度变化规律,提出了一种快速制定温度控制措施的方法,该方法无须计算温度场和温度应力场的变化过程,只需要计算不同内外温差条件下的稳定温度场和温度应力场,从而准确及时地指导了工程施工。三洋港挡潮闸中墩厚达2.2 m,缝墩厚1.45 m,浇筑的50个闸墩未出现一条温度裂缝,取得了很好的防裂效果,突破了水工高性能混凝土的应用瓶颈。

第7章

金属结构关键技术研究与成果应用

7.1 金属结构防腐蚀关键技术研究

7.1.1 三洋港挡潮闸金属结构工作环境特征

沿海挡潮闸处于海洋环境，海水是均匀的含盐溶液，主要成分是NaCl，其次是$MgCl_2$及极少的其他可溶性矿物质。目前，针对金属结构在此类环境下的腐蚀原因，一般采取下列常用的方法来防止金属腐蚀：

(1) 覆盖保护：在金属表面覆盖保护层，例如，在金属表面涂漆、电镀或用化学方法形成致密耐腐蚀的氧化膜等。

(2) 改变结构：制造各种耐腐蚀的合金，如在普通钢铁、铸铁中加入镍、铬等元素制成不锈钢或合金铸铁。

(3) 电化学保护：①外加电流的阴极保护法，即利用电解装置，使被保护的金属与电源负极相连，用惰性电极做阳极，只要外加电压足够强，就可使被保护的金属不被腐蚀。②牺牲阳极的阴极保护法，即利用原电池装置，使被保护的金属与另一种更易失电子的金属组成新的原电池。发生原电池反应时，原金属做正极(即阴极)被保护，被腐蚀的是外加活泼金属——负极(即阳极)。

7.1.2 三洋港挡潮闸金属结构防腐蚀技术措施

基于海水对金属腐蚀性强这一特性，本工程闸门门叶防腐采用喷锌加涂料复合防腐方法。锌按照一定的工艺喷涂在金属表面，起到牺牲自我的阳极保护作用，再在锌层外涂刷防护漆，使被保护金属与外界隔绝而免于腐蚀。

在钢结构防腐蚀涂装体系中，防锈底漆的作用至关重要，它要对钢材有良好的附着力，并能起到优异的防锈作用。三洋港挡潮闸距离黄海3 km左右，闸门正常挡海水，防腐蚀问题比较突出，用喷锌加普通油漆防腐不能很好地解决防腐问题。通过调研、分析国内海边已建工程，发现采用普通油漆作为闸的防腐保护层往往或多或少存在一些问题。因为钢结构喷锌后表面比较稀疏，多细孔，水分子容易渗入而腐蚀钢材。因此，闸的防腐需要特殊的底漆材料，要求固化时间不能太快，以使底漆（或称连接漆）能很好地渗透到喷锌层内部和表面，起到封闭作用，又能和喷锌表面有很好的附着力。经过调研，最终确定本工程门叶防腐采用喷锌加国际先进的新型海洋轮船等设备用的防腐油漆，其底漆为环氧底漆 Penguard Primer Sea，中间漆为改性耐磨环氧漆 Jotamastic 87，面漆为聚氨酯面漆（Hardtop AS）。

环氧底漆 Penguard Primer Sea 在23℃时硬干时间为6.5 h，覆涂间隔是6.5 h，而且最主要的是该底漆在喷涂后能快速渗透到喷锌层内部空隙中去，使金属与外界隔离，并且具有很好的附着力。中间漆的作用是增加涂层的厚度以提高整个涂层系统的屏蔽性能。同时，中间漆对于底漆和面漆要有很好的附着力。改性耐磨环氧漆 Jotamastic 87 是一种双组分、高固含量、高表面容忍度的乳香树脂改性环氧漆，它提供对基材的良好的附着力，赋予涂层良好的抗撕裂强度、抗冲击强度，极大地降低了漆膜内部的体积收缩率和内应力，同时，交联形成坚硬、致密、不渗透且具有韧性的涂层，能吸收和阻隔漆膜内残留应力的传递，避免了由应力引起的脱落等问题，可以在低表面处理的表面上涂装并具有优异、长效的防腐保护效果。

面漆的主要作用是遮蔽太阳紫外线以及污染大气对涂层的破坏作用 ，抵挡风霜雨雪，并且要有很好的美观装饰性。高耐候性的防腐蚀面漆主要有可复涂聚氨酯面漆、双组分脂肪族聚氨酯面漆、改性聚硅氧烷涂料等。聚氨酯面漆（Hardtop AS）是目前钢结构防腐蚀体系中应用最为广泛的面漆。

基于海水对金属腐蚀性强这一特性，本工程闸门埋件防腐采用稀土合金铸铁（Re-STNiCr 合金铸铁），本材料已获得国家发明专利。稀土合金铸铁材料不仅具有较好的耐海水腐蚀作用，同时具有较高的抗拉强度、较好的铸造及机加工性能。

铸铁腐蚀过程的特点是皮下氧化和石墨腐蚀。皮下氧化是指在某些介质，如大气、污水中，铸铁很快形成棕黄色的过氧化物。进一步腐蚀过程中，由于铸铁含硅量较高就会在过氧化物皮下形成一层致密的、黏滞的氧化-硅酸铁黑色锈皮，抑制了腐蚀的进一步进行，在这些介质中铸铁不经防腐处理也可以使用几十年，而碳钢就不行，它也能很快形成氧化膜，但其氧化物的形成伴随着体积极大膨胀，由此产生裂纹，介质进入裂纹进一步腐蚀，如此不断循环从而加速腐蚀。

铸铁是由铁、碳和硅等组成的合金，铸铁中石墨呈游离状，在大多介质中，石墨呈现惰性，铸铁的腐蚀主要是金属基体的腐蚀。在腐蚀过程中，铁原子被离子化溶解进入溶液，而石墨在表层逐渐沉积下来，如果没有受到强烈的冲刷，便在铸件表面形成网络状石墨层，其中也混合着其他腐蚀产物，黏附在金属基体上，形成一层保护膜，而且保持良好，阻止腐蚀进一步进行。

碳钢和低合金钢在全浸条件下的腐蚀形式主要表现为不均匀局部腐蚀，随着时间的延长，钢铁表面产生腐蚀麻点、蚀斑、蚀坑，甚至出现单个较大、较深的腐蚀溃疡坑。

为了进一步提高铸铁的力学性能或耐蚀性能，本工程埋件材料采用耐海水腐蚀的稀土合金铸铁（Re-STNiCr 合金铸铁），即在铸铁中加入少量合金元素，如 Ni 、Cr、Si、Mn、Re 等，使铸件表面形成牢固的、致密而又完整的保护膜，阻止腐蚀继续进行，并提高铸铁基体的电极电位，提高铸铁的耐蚀性。

上述各元素对合金铸铁耐腐蚀性能的影响如下：

(1) 镍(Ni)的重要作用是使腐蚀电位正向移动，同时镍也是容易钝化的金属，加入铸铁中能促进铸铁的钝化。铸铁中加入少量镍在促进铸铁珠光体细化的同时，还能促进铸铁表面形成黏附牢固致密的保护膜，提高铸铁的耐蚀性。实验表明 Ni 的含量在 3.2%左右时，耐蚀性能最优，性价比较好。

(2) 铬(Cr)是容易钝化的金属，少量铬加入铸铁，能使铸铁表面的锈层更致密，更具有保护性，因而耐蚀性有所提高。同时，Cr 具有强烈的反石墨作用，如硅的石墨化作用为＋1，则铬的反石墨化作用为－1，Cr 在共析转变时稳定珠光体。当 Cr 含量超过 2%时，铸铁中珠光体含量明显增加，产生白口倾向，导致耐蚀性能下降，布氏硬度(HB)也会超过 300，加工难度大大增加。所以，Cr 的含量控制在 1.3%～1.5%是比较适宜的，既发挥其钝化作用，又不会产生白口倾向。

(3) 稀土(Re)是提高耐蚀性能和综合机械性能的变质剂，突出表现为使片状石墨变为球状石墨，球状石墨可以减少应力集中，并细化铸态组织，改善非金属夹杂物的形状分布；净化铁水中氧、硫等有害杂质，这些杂质会使铸件产生气孔、裂纹，并形成夹渣，使材质的强度、韧性和塑性降低。而稀土元素与硫、氧的结合能力强，生成难熔化合物，在铁水中起脱硫除氧作用；改善铸造性能，稀土加入铁水中能显著提高铁水的流动性，并减少偏析和热裂纹等铸造缺陷，稀土是现代铸钢、铸铁高性能材料青睐的重要元素。

(4) 硅(Si)是提供铸铁件耐蚀性的重要元素，硅的大量加入，使铸铁件表面形成较致密与完整的 SiO_2保护膜，这种膜有很高的电阻率和较高的化学稳定性，使铸铁在酸性环境中处于钝化态。同时，长期浸泡在液体环境中，Si 与 Fe 形成硅酸铁，对铸铁基体也有很好的钝化作用。再者，Si 是强烈地促进石墨化的元素，Si 的增加，减少了铸铁件白口化倾向，而灰铁基体铸件的耐蚀性能要优越于白口铸铁。但 Si 的含量超过 3.0%时，铸铁的脆性增加，所以，综合考虑，Si 的含量控制在 2.0%～2.4%之间是比较合适的范围。

(5) 锰(Mn)可分别溶于基体及碳化物中，既强化基体，又增加碳化物的弥散度和稳定性，促进形成细珠光体，能够提高铸铁的耐海水腐蚀性能。

本工程运用的稀土合金铸铁的冶炼工艺为：用中频电炉熔化铁水，熔清后即可加入镍铁合金炉料，冶炼温度控制在 1 550～1 600℃，精炼后加入锰铁、硅铁调节其含量并作为脱气脱氧工艺，出炉前加入稀土合金进一步脱气脱氧；出炉金属液温度控制在 1 560～1 580℃；同时，使用消失模铸造工艺，采用 EPC 聚苯乙烯作为原材料，在制造好的金属模具中利用蒸汽进行发泡，或者利用已经发泡的 EPC 泡沫原材料进行加工，得到需要的铸件的实体形状模具，同时用聚苯乙烯制作出消失模铸造专用的浇注系统，在实体泡沫模具和浇注系统的外表面涂刷消失模专用涂料，待模具和浇注系统干燥后，将二者进行粘接。将粘接后的模具放置到砂箱当中，放入石英砂，将砂箱密闭好，打开真空泵，对砂箱进行抽真空，浇铸温度为 1 550～1 600℃。

此铸造工艺使得铁水在浇铸过程中流动性好，避免铸造后产生的疏松、气孔、裂纹等缺陷，三洋港工程运用的耐海水腐蚀的稀土合金铸铁(Re-STNiCr合金铸铁)在普通铸铁中加入适当的常规合金元素，同时加入了少且适量的稀土元素，既可以提高材料的耐海水腐蚀性能，又能够提高材料的抗拉强度和机械加工性能。目前三洋港闸门工作埋件已安装使用近十年，该耐蚀合金铸铁埋件完好无损，基本没有锈蚀。起到了很好的防腐作用。

本工程发明的稀土合金铸铁采用了以下技术方案：

一种耐海水腐蚀的稀土合金铸铁，以重量百分比为单位，含有镍(Ni)3.0～3.5，铬(Cr)1.3～1.5，硅(Si)2.0～2.4，碳(C)3.0～3.4，锰(Mn)0.7～1.0，稀土元素(Re)0.05～0.09，控制杂质硫(S)≤0.06、磷(P)≤0.06，余量为铁(Fe)。

优选的，以重量百分比为单位，含有镍(Ni)3.0，铬(Cr)1.3，稀土元素(Re)0.05，锰(Mn)0.7，碳(C)3.0，硅(Si)2.0，杂质硫(S)、磷(P)均控制在0.06以下，余量为铁(Fe)。

优选的，以重量百分比为单位，镍(Ni) 3.5，铬(Cr) 1.5，稀土元素(Re)0.09，锰(Mn)1.0，碳(C)3.4，硅(Si)2.4，杂硫(S)、磷(P)均控制在0.06以下，余量为铁(Fe)。

优选的，以重量百分比为单位，含有镍(Ni)3.2，铬(Cr)1.5，稀土元素(Re)0.07，锰(Mn)0.8，碳(C)3.2，硅(Si)2.2，同时硫(S)≤0.06，磷(P)≤0.06，余量为铁(Fe)。

优选的，该合金铸铁采用中频电炉及消失模铸造工艺，浇铸温度为1 550～1 600℃。

本工程运用的稀土合金铸铁有益效果在于：

(1) 稀土合金铸铁添加了适当比例的合金元素(如Ni、Cr、Mn、Re等)。既提高了材料的耐海水腐蚀性能，又改善了铸铁力学性能和机械加工性能。适用于制造水利水电工程的闸门埋件及零部件、水轮机叶轮、叶片等设备，在海水中的使用性能超过普通不锈钢(普通不锈钢在海水中存在晶间腐蚀，即点蚀)，其强度、硬度、韧性和机械加工性能均能满足水工设备的使用要求，如用本发明的材料制造水工闸埋件及闸门零部件，经检测、试验和实际运用，符合《水利水电工程钢闸门制造、安装及验收规范》(GB/T 14173—2008)及相关规范的要求，具有较好的耐蚀性能、抗拉强度和机械加工性能，可以替代不锈钢，市场需求量大，具有较好的推广应用价值，并在实际工程中运用得以验证。

(2) 本工程控制稀土元素Re的重量百分比含量为0.05～0.09，稀土的加入可以促进石墨的球化，但稀土的添加有最佳值，高于这一最佳值，一方面会使得碳化物的数量增加，从而与基体的晶界增多，原电池数目增多从而加剧腐蚀速度。另一方面又使得球化作用减弱，石墨又逐渐向片状转化，本发明中稀土元素Re的添加量有效地提高了该合金铸铁的耐蚀性。

(3) 耐腐蚀合金铸铁中含有2.5%左右的镍和0.8%左右的铬，传统铸造采用冲天炉进行冶炼，不仅不够环保，而且冲天炉的出炉温度想要达到1 450℃以上非常困难，但是镍和铬的熔点都大于1 450℃，很难保证全部熔融到铸铁基体中去，而中频电炉可以比较容易地把铁水温度提高到1 600℃左右，有效保证了该合金铸铁的合金结构和耐腐蚀性能。

7.2 低速同步闭式传动启闭机研究

7.2.1 传统卷扬式启闭机型式

卷扬式启闭机是水利水电工程专门用来启闭闸门、拦污栅、清污设备等的起重机械，它是一种循环间隙启吊机械，其应用范围广泛、使用量大。目前，国内大部分卷扬式启闭机的基本结构组成是：采用普通不带制动的 YZ(YZR)系列电动机为动力源，ZQ(QJ)系列软齿面(中硬齿面)减速器和一级开式齿轮组成减速传动机构，减速器的高速轴采用电磁铁或液压制动器作为安全制动系统，另外，还有超重限制器、限位开关、行程指示器作为安全防护装置，通过钢丝绳卷扬装置和滑轮组开启和关闭闸门。这种结构技术含量不高，体积庞大，结构复杂，使用维修麻烦，环境污染大，使用安全性差。图 7.2-1 为某工程使用的 2×630 KN 卷扬式启闭机。

图 7.2-1 传统卷扬式启闭机

7.2.2 新型低速同步闭式启闭机关键技术

随着水利水电、起重行业的发展和技术的进步，对启闭机的配置要求越来越高，对启闭机设备的安全性、外型结构、使用维护和环保提出了新的要求。通过多年的启闭机设计与制造经验和市场运用情况可知，目前卷扬式启闭机采用的减速器加开式齿轮传动结构型式整体结构复杂，体积庞大，环境污染大，单一的高速制动器工作安全系数低。因此，三洋港工程启闭机提出闭式传动概念，对传统的卷扬式启闭机进行更新换代。

结合目前卷扬式启闭机的结构特点，在三洋港挡潮闸工程建设过程中，开发了一种新型低速同步闭式启闭机，并申请了国家发明专利。

新型低速同步闭式启闭机主要技术参数如下：

型号：BQP－2×630 KN—10 m

吊点距：A=10 400 mm

起门速度：V=1.4 m/min

扬程：H=10 m

启闭机滑轮组倍率为6，钢丝绳通过定滑轮、平衡滑轮与动滑轮连接，联轴器为GⅡCLZ12型齿轮联轴器。钢丝绳24ZBB6×36W＋IWR－1570型号，卷筒直径D=650 mm，电动机为YZR200L－8绕线式异步电机，转速701 rpm。制动器采用YWZ5－315/50型液力制动器。减速器为TE790－180(V,VI)。

该启闭机结构的显著特点：取消了开式齿轮传动，采用承载能力大、速比大、体积小的减速器直接通过渐开线花键套与卷筒连接，制动系统采用高、低速三保险制动，提高了整机的安全性能。其总体结构及主要部件组成见图7.2-2。

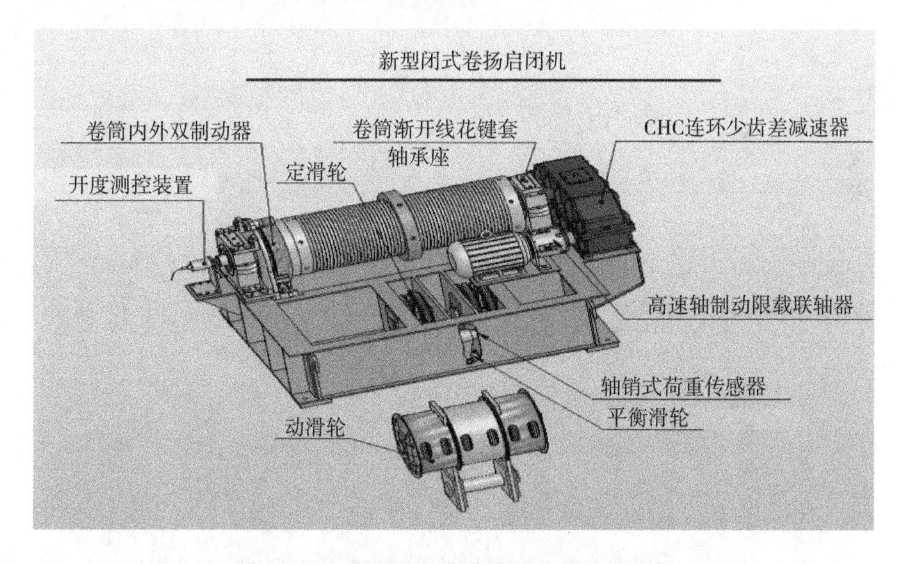

图7.2-2　新型闭式传动卷扬启闭机结构图

三洋港挡潮闸启闭机的特点如下：

(1) 无开式齿轮：卷筒与减速机通过卷筒联轴器的方式进行直联，具有较大的角位移，安装方便，提高轴承寿命，零部件少，结构简单，无卷筒转轴固定轴，后期润滑点少。

(2) 低速同步连接：刚性同步轴采用慢速同步，转速为3.9 rpm，安全可靠无跳动。后期改为退一到二挡慢速同步，转速控制在30～60 rpm，提高了性价比，依然控制在安全转速之内。

(3) 定滑轮装置藏于机架内部：定滑轮装置均安装在机架内部，机架平面可增加有机玻璃盖板，既整洁美观，又不影响后期维护保养。

(4) 降压起动:单电机功率 18.5 kW,采用频敏变阻器降压起动方式有效解决了 11 台套、22 台电机同时起动的要求。

(5) 取消了传统启闭机的开式齿轮,传动齿轮涂抹黄油变成了液体齿轮油内部润滑,大幅减少了环境污染,提高了美观程度,减少了维护人员的工作强度。

图 7.2-3 为三洋港挡潮闸工程运用的 2×630 kN 新型低速同步闭式传动卷扬启闭机。图 7.2-4 为三洋港工程启闭机房实拍照片。

图 7.2-3 新型低速同步闭式传动卷扬启闭机

图 7.2-4 三洋港挡潮闸启闭机房照片

在设计制造过程中,提高了专业化水平,选用高品质电机,噪音控制在 70 dB 左右;左右机各有一套液压制动装置，可以在一套制动器出现故障的时候，仍然能够保证整机的安全制动；传动部分集成在一个大速比的减速机内部，减少了漏油点，全面采用专业的硬齿面磨齿加工，大幅减少了传动的噪音，噪音控制在 70 dB 以下；减速机和卷筒采用齿轮联轴方式，既保证传递扭矩，也通过鼓形齿轮具有的较大角位移降低了装配的难度。在平衡滑轮装有轴销式荷重传感器，在卷筒轴的轴端装有游标卡尺式限位开关，可提供 5 付触点进行位置控制。在后期管路布置上强电电路（电机制动器）和弱电电路（载荷传感器、开度装置）均采用硬管和软管将电路包裹，并沿机架布置，美观实用，具有更好的防护功能，提高了安全性。

三洋港挡潮闸完工后，该种新型启闭机得到了广泛的推广和运用，先后在江苏省孟河延伸工程界牌枢纽、广东阳江市漠阳江双捷引水工程等国内多个国家级、省级重点工程和地方重点工程中运用，江苏省水利机械制造有限公司设计制造的闭式传动启闭机至今已超过 500 台套。

7.3 成果应用

7.3.1 金属结构防腐蚀关键技术研究成果应用

金属结构防腐蚀关键技术的相关研究成果已成功应用于三洋港挡潮闸 33 孔工作闸门、检修闸门及埋件防腐蚀设计中。

（1）门叶防腐采用复合防腐

根据研究成果，闸门门叶防腐采用在闸门表面喷锌后涂刷新型海洋轮船等设备用的防腐油漆（佐敦油漆），其底漆为环氧底漆 Penguard Primer Sea，中间漆为改性耐磨环氧漆 Jotamastic 87，面漆为聚氨酯面漆（Hardtop AS），此方法大大增强了闸门的抗海水腐蚀性。

（2）埋件防腐采用耐海水腐蚀的稀土合金铸铁（Re－STNiCr 合金铸铁）

根据研究成果，三洋港挡潮闸闸门主轨、反轨及底槛等埋件材料均采用耐海水腐蚀的稀土合金铸铁（Re－STNiCr 合金铸铁），合金铸铁主要合金成分为：Ni、Cr、Mn、Si、Cu、Sb。在铸铁中加入少量合金元素，使铸件表面形成牢固的、致密而又完整的保护膜，阻止腐蚀继续进行，并提高铸铁基体的电极电位，提高铸铁的耐蚀性，同时又改善了铸铁力学性能和机械加工性能。该耐海水腐蚀稀土合金铸铁已获得国家发明专利。

三洋港挡潮闸闸门及埋件在海水环境中已使用超过 8 年时间，闸门及埋件完好无损，基本没有锈蚀，防腐效果良好，极大地减少了工程的维护保养费用，也为相似工程的建设提供了很好的借鉴。

7.3.2 新型低速同步闭式传动启闭机应用情况

新型低速同步闭式传动启闭机研究成果已成功应用于三洋港挡潮闸 33 孔工作闸门启闭的设计与制造中。新型启闭机利用大速比减速器替代传统开式齿轮及普通低速比减速器的新型卷扬式启闭机，取消传统的开式齿轮，采用闭式传动，通过大速比减速器（四级），由低速轴直接驱动转轮转动，同步轴置于减速器低速轴、低速同步，同步轴转速由普通启闭机的750 r/min降为4.5 r/min，同时取消转动轴的中间支撑，克服了多点支撑同轴度低、轴抖动大的缺点。为解决挡潮闸启闭机数量多以及启闭机到配电房之间距离较远，启动电流较大的问题，在电动机接线中增加串联频敏变阻器，启动电流降低43%，大大提高了用电的可靠性。该型启闭机启门力为2×630 kN，启门速度1.4 m/min，卷筒直径650 mm，启闭扬程10 m，单层缠绕，滑轮组倍率为6，吊点间距10.4 m，电机为YZR200L－8，减速器选用大速比减速器，型号为TE790－180(V)，制动器YWZ5－315/50，电源为380 V、50 Hz。

三洋港挡潮闸研制的新型启闭机具有安全可靠、承载能力大、抗过载能力强、荷重比大、结构紧凑、重量轻、传动效率高、使用寿命长、外形美观等诸多优点，由于该种启闭机取消了传统启闭机的开式齿轮，从涂抹黄油到闭式齿轮油润滑，大幅减少了环境污染，降低了维护人员的工作强度。

经过多年的运行实践，新型启闭机运行正常、操作维修方便，确保了工程的安全运行。由于闭式启闭机体积较小，相应占用启闭机房的空间较小，三洋港挡潮闸启闭机房内视线通透，干净整洁、宽敞明亮，受到诸多检查指导的领导及考察者的一致好评。目前该型启闭机已获得了国家实用新型专利，具有广泛的推广应用价值，已在国内多个水利工程项目中得到推广运用。

第8章
结　语

挡潮闸工程一般都面临地质条件差、需承受洪水与潮水的双重压力、河口水流运动复杂多变以及强腐蚀海洋环境等不利条件，工程设计与施工均具有很高的复杂性。三洋港挡潮闸枢纽位于江苏省连云港市，是沂沭泗河洪水东调南下续建工程新沭河治理工程的关键性骨干工程，具有挡潮减淤、泄洪、蓄水、交通、排涝等综合功能，工程距新沭河入海口仅 3.0 km，这一特殊地理环境决定了其必将面临复杂的建设条件，致使工程设计与施工难度大，技术难题多。工程设计阶段，通过技术调研、多方案比选、模型试验验证等手段解决了闸址选择、工程总体布置、闸室结构型式、闸下淤积等技术难题，工程实施阶段，通过灌注桩-粉喷桩混合式桩基础、超大半封底沉井、水工泵送高性能混凝土、沉井基础上基于水工泵送高性能混凝土早期性能的水闸墩墙防裂、新型低速同步闭式启闭机、金属结构防腐等多种新技术、新设备及新材料的研究，成功解决了高潮差河口深厚海淤土地基处理、海口建筑物耐久性、水工泵送高性能混凝土温控防裂及金属结构防腐等一系列沿海挡潮闸建设过程中的复杂技术问题，取得了良好的经济效益和社会效益。

三洋港挡潮闸工程于 2008 年 11 月开工建设，2013 年 12 月投入使用验收，工程质量优良，经近 10 年运行，工程运行安全稳定，2017 年工程荣获安徽省优秀勘察设计一等奖，基于该工程的“海淤土地基三洋港挡潮闸工程关键技术研究”获淮河水利委员会科学技术奖“特等奖”。三洋港挡潮闸工程的研究成果均成功应用于该工程建设，并在软基及沿海水工建筑物等类似工程中得到较好的推广应用：①淤土地基上的灌注桩-粉喷桩混合式桩基础水平承载技术研究成果已在山东威海香水河挡潮闸等工程中推广应用。②新型环保集成启闭机已在河南省前坪水库、江苏省新孟河延伸工程界牌枢纽、广东阳江市漠阳江双捷引水工程等国内多个国家及省级重点工程和地方重点工程中推广应用，受到广大业主的好评。据不完全统计，仅 2014—2018 年，该型启闭机推广应用产值超过3 000万元，取得了良好的经济、社会和环境效益。③大掺量磨细矿渣高性能混凝土及 HLC 聚羧酸系低碱泵送剂研究成果，已在浙江舟山大陆饮水二期工程黄金湾调节水库工程成功应用，完成混凝土浇筑 15 万 m^3，减少水泥用量近 3 万吨，节约直接成本 900 余万元，HLC 聚羧酸系低碱泵送剂用量 800 余吨，创造直接经济效益近 350 万元。

参考文献

[1] 朱伯芳，王同生，丁宝瑛，等. 水工混凝土结构的温度应力与温度控制[M]. 北京：水利水电出版社，1976.

[2] MALKAWI A H, MUTASHER S A, QIU T J. Thermal-structure modeling and temperature control of roller compacted concrete gravity dam[J]. Journal of Performance of Constructed Facilities, 2003, 17(4)：177-187.

[3] BARRETT P K, et al. Thermal structure analysis methods for RCC dams[C]. Proceeding of conference Of roller compacted conerete Ⅲ, Sam Diedo, California, 1992:389-406.

[4] KAWAGUCHI T, NAKANE S. Investigations on determining thermal stress in massive concrete structures[J]. ACI Materials Journal, 1996, 93(1):96-101.

[5] KIM J H J, JEON S E, KIM J K. Development of new device for measuring thermal stresses[J]. Cement and Concrete Research, 2002, 32(10):1645-1651.

[6] 黄达海，宋玉普，赵国藩. 碾压混凝土坝温度徐变应力仿真分析的进展[J]. 土木工程学报，2000，33(4)：97-100.

[7] 陈尧隆，李守义，等. 高碾压混凝土重力坝温度应力和防渗措施研究[R]. "九五"科技攻关报告. 1999.

[8] ZHU B F. Computation of thermal stresses in mass concrete with consideration of creep effect[C]. Fifteenth International Congress on Large Dams, Lansanne, Suisse, 1985:24-28.

[9] 王润富，陈和群，李克敌. 在有限单元法中根据有限子域热量平衡原理求解不稳定温度场[J]. 水利学报，1981(6)：67-76.

[10] 肖明，余卫平. 考虑温变荷载分析欧阳海薄拱坝的三维非线性有限元法[J]. 武汉大学学报(工学版)，2001，34(1)：31-36.

[11] 刘光廷，麦家煊，张国新. 溪柄碾压混凝土薄拱坝的研究[J]. 水力发电学报，1997(2)：19-28.

[12] 黄达海，殷福新，宋玉普. 碾压混凝土坝温度场仿真分析的波函数法[J]. 大连理工大学学报，2000 (2)：214-217.

[13] 高政国,黄达海,赵国藩. 沙牌碾压混凝土拱坝温度场仿真计算[J]. 大连理工大学学报, 2001, 41(1): 116-122.

[14] 黄达海,高政国,宋玉普. 沙牌碾压混凝土拱坝损伤开裂分析[J]. 大连理工大学学报, 2001, 41(2): 244-248.

[15] 侯朝胜, 赵代深. 混凝土坝温控三维仿真敏感分析及其凝聚方程[J]. 天津大学学报(自然科学与工程技术版), 2001, 34(5): 605-610.

[16]朱伯芳. 多层混凝土结构仿真应力分析的并层算法[J]. 水力发电学报, 1994 (3): 21-30.

[17] 朱伯芳. 不稳定温度场数值的分压异步长解法[J]. 水利学报, 1995(8): 46.

[18] 朱伯芳. 弹性徐变体有限元分区异步长算法[J]. 水利学报, 1995(7): 23.

[19] 朱伯芳, 许平. 混凝土坝仿真计算的并层算法和分区异步长算法[J]. 水力发电, 1996(1): 38-43.

[20] 王建江,魏锦萍. RCCD 温度应力分析的非均匀单元方法[J]. 力学与实践, 1995, 17(3): 41-44.

[21] 李克亮,方璟, 洪晓林. 用并层非均匀单元法分析碾压混凝土拱坝温度应力[J]. 水利水运工程学报, 2001(3): 41-47.

[22] SCHUTTER G D. Finite element simulation of thermal cracking in massive hardening concrete elements using degree of hydration based material laws [J]. Computers and Structures, 2002, 80(27-30): 2035-2042.

[23] 丁宝瑛. 国内混凝土坝裂缝成因综述与防止措施[J]. 水利水电技术, 1994 (4): 12.

[24] GILLILAND J A. Thermal and shrinkage effects in high performance concrete structures during construction[D]. Calgary : The University of Calgary,2002.

[25] 张子明, 郭兴文, 杜荣强. 水化热引起的大体积混凝土墙应力与开裂分析[J]. 河海大学学报(自然科学版), 2002, 30(5): 12-16.

[26] 石爱军, 郭磊, 樊培培. 南水北调中线工程倒虹吸施工期裂缝成因及防裂措施[J]. 河南水利与南水北调, 2012(9): 27-28.

[27] 刘启波, 魏林坚, 强晟,等. 新型超长底板水闸混凝土结构施工期温控防裂研究[J]. 三峡大学学报(自然科学版), 2011, 33(2): 1-4.

[28] 厉易生,朱伯芳. 寒冷地区拱坝苯板保温层的效果及计算方法[J]. 水利学报,1995 (7):54.

[29] 沈德建,栾澔, 张莉, 等. 保温措施对混凝土温度场影响的试验研究[J]. 结构工程师, 2010, 26(6): 76-83.

[30]杜彬, 任宗社, 周炳良. 混凝土大坝表面喷涂聚氨酯保温保湿试验[J]. 水利水电科技进展, 2007, 27(2): 62-65.

[31] 陈彦玉. 气温骤降时早龄期混凝土表面保温措施研究[J]. 水力发电, 2010, 36(4): 43-46.

[32] 马跃峰，朱岳明. 表面保温对施工期闸墩混凝土温度和应力的影响[J]. 河海大学学报(自然科学版)，2006,34(3)：276-279.

[33] YANG J,HU Y,ZUO Z, et al. Thermal analysis of mass concrete embedded with double-layer staggered heterogeneous cooling water pipes [J]. Applied thermal engineering:Design,processes,equipment,economics，2012，35：145-156.

[34] KIM J K,KIM K H,YANG J K. Thermal analysis of hydration heat in concrete structures with pipe-cooling system [J]. Computers and Structures，2001，79(2)：163-171.

[35] CHEN S H,SU P F,SHAHROUR I. Composite element algorithm for the thermal analysis of mass concrete：simulation of cooling pipes [J]. International Journal of Numerical Methods for Heat and Fluid Flow，2011，21(3/4)：434-447.

[36] DING J X,CHEN S H. Simulation and feedback analysis of the temperature field in massive concrete structures containing cooling pipes [J]. Applied thermal engineering:Design,processes,equipment,economics,2013，61(2)：554-562.

[37] 朱伯芳，吴龙坤，张国新，等. 混凝土坝初期水管冷却方式研究[J]. 水力发电，2010，36(3)：31-35.

[38] 李同春，武振. 碾压混凝土坝温控合理通水方案研究[J]. 科学技术与工程，2012，12(25)：6378-6383.

[39] 陈伟，张红叶. 水闸底板施工期温控防裂仿真分析[J]. 人民长江，2014，45(S1)：101-103.

[40] 刘胜松，冯小忠，牛志伟. 沉井基础上闸底板施工期温度仿真分析[J]. 水利水电技术，2014，45(11)：88-90+95.

[41] 刘有志，朱岳明，吴新立，等. 水管冷却在墩墙混凝土结构中的应用[J]. 河海大学学报(自然科学版)，2005,33(6)：654-657.

[42] 王振红，朱岳明，于书萍，等. 水闸闸墩施工期温度场和应力场的仿真计算分析[J]. 天津大学学报，2008，41(4)：476-481.

[43] 马跃峰，朱岳明，曹为民，等. 闸墩内部水管冷却和表面保温措施的抗裂作用研究[J]. 水利学报，2006(8):963-968.

[44] 乜树强，陈沛，朱岳明，等. 高温季节泵站泵送混凝土施工的温控防裂方法研究[J]. 中国农村水利水电，2008(4)：105-107.

[45] 马跃峰，朱岳明，刘有志，等. 姜唐湖退水闸泵送混凝土温控防裂反馈研究[J]. 水力发电，2006(1):33-35.

[46] 张燎军，闻锐，陈伟，等. 大型泵站施工期温度场与应力场数值仿真分析[J]. 水电能源科学，2013，31(11)：92-95.

[47] 陈伟，张燎军，卢斌，等. 大型泵站混凝土底板冷却水管布置方案研究[J]. 水电能源科学，2012，30(1)：170-173+212.

[48] KIM J K,KIM K H,YANG H K. Thermal analysis of hydration heat in concrete

structures with pipe-cooling system [J]. Computers and Structures, 2001,79(2): 163-171.
[49] 朱伯芳. 考虑水管冷却效果的混凝土等效热传导方程[J]. 水利学报, 1991(3):28-34.
[50] 朱伯芳. 有限单元法原理与应用[M]. 北京: 中国水利水电出版社, 2009.
[51] 朱岳明,徐之青,贺金仁,等. 混凝土水管冷却温度场的计算方法[J]. 长江科学院院报, 2003(2): 19-22.
[52] 刘晓青, 李同春, 韩勃. 模拟混凝土水管冷却效应的直接算法[J]. 水利学报, 2009, 40(7): 892-897.
[53] 中国工程院土木水利与建筑学部工程结构安全性与耐久性研究咨询项目组. 混凝土结构耐久性设计与施工指南[S]. 北京:中国建筑工业出版社,2005.
[54] 蔡正咏. 混凝土性能[M]. 北京:中国建筑工业出版社,1979.
[55] A. M. 内维尔. 混凝土的性能[M]. 李国泮,马贞勇,译. 北京:中国建筑工业出版社, 1983.
[56] 袁润章. 胶凝材料学[M]. 武汉:武汉工业大学出版社,1996.
[57] 林传英. 水泥使用性能的改善及其发展中应重视的问题[J]. 江西建材 1999(1): 13-16.
[58] 杨帆,刘宝举,杨元霞. 影响道路水泥干缩率的几个因素[J]. 混凝土与水泥制品. 2007(3):4-6.
[59] 刘数华,曾力,吴定燕. 水泥矿物成分对砂浆脆性系数的影响[J]. 水泥技术,2005(3):63-64.
[60] 胡建平,刘亚莲. 提高碾压混凝土抗裂能力的试验研究[J]. 四川建筑科学研究,2004(2):95-97.
[61] ARYA C, BUENFELD N R, NEWMAN J B. Factors influencing chloride-binding in concrete [J]. Cement and Concrete Research, 1990, 20(2):291-300.
[62] HARRISON W H. Effect of chloride in mix ingredients on sulphate resistance of concrete [J]. Magazine of Concrete Research, 1990, 42(152):113-126.
[63] RASHEEDUZZAFAR, HUSSAIN S E, AL-SAADOUN S S. Effect of tricalcium aluminate content of cement on chloride binding and corrosion of reinforcing steel in concrete [J]. ACI Materials Journal, 1992, 89(1):3-12.
[64] 王绍东,黄煜镔,王智. 水泥组分对混凝土固化氯离子能力的影响[J]. 硅酸盐学报, 2000,28(6):570-574.
[65] COHEN M D, SHAH S P, YOUNG J F. Teaching the Materials Science, Engineering, and Field Aspects of Concrete [Z]. Evanston: Northwestern University, 1993.
[66] 黄士元. 高性能混凝土发展的回顾与思考[J]. 混凝土,2003(7):3-9.
[67] 廉慧珍. 水泥标准修订后对混凝土质量的影响[J]. 建筑技术,2002(1):8-11+17.

[68] 祁会军.简述水泥细度与混凝土性能的关系[J].河南建材,2008(4):27.

[69] TSIVILIS S,KAKALI G,CHANIOTAKIS E, et al. A study on the hydration of Portland limestone cement by means of TG[J]. Journal of Thermal Analysis and Calorimetry,1998,52(3):863-870.

[70] 孟昭华,董强.水泥细度对混凝土质量的影响[J].黑龙江科技信息,2008(20):271.

[71] 王福川,刘云霄.关于混凝土碱含量限值的思考[J].混凝土,2002(11):13-15+20.

[72] LEA F M. The chemistry of cement and concrete[Z]. 1971.

[73] 肖成平,李梅.水泥中的碱对混凝土坍落度的影响[J].新世纪水泥导报,1998(4):24.

[74] BURROWS R W. The visible and invisible cracking of concrete [M]. 1998.

[75] 刘松柏,柴天红,丁蕴斌,等.水泥与混凝土膨胀剂适应性探讨[J].膨胀剂与膨胀混凝土,2008(2):55-57.

[76] 杨克锐.水泥混凝土路面快速修补材料中 SO3 的控制[J].河北理工学院学报,1996,18(1):63-67.

[77] 甘昌成,梁文范,白光,等.低熟料普通矿渣水泥的研制[J].硅酸盐建筑制品,1994(3):13-19.

[78] 建筑材料科学研究院.水泥物理检验[M].北京:中国建筑工业出版社,1985.

[79] 杨军,侯新凯,刘辉.不同比表面积球磨矿渣粉对水泥性能的影响[J].水泥技术,2008(4):29-32.

[80] 杜庆檐,谭洪光,唐祥正.磨细矿渣粉在混凝土中的应用试验研究[J].混凝土,2006(6):63-65.

[81] 杨胜忠.磨细矿渣在混凝土中的技术应用[J].铁道建筑技术,2006(6):76-80.

[82] 刘加平,田倩,孙伟,等.矿物掺合料对水泥基材料自收缩变形行为的影响及机理研究[J].工业建筑,2006(7):65-67+74.

[83] 周惠群,马勤,黄岚.含矿渣粉复合胶凝材料抗硫酸盐性能研究[J].昆明冶金高等专科学校学报,2008(3):1-3+17.

[84] 王赫,赵斌.石子岩性不良造成混凝土事故的分析与防治[J].建筑技术,2003(4):284-287.

[85] 李光伟.玄武岩人工骨料混凝土抗裂性能试验研究[J].水电站设计,2001(1):77-80.

[86] HELMUTH R. Alkali-silica reactivity: An overview of research[Z]. 1993.

[87] PRINCE W, PERAMI R, ESPAGNE M. Une norvelle approche du mecanisme de la reaction alcali carbonate [J]. Cem Concr Res , 1994 , 24 (1):62-72.

[88] RADONJIC M, ALLEN G C, RAGNARSDOTTIY K V, et al. Spectroscopic studies of alkali induced reactions at cement carbonaceous aggregate interfaces [C]// Melbourne: Proceedings of 10th International Conference on Alkali Aggregate Reaction in Concrete, 1996:814-820.

[89] 吴育德，唐淑健. 骨料多级级配在预制混凝土梁中应用的探索[J]. 黑龙江交通科技，2005(3)：20-21.

[90] 孙金枝. 砂的细度模数与混凝土强度[J]. 混凝土交通科技，2008，34(2)：182-183.

[91] 王玉江，邓敏，唐明述. 集耕中含碱矿物的分解及对碱一集料反应的影响[J]. 硅酸盐通报，2006(1)：37-41+65.

[92] 张志坚. 茄子山面板坝面板混凝土配合比试验研究[J]. 水力发电，2000(3)：43-46+58.

[93] FOOKES P G. Geological society professional handbook on tropical residual soils [M]. London ：Ceological Society Publishing House，1997.

[94] 葛勇，常传利，杨文萃，等. 常用无机盐对溶液表面张力及混凝土性能的影响[J]. 混凝土，2007(6)：7-9.

[95] 刘加平，刘建忠，田倩，等. 外加剂改进混凝土泌水的试验研究[J]. 混凝土与水泥制品，2004(4)：14-16.

[96] 温汉美. 混凝土坍落度损失的原因及对策[J]. 四川建材，2006(6)：3-4.

[97] 王甲春，阎培渝，韩建国. 混凝土绝热温升的实验测试与分析[J]. 建筑材料学报，20058(4)：446-451.

[98] 马保国，张平均，许婵娟，等. 微矿粉在大体积混凝土中水化热及抗裂分析[J]. 武汉理工大学学报，2003，25(11)：18-21.

[99] 李岩. 氯离子在混凝土中的渗透性能与钢筋腐蚀临界浓度的试验研究[D]. 南京：南京水利科学研究院，2003.

[100] 方璟，张燕迟，朱雅仙，等. 海港高桩码头破坏状况及耐久性对策与建议[C]//沿海地区混凝土结构耐久性及其设计方法科技论坛暨全国第六届混凝土耐久性学术交流会. 深圳，2004.

[101] ROY D M，MALEK R，LICASTROP. Chloride permeability of fly ash-cement pastes and mortars[C]. Michigan：Redford Station Detroit，1987：1459-1476.

[102] TRILL K，KAWAMURA M. Pore structure and chloride permeability of concretes containing fly ash，blast-furnace slag and silica fume [C]// V. M. Malhotra. Fly Ash，Silica Fume，Slag and Natural Pozzolans in Concrete. Michigan：Redford Station Detroit，1993：135-151.

[103] COOR D，HINCZAK I，JEBY M，et al. The behaviour of slag cement concretes in marine environment—chloride ion penetration[C]//Fly Ash，Silica Fume，Slag and Natural Pozzolans in Concrete. Michigan：Redford Station Detroit，1989：1467-1484.

[104] MCGRATH P，HOOTON D. Influence of binder compositon on chloride penetration resistance of concrete [C]// V. M. Malhotra. Durability of Concrete. Michigan，1997：309-330.

[105] 金伟良，赵羽习. 混凝土结构耐久性[M]. 北京：科学出版社，2002.

[106] 梁建林,杨道富,李红旗.开封地区水工混凝土碳化成因及防治措施分析[J].黄河水利职业技术学院学报,2004(2):10-11+14.
[107] 牛荻涛.混凝土结构耐久性与寿命预测[M].北京:科学出版社,2003.
[108] SCHUBERT P. Carbonation behavior of mortars and concretes made with fly ash [C]. Michigan,1997.
[109] 王昌义.《水工混凝土试验规程》介绍[R].南京水利科学研究院,水利部基本建设工程质量检测中心,2004.
[110] 王再芳.水工混凝土硫酸盐侵蚀与防护[J].西北水电,1994(2):34-38.
[111] SMITH A J. Factors affecting the sulphate resistance of mortars containing slag and silica fume [D]. Toronto :University of Toronto,2002.
[112] 亢景富.混凝土硫酸盐侵蚀研究中的几个基本问题[J].混凝土,1995(3):9-18.
[113] DUDA A. Aspects of the sulfate resistance of steelwork slag cements [J]. Cement and Concrete Research,1987,17(3):373-384.
[114] 李金玉,曹建国,林莉,等.水工混凝土耐久性研究的新进展[J].水力发电,2001(4):44-47+67.
[115] 冯乃谦.各种矿物质超细粉对硫酸盐腐蚀的影响[J].施工技术,1995(10):42-44.
[116] MANGAT P S,KHATIB J M. Influence of fly ash,silica fume, and slag on sulfate resistance of concrete[J]. ACI Materials Journal,1995,92(5):542-552.
[117] 中国建筑材料科学研究总院,中国建筑材料检验认证中心.水泥抗硫酸盐侵蚀试验方法 [S]. 2008.
[118] IRASSAR E F,GONZALEZ M,RAHHAL V. Sulphate resistance of type V cements with limestone filler and natural pozzolana [J]. Cement and Concrete Composites,2000,22(5):361-368.
[119] WEE T H,ARVIND K S,WONG S F. Sulfate resistance of concrete containing mineral admixtures[J]. ACI Materials Journal,2000(5):536-549.
[120] SAEED O, AL-AMOUDI B. Durability of reinforced concrete in aggressive sabkha environments[J]. ACI Materials Journal,1995:236-245.
[121] GHAFOORI N,ZHANG Z W. Sulfate resistance of roller compacted concrete [J]. ACI Materials Journal,1998,95(4):347-355.
[122] JOHN P H F. Sulfate resistance of combinations of Portland cement and ground granulated blast furnace slag [C]. Michigan,1986:1495-1524.
[123] KHATIB J M,WILD S. Sulphate resistance of metakaolin mortar [J]. Cement and Concrete Research,1998,28(1):83-92.
[124] RAPHAEL T. Microstructural Development and sulfate attack modeling in blended cement-based materials[D]. Arizona :Arizona State University,2000.
[125] 中国工程院土木水利与建筑学部工程结构安全性与耐久性研究咨询项目组.混凝土结构耐久性设计与施工指南[M].修订版.北京:中国建筑工业出版社,2005.

[126] BENTUR A,DLAMOND S,BERKDN S. Steel corrosion in concrete:fundamentals and civil engineering practice[M]. London:E&FN Spon,1997.

[127] AMEY S L,JOHNSON D A,MILTENBERGER M, et al. Predicting the service life of concrete marine structures:an environmental methodology[J]. ACI Structural Journal,1998,95(2):205-214.

[128] 徐定华,徐敏. 混凝土材料学概论[M]. 北京:中国标准出版社,2002.

[129] 金海,王建平,姜付仁,等. 国外大型挡潮闸工程的经验借鉴[J]. 中国水利,2016(10):56-60.

[130] 李发鹏,王建平,姜付仁. 我国大型挡潮闸发展现状、问题及战略对策[J]. 水利发展研究,2014,14(11):43-46.

[131] 金海,王建平. 国外大型挡潮闸工程建设[M]. 北京:中国水利水电出版社,2017.

[132] 中华人民共和国水利部. 2020 中国水利统计年鉴[M]. 北京:中国水利水电出版社,2020.